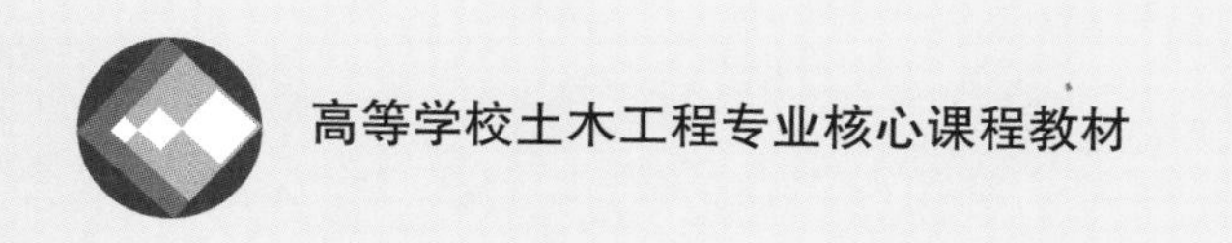

土力学

（第4版）

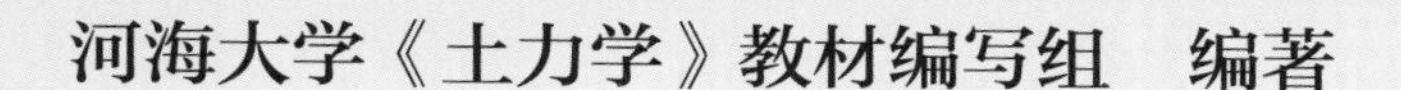
河海大学《土力学》教材编写组　编著

中国教育出版传媒集团
高等教育出版社·北京

内容提要

本书由河海大学岩土工程国家重点学科师资所组成的河海大学《土力学》教材编写组完成(沈扬教授担任第一执行负责人),撰写基础为我国岩土工程学科的先驱者之一,新中国成立后最早的土力学理论教材著写者钱家欢先生主编的《土力学》。

全书保持了前三版教材的经典体系和理论精华,并响应新时代国家本科专业建设发展需要,基于河海大学土力学课程作为首批国家级课程思政示范课程和首批国家级一流本科课程的建设特色进行修订。本书涉及的所有规范、标准均采用国家颁布的最新文件,融入国内外土力学的前沿进展,并注重加强理论传授与工程应用的递进表述,增添了先贤故事、文前导图、文中案例、文后研讨、文末图谱的学习结构线和相关内容,力求回答好土力学学习中"为谁学、学什么、如何学"的时代三问。

全书除绪论外共八章,主要包括土的物理性质和工程分类、土的渗透性、地基中的应力计算、土的压缩性与地基的沉降计算、土的抗剪强度、土压力、土坡稳定分析及地基承载力。书中标有"*"的内容可供选择性自学。各章均附有拓展性数字化资源、习题和参考答案。

本书可作为高等学校土木、水利、交通、地质、采矿等专业土力学课程教材,也可作为相关领域科学研究和工程设计的参考用书。

图书在版编目(CIP)数据

土力学/河海大学《土力学》教材编写组编著. --4版. --北京:高等教育出版社,2023.11(2024.5重印)

ISBN 978-7-04-060662-1

Ⅰ.①土… Ⅱ.①河… Ⅲ.①土力学-高等学校-教材 Ⅳ.①TU43

中国国家版本馆CIP数据核字(2023)第110664号

TU LIXUE

策划编辑 元 方　责任编辑 元 方　封面设计 李小璐　版式设计 杜微言
责任绘图 于 博　责任校对 刘娟娟　责任印制 刘思涵

出版发行 高等教育出版社
社 址 北京市西城区德外大街4号
邮政编码 100120
印 刷 三河市骏杰印刷有限公司
开 本 787mm×1092mm 1/16
印 张 24.25
字 数 490千字
购书热线 010-58581118
咨询电话 400-810-0598
网 址 http://www.hep.edu.cn
http://www.hep.com.cn
网上订购 http://www.hepmall.com.cn
http://www.hepmall.com
http://www.hepmall.cn
版 次 1988年3月第1版
2023年11月第4版
印 次 2024年5月第2次印刷
定 价 49.00元

物 料 号 60662-00

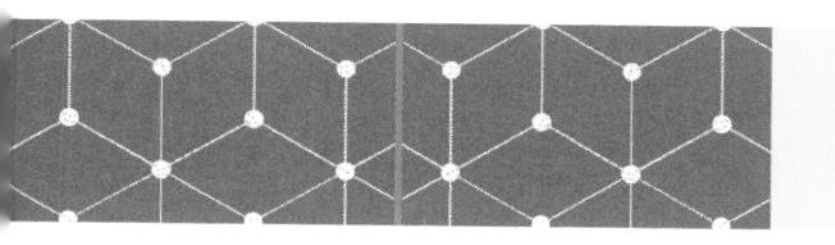

新形态教材网使用说明

土力学
第4版

1 计算机访问https://abooks.hep.com.cn/60662，或手机扫描下方二维码，访问新形态教材网小程序。

2 注册并登录，进入“个人中心”，点击“绑定防伪码”。

3 输入教材封底的防伪码（20位密码，刮开涂层可见），或通过新形态教材网小程序扫描封底防伪码，完成课程绑定。

4 在“个人中心”→“我的图书”中选择本书，开始学习。

绑定成功后，课程使用有效期为一年。受硬件限制，部分内容无法在手机端显示，请按提示通过计算机访问学习。

如有使用问题，请发邮件至abook@hep.com.cn。

https://abooks.hep.com.cn/60662

谨以本书纪念

中国岩土工程学科先驱者之一

河海大学岩土工程国家重点学科奠基人

钱家欢先生百年诞辰

钱家欢（1923—1995）

我国岩土工程学科的先驱者之一，杰出的岩土力学与地基工程学家，河海大学岩土工程国家重点学科的奠基人和第一代带头人。河海大学教授、香港大学荣誉教授、德国汉诺威大学交换教授，我国首批博士生导师和首批国务院政府特殊津贴获得者之一。1923 年生于浙江湖州，1945 年和 1949 年先后获浙江大学土木工程学士和美国伊利诺伊大学香槟分校土木工程硕士学位（师从拉尔夫·派克教授）。新中国成立前夕，毅然放弃攻读博士学位，离美返回祖国，任教于浙江大学，在浙江大学首开土力学课程。1952 年根据国家高等学校院系调整安排，奉调南京，参与组建华东水利学院（河海大学原名）。曾当选第六届、第七届全国人民代表大会代表，曾任第二届国务院学位委员会学科评议组成员、《岩土工程学报》编委会主任、《中国科学》《科学通报》联合编委等职。在软土流变理论、动力固结理论、土坝震后永久变形和土工数值分析等领域做出了众多卓越的开拓性工作，研究成果曾获国家科技进步一等奖等奖励。在半个世纪的学术生涯中倾心育人，桃李满天下，培养了包括中国科学院院士、中国工程院院士在内的一大批国家栋梁，并著写了新中国成立后最早的土力学理论与实验教材，主编的研究生教材《土工原理与计算》、本科生教材《土力学》分获水利电力部和水利部优秀教材一等奖。本书即是在钱家欢先生主编的《土力学》基础上，赓续传承而成。

序

课程是教育的核心与基础，教材是课程标准的具象表现和有效实施的重要脚本，教材既承载了学科发展的时代记忆与培育人才的逻辑方略，又彰显了国家、社会发展的价值谱系，而对指导土木、水利、交通、地质、采矿等诸多领域开展科学研究和工程设计的重要理论依据——土力学来说，有一本好的教材对其进行学术解构、授业擘画，其重要性是不言而喻的。

土力学发祥于欧美，在包括中国在内的世界各国渐趋壮大，已走过整整一个世纪的发展之路。而在中国土力学的发展史中，有一部在全国享有盛誉的教材是必须被提到的，那就是由河海大学岩土工程国家重点学科的奠基人和第一代带头人，也是我的博士生导师钱家欢教授主编的《土力学》。钱家欢先生于20世纪50年代编著出版了新中国成立后最早的土力学教材《土壤力学》，并在几十年的不断更新迭代中，于1988年带领团队完成了《土力学》首版教材的出版。在半个世纪的学术生涯中，钱家欢先生不仅为国际岩土学科的发展、国家重大工程的建设做出了杰出贡献，同时也为学科专业的人才培养倾注了毕生心血。而《土力学》教材正是以他为代表的河海大学老一代岩土人在学科建设和传承育人上所汇聚的心血结晶，它与此后衍生的系列教材，在国家多个工程领域的教学、科研中发挥了重要作用。

今年是恩师钱家欢先生诞辰一百周年，河海大学岩土工程学科团队在沈扬、余湘娟教授的组织下，对《土力学》教材开展了第4版修订，这是河海大学岩土工程学科薪火传承的极佳写照，同时对新时代高校开展土力学教学有很好的指导和启发意义。本版教材在赓续经典的基础上，紧密围绕土力学及相关学科服务社会发展和国家建设的基本使命，以及党的二十大对教育高质量发展提出的最新要求，做了明显创新延拓。教材中无论是教学主线的巧妙设计、数字资源的丰富呈现，或是章节图谱的系统绘制、工程案例的综合分析，还是课后研讨的层进启发、文献拓展的精心遴选，均体现了编写者对学科发展和教学改革的深刻理解，以及在教学施策上的匠心巧思，真正回答了土力学学习中“为谁学、学什么、如何学”的时代三问。

教材是文脉传承的重要载体，文脉传承则是对先贤最好的纪念。衷心希望土力学的发展在新时代继续壮大、行稳致远。

中国工程院院士
重庆大学教授、博士生导师
刘汉龙
2023年11月

第4版前言

1925 年由太沙基教授著写的首部土力学系统著作《基于土体物理性质的土力学》问世,而业界则一般将古典土力学诞生的广义原点再提前 2 年,即溯源至他在 1923 年提出土的一维固结理论和有效应力原理。由此计算,时光的车轮承载着土力学已经走过整整一个世纪。过去百年在岁月长河中虽是白驹过隙,但是从人类发展视角来看,却是极其璀璨的一瞬,而土力学作为岩土工程学科的核心分支,指导诸多领域开展科学研究和工程实践,为社会发展贡献突出,与伴生它的时代一样光彩夺目!

当今世界的舞台已开启第四次工业革命的大幕,土力学作为服务于土木、水利、交通、地质、采矿等多个工程领域的学科,必将持续扮演重要角色;而教材,既是开展人才培养的育人脚本,也是彰显国家意志的国家事权,其在思想引导、理论启蒙等方面的先决重要性不言而喻,因此,与时俱进地开展土力学教材的修订再版意义重大。

由河海大学岩土工程国家重点学科组织力量于 2019 年编著出版的《土力学》(第 3 版)教材,赓续于我国岩土工程学科先驱者之一、河海大学岩土工程学科奠基人钱家欢教授主编、在全国享有盛誉的《土力学》著作,传承学科七十年的文脉,一经发行就得到全国同仁的高度关注与评价,目前已被近 20 个省、自治区、直辖市的高校使用。但同时,在出版后的四年中,时代奋进、学科发展、课程改革给教材修订带来的使命感、紧迫感也在与日俱增。于是,在守正创新的基调下,学科团队决定再次启动《土力学》修订工作。《土力学》(第 4 版)的撰写无论是从学科的学理内涵,还是从教学的实施模式上,都力求做到与高等教育的基本规律同向同行,与时代发展同频共振。宏观上说,就是要回答好土力学学习中“为谁学、学什么、如何学”的时代三问。

在“为谁学”这个问题中,教材修订首先强化了立德树人的作用。党的二十大以来,教材课程一体化建设和深入推进课程思政内涵的发展与实践,迎来新的时代要求。河海大学拥有首批国家级课程思政教学研究示范中心,也是全国较早开展工程教育认证的高校,土力学作为河海大学标志性课程入选国家级首批课程思政示范课程,强调课程与专业育人目标的有机映射,以及课程思政与工程教育的协同推进。而作为课程的脚本,本教材则通过形式与内涵两种方式实现与上述目标的契合。在形式上,教材每个章节开始部分,均附有期望学习者能够达到的知识、能力、素养目标。在内容上,一方面强调系统推进理论推演,启迪学习者的科学思辨意识,辩证看待技术发展,并努力把握好科学的世界观和方法论。例如解释不同规范体系下土的分类方法异同的由来,有效应力等概念定义中唯物与唯象的辩证共生,单元体和极限整体视角下土压力理论的运用联系;关注国家重大工程中整体与局部问题的有机统一、工程建设与社会发展的系统关联。另一方面,融入国内外众多岩土先贤故事,以及介绍三峡水利枢纽、港珠澳大桥、北京银河SOHO中心、上海中心大厦、雅万高速铁路等重大工程,以增强学习者作为中国土木工程师和科技工作者在面向世界科技前沿、面向国家重大需求的时代背景下,加快实施创新驱动发展战略的认知体验,也激发其面对新时代美丽中国、交通强国、绿色发展、“一带一路”等政策方略倡议下推动高质量发展的责任担当与文化自信。

在“学什么”这个问题中,教材展现的是两层内涵。物理大师费曼曾经说过,“如果你不能简单地向他人解释一件事情,说明你仍未获其真髓”,土力学重点研究土的物理工程性质,必然遵循物理阐释的基本逻辑,因此本书在展现数学应用之前更强调对理论抽丝剥茧的剖析,例如正常固结到超固结的强度包线规律演变,地基承载力公式百年发展下的守正变化,这些阐述使教材中“知土力学所以然”的内蕴更加凸显。另一方面,本书所依托和服务的重点对象河海大学土木工程、水利工程学科均位列国家A类学科,因此教材修订注重与时俱进,体现新工科内涵更是编者的一份天然责任。在具体修订中,“学什么”的强化既体现在理论技术介绍的推陈出新,例如完善涉水边坡稳定分析方法的表述、更新章节内容中与规范调整有关的知识点,又体现在每章新添前沿交叉案例的分析,例如与生物相关的南海钙质砂地基加固工程、与环境相关的陕北高原生态护坡工程、与可持续发展相关的墨西哥城国际机场补偿性基础工程。本版还提供标有“*”的章节,供学习者在掌握土力学基本理论体系的基础上选学拓展。同时每章文末增补了附有注释的“文献拓展”,以期引导学习者在掌握相关章节后,走到书外,进一步去接触土力学的服务对象与发展未来。而从宏观上说,本书从读“书里”到读“书外”的总体设计,也是编写组作为高校教师积极响应国家号召,营建“爱读书、读好书、善读书”的中国社会文化氛围所尽的一份绵薄之力。

在“如何学”这个问题中,虽然教材的固化性相对较强,很多时候教学需要通过课堂才能最终落地实践,但是编写组尽力让教材这个脚本活起来,去更好地配合教学。本版教材除了各章内容与时俱进的修订增补外,更重要的是,为服务于“如何学”的设计,全书增添文前导图→文中案例→文后研讨→文末图谱的学习结构线。即在不影响传统学习顺序的前提下,先在文前绘制章节导图,明晰各章逻辑架构,助力学习者见木又见林;再在正文增设工程案例(二维码形式),加深学习者对不同教学重点的应用理解;而后在基础性习题后增加开放性研讨题,引导学习者进行没有统一答案的求问探索,提升其学以致用的能力;最后在各章章末呈现知识图谱,协助学习者温故融通本章节乃至课程整体脉络。以上架构,既是宏观上的引导,也是细节上的训练,以一个更大的逻辑闭环来助力学习者开展主动学习和提升系统思维。此外,河海大学近年来按照国家推进教育数字化转型的要求,积极利用以在线开放课程等为牵引的信息技术赋能教学改革,土力学课程入选了首批国家级线上一流本科课程(全国开设土力学的高校几乎均有注册学习者),因此在学习引导上,本书结合河海大学土力学在线开放课程资源,在书末从教学组织的维度列出了土力学混合式教学安排建议(课程改革方案),以供相关教学单位参考。

2023 年既是土力学发展的世纪界碑，也是本教材首版主编钱家欢先生的百年诞辰，河海大学岩土工程国家重点学科谨以本书，向为学科、课程、教材建设奠基的钱家欢先生致以深切的缅怀之情和最崇高的敬意！

本版教材延续第 3 版形式，以“河海大学《土力学》教材编写组”名义集体署名，体现学科的组织与传承。具体工作仍由沈扬、余湘娟教授任执行负责人，并由沈扬、余湘娟、何稼、徐洁四位老师负责统稿。在章节分工方面，除第四章因赵仲辉教授调离河海大学，由何稼、徐洁两位老师接力负责外，其他章节仍由沈扬、余湘娟、王媛、王保田、朱俊高、吴跃东、彭劼等教授负责。北京市建筑设计研究院孙宏伟副总工程师和中国铁路设计集团陶明安、中交公路长大桥建设国家工程研究中心励彦德、上海市政工程设计研究总院葛华阳等工程师特别为案例撰写提供了宝贵素材与建议。此外，沈嘉毅、徐秦等研究生在全书文字整理、案例搜集、绘图制表等方面做了重要工作。同时，高等教育出版社对本书出版一如既往地给予了大力支持。

本书可为普通高校开设土力学课程的各专业教学所用，也可作为相关专业研究生和本科生的辅导用书及从事岩土工程相关工作的科研、设计人员的参考书。衷心希望本书能在学科发展的新百年中，为学习者认知土力学、理解土力学、用好土力学发挥助力作用。河海大学《土力学》前序版本曾获水利部优秀教材一等奖、江苏省高等学校重点教材等荣誉，是河海大学土木工程专业人才培养体系获得国家级教学成果二等奖的重要支撑材料，同时有力支持了河海大学土力学国家级精品资源共享课、一流本科课程和课程思政示范课程的立项与建设，而本版教材入选全国“十四五”时期水利类专业重点建设教材，并得到中国高等教育学会高等教育科学研究规划重点课题（23XJH0204）、江苏省高等教育教学改革研究重中之重课题（2021JSJG020）支持。本书编著过程中，参阅、引用了国内外相关的教材、著作、论文、新闻报道等资料，在此一并对有关单位、专家和作者深致谢忱！限于编写组学识水平与能力，书中难免存在疏漏、不妥之处，恳请广大读者批评指正。

沈扬

2023 年 10 月

第3版前言

1923年太沙基(Terzaghi)教授先后提出了土的一维固结理论和有效应力原理,标志着土力学正式成为一门新的独立学科。90多年来,土力学蓬勃发展,作为更大范畴的岩土工程学科的核心研究分支,它不仅形成了较为完整的理论体系,更在实践中发挥了重大作用,成为指导土木、水利、交通、地质、采矿等诸多领域开展科学研究和工程设计的重要理论依据。

教学和科研是推动学科发展的并行驱动力,伴随着岩土工程学科的科研进步,土力学教学工作也得到了不断的完善和发展。20世纪50年代初,河海大学前身华东水利学院创建之始,学校就设立了土力学教研室。与之同步,河海大学岩土工程国家重点学科的奠基人和第一代带头人钱家欢先生编著了新中国成立后最早的土力学理论教材《土壤力学》(1953年,大东出版社)。随着河海大学岩土工程学科的发展壮大,土力学的教学与教材也日益成为学科的标志性特色。80年代到90年代,钱家欢先生作为主编,带领一批前辈先贤,又先后编写了在全国享有盛誉的两版《土力学》教材(河海大学出版社)。然而,因为包括钱先生在内很多原书的主要作者去世或处于耄耋之年,该书的续编工作一直未能开展。

近年,钱家欢先生的夫人王章琳女士和几位健在的《土力学》主要编著者授权河海大学岩土工程科学研究所,同意其组织学科力量在原书基础上进行新编工作。受此重托,学科决定成立"河海大学《土力学》教材编写组",新启《土力学》教材的撰写,并由高等教育出版社出版。虽然教材内容更新,作者和出版社也发生了变化,但经典教材是学科永远的财富,基于一脉相传的河海大学土力学教学体系和理念本源,并充分体现学科文脉的继承与发扬,几经商讨,编写组决定将本书以《土力学》(第3版)的名义推出,以铭记和感怀河海大学第一代土力学教材著写者们的卓绝贡献。

本书编写力求保留原《土力学》教材的体系精华,并顺应目前国家提出的本科专业建设、认证标准要求和时代发展的需要,注重加强理论传授与工程应用的递进表达,同时融入近年来国内外土力学发展的前沿进展,并将相关的最新国家、行业标准条文予以结合诠释,力求提升学习者对理论的综合理解,并激发其学习热情和应用意识。教材可作为普通高校土木、水利、交通、地质、采矿等专业本科生的土力学教材,以及中国大学MOOC课程——土力学(河海大学)的辅助学习教材,同时还可作为相关专业本科生和研究生的辅导用书及从事岩土工程相关工作的科研、设计人员的参考书。书中标有"*"的章节属于拓展知识范畴,可不作为本科生的课堂教学要求,读者可根据兴趣和工作需求选择性自学。

教材采用集体编著署名，具体工作则主要由河海大学岩土工程学科的八位教授完成：沈扬（执行负责，统稿，绪论和第一章）、余湘娟（执行负责，统稿，第五章）、王媛（第二章）、彭劼（第三章）、赵仲辉（第四章）、王保田（第六章）、朱俊高（第七章）、吴跃东（第八章）。同时，还特别邀请了河海大学岩土工程国家重点学科的第二代带头人殷宗泽先生担任主审。此外，倪小东、孙逸飞副研究员，冯建挺、施文、沈雪、芮笑曦、王钦城、葛华阳、冯照雁、王俊健、吴佳伟等研究生也参与了部分章节的编辑或绘图工作。

本书出版得到江苏省青蓝工程优秀教学团队项目（河海大学土木工程专业课程创新教学团队）、江苏高校品牌专业建设工程一期项目（PPZY2015B142）、江苏省高等教育教改研究重点项目（2017JSJG029）的资助，在此谨表谢忱。本书撰写过程中，参阅、引用了国内外相关的教材、著作、论文、新闻报道、图片等资料，在此亦对有关作者深表谢忱！

限于作者的学识水平和能力，书中可能存在疏漏、不妥之处，恳请广大读者批评指正。

河海大学《土力学》教材编写组
2019年元月

第2版前言

《土力学》教材第一版自1988年正式发行以来，受到广大读者的欢迎，并为不少兄弟院校所采用，发行量达二万余册。1992年先后获得水利部优秀教材一等奖和能源部优秀教材二等奖，给编者以很大的鼓舞。

原教材是河海大学土力学教研室全体同志从20世纪70年代中期到80年代末十年中经多次试教改写而编成的，在这期间曾走访国内多所兄弟院校及相关生产机构，并吸收了校内外同行及同学们的意见。随着祖国改革开放形势的发展，经济建设突飞猛进，土力学的理论和实践也有很大的发展，特别是各项新的国家标准的颁布，在土工设计、计算、试验诸方面都有了新的准绳，原教材已不能适应当前的需要，所以决定在原教材的基础上进行修订。这次修订的原则是原教材体系保持不变，基本理论和原理尽量保持原貌，并根据近七八年来的教学实践进行修改。所有使用的规范、标准则全部改用最新国家颁布的文件。一些专业名词也按即将颁布的国家统一名称进行调整。增加了第十二章土的钻探取样和试验成果整理，以供有关专业选用，还补充了常用符号表和参考文献。

本次修订经教研室集体讨论，由原编写者分章负责完成并相互审校。本书仍由钱家欢教授担任主编，负责各章编写和修订的有：钱家欢教授（绪论、第九章），方涤华副教授（第一、五、十二章），周萍副教授（第二、三、八章），方开泽教授（第四章），姜朴教授（第六章），郭志平教授（第七章），俞仲泉教授（第十、十一章）。郭志平、方涤华负责组织工作并统校，绘图则请李一鸣副教授完成。

鉴于不少兄弟院校采用本教材，今后在使用或参阅过程中，希望专家、学者和同仁不吝赐教，以便我们继续加以修改、充实和提高。

编者

1995年1月

第1版前言

这份教材是土力学教研室全体同志从七十年代中期到目前的十年中经过多次试教改写而编成的。在这期间曾走访国内多所兄弟院校及相关生产机构,吸收了校内外同行及同学们的意见。这些都有助于我们工作的改进。在这十年过程中,主持编写的同志已数易其人,但是目前的成果,正是历次编写主持人及教研室全体同志长期努力的结果。

本书是经教研室集体讨论,编写者分章负责完成的。这次编写,由钱家欢担任主编。负责各章编写的有:钱家欢(绪论、第九章),方涤华(第一、五章),周萍(第二、三、八章),方开泽(第四章),姜朴(第六章),郭志平(第七章),俞仲泉(第十、第十一章)。方涤华负责统校,卢廷浩担任绘图工作。

鉴于不少兄弟院校采用本教材,希望今后在使用过程中,各方面通知提出宝贵意见,以便我们继续加以修改、充实和提高。

编者

1988年3月

目　录

先贤故事

Terzaghi：一代宗师

卡尔·冯·太沙基(Karl Von Terzaghi),1883年生于奥匈帝国布拉格(今捷克首都),1900年进入格拉茨技术大学学习机械。在学习期间,由于对地质学的热爱,逐渐转行开始从事土木工程。太沙基于1923年提出有效应力原理和一维固结理论,1925年发表著作*Erdbaumechanik auf Boden-physikalischer Grundlage*(注:书名为德文,译为《基于土体物理性质的土力学》),标志着现代土力学时代正式开始。1936年太沙基在哈佛大学举办的首届土力学及基础工程大会的基础上牵头成立了世界范围内土力学与岩土工程领域最权威的机构——国际土力学与岩土工程学会(ISSMGE),并于1936—1957年的22年时间内担任该组织三届主席职务。太沙基于1943年出版*Theoretical Soil Mechanics*(《理论土力学》),将固结理论、沉降计算、承载力、土压力理论等问题进行了系统阐述,进一步奠定了他在土力学领域的宗师地位。太沙基除了是理论研究方面的专家,还是许多重大工程的顾问团成员,在工程建设、工程事故问题分析等方面做出了重要贡献。例如,在阿尔及利亚贝尼白德尔大坝,他巧妙设计了边坡排水措施,避免了高水力梯度的潜在危险,让窄而倾斜的钢筋混凝土圆拱坝设计得以屹立不倒;在芝加哥,他从地铁建设伊始就是团队的首席顾问,从土力学试验做起,验证地铁建设对周围建筑的影响,解决在黏土地层修建隧道时地面沉降问题的同时,保障了地铁周围建筑的安全和建设的经济性,让芝加哥地铁运行至今。因为太沙基在土力学研究发展和实践中做出的卓越贡献,他一生共获得9个名誉博士学位,也是唯一得到4次美国土木工程师学会最高奖——诺曼奖的杰出学者。1963年太沙基在美国马萨诸塞州的家中与世长辞。为了表彰他的功勋,美国土木工程师学会设立了太沙基奖(Terzaghi Award)及太沙基讲座(Terzaghi Lecture),旨在激励后续学者在土力学领域做出新的贡献。

作为土力学领域公认的大师,太沙基始终以敬畏的态度对待自然与工程,对于理论和实践有着极致的精进态度。他学识广博,能够融会贯通各家所言,让土力学成为一门既有理论支撑又能够服务于实际工程需要的学科。斯人已逝一甲子,但大师的理论与风骨却始终激励着后来者学好土力学、用好土力学、拓展土力学。

绪　　论

章节导图

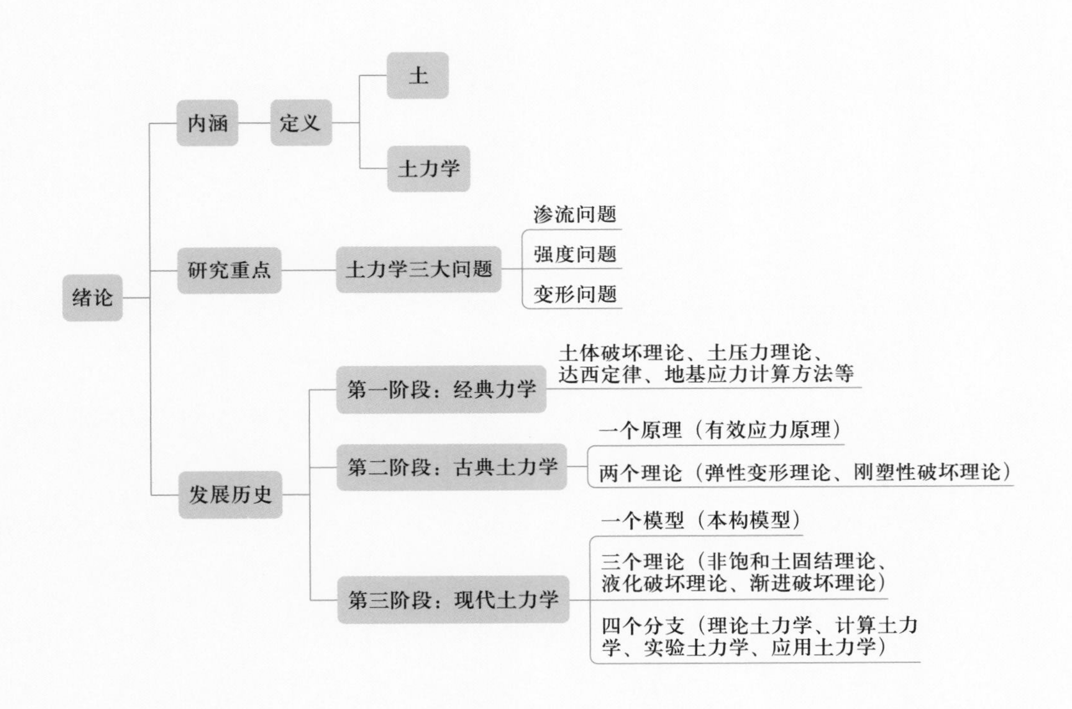

绪论
内涵
定义
土
土力学
研究重点
土力学三大问题
渗流问题
强度问题
变形问题
发展历史
第一阶段：经典力学
土体破坏理论、土压力理论、
达西定律、地基应力计算方法等
第二阶段：古典土力学
一个原理（有效应力原理）
两个理论（弹性变形理论、刚塑性破坏理论）
第三阶段：现代土力学
一个模型（本构模型）
三个理论（非饱和土固结理论、
液化破坏理论、渐进破坏理论）
四个分支（理论土力学、计算土力
学、实验土力学、应用土力学）

目标导入

◇ 了解土的基本定义；

◇ 了解土力学学科的基本定义与边界；

◇ 了解土力学研究的主要问题方向，结合国家高质量发展要求，树立作为未来大国工匠的使命责任意识；

◇ 了解土力学发展简史，激发赓续传承学科文脉的担当意识；

◇ 了解涉及土力学理论知识的中外重要工程，增强对新发展理念的认知，培养文化自信与接力责任意识；

◇ 了解土力学的初步学科框架、学科特点及章节关联，助力后续学习的有机联动。

一、土力学的内涵

教学课件 0-1

欢迎读者朋友们走进土力学的课堂。要想了解土力学，首先需要明白什么是土。中国古代的文学家许慎在《说文解字》中对土下的定义是："土者，地之吐生物者也。"而古希腊的诗人墨勒阿格亦说："大地，你是万物之母。"剥除这些由于古人对自然无法解释而赋予的神秘注脚，在用于服务技术工程问题的土力学中，对土这位主角是这么定义的：地球表层的整体岩石在大气中经受长期的风化作用后，形成形状不同、大小不一的颗粒，这些颗粒在不同的自然环境条件下堆积，形成了土。图 0-1 为岩石与土的对比图。

(a) 岩石

(b) 土

图 0-1　岩石与土的对比图

由于土在各类基建工程中应用广泛，其物质组成特殊，结构特性复杂，无法单纯地用一门或几门经典力学理论来予以诠释，而需要单独设立一门新的研究土的学科对其进行研究分析，于是土力学应运而生。土力学是研究土的物理性质及在荷载作用下土体内部的应力应变和强度规律，从而解决土体变形和稳定等问题的一门学科。土力学除研究土的力学性质以外，还要综合分析其理化性质及对工程特性的影响；除了考虑一般理解的实体荷载对土的作用以外，还需考虑温度、空气等一系列可能传递力量的媒介或物质的影响。同时，土力学是一门理论与应用结合非常紧密的学科，它在大多数高等学校中是作为专业基础课出现的，其理论与假设并存，宏观与细观具察，在一定程度上可以看成是有别于传统经典力学的实践力学。

二、土力学的研究重点

土力学涉及领域广泛，世界上与土相关的基建工程，都离不开土力学的指导或辅助。从学科分类来说，土木、水利、交通、地质、采矿乃至环境等学科问题都会用到土力学的知识。

就具体分类而言，土力学主要研究和解决三类工程问题。

（一）渗流问题

渗流绝不仅仅反映于水利工程中，在诸如基坑开挖、地铁施工、垃圾填埋场建设等典型的土木工程中也大量存在渗流问题。管涌、流土的防治，渗滤液的防渗都是上述工程中需要基于土力学理论来解决的经典任务。

1976 年 6 月 5 日，美国爱达荷州的提堂坝（Teton Dam）溃决，其溃坝流量相当于密西西比河洪水期流量，直接导致了 4 万 ha 农田被淹，52 km 铁路被毁，11 人死亡，25 000 人无家可归。该水坝是一座集防洪、发电、旅游、灌溉等为一体的综合利用工程。由于降雨，5 月份提堂坝水位上升速率超过限定速率 3 倍之多。早在事发前两天，坝下游便有清水自岩石垂直裂隙流出，但这些现象并未引起施工方的注意。事发当天早晨，该渗水点出现图 0-2a 所示的窄长湿沟，随后右侧坝趾有浑水流出且具有明显增大趋势，如图 0-2b 所示。伴随着一声炸裂，新渗水点出现且迅速增大形成图 0-2c 所示的漩涡，坝体最终破坏，如图 0-2d 所示。后专家分析事故，推测原因在于两侧开挖岩坡过陡，对齿槽内填土产生支撑拱作用，进而导致坝内局部土体出现应力释放。当库水从上游岩石裂缝流至齿槽，高压水对齿槽土体产生渗透而通向下游岩石裂隙，最终造成土体发生管涌破坏。这场由于设计问题导致的事故给工程界敲响了警

(a) 湿沟出现

(b) 浑水流出

(c) 漩涡形成

(d) 坝体破坏

图 0-2　美国提堂坝溃决现场

钟,如果提堂坝的设计方案经过除设计师以外的完全独立专家组的审查,也许事故就不会发生。

（二）强度问题

强度问题的应用包括地基承载力的确定,松散砂土场地的液化防治,山体滑坡预警与治理等。

2014 年 5 月 2 日,阿富汗巴达赫尚省阿布巴里克村在 1 h 内连续发生两次山体滑坡(如图 0-3 所示),造成 300 户村民的房屋被掩埋,至少 2 500 人失踪。长时间的暴雨是导致此次滑坡的重要原因。雨水沿斜坡渗入边坡缝隙,使得土体的强度降低,同时还产生了明显的渗流力,使得滑动面上无法提供充足的抗滑力矩来抵抗山体的滑动,从而引发山体滑坡。

(a) 滑坡坡顶场景

(b) 滑坡坡脚场景

图 0-3 阿富汗巴达赫尚省阿布巴里克村山体滑坡现场

如果这片土地没有饱受战争的创伤,如果当地行政部门能够重视边坡位移的监控,改善周边生态环境,以提升岩土体的强度,降低滑动势能,这样的悲剧也许就不会发生。

（三）变形问题

即使土体强度足够且能保证自身稳定,但是土体变形尤其是由它构成的地基的平均沉降和不均匀沉降亦不应超过设计的允许值,否则建筑物、构筑物的使用功能将会受损甚至丧失,并发生倾斜、开裂甚至毁坏。

图 0-4 所示是 1994 年竣工的日本大阪关西国际机场,该机场是日本建造海上机场的一项壮举,也是围海造地工程的代表作,一度被认为是土木界金字塔式的里程碑工程,然而却因为无休止的惊人沉降,20 多年来一直饱受争议。

(a) 机场远景

(b) 机场近景

图 0-4 日本大阪关西国际机场

从施工完成起，这个平均厚度为 33 m 的人造岛就在下沉，截至 2015 年，其沉降已超过 13 m，日本政府花费了数十亿美元去加高路堤和建立隔水墙。这个机场之所以会无限制地沉降，远超施工前的预测，从根源上来说是由于大阪湾海底的地质条件不佳，其下部有平均厚达 22 m、压缩性巨大且难以处理的淤泥层。随着人工岛屿的填筑，淤泥地层上承受的压力日益增大，每平方米高达 40 t 的巨型堆载对于这个被称作只比豆腐“硬”一点的海床软基而言，显然超过了填筑法施工的极限。于是，巨大且无法稳定的沉降如同梦魇一般始终伴随着机场的运营，而相关的维护费用也只能是水涨船高。如果设计时能够合理估计并采取有效控制沉降的措施，这个海上机场就不会不断地吞噬日本国民的钱袋。

三、土力学的发展历史

土力学虽是一门传统学科，但较之于数学、物理，其研究历史要短得多。一般把比较系统研究土的问题的科学历程分为 3 个阶段。

（一）第一阶段：经典力学理论范畴下潜行的土体工程性质探索

最早比较集中研究“土”时还没有土力学，有关土的研究是在材料力学、弹性力学、水力学等经典力学理论的范畴中进行的，这个阶段的研究思考经历的时间相对较长，比较公认的是从 1773 年到 1923 年这 150 年。

这个阶段由法国科学家库仑（图 0-5 左一）首开先河，他在 1773 年发表了论文《极大极小准则在若干静力学问题中的应用》，为之后的土体破坏理论奠定了基础；而在 80 多年后的 1857 年，英国科学家朗肯（图 0-5 左二）发表了基于刚塑性平衡的土压力理论，从另一个角度阐释了土压力的计算公式，成为与库仑理论辉映相辅的经典方法。这一阶段中的另一个重大突破是德国科学家莫尔（图 0-5 左三）于 1900 年将最大主应力莫尔圆引入库仑强度理论，土的莫尔-库仑破坏准则随后得以提出。

传统水力学中，工程师们比较关注纯水环境的问题，而在 1856 年，法国科学家达西（图 0-5 左四）通过大量试验得到了水在岩土孔隙中渗流运动的实验定律，不仅奠定了水文地质学的基础，而且也助力于人们对渗流条件下土体的变形和稳定开展分析。

19 世纪末 20 世纪初，高层建筑的迅速发展（如图 0-6 所示法国巴黎埃菲尔铁塔的建造）使得人们对地基中附加应力的明显增加而加剧地基沉降的关注提升到了一个空前的高度，而与土力学紧密相关的学科——弹性力学的发展则为沉降问题的研究提供了必要手段。1885 年法国科学家布西内斯克（图 0-5 左五）求导了弹性半无限空间表面竖向集中力作用时弹性体中应力、变形的理论解，为土中应力的求解提供了可能，该方法至今仍是地基应力计算的重要方法。

（二）第二阶段：古典土力学基础上专属的土体系列问题研究

1923 年以后，在一批杰出的，以地基等土体专属问题为导向开展研究的实践科学

图 0-5 为土力学发展做出基础性贡献的科学家们
（左起：库仑、朗肯、莫尔、达西、布西内斯克）

图 0-6 建造过程中的法国巴黎埃菲尔铁塔

家的努力下，土力学正式被开创。这个被称为古典土力学的时代经历了 40 年。之所以以 1923 年为时代起点，是因为国际公认的土力学之父、后任职于美国哈佛大学的太沙基教授（图 0-7）于当年提出了一维固结理论和有效应力原理，划时代地将土的特殊工程性质以单独的理论提炼出来，进行分析和应用。此时的成就主要集中于土体的破坏和变形理论，其构成了今天在大众土建工程应用中有关土体问题的核心解题基础。如果要概括的话，古典土力学可以归结为：一个原理——有效应力原理（古典土力学的核心)和两个理论——以弹性介质、弹性多孔介质为出发点的变形理论和以刚塑性模型为出发点的破坏理论(极限平衡理论)。

(三)第三阶段:现代土力学阶段中复杂的土体完备理论构建

1963 年以后,土力学进入了百花齐放的时代。土力学的传统理论被加以创新,更加针对和反映土体所特有的属性,且很多问题的理论化程度日益提高。可以反映土体压硬性和剪胀性的剑桥黏土模型(图 0-8)的提出揭开了现代土力学的序幕,它是当前在土力学领域中应用最广的本构模型之一。该模型基于临界状态概念所建立,这个概念也被认为是里程碑式的发现。现代土力学可以归结为一个模型、三个理论和四个分支。其中,一个模型指本构模型,特别是指结构性模型。而三个理论则包括一个变形理论和两个破坏理论:非饱和土固结理论、液化破坏理论、渐进破坏理论。四个分支则为理论土力学、计算土力学、实验土力学和应用土力学。

图 0-7 太沙基教授

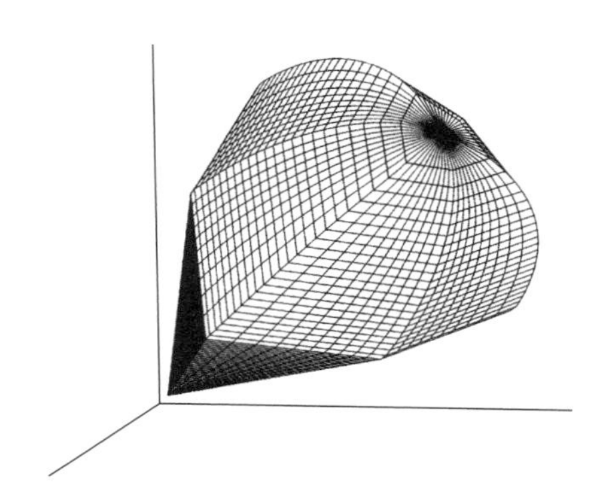
图 0-8 应力空间中的剑桥黏土模型

时至今日,土力学依然在应用中发展。传统土力学有其强大的适用性,而新时代复杂问题的出现,使新升级的理论得以融入,以更好地解释和解决实际问题。实践是检验真理的唯一标准。近年来,我国科技与经济迅速发展,港珠澳大桥、上海中心大厦、北京地铁网络、京沪高铁(图 0-9)等一批超级工程的建设,大幅度提升了人民生活的和谐程度。与此同时,土力学也在相应的国家重大建设中得到了广泛的应用和完善,焕发出奕奕生机。

本教材主要基于一般力学和古典土力学前后近 200 年中有关经典土力学问题的解析,为土木、水利、交通、地质、采矿等专业的高等学校本科生诠释土力学理论和引导知识应用。而现代土力学的内容,主要在岩土工程相关学科的研究生学习高等土力学时予以教授,本书不重点涉及。

本书以河海大学岩土工程国家重点学科的奠基人、中国最早的土力学理论和试验

(a) 港珠澳大桥　(b) 上海中心大厦

(c) 北京地铁　(d) 京沪高铁

图 0-9　一些典型的需要用到土力学理论知识的我国超级工程

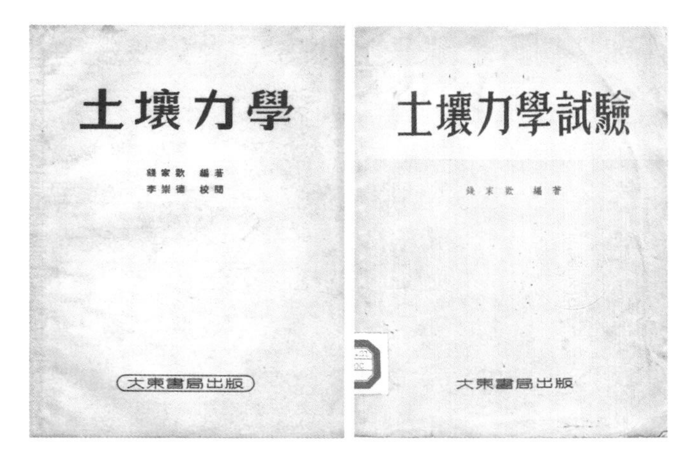

图 0-10　钱家欢先生于 20 世纪 50 年代编著的中国最早的土力学理论和试验教材

教材(图 0-10)著者钱家欢先生于 20 世纪 80 年代编著的《土力学》教材为蓝本,结合国内外百家之长和最新土力学发展理论及工程应用实践修订而成。教材既注重土力学原理的诠释,又重视与现代工程问题的结合,同时也展示了河海大学岩土工程学科传承 70 余年的文脉精髓。

本书的知识架构和章节编排导读如图 0-11 所示。

此外,本书在每章前设置“章节导图”,帮助读者在学习前搭建相应章节重点内容的框架认识;在章末设置“知识图谱”,助力读者在学习后掌握本章乃至整本教材中知识点间的脉络联系。

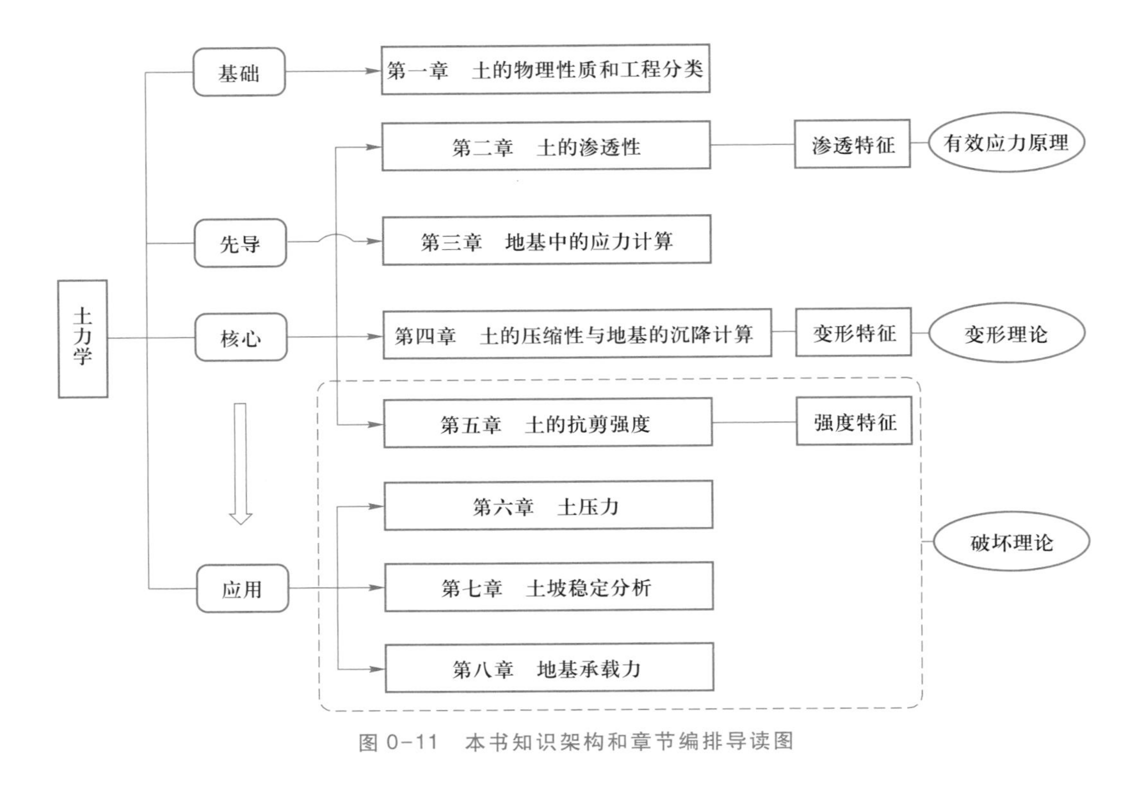

图 0-11　本书知识架构和章节编排导读图

希望读者通过学习本教材，能掌握土力学的基本概念和原理，并获取将理论应用于工程实践的应用意识和基本思路方法。

文献拓展

[1] TERZAGHI K, PECK R B, MESRI G. Soil mechanics in engineering practice[M]. 3rd ed. New York: John Wiley & Sons, Inc., 1996.

附注：该著作首版为美国哈佛大学太沙基教授与伊利诺伊大学香槟分校派克教授两位土力学先驱著写，介绍了土的特性和土力学基本理论，并阐述了如何将其运用于解决岩土工程设计和施工中的问题，是国际土力学界公认的经典著作；1996年第3版的作者中增加了梅斯利教授，还扩展了振动问题、排水机理、被动土压力和固结等内容。

[2] FREDLUND D G, RAHARDJO H. Soil mechanics for unsaturated soils[M]. New York: John Wiley & Sons, Inc., 1993.

附注：该著作为加拿大工程院院士弗雷德隆德教授等学者所著。土力学本科教材中主要介绍的是饱和土土力学，而工程中非饱和土十分常见，此书作为国际上首部系统介绍非饱和土土力学的专著，在全球有着广泛影响力，1997年中国建筑工业出版社出版了此书的中文版，感兴趣的学习者可以通过此书迈入非饱和土土力学之门。

[3] 黄文熙. 土的工程性质[M]. 北京:水利电力出版社,1983.

附注:该著作由中国科学院院士、清华大学黄文熙教授主编,是改革开放后我国土力学界推出的、系统揭示土的基本工程特性和反映相关土力学研究进展的经典著作之一。

[4] 钱家欢,殷宗泽. 土工原理与计算[M]. 2版. 北京:中国水利水电出版社,1996.

附注:该书为河海大学钱家欢教授与殷宗泽教授主编的国内经典土力学教材,系统介绍了近、现代土力学基本理论和岩土工程重要分析计算方法,曾作为全国高校高等土力学课程的主选教材。对有志于深度了解土力学的学习者,有着重要帮助引导作用。

[5] 沈珠江. 现代土力学的基本问题[J]. 力学与实践,1998,20(6):1-6.

附注:该文为中国科学院院士、南京水利科学研究院沈珠江教授所撰,文中介绍了以非线性土力学为内核的现代土力学及三个支撑理论,即非饱和土固结理论、逐渐破坏理论和液化破坏理论,学习者可以通过此文献了解现代土力学的理论概览。

[6] 蒋明镜. 现代土力学研究的新视野——宏微观土力学[J]. 岩土工程学报,2019,41(2):195-254.

附注:该文系同济大学蒋明镜教授所作2019年黄文熙讲座的文稿。掌握与应用土的基本特性,离不开对土体宏微观结构的认知与理解。本文系统介绍了宏微观土力学的发展历程、主要研究方法和国内外学者的相关代表性成果,勾勒出宏微观土力学基本框架。

[7] 沈扬. 土力学原理十记[M]. 2版. 北京:中国建筑工业出版社,2021.

附注:该书为河海大学沈扬教授等著,书中对土力学基本原理的重要疑难点进行了逐一辨析,力求以深入浅出的视角帮助学习者厘清土力学的宏观架构,并对土力学的机理和应用方法有进一步的理解。

知识图谱

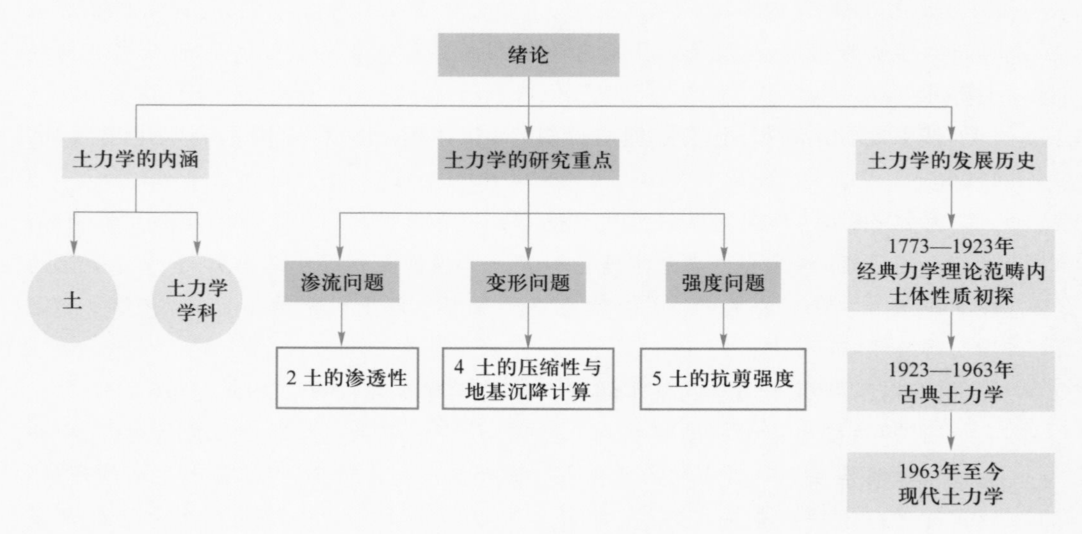

图例说明:
矩形表示可分割的知识点集,圆形表示不可分割的知识点;
实心表示本章节内容,空心表示其他章节内容;
深色表示本科教学重难点,浅色表示一般知识点;
箭头表示先后关系。

先贤故事

Casagrande：后世师表

亚瑟·卡萨格兰德(Arthur Casagrande),1902年生于处于奥匈帝国时期的奥地利,1926年移居美国,长期以太沙基助手的身份在麻省理工学院开展研究工作,同时任职于美国公共道路局从事咨询工作,1932年开始在哈佛大学从事土力学理论及实验教学及研究,并取得卓越成就。卡萨格兰德对土力学的影响与贡献包括土的分类、土的抗剪强度、渗流、砂土液化等方面,尤其在黏土分类方面,他利用自创的实验仪器,经过五年实验,在原有阿特贝(Atterberg)限的基础上进行理论丰富和完善,其成果沿用至今,“A线”的命名即来源于他的名字(Arthur)。由于在理论和实践中的杰出成就,卡萨格兰德成为1961年首位朗肯讲座主讲人,以及1964年太沙基讲座主讲人。卡萨格兰德是首届国际土力学与岩土工程学会(ISSMGE)的秘书长,并于1961—1965年担任ISSMGE第三任主席。1981年,卡萨格兰德病逝于美国马萨诸塞州。

卡萨格兰德十分注重人才培养,迁至哈佛大学的第一年就组织土力学课程、基于案例的基础工程项目、土力学试验等,在教学中他总是备课充分,脱稿讲授,并十分注重学生的反馈。虽然是脱稿讲授,但是稿件对于他来说是极其重要的“教学道具”,他常常会在上课时停下进程,假借参考讲义的机会偷偷观察在座学生的神情、表现,根据他们的反馈来确定学生对于知识的掌握程度。若感觉学生对所授知识掌握不佳,卡萨格兰德会毫不犹豫重新开始利用不同的方式进行讲解,直到学生完全掌握为止。有一次,仅因为6位学生对同一节课的内容提出疑问,卡萨格兰德在其后的一节课主动提出重新教授上节课的内容。正是在这种严谨治学、以学生为本的态度下,卡萨格兰德培养出了杨布(Janbu)、派克(Peck)、索伊代米尔(Soydemir)等众多杰出学者。其中雷昂·卡萨格兰德(Leo Casagrande)是最为特殊的一位。作为亚瑟的胞弟，雷昂是维也纳科技大学的研究生，跟随哥哥来到麻省理工学院访问学习并被聘为研究助理，在哥哥的指导下从事土力学研究。正是在这个阶段，雷昂开始从事土石坝渗流问题的研究。1933年，雷昂顺利获得维也纳科技大学博士学位，随后长期致力于渗流问题研究，并成为电渗法研究的国际权威。

第 一 章

土的物理性质和工程分类

章节导图

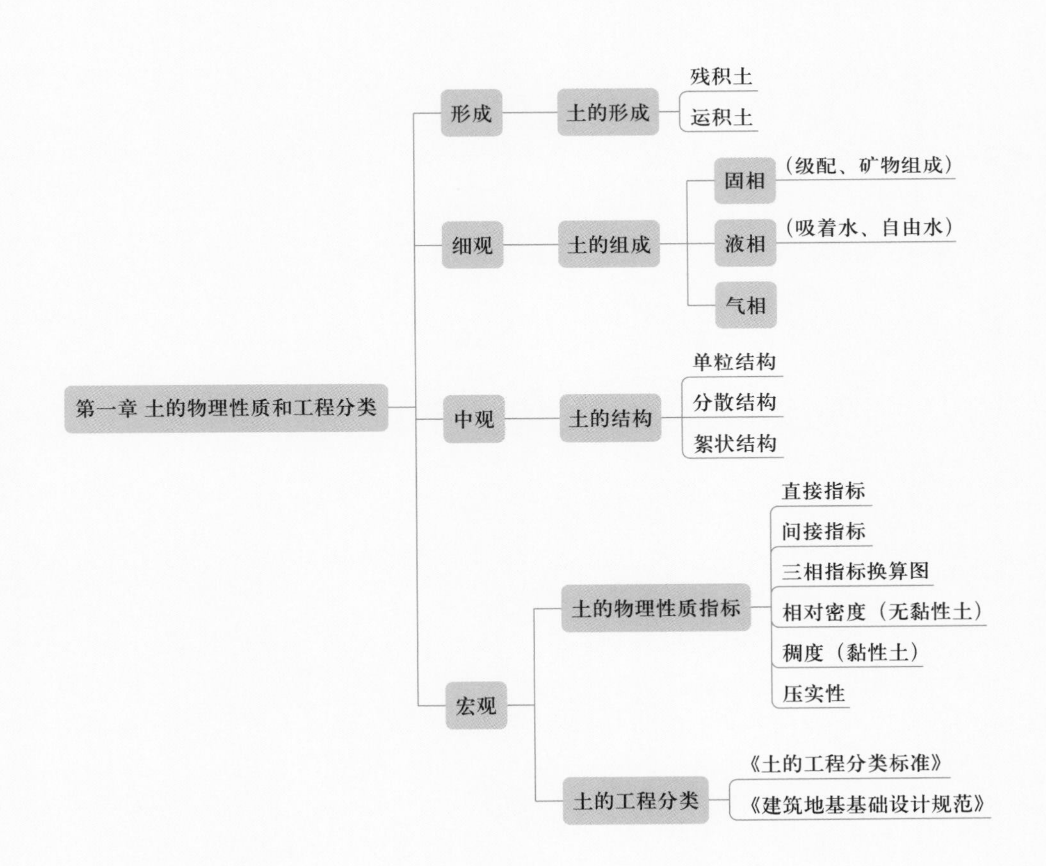

目标导入

◇ 了解土的常见成因、种类、矿物成分、基本物理化学性质；
◇ 了解土的三相体构成与基本特性，以及土的结构性；
◇ 了解土的物理性质指标的定义、内涵及基本计算方法；
◇ 培养基于常见土的工程特性分析典型岩土工程问题产生原因和提出防治对策的能力；
◇ 了解特殊土在世界特别是中国的分布情况和处理方法，主动探索求知，培养文献检索技能和知识获取能力；
◇ 培养根据规范对常规土质进行分类判别的能力。

第一节 土的形成

"土"一词在不同的学科领域有其不同的含义。就土木工程领域而言，土是指源于岩石风化，覆盖在地表的未胶结和弱胶结的颗粒堆积物。土与岩石的区分仅在于颗粒间胶结的强弱，所以，有时也会遇到难以区分的情况。在自然界，土的形成过程是十分复杂的，但根据它们的来源，可分为两大类：无机土和有机土。天然土绝大多数是由地表岩石在漫长的地质历史年代经风化作用形成的无机土，所以，通常说土是岩石风化的产物。

教学课件 1-1

这里所说的风化包括物理风化和化学风化。物理风化是指由于温度变化、水的冻胀、波浪冲击、地震等引起的物理力使岩体崩解、碎裂成岩块、岩屑的过程。例如，岩体冷却时引起的温度应力或地表附近日常的气温变化都可能导致岩体开裂，若雨水渗入这些裂缝后发生冻结，在冻胀作用下会促使裂缝张开，最后岩体崩解成岩块。通过同样的过程，这些岩块又可进一步碎裂成岩屑。在干旱地区，大风刮起的砂、砾的撞击亦可引起岩体迅速剥落和岩块碎裂。化学风化是指岩体（或岩块、岩屑）与空气、水和各种水溶液相接触，经氧化、碳化和水化作用分解为极细颗粒的过程。生物的活动也会助长风化的进程。

总之，物理风化仅使岩石产生量的变化——颗粒由粗变细，而化学风化却使岩石产生质的变化——岩石矿物成分发生改变。在自然界，这两种风化作用是同时或交替进行的，所以，任何一种天然土通常既有物理风化的产物，又有化学风化的产物。

岩石经风化后仍留在原地的堆积物称为残积土，图 1-1 所示为各类残积土实物图。

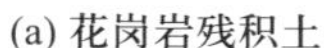

(a) 花岗岩残积土

(b) 坡残积土

(c) 薄层状残积土

图 1-1 残积土

残积土的厚度和风化程度主要取决于气候条件和暴露时间。在湿热地带，残积土的厚度可达几米至十几米，风化速度也快，这里的残积土主要由黏土组成；反之，在严寒地带，残积土的厚度不大，且主要由岩块和砂组成。残积土的明显特征是颗粒多为角粒且母岩的种类对残积土的性质有显著影响。母岩质地优良，由物理风化生成的残积土通常是坚固和稳定的。若母岩质地不良又特别是化学风化生成的残积土，则多半松软，性质易变。

经流水、风和冰川等动力搬运离开产地的堆积物则称为运积土。运积土的特征随搬运动力而异。大多数运积土是由水流冲积形成的，称为河流冲积土，如图 1-2a 所示。流水所能带走的颗粒大小取决于流速，因此，大小不同的颗粒随着河流流速的改变可堆积在不同的地方，这就引起了一定程度的颗粒分选。一般在河流上游或洪水期间沉积下来的颗粒较粗，下游或洪水过后沉积下来的颗粒较细。所以，在河流上游修建水工建筑物，通常要考虑由于地基土的强透水性引起的渗漏和渗透变形问题；而在下游修建水工建筑物，通常要考虑由于地基土的高压缩性和低强度引起的地基沉降和稳定问题，有时还须考虑渗透变形问题。尽管河流冲积土的颗粒组成和性质变化很大，但它们的共同特征是粗颗粒大多浑圆，表面光滑，而且一般成层状或透镜状，水平向的透水性大于竖直向的透水性。

由风力搬移形成的堆积物称为风积土，如图 1-2b 所示，常分布在干旱和半干旱地区。风所能带走的颗粒大小取决于风速，因此，颗粒沿风向也有一定的分选。风积土没有层理，颗粒以带角的细砂粒和粉粒为主，十分均匀。我国西北地区广泛分布着的黄土就是一种典型的风积土，主要分为湿陷性黄土和非湿陷性黄土。黄土的湿陷性可由室内压缩试验在一定压力下测定的湿陷系数 δ_s 值判定：当湿陷系数 $\delta_s \geq 0.015$ 时，为湿陷性黄土；当湿陷系数 $\delta_s < 0.015$ 时，为非湿陷性黄土。

湿陷性黄土具有肉眼可见的竖直细根孔，颗粒组成以带角的粉粒为主，常占干土总质量的 60%~70%，并含有少量黏粒和盐类胶结物。当它未曾受到水浸泡时，含水率低，一般在 10%左右，即使很疏松，仍能维持陡壁或承受较大的建筑物荷载。可是一经遇水，随着胶结强度的迅速降低，它便会在自重或建筑物荷载作用下剧烈下沉，即发生湿陷。此外，荷载过大会破坏粒间胶结力，也会引起湿陷性黄土结构的崩解。因此，在湿陷性黄土地基上修建水工建筑物，通常要考虑采取地基处理措施。而对于非湿陷性黄土，在我国则偏向于如《湿陷性黄土地区建筑标准》(GB 50025—2018)中所述，将其按一般性土对待。

由冰川剥落、搬运形成的堆积物称为冰川沉积土，如图 1-2c 所示。其中，几乎未经流水搬运直接从冰层中搁置下来的称为冰碛土，特征是不成层，所含颗粒的范围很宽，小至黏粒或粉粒，大至巨大的漂石。粗颗粒的形状是次圆的或次棱角的，有时还有磨光面。冰碛土的性质一般是不均匀的，可用作土石坝的不透水填料。化学胶结的冰碛土，特别是经过冰荷载作用的冰碛土，具有很高的密实度，常作为很好的建筑物地基。由冰川融化水搬运，堆积在冰层外围的冲积土称为冰水冲积土，具有与河流冲积土类似的性质，通常由砾、砂和粉砂组成，是优良的透水材料和混凝土骨料。

(a) 河流冲积土

(b) 风积土

(c) 冰川沉积土

图 1-2 运积土

在沼泽地，由植物完全或部分分解的堆积物称为有机土。它具有高压缩性和低强度，应力求避免作为建筑物地基。

第二节 土的组成

土是一种松散的颗粒堆积物，它由固相、液相和气相三部分组成。固相部分主要由土体中的矿物质和有机质组成，在整个土体中一般称固体部分为土颗粒，而由土颗粒相互接触形成的架构体称为土骨架；液相部分为水及其溶解物；气相部分为空气和其他气体。

教学课件 1-2

当骨架的孔隙全部被水占满时，这种土称为饱和土；当骨架的孔隙仅含空气时，则称为干土。一般在地下水位以上地面以下一定深度内的土兼含空气和水，属三相系，称为湿土。

一、土的固相

(一) 成土矿物

上节提到，土是岩石风化后的产物。因此，土粒的矿物成分取决于成土母岩的矿物成分及其所受的风化作用。成土矿物可分为两大类：一类为原生矿物，常见的有石英、长石和云母。由岩石物理风化生成的土粒，通常由一种或几种原生矿物所构成。土粒一般较粗，但也有细到石粉的，多呈浑圆形、块状或板状，吸附水的能力弱，性质比较稳定，无塑性。另一类为次生矿物，它是由原生矿物经化学风化生成的新矿物，它的成分与母岩完全不同。次生矿物主要是黏土矿物，即高岭石、伊利石和蒙脱石。由次生矿物构成的土粒极细，且多呈片状，性质活泼，有较强的吸附水能力（尤其是由蒙脱石构成的土粒），具有塑性。

砂粒一般由石英构成，其次是长石和云母。当砂土中含有大量呈片状的云母时，将大大增加它的压缩性和弹性。黏粒中通常包含着由次生矿物构成的极细土粒，因此，土中黏粒含量的增加将显著改变土的性质，如土的透水性减小、可塑性和压缩性增大等。

（二）黏土矿物的晶体结构

黏土矿物是次生矿物中数量最多的一种，它是由各种硅酸盐矿物分解形成的含水铝硅酸盐矿物。黏土矿物的种类繁多，从结构形式上可将其分为晶体矿物和非晶体矿物两大类，以晶体矿物为主，非晶体矿物很少。所谓晶体，是指原子或分子在空间上按一定规律周期重复地排列，不同的几何排列方式称为晶体结构，而组成晶体结构的最小单元称为晶胞。

常见的黏土矿物的晶胞基本是由硅-氧四面体和铝-氢氧八面体两种基本结构单元组成的。硅-氧四面体由一个居中的硅离子和四个在角点的氧离子组成，如图 1-3a 所示。四面体底面的每个氧离子为两个相邻单元内的硅离子所共有。正因为有这种共有的离子，才组成了底面具有六边形孔的硅片，如图 1-3b 所示。由于硅离子为正四价，氧离子为负二价，因此，当四面体单元由一个硅离子、一个氧离子和三个被共有的氧离子组成时，这种单元尚有未平衡电荷负一价。

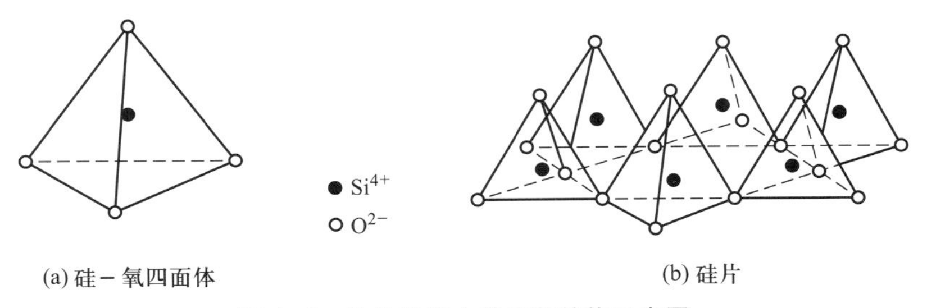

图 1-3　硅片的基本单元和结构示意图

铝-氢氧八面体由一个居中的铝离子和六个在角点的氢氧离子组成，如图 1-4a 所示。当每个氢氧离子为两个相邻单元内的铝离子所共有时，就组成了铝片，如图 1-4b 所示。由于铝离子为正三价，氢氧离子为负一价，因此，当一个八面体单元由一个铝离子和六个被共有的氢氧离子组成时，它的电荷是平衡的。

不同黏土矿物的结构都是由硅-氧四面体和铝-氢氧八面体这两种基本结构单元以不同的形式组合而成的。相同结构的不同黏土矿物，则是硅-氧四面体中心的硅离

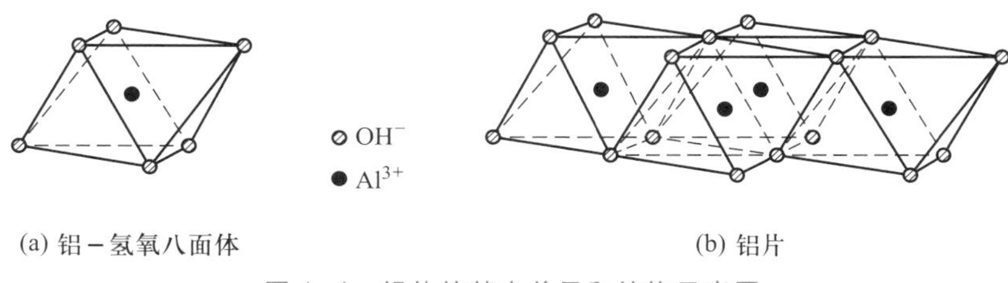

(a) 铝-氢氧八面体　　(b) 铝片

图 1-4　铝片的基本单元和结构示意图

子或铝-氢氧八面体中心的铝离子被其他性质相近的离子（如镁离子等）置换的结果。置换后，矿物的结构形式不变，但是其物理化学性质发生了变化，形成了新的矿物，这种现象称为同像置换或同型替代。

高岭石是长石风化的产物，图 1-5a 所示为在电子显微镜下观察到的高岭石微观结构。中国高岭石的著名产地有江西景德镇、江苏苏州及河北唐山等。高岭石的晶体结构由一层硅-氧四面体晶胞和一层铝-氢氧八面体晶胞互相搭接而成，如图 1-5b 所示。

(a) 高岭石(电子显微镜下)

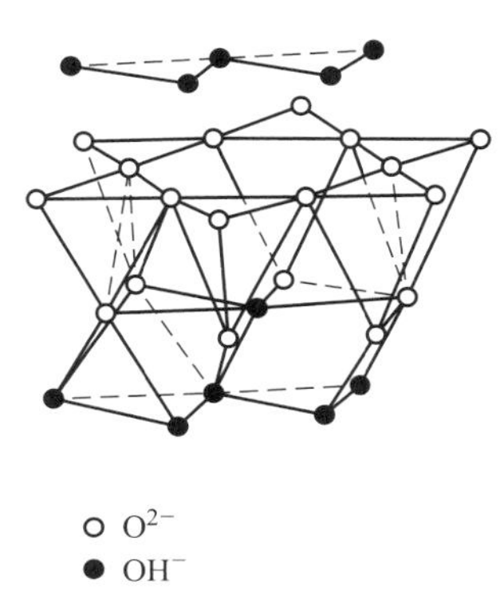

铝离子、硅离子
图中未表示

(b) 高岭石晶体结构示意图

图 1-5　高岭石显微照片及晶体结构示意图

四面体中未被平衡的电荷通过四面体中的氧离子替代八面体中的氢氧离子来达到每一晶层电量上的平衡，所以高岭石整体不带电。但是由于阴离子位于颗粒表面，而阳离子居于颗粒内部，因此从局部来看，它带有极性负电。当两个同样的颗粒相互接触靠拢时，会出现同性相斥，使得颗粒之间的间距变大，宏观上表现为土体的孔隙增加。同时，它还会对同样具有极性的水分子具有显著的吸附作用，从而给黏土矿物带来特有的塑性。江西景德镇的青花瓷就是以具有高纯度的高岭石矿料的高岭土制成的，瓷器拉坯的过程就是利用了其特有的塑性。

伊利石主要是云母在碱性介质中风化的产物，图 1-6a 所示为在电子显微镜下观察到的伊利石微观结构。它是由两层硅片夹一层铝片组成的晶层（又称 2 : 1 型晶格）叠接而成的，如图 1-6b 所示。这样结合而成的晶层，上下面都是带负电荷的氧离子，相邻晶层靠带正电荷的钾离子连接。因此，层间间距比较固定，但连接弱于高岭石。由伊利石构成的土粒较薄而细。伊利石黏土的用途很广，在陶瓷工业中利用伊利石黏土作为生产高压电瓷、日用瓷的原料，在化工工业中作为造纸、橡胶、油漆的填料，在农业中作为制取钾肥的原料。

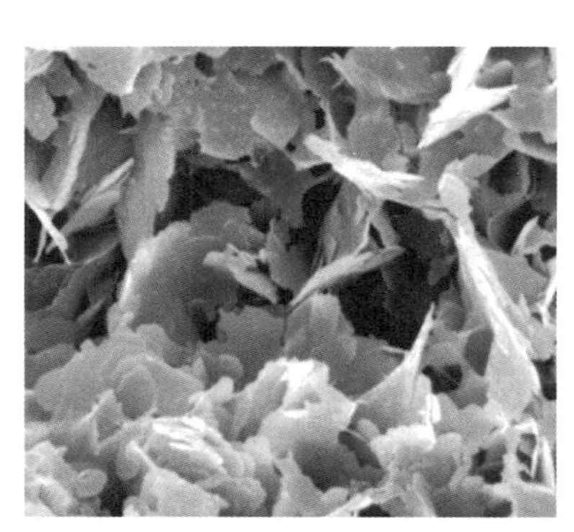

(a) 伊利石(电子显微镜下)

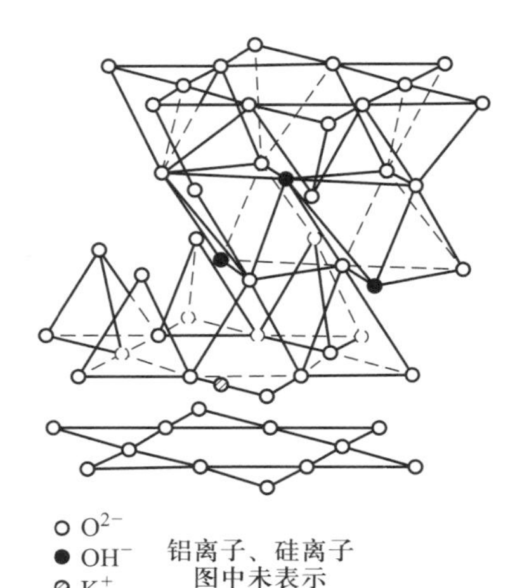

(b) 伊利石的晶体结构示意图

图 1-6 伊利石显微照片及晶体结构示意图

蒙脱石通常是由伊利石进一步风化或火山灰风化而成的产物，图 1-7a 所示为在电子显微镜下观察到的蒙脱石微观结构。它亦具有 2：1 型晶格，如图 1-7b 所示。

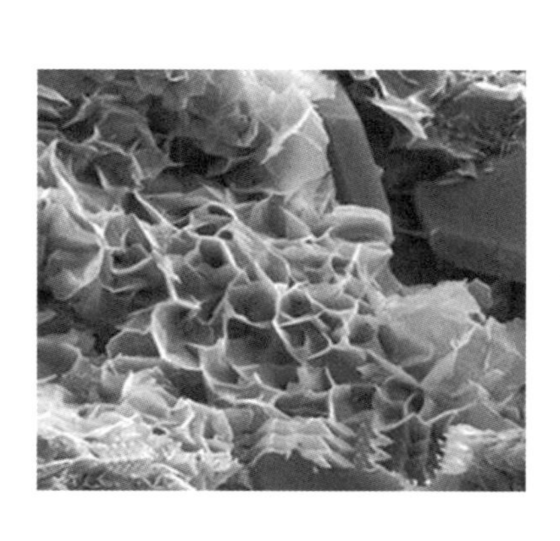

(a) 蒙脱石(电子显微镜下)

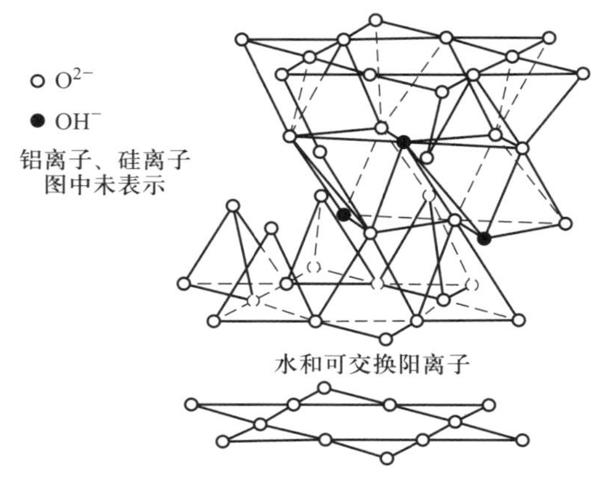

(b) 蒙脱石的晶体结构示意图

图 1-7 蒙脱石显微照片及晶体结构示意图

但蒙脱石的相邻晶层之间没有钾离子连接，水分子及水化阳离子极易进入层间，使得层间间距扩大，造成连接薄弱。因此，由蒙脱石构成的土粒极薄。当土中含有大量蒙脱石构成的土粒时,土中水分的变化将引起土体积的显著胀缩。在实际工程中,有一种特殊土——膨胀土,其主要成分之一为蒙脱石,这种土如果遇水体积会发生膨胀,带来地基的显著隆起,从而会引发上部建筑物的倾覆。膨胀土的这种遇水膨胀、失水收缩开裂且反复变形的特殊性质,给工程带了较大的危害。在实际工程建设中,往往需要准确地了解膨胀土的特性及变化的条件,从而采取相应的地基处理措施,一般的处理方法包括改良、固化土质,采用桩基,预湿膨胀等。

应当指出,四面体中的硅离子和八面体中的铝离子可以被其他离子替代,如铁离子和铝离子能够替代四面体中的硅离子;铁离子和镁离子也可替代八面体中的铝离子。但是,这种替代并未改变晶体结构,即前文所述的同型替代。同型替代只能发生在黏土矿物生成期间,而不能随时替代。

(三)土粒大小和土的级配

如上所述,土粒大小与成土矿物之间存在着一定的相互关系,因此,土粒大小在某种程度上也就反映了土粒性质上的差异。土粒的大小通常以粒径表示。必须指出,实际土粒的形状是各式各样的,很少呈球形,这里所说的土粒粒径是等效粒径。所谓等效粒径,即指将外接于土粒的最小球体直径定义为土粒的直径。在实验室中,一般可以通过筛析试验和密度计试验确定土粒粒径。在筛析试验中用通过的最小筛孔的孔径表示;在密度计试验中用在水中具有相同下沉速度的当量球体的直径表示。

天然土是由无数大小不同的土粒组成的,逐个研究它们的大小是不可能的,也没有这种必要。通常是把工程性质相近的一定尺寸范围内的土粒合并为一组,称为粒组。不同的粒组赋予土不同的性质。工程上广泛采用的粒组有:漂石粒、卵石粒、砾粒、砂粒、粉粒、黏粒和胶粒。其中又把粒径大于 60 mm 的土粒统称为巨粒组;0.075~60 mm 的土粒统称为粗粒组;小于或等于 0.075 mm 的土粒统称为细粒组。根据《土的工程分类标准》(GB/T 50145—2007),各粒组的进一步细分和粒径范围见表 1-1。

表 1-1 土的粒组

粒组名称			粒径范围
巨粒	漂石(块石)		$d>200$ mm
	卵石(碎石)		60 mm$<d\leqslant$200 mm
粗粒	砾粒	粗砾	20 mm$<d\leqslant$60 mm
		中砾	5 mm$<d\leqslant$20 mm
		细砾	2 mm$<d\leqslant$5 mm
	砂粒	粗砂	0.5 mm$<d\leqslant$2 mm
		中砂	0.25 mm$<d\leqslant$0.5 mm
		细砂	0.075 mm$<d\leqslant$0.25 mm
细粒	粉粒		0.005 mm$<d\leqslant$0.075 mm
	黏粒		$d\leqslant$0.005 mm

土中某粒组的土粒含量定义为该粒组土粒质量与干土总质量之比，常以百分数表示。土中各粒组的相对含量称为土的级配。土的级配好坏将直接影响土的性质。级配良好的土，压实后能达到较高的密实度，因而，土的透水性小，强度高，压缩性低。反之，级配不良的土，往往压实密度小，强度低，或者渗透稳定性差。

（四）颗粒分析试验

测定土中各粒组颗粒质量所占该土总质量的百分数，确定粒径分布范围的试验称为颗粒分析试验。在实验室内，为了确定土的级配，最常用的试验方法有筛析法和密度计法两种。前者适用于粒径大于0.075 mm的土，后者适用于粒径小于0.075 mm的土。当土内兼含大于和小于0.075 mm的土粒时，两种分析方法可联合应用。

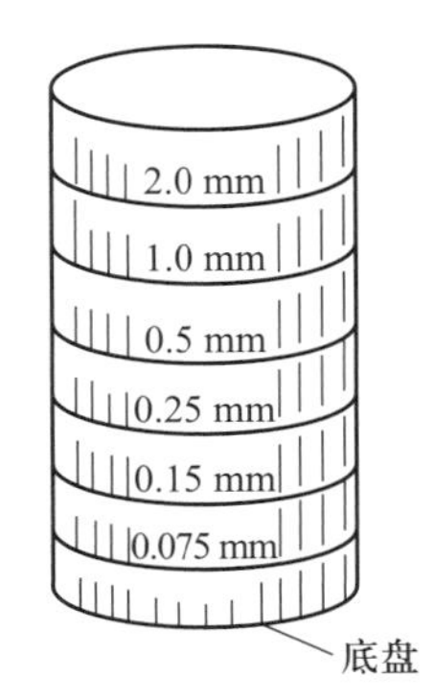

图 1-8　标准筛示意图

筛析法是利用一套孔径由大到小的筛子，如图1-8所示，将事先称过质量的干试样放入筛中，经充分振摇后，把留在各级筛上的土粒分别称量，算出小于某粒径的土粒含量，用以确定土内各粒组的土粒含量。下面举例说明。

[例题 **1-1**] 从干砂样中称取质量1 000 g的试样，放入图1-8所示的标准筛中，经充分振摇，称得各级筛上留下的土粒质量，见表1-2第二行。试求土内各粒组的土粒含量。

表 1-2　筛析试验结果

筛孔径/mm	2.0	1.0	0.5	0.25	0.1	0.075	盘底
各级筛上的土粒质量/g	100	100	250	300	100	50	100
小于各级筛孔径的土粒含量/%	90	80	55	25	15	10	
粒组/mm	>2	2~1	1~0.5	0.5~0.25	0.25~0.1	0.1~0.075	≤0.075
各粒组的土粒含量/%	10	10	25	30	10	5	10

注：筛孔孔径依据《土工试验方法标准》（GB/T 50123—2019）确定。

[解] 留在孔径2.0 mm筛上的土粒质量为100 g，则小于该孔径的土粒质量为900 g，于是，小于该孔径的土粒含量为900/1 000 = 90%。同样可算得小于其他孔径的土粒含量，见表1-2中第三行。

由小于2.0 mm和1.0 mm孔径的土粒含量90%和80%可得到2.0 mm到1.0 mm粒组的土粒含量为10%。同样可算得其他粒组的土粒含量，见表1-2中第五行。

密度计法是利用大小不同的土粒在水中的沉降速度不同来确定小于某粒径的土粒含量的，其原理和操作步骤可参阅《土工试验方法标准》（GB/T 50123—2019）等规范标准。

不论是用筛析法还是用密度计法，或两者联合应用，都可把试验结果在半对数坐标上用下面两种形式的曲线来表示：

（1）粒径分布曲线。这是最常用的一种表示颗粒分析试验结果的曲线。它以粒径为横坐标（对数比例尺）、小于该粒径的土粒含量为纵坐标绘得。

（2）粒组频率曲线。它以各粒组的平均粒径为横坐标（对数比例尺）、以各粒组的土粒含量为纵坐标绘得。用粒组频率曲线可以反映土的级配的连续性。

图 1-9 所示的颗粒分析试验曲线为例题 1-1 筛析试验成果图。图中实线为粒径分布曲线，虚线为粒组频率曲线。

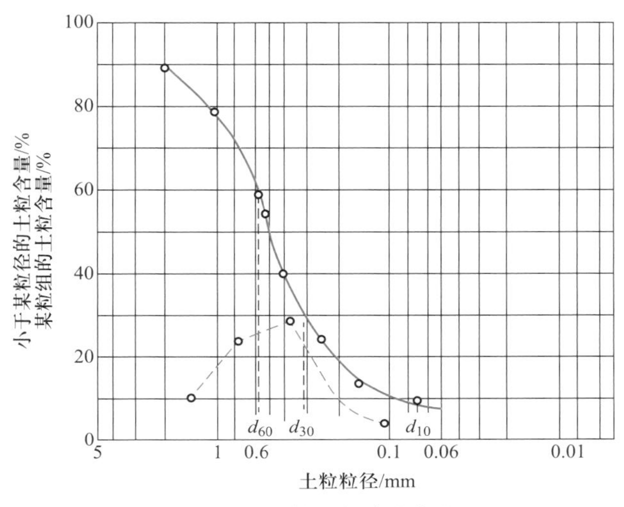

图 1-9 颗粒分析试验曲线

（五）颗粒分析试验曲线的主要用途

按粒径分布曲线可求得：

（1）土中各粒组的土粒含量，用于粗粒土的分类和大致估计土的工程性质；

（2）某些特征粒径，用于建筑材料的选择和评价土级配的好坏。

根据某些特征粒径，又可得到两个有用的指标，即不均匀系数 C_u 和曲率系数 C_c，它们的定义为

$$C_u = \frac{d_{60}}{d_{10}} \tag{1-1}$$

$$C_c = \frac{d_{30}^2}{d_{10} d_{60}} \tag{1-2}$$

式中：d_{10}、d_{30}、d_{60}——粒径分布曲线上小于某粒径的土粒含量分别为 10%、30% 和 60% 时所对应的粒径，如图 1-9 所示。通常把 d_{10} 称为有效粒径；d_{60} 称为限制粒径。

土的粒径范围窄，分布曲线陡（如图 1-10 中曲线 a），d_{10} 与 d_{60} 靠近，土的不均匀系数小，表示土中土粒均匀；反之，土的粒径范围宽，粒径分布曲线平缓（如图 1-10 中曲线 b），d_{10} 与 d_{60} 相距远，土的不均匀系数大，表示土中土粒不均匀。因此，不均匀系数的大小可用来衡量土中土粒的均匀程度。一般而言，土的不均匀系数大，土就有足够的细

土粒去充填粗土粒形成的孔隙,因此,当它压实后就能得到较高的密实度。可是,某些级配不连续的土,例如,缺乏中间粒径的土,粒径分布曲线呈台阶状(如图1-10中曲线c),尽管它的不均匀系数也不小,但它的渗透稳定性差(见第二章)。所以,土的不均匀系数大,未必表明土中粗细粒的搭配一定就好。粒径分布曲线的形状可用曲率系数 C_c 反映。经验表明,当级配连续时,C_c 的范围为1~3;反之当 $C_c<1$ 或者 $C_c>3$ 时,均表示级配曲线不连续。若曲率系数 C_c 过大,表示粒径分布曲线的台阶出现在 d_{10} 与 d_{30} 的范围内;而若曲率系数 C_c 过小,则表示台阶出现在 d_{30} 与 d_{60} 的范围内。

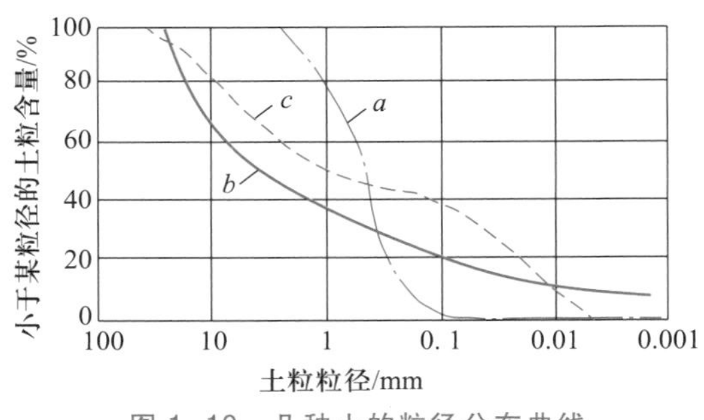

图1-10　几种土的粒径分布曲线

综上所述,土的级配的好坏可由土中土粒的均匀程度和粒径分布曲线的形状来决定,而土粒的均匀程度和曲线的形状又可用不均匀系数和曲率系数来衡量。因此,我国《土的工程分类标准》(GB/T 50145—2007)规定:对于纯净的砾、砂,当细粒含量小于5%,$C_u \geqslant 5$,且 $1 \leqslant C_c \leqslant 3$ 时,它的级配是良好的;不能同时满足上述条件时,它的级配是不良的。

[例题1-2] 按图1-9中的颗粒分析试验结果,计算砂样内粗砂、中砂和细砂粒组的土粒含量、不均匀系数和曲率系数。

[解] 由图1-9中的粒径分布曲线可得小于2 mm、0.5 mm、0.25 mm和0.075 mm的土粒含量,见表1-3第二行。于是,按表1-1对粒组划分的规定,粗砂粒组的土粒含量为35%。用同样的方法可算得中砂、细砂粒组的土粒含量,见表1-3第三行。

表1-3　各粒组土粒含量计算表

粒径/mm	2	0.5	0.25	0.075
小于该粒径的土粒含量/%	90	55	25	10
粗、中、细砂粒组含量/%	35	30	15	

又,按粒径分布曲线查得 $d_{10}=0.075$ mm,$d_{30}=0.32$ mm,$d_{60}=0.58$ mm,于是,按式(1-1)得

$$C_u=\frac{d_{60}}{d_{10}}=\frac{0.58}{0.075}=7.7$$

按式(1-2)得

$$C_c=\frac{d_{30}^2}{d_{10}d_{60}}=\frac{0.32^2}{0.075\times0.58}=2.4$$

由于 $C_u>5$，C_c 在 1~3 之间，所以，砂的级配是良好的。

土的级配的连续性也可用粒组频率曲线来反映。若土的粒组频率曲线呈单峰（如图 1-11 中曲线 a），则土的级配是连续的；若粒粗频率曲线呈双峰（如图 1-11 中曲线 b），则土的级配既有可能是连续的，也有可能是不连续的。连续与否则取决于双峰之间谷点对应粒组的土粒含量，当大于 3%时，是连续的；否则，是不连续的。缺乏中间粒径的土是级配不连续土的典型情况，这时，谷点对应粒组的土粒含量为零。

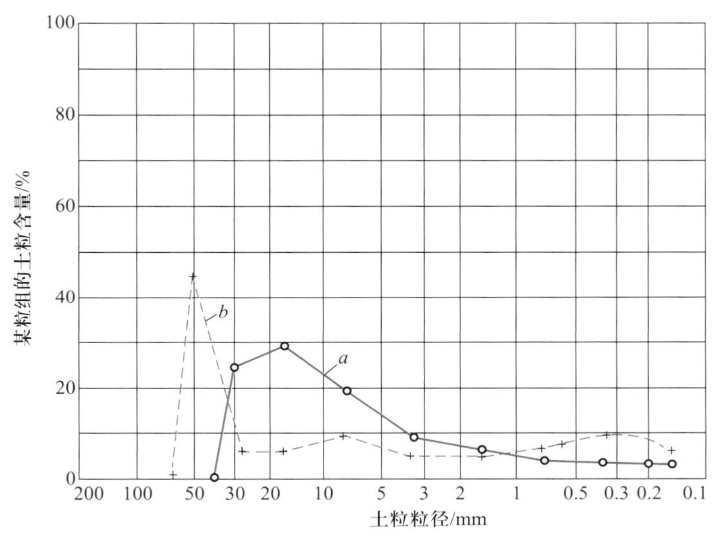

图 1-11 土的粒组频率曲线

二、土的液相

土有许多特性与其他工程材料不同，如它的性质常随土中水量的不同而改变。可是，土中水通常在不同的作用力之下而处于不同的状态，所以，它们具有相异的性质，对土的影响也不同。工程上对土中水的分类如表 1-4 所示。

表 1-4 土中水的类型

水的类型		主要作用力
吸着水	强吸着水	物理化学力
	弱吸着水	
自由水	毛细管水	表面张力及重力
	重力水	重力

（一）吸着水

黏土特定的矿物结构导致其颗粒表面带有负电性，进而会在它的周围产生电场。

当黏粒在水中沉淀时,在静电引力作用下,水中的阳离子将被群集在土粒周围以中和土粒上的净负电荷;同时,由于水分子是极性的,即水分子中的氢原子和氧原子不是均匀分布的,氢原子偏向一端,氧原子偏向另一端,因此,它也将被束缚在土粒和阳离子四周。另一方面,与土粒表面的氧原子紧靠着的水分子,还可直接通过氢键吸附在土粒表面。于是,在土粒周围形成了一层与自由水性质不同的水层,这里的水称为吸着水,如图 1-12 所示。它比普通水有较大的黏滞性、较小的能动性和不同的密度。吸着水距土颗粒表面愈近,电分子引力愈强;反之,距离愈远,引力愈弱。远到一定距离,水将不受电分子引力作用。因此,吸着水又可分为强吸着水和弱吸着水。强吸着水受到土颗粒的吸附力可高达几千个大气压,它可以牢固地结合在土颗粒表面,其性质接近于固体。强吸着水的冰点很低,沸点较高,-78℃才冻结,在温度达 150℃以上时才可被蒸发,且不能传递压力。弱吸着水也称为薄膜水,由于距颗粒表面较远,电分子引力对它作用较小,呈黏滞态,不能传递压力,也不能在孔隙中自由流动,但它可以在电场力作用下从水膜厚的地方向水膜薄的地方迁移。弱吸着水的存在使土具有塑性、黏性,它能够影响土的压缩性和强度,并使土的透水性变小。

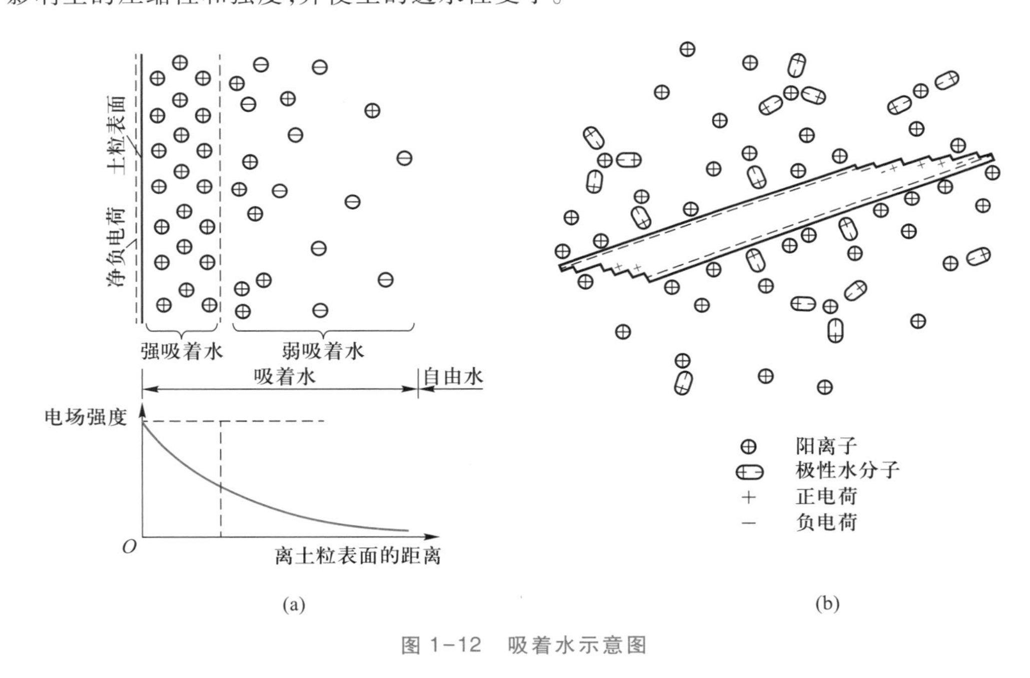

图 1-12　吸着水示意图

吸着水层的厚度受很多因素影响。首先,它与成土矿物有关。在三种黏土矿物中,由蒙脱石构成的土粒,尽管它单位质量的负电荷最多,但它的比表面积(土粒的表面积与其质量或体积之比)比由其他矿物构成的土粒大得多。因而,单位表面积上的负电荷反而少,以致吸着水层厚度最薄。高岭石正好相反,吸着水层最厚。伊利石则介于两者之间。但是,这并不意味着蒙脱石吸附水的能力最弱,因为吸附水的能力还与其表面负电性的强弱有关。实际上,由于蒙脱石有很大的比表面积,在其他条件都相同的情况下,它的吸着水的体积却是最大的。

其次,吸着水层的厚度还取决于水中阳离子的浓度和化学性质。水中阳离子的离子价愈低,为平衡土粒表面负电荷所需的阳离子就愈多(如所需的阳离子 Na^{+} 为 Ca^{2+} 的 2 倍),而且低价阳离子的水化程度一般也较强,因此吸着水层的厚度就愈厚。阳离子浓度愈高,则靠近土粒表面的阳离子也愈多,吸着水层厚度也愈薄,因为较薄吸着水层中的阳离子就足以平衡土粒表面的负电荷。

对于细粒土,当黏粒含量很高,特别是当黏粒由黏土矿物构成时,由于它们多呈片状,比表面积很大,吸着水往往占有很大的孔隙体积,故细粒土的性质将受吸着水的重大影响。对于粗粒土,其黏粒含量较少,成分组成与细粒土有所差异,且土粒在三个方向的尺寸属同一数量级,它的比表面积较小,在孔隙水的体积中,吸着水的体积可忽略不计,因此粗粒土的性质受吸着水的影响非常小。

（二）毛细管水

孔隙水中不受土粒静电引力束缚的那部分水称为自由水,它与普通水没有多大差别。自由水又可分为毛细管水和重力水。在地下水位以上为毛细管水,以下为重力水。毛细管水是在重力和表面张力作用下的自由水。

土中存在着许多大小不同的相互连通的弯曲孔道,由于水分子与土粒分子之间的附着力和水、气界面上的表面张力,地下水将沿着连接孔道被吸引上来,在地下水位以上形成一定高度的毛细管水带,这一高度称为毛细管水上升高度。它与土中孔隙的大小和形状、土粒的矿物成分及水的性质有关。在毛细管水带内,只有靠近地下水位的一部分土的孔隙才被认为是被水充满的,这一部分就称为毛细管水饱和带,如图 1-13 所示。

在毛细管水带内,水、气界面上弯液面和表面张力的存在,使水内的压力小于大气压力,即水压力为负值。

在潮湿的粉、细砂中,孔隙水仅存在于土粒接触点周围,彼此是不连续的。这时,由于孔隙中的气与大气相连通,孔隙水中的压力亦将小于大气压力。于是,将引起迫使相邻土粒挤紧的压力,这个压力称为毛细管水压力,如图 1-14 所示。

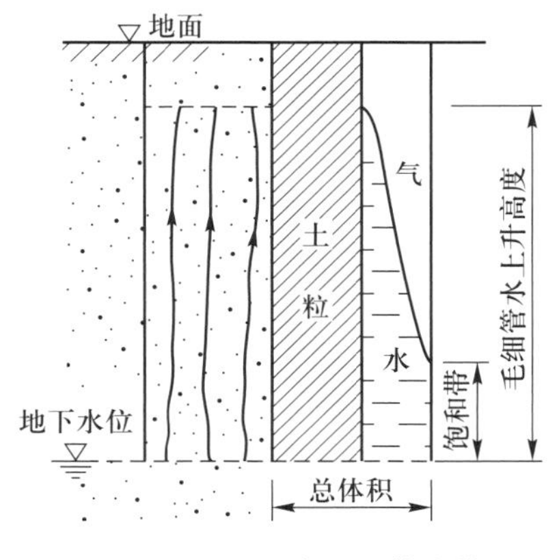

图 1-13 土层内毛细管水带

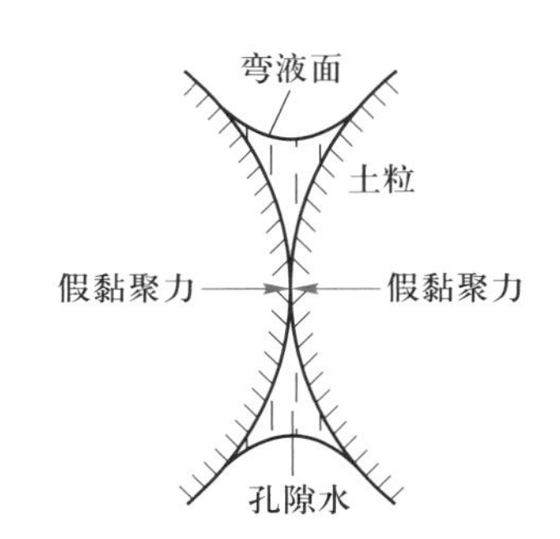

图 1-14 毛细管水压力示意图

毛细管水压力的存在,增加了粒间错动的摩擦阻力。这种由毛细管水压力引起的摩擦阻力犹如给予砂土以某些黏聚力(见第五章),以致在潮湿的砂土中能开挖一定高度的直立坑壁。但一旦砂土被水浸没,则弯液面消失,毛细管水压力变为零,这种黏聚力也就不再存在。因而,把这种黏聚力称为假黏聚力。

在位于河北秦皇岛的北戴河新区黄金海岸,修建有一座沙雕海洋乐园,里面展示着各式各样的沙雕艺术造型,如图 1-15a 所示。沙雕之所以可以成形,便是砂土中毛细管水产生的“假黏聚力”发挥效力的结果。此外,当遇到阴雨天气时,室内地面及墙壁会变得异常潮湿,如图 1-15b 所示,这种现象也主要是由毛细管水压力所引起的。在建筑房屋时,常常需要将地基夯实。而在夯实的地基中毛细管又多又细。阴雨天气时,地下水位上升,它们便能够把土壤中的水分引上来,进而造成室内潮湿。

(a) 沙雕艺术造型

(b) 地下室潮湿

图 1-15 毛细管水作用带来的各种现象

(三) 重力水

重力水是在重力和水位差作用下能在土中流动的自由水。它是土中其他类型水的来源。重力水具有溶解能力,能传递静水和动水压力,并对土粒起浮力作用。

必须指出,水是土的一个重要组成部分。根据实用观点,一般认为它不能承受剪力,但能承受压力和一定的吸力;同时,水的压缩性很小,在通常所遇到的压力范围内,它的压缩量可忽略不计。

三、土的气相

在非饱和土的孔隙中,除水之外,还存在着气体。土中气体可分为两种基本类型:一种是与大气连通的气体;另一种是与大气不连通的以气泡形式存在的封闭气体。

若土的饱和度低,土中气体就与大气相通,当土受到外力时,气体很快从孔隙中排出,土的压缩稳定性和强度提高都较快。但若土的饱和度很高,土中出现封闭气泡时,外力将引起气泡压缩,而一旦外力除去或孔隙水排出,气泡就膨胀。因此,土中封闭气泡的存在将增加土的弹性和黏性。此外,封闭气泡还能阻塞土内渗流通道,使土的透水性减小。

第三节
土的结构

教学课件 1-3

上节提到大多数黏粒是呈片状的,图 1-16 所示为浙江台州滨海工业区海相黏土的微观结构图。黏粒通常具有非常大的比表面积,在一定条件下粒间电作用力与其重力相比占有优势,从而影响细粒土在沉积过程中的结构(指土粒或粒团在空间的几何排列)和性状。另一方面,黏粒的负电荷分布在扁平面上,在角、边常因断键有正电荷的局部集中,因此正负电荷的不均匀分布使黏粒具有极性颗粒的性状。在这些情况下,粒间电作用力既有引力,又有斥力。

图 1-16 浙江台州滨海工业区海相黏土微观结构

当黏粒在溶液中沉淀时,粒间引力主要是范德瓦耳斯力,还有吸着水层中异性电荷(一个土粒的扁平面上吸引着阳离子,另一个土粒的角、边吸引着阴离子)引起的静电引力。范德瓦耳斯力可以发生在极性颗粒或瞬时极性颗粒之间,此时当两个极性颗粒相互接近时,必同极相斥,异极相吸,而促使它们发生转动。转动的结果使它们异极相对,两个颗粒互相吸引,如图 1-17 所示。这表明,范德瓦耳斯力总是在极性颗粒之间产生引力,但它是一种短程力,约随粒间间距的六次方递减,而与溶液的性质无关。

另一方面,当两个土粒互相靠近,使吸着水层相搭接(即粒间间距小于 2 倍吸着水层厚度)时,吸着水层中的阳离子不足以平衡土粒上的净负电荷就发生粒间斥力。其大小取决于溶液的性质(如溶液中阳离子的浓度和离子价),并随粒间间距的指数函数递减。

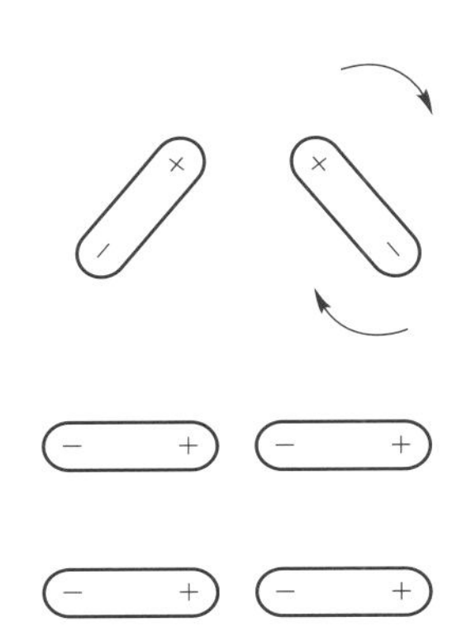

图 1-17 两个极性颗粒相互作用示意图

粒间电作用力(粒间力)随粒间间距和溶液中阳离子浓度的变化示于图 1-18。由图可见,当溶液中阳离子浓度高(吸着水层薄)时,只有在粒间间距较小时,才会产生粒间斥力；相反，当阳离子浓度低（吸着水层厚）时，则较大的粒间间距就产生了粒间斥力，而且，相同粒间间距的斥力也较大。

由图 1-18 的曲线可得净粒间力随粒间间距的变化曲线，如图 1-19 所示。可见，当粒间间距较小时，不管溶液中阳离子浓度如何，粒间力总是净引力。随着粒间间距的增大，溶液中阳离子浓度高时，粒间力还是净引力；当阳离子浓度低时，粒间力就能成为净斥力。

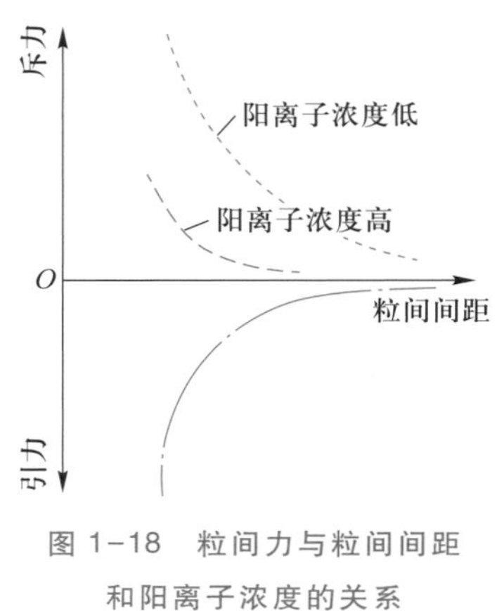

图 1-18 粒间力与粒间间距和阳离子浓度的关系

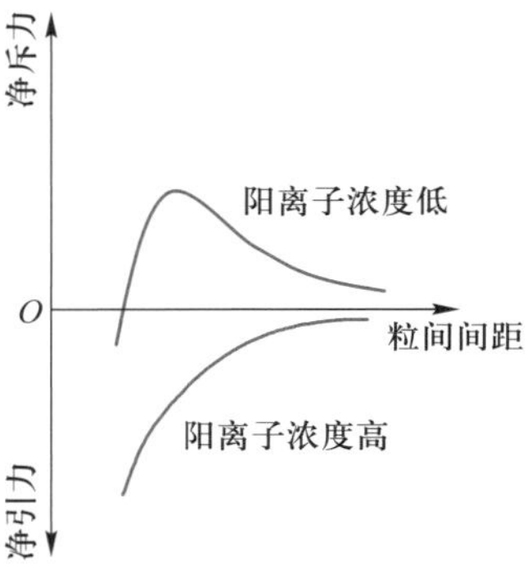

图 1-19 净粒间力与粒间间距的关系

有了上面一些概念，就可以来定性地讨论土的结构。土的结构包括土粒或粒团在空间的几何排列和相邻土粒或粒团间的电作用力两方面内容。土的结构取决于粒间力及成土过程中和随后所受到的外力。通常，沉积土的结构有下列三种基本类型。

一、单粒结构

单粒结构是砂、砾等粗粒土在沉积过程中形成的代表性结构。砂、砾的比表面积小，在沉积过程中粒间力的影响与其重力相比可以忽略，即它们主要受重力控制。当土粒在重力作用下下沉时，一旦与已沉稳的土粒相接触，就滚落到平衡位置，从而形成单粒结构。这种结构的特征是土粒之间为点与点的接触，如图 1-20a 所示。

(a) 单粒结构 (b) 分散结构 (c) 絮状结构

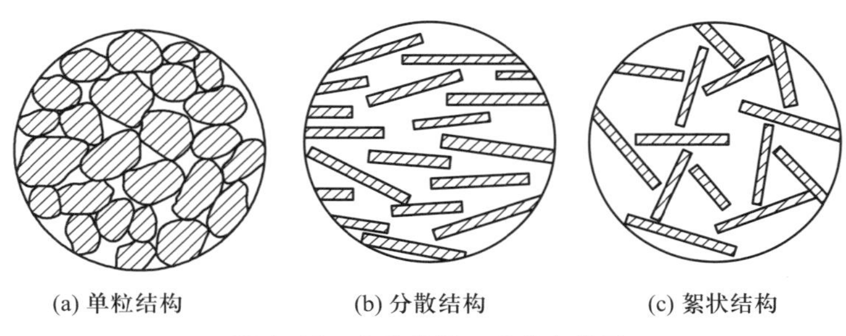

图 1-20 土结构的三种基本类型

在单粒结构中，即使土粒大小一定，由于排列不同，它们也有松紧之别。在动力作用下，土粒疏松排列时较不稳定，但在静压力作用下，单粒结构的压缩性一般都较小。

二、分散结构

分散结构又称片堆结构，它是黏土颗粒组成的细粒土特有的结构。当黏粒在淡水中下沉时，由于水中阳离子浓度低，黏粒表面吸着水膜厚度大，土粒间表现为净斥力占优，黏粒大多呈单粒状态下沉到水底。由于稳定的需要，片状土粒间相互接近于平行排列，粒间以面-面接触为主，如图 1-20b 所示。这种结构土粒的定向程度较高，密度较大，呈明显的各向异性。

三、絮状结构

絮状结构又称片架结构。这是黏粒在咸水中下沉时，由于吸着水层薄，当土粒在水中做杂乱无章的运动时，一旦接触，粒间力表现为净引力，彼此容易结合在一起，然后成团下沉而形成的。由于土粒角、边常带正电荷，它们与面接触时净引力最大，因此絮状结构的特征是土粒之间以角、边与面的接触或边与边的搭接为主，如图 1-20c 所示。这种结构土粒呈任意排列，具有较大的孔隙，对扰动比较敏感，但性质较均匀。

天然细粒沉积土的结构远比上述基本类型复杂得多，上述单个土粒参与排列的方式在天然土中是少见的，通常土粒总是成团存在，称为粒团。对粒团及粒团内土粒的排列而言，既有粒团内土粒的任意或定向排列，又有粒团之间的任意或定向排列，如图 1-21所示。

当粒团及粒团内的土粒都任意排列时，土体是完全各向同性的，如图 1-21a 所示；当粒团是任意排列，而粒团内的土粒是定向排列时，土体在主体上是各向同性的，如图 1-21b 所示；当粒团是定向排列，而粒团内的土粒是任意排列时，土体在主体上是各向异性的，如图 1-21c 所示；当粒团及粒团内的土粒都定向排列时，土体是完全各向异性的，如图 1-21d 所示。

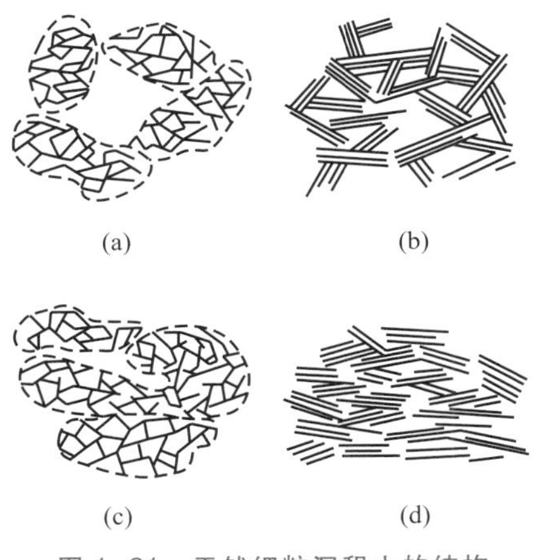

图 1-21 天然细粒沉积土的结构

黏性土中常出现粉粒，它的含量将影响土粒的最终排列及土的性质。通常，粉粒之间不是直接接触的，在粉粒周围常有一黏粒壳层，壳层内的黏粒总是定向排列的。

第四节
土的物理性质指标

教学课件 1-4

如前所述，土是由土粒、水和空气三者所组成的，它们在数量上的比例关系不仅可以描述土的物理性质和它所处的状态，而且，在一定程度上还可用来反映土的力学性质。所谓土的物理性质指标，就是表示土中三相比例关系的一些物理量。

土的物理性质指标可分为两类：一类是可以直接通过试验测定的，如含水率、密度和土粒比重；另一类是可以根据试验测定的指标换算的，如孔隙比、孔隙率和饱和度等。

为了便于说明这些物理性质指标的定义和它们之间的换算关系，常常利用三相图。土的三相图是表示土体内三相相对含量的直方图，如图 1-22 所示。图中 m 表示质量，V 表示体积，下标 a、w、s 和 v 分别表示空气、水、土粒和孔隙。例如，m_s 表示土粒的质量，V_v 表示孔隙的体积等。

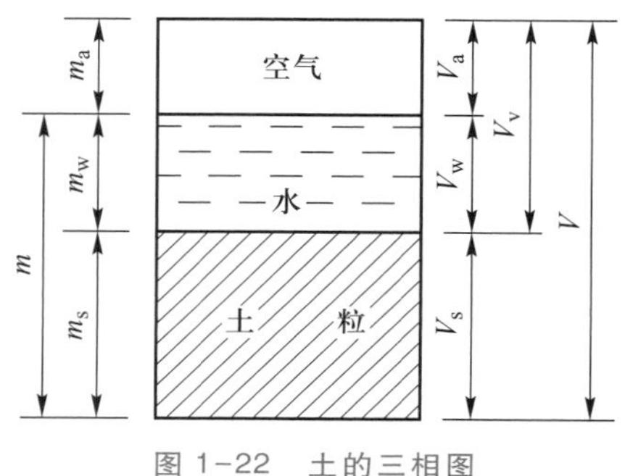

图 1-22　土的三相图

一、含水率（w）

土的含水率定义为土中水的质量与土粒的质量之比，以百分数表示［此定义与《岩土工程基本术语标准》（GB/T 50279—2014）相一致］，即

$$w=\frac{m_w}{m_s}=\frac{m-m_s}{m_s}\times100\% \tag{1-3}$$

式中：m_s——土粒的质量，即干土的质量，是把土放入 105～110℃ 烘箱内烘至恒量后称得的。

二、密度（ρ）和重度（γ）

土的密度定义为单位体积土的质量，以 kg/m^3（或 g/cm^3）计。土的重度定义为单位体积土的重量，以 kN/m^3 计，它与土的密度有如下关系：

$$\gamma=\frac{W}{V}=\frac{m\times g}{V}=\rho\times g \tag{1-4}$$

式中：W——土的重量，单位为 kN；

g——重力加速度。

工程上常用的密度类型有：

(一)天然密度(ρ)

土的天然密度是土体在天然状态下的密度,即

$$\rho=\frac{m}{V}=\frac{m_w+m_s}{V_w+V_s+V_a} \tag{1-5}$$

对于黏性土,常用环刀法测定土的密度。用一定容积 V 的环刀切取试样,称量 m 后算得。

(二)饱和密度(ρ_{sat})

土的饱和密度是土中孔隙完全被水充满时的密度,即

$$\rho_{sat}=\frac{m_s+V_v\rho_w}{V} \tag{1-6}$$

式中:ρ_w——水的密度,即单位体积水的质量,工程计算中可取 1 g/cm^3。

(三)干密度(ρ_d)

土的干密度是单位体积土体内土粒的质量,即

$$\rho_d=\frac{m_s}{V} \tag{1-7}$$

土烘干,体积一般要减小,因而,严格说土的干密度不等于烘干土的密度。通常填土施工中的质量是以干密度作为控制指标的。

由此可见,同一种土在体积不变的条件下,它的各种密度在数值上有如下关系:

$$\rho_{sat}\geqslant\rho\geqslant\rho_d$$

相应于上述几种密度,工程上常用天然重度 γ、饱和重度 γ_{sat} 及干重度 γ_d 来表示土在各种含水状态下单位体积的重量。另外,地下水位以下的土体常会受到水的浮力作用,土的饱和重度减去水的重度,被称为浮重度 γ',表示为

$$\gamma'=\gamma_{sat}-\gamma_w \tag{1-8}$$

浮重度的物理含义为单位体积土体所受重力与所受浮力的合力,在数值上也等于单位体积土体中土粒所受重力与土粒所受浮力的合力。

这几种重度在数值上亦有如下关系:

$$\gamma_{sat}\geqslant\gamma\geqslant\gamma_d>\gamma'$$

三、土粒比重(G_s)

土粒比重定义为土粒的质量与同体积 4℃时蒸馏水的质量之比,即

$$G_s=\frac{m_s}{V_s(\rho_w)_{4℃}}=\frac{\rho_s}{(\rho_w)_{4℃}} \tag{1-9}$$

式中:ρ_s——土粒的密度,即单位体积土粒的质量;

$(\rho_w)_{4℃}$——4℃时蒸馏水的密度。

土粒比重常用比重瓶法测定。事先将比重瓶注满蒸馏水,称量瓶加水的质量,然后把若干克烘干土装入该空比重瓶内,再加蒸馏水至满,称量瓶加土加水的质量,按下式

求土粒比重：

$$G_s = \frac{m_s}{m_1 + m_s - m_2} \tag{1-10}$$

式中：m_1——瓶加水的质量；

m_2——瓶加土加水的质量；

m_s——烘干土的质量。

实际应用中，土粒比重在数值上等于土颗粒的密度，但量纲为一，故也称为相对密度。

天然土含有不同矿物组成的土粒，它们的比重一般是不同的。由试验测定的比重值代表整个试样内所有土粒的平均值。砂土的平均比重约为 2.65；黏土的平均比重约为 2.75。若土中含有机质，比重将减小。

四、孔隙比（e）

土的孔隙比定义为土中孔隙的体积与土粒的体积之比，以小数表示，即

$$e = \frac{V_v}{V_s} \tag{1-11}$$

五、孔隙率（n）

土的孔隙率定义为土中孔隙的体积与土体的体积之比，或土单位体积内孔隙的体积，以百分数表示，即

$$n = \frac{V_v}{V} \times 100\% \tag{1-12}$$

六、饱和度（S_r）

土的饱和度定义为土中孔隙水的体积与孔隙的体积之比，以百分数表示，即

$$S_r = \frac{V_w}{V_v} \times 100\% \tag{1-13}$$

现将某些土的物理性质指标典型值列于表 1-5。

表 1-5 某些土的物理性质指标典型值

土的名称	孔隙率/%	孔隙比	饱和含水率 /%	干密度 /($g \cdot cm^{-3}$)	饱和密度 /($g \cdot cm^{-3}$)
均匀松砂	46	0.85	32	1.44	1.89
均匀紧砂	34	0.51	19	1.74	2.09
不均匀松砂	40	0.67	25	1.59	1.99
不均匀紧砂	30	0.43	16	1.86	2.16
黄土	50	0.99	—	1.27	—

续表

土的名称	孔隙率/%	孔隙比	饱和含水率/%	干密度/($g\cdot cm^{-3}$)	饱和密度/($g\cdot cm^{-3}$)
有机质软黏土	66	1.90	70	0.93	1.53
有机软黏土	75	3.00	110	0.69	1.43
漂石黏土	20	0.25	9	2.11	2.32
冰碛软黏土	55	1.20	45	1.21	1.77
冰碛硬黏土	37	0.60	22	1.70	2.07

七、一些物理性质指标间的关系

如上所述,常用的土的物理性质指标共有六类。对于三相土,只要通过试验确定三个独立的指标,就可以应用三相图,按照它们的定义计算出其他指标。干土或饱和土为两相体,只要知道其中两个独立的指标,就可以计算出其他各个指标。

[例题 1-3] 某天然土样,经试验测得天然密度 $\rho=1.75\ g/cm^3$,含水率 $w=13.5\%$,土粒比重 $G_s=2.75$。试求该土样的孔隙比 e、孔隙率 n 和饱和度 S_r。

[解] 绘制三相图,如图 1-23 所示。

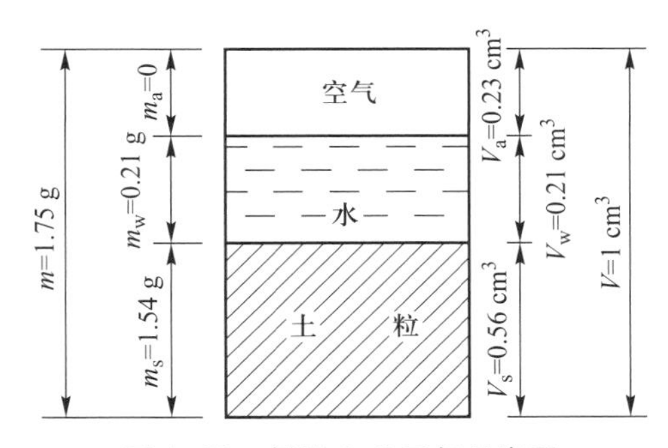

图 1-23 例题 1-3 三相示意图

(1) 单位体积土体 $V=1\ cm^3$,根据密度定义,由式(1-5)得单位体积土体质量:

$$m=\rho V=1.75\ g$$

(2) 根据含水率定义,由式(1-3)得

$$m_w=wm_s=0.135m_s$$

从三相图可知

$$m_w+m_s=m$$

$$0.135m_s+m_s=m$$

$$m_s=\frac{m}{1.135}=\frac{1.75}{1.135}\ g=1.54\ g$$

$$m_w=m-m_s=1.75\ g-1.54\ g=0.21\ g$$

（3）根据土粒比重定义，由式（1-9）得

$$\rho_s = G_s(\rho_w)_{4℃} = 2.75\ \text{g/cm}^3$$

$$V_s = \frac{m_s}{\rho_s} = \frac{1.54}{2.75}\ \text{cm}^3 = 0.56\ \text{cm}^3$$

（4）水的密度 $\rho_w = 1.0\ \text{g/cm}^3$，故水的体积为

$$V_w = \frac{m_w}{\rho_w} = \frac{0.21}{1.0}\ \text{cm}^3 = 0.21\ \text{cm}^3$$

（5）从三相图可知

$$V = V_s + V_a + V_w = 1\ \text{cm}^3$$

故

$$V_a = 1\ \text{cm}^3 - 0.56\ \text{cm}^3 - 0.21\ \text{cm}^3 = 0.23\ \text{cm}^3$$

至此，三相组成的量，无论是体积或是质量均已经算出，可将计算结果带入三相图。

（6）根据孔隙比定义，由式（1-11）可得

$$e = \frac{V_v}{V_s} = \frac{V_a + V_w}{V_s} = \frac{0.44}{0.56} = 0.786$$

（7）根据孔隙率定义，由式（1-12）可得

$$n = \frac{V_v}{V} \times 100\% = \frac{V_a + V_w}{V} \times 100\% = \frac{0.44}{1} \times 100\% = 44\%$$

（8）根据饱和度定义，由式（1-13）可得

$$S_r = \frac{V_w}{V_v} \times 100\% = \frac{V_w}{V_a + V_w} \times 100\% = \frac{0.21}{0.44} \times 100\% = 47.7\%$$

［例题 1-4］ 已知土粒比重为 2.68，土的密度为 1.91 g/cm³，含水率为 29%。求土的干密度、孔隙比、孔隙率和饱和度。

［解］ 绘制三相图，如图 1-24 所示。

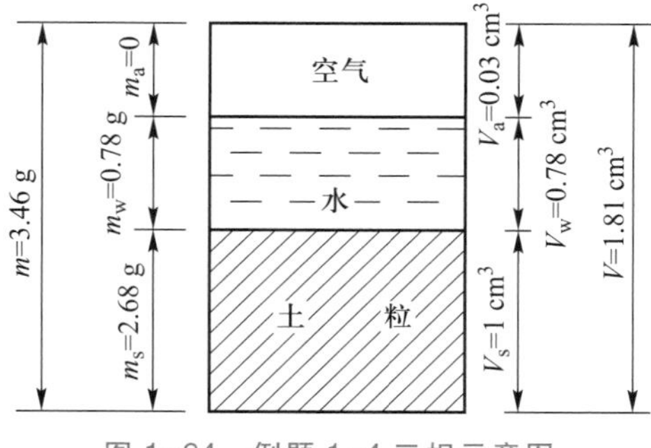

图 1-24 例题 1-4 三相示意图

（1）根据比重定义，由式（1-9）可得

$$\rho_s = G_s(\rho_w)_{4℃} = 2.68\ \text{g/cm}^3$$

（2）设土颗粒体积 $V_s=1\ cm^3$，可得土颗粒质量

$$m_s=\rho_s V_s=2.68\ g/cm^3\times 1\ cm^3=2.68\ g$$

（3）根据含水率定义，由式(1-3)可得

$$m_w=wm_s=0.29\times 2.68\ g=0.78\ g$$

则土体质量为

$$m=m_w+m_s=2.68\ g+0.78\ g=3.46\ g$$

则水的体积为

$$V_w=\frac{m_w}{\rho_w}=\frac{0.78}{1}\ cm^3=0.78\ cm^3$$

（4）根据密度定义，由式(1-5)可得

$$V=\frac{m}{\rho}=\frac{3.46}{1.91}\ cm^3=1.81\ cm^3$$

（5）从三相图可知

$$V=V_s+V_a+V_w=1.81\ cm^3$$

故

$$V_a=1.81\ cm^3-1\ cm^3-0.78\ cm^3=0.03\ cm^3$$

至此，三相组成的量，无论是体积或是质量，均已经算出，可将计算结果带入三相图。

（6）根据干密度定义，由式(1-7)得

$$\rho_d=\frac{m_s}{V}=\frac{2.68\ g}{1.81\ cm^3}=1.48\ g/cm^3$$

（7）根据孔隙比定义，由式(1-11)得

$$e=\frac{V_v}{V_s}=\frac{V_a+V_w}{V_s}=\frac{0.81}{1}=0.81$$

（8）根据孔隙率定义，由式(1-12)可得

$$n=\frac{V_v}{V}\times 100\%=\frac{V_a+V_w}{V}\times 100\%=\frac{0.81}{1.81}\times 100\%=44.8\%$$

（9）根据饱和度定义，由式(1-13)可得

$$S_r=\frac{V_w}{V_v}\times 100\%=\frac{V_w}{V_a+V_w}\times 100\%=\frac{0.78}{0.81}\times 100\%=96.3\%$$

特别指出，在上述两个例题中，例题1-3假设土的总体积为1 cm^3，而例题1-4则假设土颗粒的体积为1 cm^3。事实上，因为三相量的指标都是相对的比例关系，不是物理量的绝对值，因此取三相图中任意一个量等于任何数值进行计算都应得到相同的结果，假定为1.0的量选取合适，可以减少一定的计算工作量。为了应用方便，现将一些常用的物理性质指标之间的换算公式汇总于表1-6，以备查考，这些公式很容易从三相图中推算得到。学生应掌握各指标换算公式的推演，不必死记硬背。

表 1-6 常用的物理性质指标之间的换算公式

由试验测定的指标	换算的物理性质指标	
	名称	换算公式
w——含水率 ρ——密度 G_s——土粒比重	干密度	$\rho_d=\frac{G_s\rho_w}{1+e}$　　$\rho_d=\frac{\rho}{1+w}$
	孔隙比	$e=\frac{\rho_s}{\rho_d}-1=\frac{\rho_s(1+w)}{\rho}-1$　　$e=\frac{n}{1-n}$
	孔隙率	$n=1-\frac{\rho_d}{\rho_s}=1-\frac{\rho}{\rho_s(1+w)}$　　$n=\frac{e}{1+e}$
	饱和密度	$\rho_{sat}=\frac{G_s+e}{1+e}\rho_w$
	饱和度	$S_r=\frac{wG_s}{e}$

八、无黏性土的相对密度（D_r）

无黏性土的松紧在一定程度上可用其孔隙比来反映。但是，无黏性土孔隙比的变化范围受土粒的大小、形状和级配的影响很大。因此，即使两种无黏性土具有相同的孔隙比，也未必表明它们就处于同样的状态。在工程上，一般要用相对密度 D_r 来衡量无黏性土的松紧程度，其定义为

$$D_r=\frac{e_{max}-e_0}{e_{max}-e_{min}} \tag{1-14}$$

式中：e_0——该无黏性土的天然孔隙比或无黏性填土的填筑孔隙比；

e_{max}——该无黏性土的最大孔隙比，由它的最小干密度换算；

e_{min}——该无黏性土的最小孔隙比，由它的最大干密度换算。

显然，若某无黏性土的 e_0 等于 e_{max}，则 D_r 等于零，它就处于最松状态；若 e_0 等于 e_{min}，则 D_r 等于 1，它就处于最密状态。在工程上，无黏性土按相对密度区分为

$0<D_r\leqslant 1/3$　　疏松的

$1/3<D_r\leqslant 2/3$　　中密的

$2/3<D_r\leqslant 1$　　密实的

由物理性质指标之间关系的换算公式可得相对密度的实用表达式为

$$D_r=\frac{(\rho_d-\rho_{dmin})\rho_{dmax}}{(\rho_{dmax}-\rho_{dmin})\rho_d} \tag{1-15}$$

式中：ρ_d——无黏性土的天然干密度或无黏性填土的填筑干密度；

ρ_{dmax}——该无黏性土的最大干密度；

ρ_{dmin}——该无黏性土的最小干密度。

无黏性土的最大和最小干密度可直接由试验测定。将风干的无黏性土试样用漏斗法、量筒法或漏斗量筒联合判定法测定其最小干密度，用振击法测定其最大干密度。具体试验步骤可参见《土工试验方法标准》(GB/T 50123—2019)中的相对密度试验。应当指出，目前虽然已有一套测定最大孔隙比和最小孔隙比的方法，但是要在实验室条件下测得各种土理论上的 e_{max}、e_{min} 却十分困难。在静水中很缓慢沉积形成的无黏性土，孔隙比有时可能比实验室测定的 e_{max} 还大。同样，在漫长地质年代中，在各种自然力作用下堆积形成的土，它的孔隙比有时可能比实验室测定的 e_{min} 还小。因此，相对密度这一指标理论上虽然能够更合理地用以确定土的松紧状态，但由于上述原因，通常多用于填方的质量控制，对于天然土，D_r 有时会大于 1.0 或小于 0。

[例题 1-5] 某天然砂层，密度为 1.47 g/cm³，含水率为 13%，由试验求得该砂土的最小干密度为 1.20 g/cm³，最大干密度为 1.66 g/cm³，则该砂层处于哪种状态？

[解] 已知 $\rho=1.47\ \text{g/cm}^3$，$w=13\%$，查表 1-6，砂土的天然干密度为

$$\rho_d=\frac{\rho}{1+w}=\frac{1.47}{1+0.13}\ \text{g/cm}^3=1.30\ \text{g/cm}^3$$

于是，由 $\rho_{dmin}=1.20\ \text{g/cm}^3$，$\rho_{dmax}=1.66\ \text{g/cm}^3$，按式(1-15)可得

$$D_r=\frac{(\rho_d-\rho_{dmin})\rho_{dmax}}{(\rho_{dmax}-\rho_{dmin})\rho_d}=\frac{(1.30-1.20)\times 1.66}{(1.66-1.20)\times 1.30}=0.28<1/3$$

所以，该砂层处于疏松状态。

九、黏性土的稠度

黏性土在含水率发生变化时，它的稠度亦随之而改变。所谓稠度，是指黏性土在某一含水率下对外力引起的变形或破坏的抵抗能力，通常用硬、可塑、软和流动等术语来描述。

刚沉积的黏性土具有液体泥浆那样的稠度。这时，黏性土本身不能保持其形状，极易流动。随着黏性土中水分的蒸发或上覆沉积层厚度的增加，它的含水率逐渐减小，体积收缩，从而丧失流动能力，进入可塑状态。这时，土在外力作用下可改变其形状，而不显著改变其体积，并在外力卸除后仍能保持已获得的形状，黏性土的这种性质称为可塑性。若含水率继续减小，黏性土将丧失其可塑性，在外力作用下，易于碎裂，这时，它已进入半固体状态。最后，即使黏性土进一步减小含水率，它的体积也不再收缩，这时，由于空气进入土体，土的颜色变淡，黏性土就进入了固体状态。上述过程示于图 1-25，图中上部的两相图分别对应于下部的含水率与体积变化曲线上 A、B 和 C 点的位置。

于是，黏性土从一种状态转变为另一种状态，可用某一界限含水率区分。这种界限含水率称为稠度界限或阿特贝(Atterberg)限。工程上常用的稠度界限有：

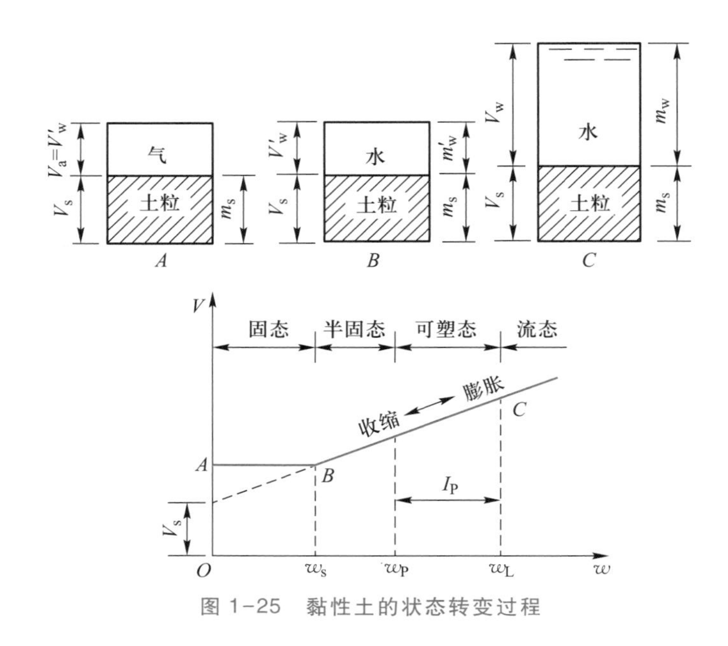

图 1-25 黏性土的状态转变过程

液限(w_L)——是流动状态与可塑状态的界限含水率,也就是可塑状态的上限含水率;

塑限(w_P)——是可塑状态与半固体状态的界限含水率,也就是可塑状态的下限含水率;

缩限(w_s)——是半固体状态与固体状态的界限含水率,即黏性土随着含水率的减小体积开始不变时的含水率。

必须指出,黏性土从一种状态转变为另一种状态是逐渐过渡的,本无明确的界限。目前只是用根据某些通用的试验方法所测定的经验含水率来代表这些界限含水率。

国内外测定塑限的通用方法是搓滚法。该法是把调制均匀的湿土样,在毛玻璃板上搓滚成 3 mm 直径的土条,若这时土条恰好出现裂缝并开始断裂,就把土条的含水率定为土的塑限。液限使用碟式仪或圆锥仪测定。

在我国,常用圆锥仪测定液限,主要是因为其操作简单,所得数据稳定,标准易于统一。圆锥仪示于图 1-26。圆锥液限仪法是将质量为 76 g 的圆锥仪竖直放于试样表面,使其在自重作用下自由下沉,以锥体经过 5 s 恰好沉入土中 10 mm 或者 17 mm 时的含水率为液限。但试验结果表明,以圆锥仪入土 10 mm 时所对应的含水率为液限计算得到的土体强度偏安全,而以圆锥仪入土 17 mm 时对应的含水率为液限和国外采用碟式仪测得液限计算得到的土的强度(平均值)基本一致。因此,我国现阶段各规范多推荐使用以圆锥仪入土深度为 17 mm 时对应的含水率作为液限。

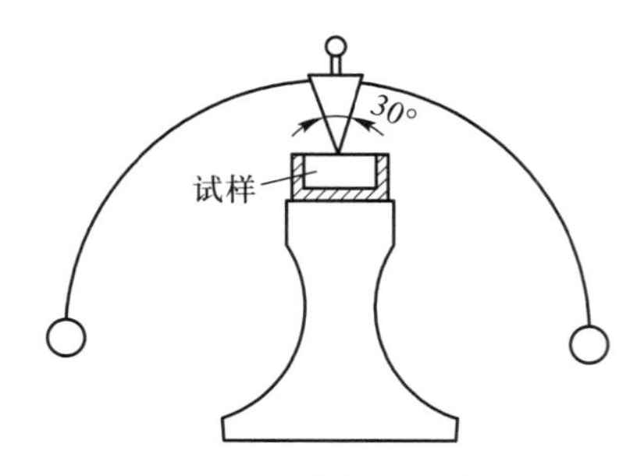

图 1-26 圆锥仪示意图

通常认为，采用圆锥仪测液限，其入土深度取值主要争议源自试验结果在不同行业中的应用目的和经验差别。若土的液限用于了解土的物理性质及塑性图分类，应以圆锥仪入土 17 mm 时对应的含水率作为液限；若土的液限用于承载力计算，则可采用圆锥仪入土 10 mm 时对应的含水率为液限计算塑性指数和液性指数。在我国水利、公路等工程及其相应的《公路土工试验规程》（JTG 3430—2020）等规范标准中，一般采用圆锥仪入土 17 mm 深度测得的液限；而在建筑工程及其相应的《建筑地基基础设计规范》（GB 50007—2011）等规范标准中，采用的是圆锥仪入土 10 mm 深度测得的液限。

综上因素，国家标准《土工试验方法标准》（GB/T 50123—2019）考虑了建筑和水利等多方面用途和各种规范的统一，在推荐采用 76 g 圆锥仪入土深度 17 mm 对应的含水率作为液限的同时，也保留了以 76 g 圆锥仪入土深度 10 mm 对应的含水率来确定液限的方法。

此外，我国还有液限、塑限联合测定法，即塑限也用圆锥仪测定。这是将 76 g 圆锥仪经 5 s 入土深度恰好为 2 mm 时试样的含水率定为土的塑限，并认为它当量于搓滚法测得的塑限。

土的缩限是把土料的含水率调制到大于土的液限然后将其填实一定容积的容器，烘干，测出干试样的体积并称量后，按下式求得：

$$w_s = w_1 - \frac{V_1 - V_2}{m_s} \rho_w \times 100\% \tag{1-16}$$

式中：w_1——试样的制备含水率（%）；

V_1——湿试样的体积，即容器的体积；

V_2——干试样的体积。

其余符号意义同前。

液限和塑限之差去掉百分号后的值称为塑性指数 I_P，即

$$I_P = (w_L - w_P) \times 100 \tag{1-17}$$

它表示黏性土呈可塑状态时含水率的变化幅度。

如上所述，含水率对黏性土的状态有很大影响。但对于不同的土，即使具有相同的含水率，也未必处于同样的状态。与无黏性土的相对密度类似，黏性土的状态可用液性指数来判别，其定义为

$$I_L = \frac{w - w_P}{w_L - w_P} \tag{1-18}$$

式中：I_L——液性指数，以小数表示；

w——天然含水率（%）。

其余符号意义同前。

显然，从逻辑上：

当 $w \leqslant w_P$ 时，　　$I_L \leqslant 0$　　土处于坚硬状态

当 $w_P < w \leqslant w_L$ 时，　　$0 < I_L \leqslant 1.0$　　土处于可塑状态

当 $w_L<w$ 时，　　$I_L>1.0$　　土处于流动状态

应当指出，由于塑限和液限目前都是用扰动土测定的，土的结构已被彻底破坏，而天然土一般在自重作用下已有很长的历史，它获得了一定的结构强度，以致即使土的天然含水率大于它的液限，土也未必一定会发生流动。含水率大于液限只是意味着，若土的结构遭到破坏，它将转变为黏滞泥浆。

［例题 1-6］某土样的液限为 37.4%，塑限为 23.0%，天然含水率为 26.0%。该土处于何种状态？

［解］已知 $w_L=37.4\%$，$w_P=23.0\%$，$w=26.0\%$，则

$$I_P=(w_L-w_P)\times100=14.4$$

$$I_L=\frac{w-w_P}{w_L-w_P}=\frac{0.260-0.230}{0.144}=0.21$$

所以，该土处于可塑状态。

第五节 土的压实性

教学课件 1-5

土工建筑物，如土坝、土堤及道路填方，是用土作为建筑材料填筑而成的。为了保证填土有足够的强度、较小的压缩性和透水性，在施工中常常需要压实填料，以提高它的密实度（工程上以干密度表示）和均匀性，从而保证地基和土工建筑物的稳定。压实就是指在一定的含水率下，以人工或机械的方法，使得土颗粒能够克服粒间阻力，产生相对位移，从而减小土中的孔隙，提高土的密实程度。

实践经验表明，压实细粒土宜采用夯击机具或压强较大的碾压机具，图 1-27 所示为实验室常采用的击实仪示意图，击实时须控制土的含水率。含水率过高或过低均得不到较好的压实效果。而压实粗粒土时，宜采用振动机具，同时充分洒水。两种不同的做法表明，细粒土和粗粒土具有不同的压实性质。

一、细粒土的压实性

研究细粒土的压实性可在实验室或者现场进行。在实验室内研究细粒土的压实性是通过击实试验进行的。《土工试验方法标准》（GB/T 50123—2019）将击实试验分为轻型击实试验和重型击实试验两种，区分两者的主要依据是击实功的大小。

如果采用同一种细粒土，将其分成 6~7 份，每份土具有不同的含水率，将每份土分层装入击实仪内，用同一击数将它们分层击实。击实后，测出压实土的含水率和干密度，以含水率为横坐标，干密度为纵坐标，绘制出含水率 w 与相应干密度 ρ_d 的关系曲线，如图 1-28 所示。该试验称为土的击实试验，得到的曲线称为土的击实曲线。

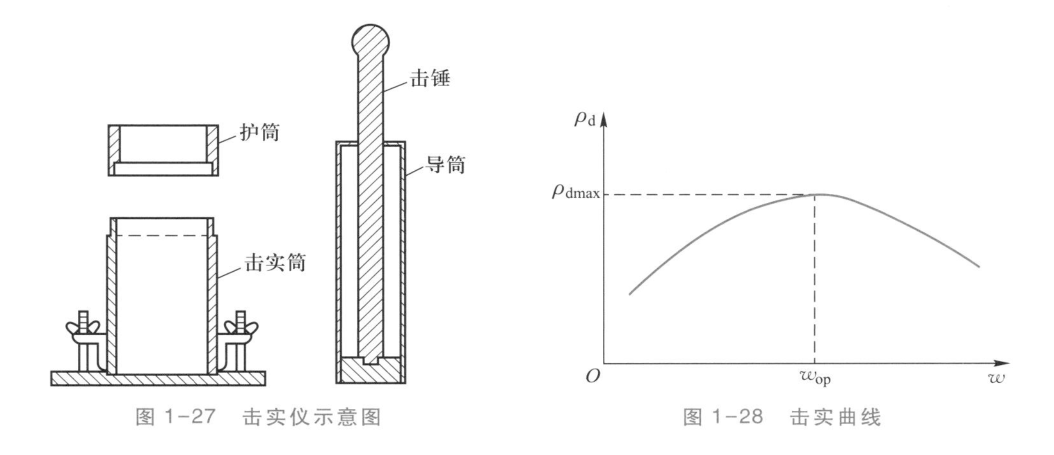

图 1-27 击实仪示意图

图 1-28 击实曲线

（一）含水率的影响

由图 1-28 可见，当含水率比较低时，击实后的干密度随含水率的增加而增大。而当干密度增大到某一值后，含水率的继续增加反而招致干密度的减小。干密度的这一最大值称为该击数下的最大干密度 ρ_{dmax}，与它对应的含水率称为最优含水率 w_{op}。这就是说，当击数一定时，只有在某一含水率下才能够获得最佳的击实效果。击实曲线的这种特征被解释为细粒土在含水率低时，土粒表面的吸着水层薄，击实过程中粒间电作用力以引力占优势，且土粒间受水所产生的毛细作用影响，移动阻力较大，土粒相对错动困难，不易被压实。随着含水率的增加，吸着水层增厚，击实过程中粒间斥力增大，土粒易于错动，因此，土粒定向排列增多，干密度相应地增大。当含水率超过某一值后，虽仍能使粒间引力减小，但此时空气以封闭气泡的形式存在于土体内，击实时气泡体积暂时减小，而很大一部分击实功却由孔隙气承担，转化为孔隙压力（见第五章），粒间所受的力减小，击实仅能导致土粒更高程度的定向排列，土体几乎不发生永久的体积变化。而且在击实过程中水的存在消耗了大量的击实能，水分也不易排出，最终使得干密度反而随着含水率的增加而减小。

（二）击实功的影响

在实验室内击实功是用击数来反映的。如果用同一种细粒土在不同含水率下分别用不同击数进行击实试验，就能得到一组随击数而异的含水率与干密度关系曲线，如图 1-29 所示。

图中虚线为饱和线，即饱和度为 100%时的含水率与干密度关系曲线。它的表达式为

$$w=\frac{\rho_w}{\rho_d}-\frac{1}{G_s} \tag{1-19}$$

由图可见：

（1）细粒土的最大干密度和最优含水率不是常数。最大干密度随击数的增加而逐渐增大，最

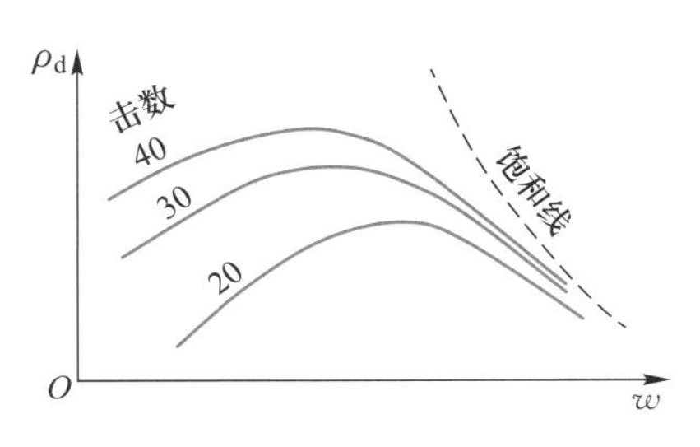

图 1-29 不同击数下的击实曲线

优含水率逐渐减小。然而,这种增大或减小的速率是递减的。因此,光靠增加击实功来提高土的最大干密度是有一定限度的。

(2) 当含水率较低时击数的影响较显著。当含水率较高时,含水率与干密度关系曲线趋近于饱和线,也就是说,这时提高击实功是无效的。

还应指出,填料的含水率过高或过低都是不利的。含水率过低,填土遇水后容易引起湿陷;过高又将恶化填土的其他力学性质。因此,在实际施工中填土的含水率控制得当与否,不仅涉及经济效益,而且影响工程质量。

(三) 粗粒含量的影响

在上述轻型击实试验中,一般要求允许试样的最大粒径不大于 5 mm。当土内含有大于 5 mm 的土粒时,常将其剔除后再进行试验。这样,由试验测得的最大干密度和最优含水率必与实际土料在相同击实功下的最大干密度和最优含水率不同。但当土内粒径大于 5 mm 的土粒含量不超过 25%~30%(土粒浑圆时,容许达 30%;土粒呈片状时,容许达 25%)时,可认为土内粗土粒均布在细土粒之内,同时细土粒达到了它的最大干密度。于是,实际土料的最大干密度和最优含水率可通过下式直接算得:

(1) 最大干密度

$$\rho'_{dmax}=\frac{1}{\dfrac{1-P_5}{\rho_{dmax}}-\dfrac{P_5}{\rho_w G_{s5}}} \tag{1-20}$$

式中:ρ_{dmax}——粒径小于 5 mm 土料的最大干密度;

ρ'_{dmax}——相同击实功下实际土料的最大干密度;

P_5——粒径大于 5 mm 的土粒含量;

G_{s5}——粒径大于 5 mm 的土粒干比重(实际上由粗土粒的质量除以它的饱和面干体积求得)。

(2) 最优含水率

$$w'_{op}=w_{op}(1-P_5)+w_{ab}P_5 \tag{1-21}$$

式中:w_{op}——粒径小于 5 mm 土料的最优含水率;

w'_{op}——相同击实功下实际土料的最优含水率;

w_{ab}——粒径大于 5 mm 土粒的吸着含水率。

其余符号意义同上。

以室内试验来模拟工地压实是一种半经验的方法。根据我国的工程实践和现有压实机械的能力,碾压式土石坝设计规范规定:黏性土填料的设计填筑干密度应按压实密度确定,其定义为

$$P=\frac{\rho_{ds}}{\rho_{dmax}} \tag{1-22}$$

式中:P——填料的压实度;

ρ_{ds}——填料的设计填筑干密度;

ρ_{dmax}——击实试验求得的最大干密度。

压实度应为0.95~0.97。填筑含水率一般控制在最优含水率附近,其上、下限偏离最优含水率不超过3%,以便获得最佳的压实效果。对于大型和重要工程,由室内击实试验确定的填筑标准还应通过工地碾压试验进行校核,并确定最经济的碾压参数(如碾压机具重量、铺土厚度、碾压遍数等),或根据工地条件对室内试验提供的填筑标准进行适当修正后,作为实际施工控制的填筑标准。

二、粗粒土的压实性

砂和砾等粗粒土的压实性也与含水率有关,但含水率对粗粒土压实性的影响不像细粒土那样敏感,其一般不存在最优含水率。图1-30是某粗粒土的击实试验结果。可以看出,它的击实曲线与细粒土不同。含水率近于零,它有较高的干密度。可是,在某一较小的含水率,却出现最低的干密度。这是因为,由于假黏聚力的存在,击实过程中一部分击实功会消耗在克服这种假黏聚力上。随着含水率的增加,假黏聚力逐渐消失,就得到较高的干密度。因此,在粗粒土的实际填筑中,通常需要不断洒水使其在较高含水率下压实。顺便指出,粗粒土的填筑标准通常是用相对密度来控制的,一般不进行击实试验。

此外需要指出,在同一粗粒土类中,土的级配对它的压实性影响很大。级配均匀的,压实干密度要比不均匀的低,这是因为在级配均匀的土内较粗土粒形成的孔隙很少有细土粒去充填,而级配不均匀的土则相反,有足够的细土粒去充填,因而能获得较高的干密度。

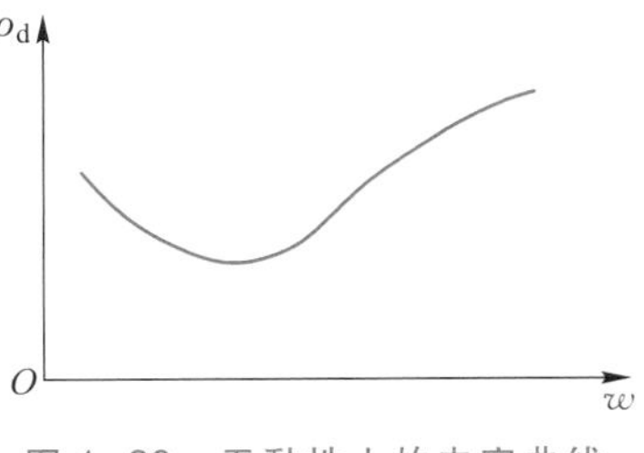

图1-30 无黏性土的击实曲线

第六节
土的工程分类

对土体进行分类的目的在于通过分类来认识和识别土的种类,并针对不同类型的土进行研究和评价,使其适应和满足工程建设需要。工程上对土进行分类时一般基于如下原则:

(1)着眼于工程的需要;

(2)着眼于土的基本物质成分的个性和共性,并加以求同存异,使其物以类聚。

教学课件1-6

本书基于上述土的工程分类基本原则,同时考虑实用性,以粗粒土和细粒土为分类对象,介绍目前在国际土建工程领域应用比较普遍的两种分类方法,其在中国的规范中也有典型的映射与应用。两种分类方法既有联系又有区别。第一种分类方法在西欧、北美国家使用较多，而第二种分类方法过去在苏联及目前以俄罗斯为代表的一些东欧国家使用较多。由于我国特殊的历史国情和广袤国土所带来的复杂地质条件，这两种方法在我国一直并存。其中，第一种分类方法主要体现在我国的《土的工程分类标准》（GB/T 50145—2007）中，而第二种分类方法则在我国的《建筑地基基础设计规范》（GB 50007—2011）中有所反映。

一、粗粒土的分类方法

就粗粒土而言，第一种分类方法按几个粒组之间的相对含量关系进行分类，而第二种分类方法以某一粒组的百分含量超过某一界限进行分类。第一种分类方法更为细致，而第二类方法更为便捷。

（一）以《土的工程分类标准》（GB/T 50145—2007）为代表的第一种分类方法

这一分类体系与一些欧美国家的土分类体系在原则上没有多大差别，但是在细节上做了某些更动，并增加了巨粒土和含巨粒土的分类。土的总分类体系如图 1-31 的框图所示。

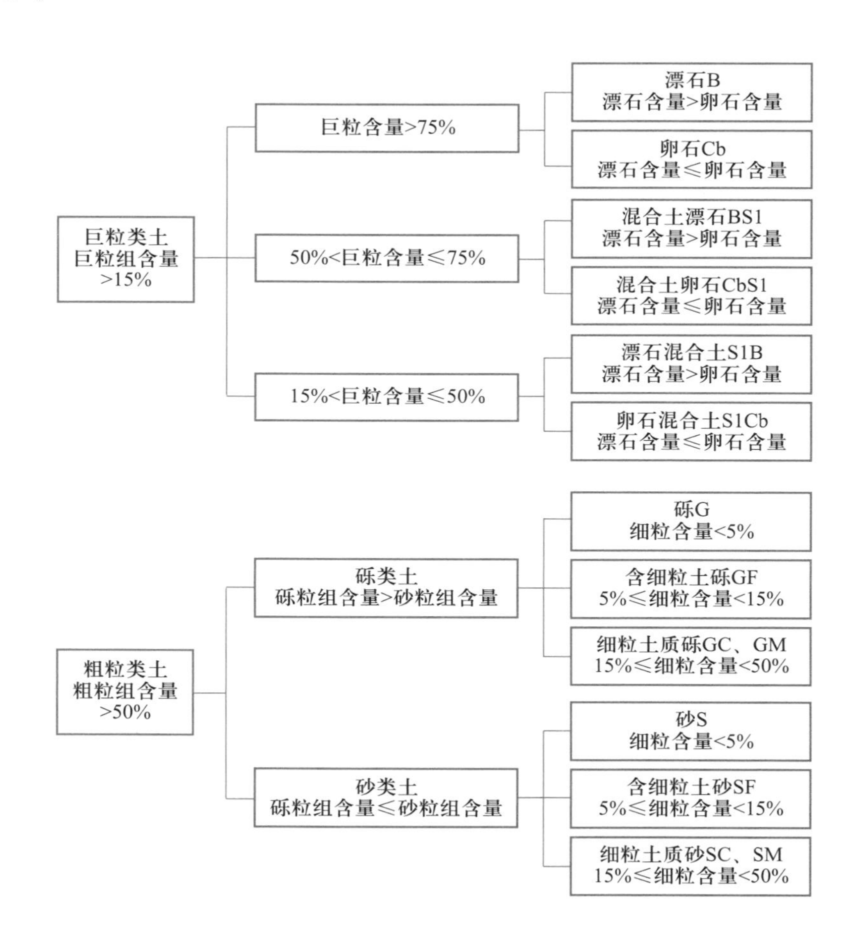

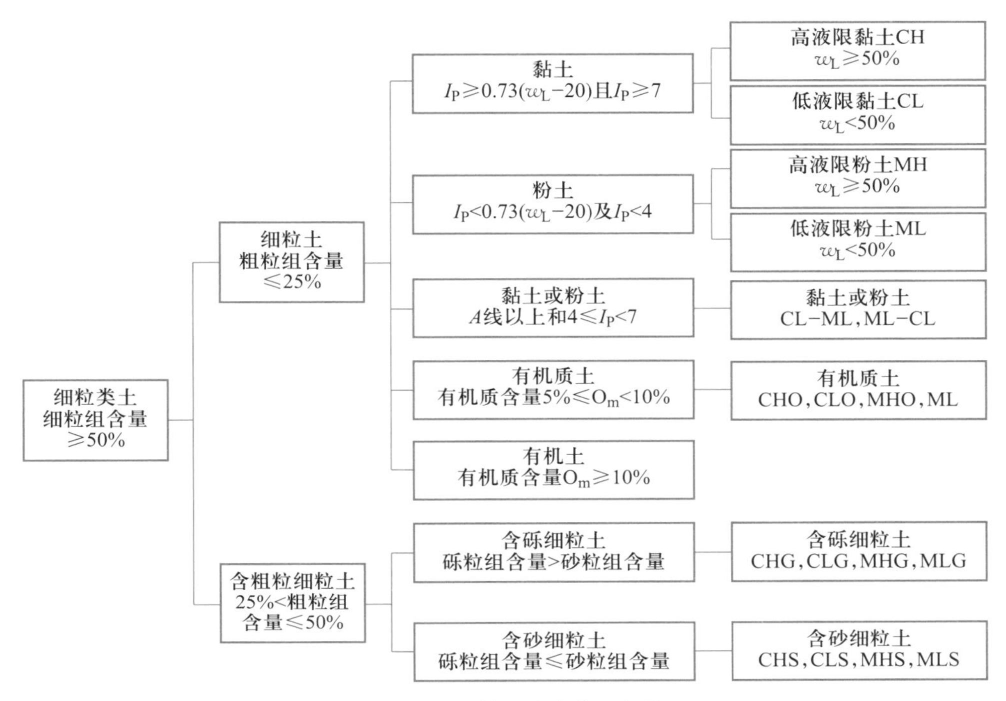

图 1-31 土的总分类体系框图

第一种分类方法总体原则是土的种类由被分析土体中占核心地位的土粒组含量所决定。这些粒组包含漂石粒、卵石粒、砾粒、砂粒、粉粒及黏粒等。下面以粗粒土的分类为例，说明《土的工程分类标准》(GB/T 50145—2007)如何通过各粒组之间的相对含量关系来界定土的分类。

《土的工程分类标准》(GB/T 50145—2007)规定：若土中粒径大于 0.075 mm 的粗粒含量多于 50%，该土属粗粒土。更进一步，将粒径大于 2 mm 的砾粒组含量大于 50%或小于等于 50%的粗粒土分为砾类土和砂类土。土中粒径大于 2 mm 的砾粒含量多于50%时，该土属砾类土，否则，属砂类土。

砾类土或砂类土再根据其中细粒土的含量进一步分成三类，细粒土含量不足时，称为砾(或砂)。其中当级配良好时，标为 GW(gravel，well graded)或 SW；当级配不良时，标为 GP(gravel，poorly graded)或 SP。当细粒土含量为 5%～15%时，称为含细粒土砾或含细粒土砂，标为 GF 或 SF。当细粒土含量大于或等于 15%且小于 50%时，称为细粒土质砾或细粒土质砂。其中当细粒土为粉土时，称为粉土质砾(砂)，标为 GM 或 SM；当细粒土为黏土时，称为黏土质砾(砂)，标为 GC 或 SC。为便于查阅，现将砾类土和砂类土的分类体系列于表 1-7 和表 1-8。

表 1-7 砾类土的分类

土类		粒组含量	级配或塑性图分类	土名称	土代号
砾类土	砾	细粒含量<5%	$C_u \geq 5$ 且 $1 \leq C_c \leq 3$	级配良好砾	GW
			不能同时满足上述条件	级配不良砾	GP
	含细粒土砾	5% ≤ 细粒含量<15%		含细粒土砾	GF
	细粒土质砾	15% ≤ 细粒含量<50%	细粒组中粉粒含量不大于 50%	黏土质砾	GC
			细粒组中粉粒含量大于 50%	粉土质砾	GM

表 1-8 砂类土的分类

土类		粒组含量	级配或塑性图分类	土名称	土代号
砂类土	砂	细粒含量<5%	$C_u \geq 5$ 且 $1 \leq C_c < 3$	级配良好砂	SW
			不能同时满足上述条件	级配不良砂	SP
	含细粒土砂	5% ≤ 细粒含量<15%		含细粒土砂	SF
	细粒土质砂	15% ≤ 细粒含量<50%	细粒组中粉粒含量不大于 50%	黏土质砂	SC
			细粒组中粉粒含量大于 50%	粉土质砂	SM

（二）以《建筑地基基础设计规范》(GB 50007—2011)为代表的第二种分类方法

第二种分类方法较第一种分类方法而言，对级配关系关注较少，主要按照土中土粒粒径大小将粗粒土分为碎石土、砂土等。若土中粒径大于 2 mm 的土粒含量多于 50%，则该土属碎石土。若土中粒径大于 2 mm 的土粒含量不多于 50%，且粒径大于 0.075 mm 的土粒含量多于 50%，则该土属砂土。

1. 碎石土的分类

图 1-32 所示为碎石土的实物图。碎石土又可根据粒组的土粒含量及棱角形状进行二级细分，如表 1-9 所示。

图 1-32 碎石土

表 1-9 碎石土的分类

土的名称	颗粒形状	粒组含量
漂石	圆形及次圆形为主	粒径大于 200 mm 的颗粒超过全重 50%
块石	次棱角形为主	
卵石	圆形及次圆形为主	粒径大于 20 mm 的颗粒超过全重 50%
碎石	次棱角形为主	
圆砾	圆形及次圆形为主	粒径大于 2 mm 的颗粒超过全重 50%
角砾	次棱角形为主	

注:分类定名时按粒径分组由大到小以最先符合者确定。

2. 砂土的分类

图 1-33 所示为某一工程施工现场的砂土实物图。砂土可根据粒组的土粒含量按表 1-10 进一步细分。

图 1-33 砂土

表 1-10 砂土的分类

土的名称	粒组的土粒含量
砾砂	粒径大于 2 mm 的土粒含量占 25%~50%
粗砂	粒径大于 0.5 mm 的土粒含量多于 50%
中砂	粒径大于 0.25 mm 的土粒含量多于 50%
细砂	粒径大于 0.075 mm 的土粒含量多于 85%
粉砂	粒径大于 0.075 mm 的土粒含量占 50%~85%

注:分类定名时按粒径分组由大到小以最先符合者确定。

二、细粒土的分类方法

对于细粒土分类而言,两种分类方法都利用了土体的界限含水率。不同的是,第一种分类方法更为复杂,通过绘制土的塑性图,利用土的不同塑性指数和液限进行土的分类;而第二种方法相对简单,主要按塑性指数进行分类。

(一)以《土的工程分类标准》(GB/T 50145—2007)为代表的第一种分类方法

若土中细粒组含量多于或等于50%,则此土属细粒土。在此范围内,又根据粗粒组含量的相对关系,把细粒土分为细粒土和含粗粒土的细粒土两类。更为重要的是,在本标准中,对于细粒类土再进一步进行黏土和粉土的细分时,其根据是哈佛大学卡萨格兰德教授所提出的塑性图。如图1-34中横坐标为液限(碟式仪或圆锥仪17 mm液限),纵坐标为塑性指数。若土的液限和塑性指数落在图中A线以上且I_P大于或等于7,表示土的塑性高,属黏土或有机质黏土;若土的液限和塑性指数落在A线以下及I_P小于4,表示土的塑性低,属粉土或有机质粉土。土液限的高低可间接反映土的压缩性高低,即土的液限高,它的压缩性也高,反之,液限低,压缩性也低(见第四章)。因此,本分类又用一条竖线B把黏土和粉土各细分为两类。土的具体定名和代号见表1-11。需要注意的是,$I_P=7$与$I_P=4$之间的虚线区域为黏土-粉土过渡区。

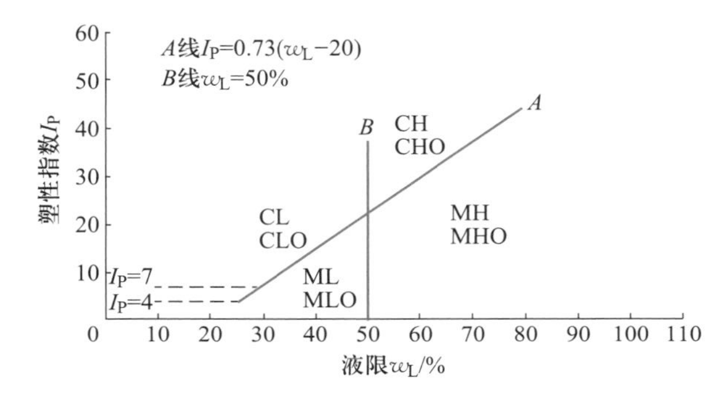

图1-34 17 mm液限标准下的塑性图

表1-11 细粒土的分类

塑性指数I_P	液限w_L	土名称	土代号
$I_P \geq 0.73(w_L-20)$ 且$I_P \geq 7$	≥50%	高液限黏土	CH
	<50%	低液限黏土	CL
$I_P<0.73(w_L-20)$ 及$I_P<4$	≥50%	高液限粉土	MH
	<50%	低液限粉土	ML

注:1. 若细粒土内含部分有机质,则土名前加形容词有机质,土代号后加O,如高液限有机质黏土(CHO)、低液限有机质粉土(MLO)等。

2. 若细粒土内粗粒含量为25%~50%,则该土属含粗粒的细粒土。若粗粒中砾粒占优势,则该土属含砾细粒土,并在土号后加G,如CHG、MLG等;若粗粒中砂粒占优势,则该土属含砂细粒土,并在代号后加S,如CLS、MHS等。

3. 10 mm液限的塑性图参见《建筑地基基础设计规范》(GB 50007—2011)。

4. 粉土的代号为M。粉土的英语单词是silt,这与砂(sand)的首字母重复,为了便于区分,将粉土的代号改为M。M是瑞典语粉土Mo的首字母。

[例题1-7] 已知A、B土的粒径分布曲线如图1-35所示,其中B土的液限为46%,塑限为25%。试采用上述两种分类方法进行土的分类。

[解]

(1) 对 A 土进行分类：

1) 由图 1-35 中曲线 A 查得粒径大于 60 mm 的巨粒含量为零，而粒径大于 0.075 mm 的粗粒含量为 99%，多于 50%，该土属粗粒土；

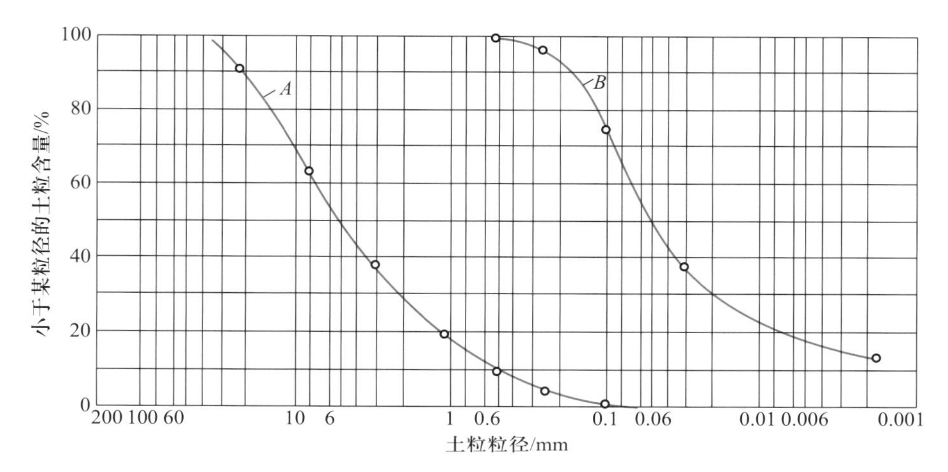

图 1-35 A 土和 B 土的粒径分布曲线

2) 粒径大于 2 mm 的砾粒含量为 71.5%，多于 50%，该土属砾类土；

3) 细粒含量为 1%，少于 5%，该土属砾；

4) 由图中曲线查得 d_{10}、d_{30} 和 d_{60} 分别为 0.5 mm、2.1 mm 和 7.1 mm，于是，得

$$C_u=\frac{d_{60}}{d_{10}}=\frac{7.1}{0.5}=14.2>5$$

$$C_c=\frac{d_{30}^2}{d_{10}d_{60}}=\frac{2.1^2}{0.5\times 7.1}=1.2, \text{在 } 1\sim 3 \text{ 之间}$$

所以，该土属级配良好砾(GW)。

(2) 对 B 土进行分类：

1) 由图 1-35 中曲线 B 查得粒径小于 0.075 mm 的细粒含量为 60%，多于 50%，粗粒含量为 40%，介于 25%~50%之间，该土属含粗粒的细粒土；

2) 粒径大于 2 mm 的砾粒含量为零，该土属含砂细粒土；

3) 由液限、塑限得塑性指数为 21。按塑性图，I_P 和 w_L 落在图中 CL 区，所以，该土属含砂低液限黏土(CLS)。

[例题 1-8] 某细粒土的液限为 28.0%，塑限为 14.0%。按塑性图分类，该土属哪类土？

[解] 已知 $w_L=28.0\%$，$w_P=14.0\%$，则有

$$I_P=(w_L-w_P)\times 100=14$$

按塑性图，I_P 和 w_L 落在图中 CL 区，所以，该土属低液限黏土(CL)。

（二）以《建筑地基基础设计规范》（GB 50007—2011）为代表的第二种分类方法

本规范对细粒土的分类较上述标准更为简洁。一般可分为粉土和黏性土两大类。

1. 粉土

若粒径大于0.075 mm的土粒含量不多于50%，土的塑性指数小于或等于10，则该土属粉土。图1-36为实验室所用的某一粉土试样。

图1-36 粉土

2. 黏性土

若土的塑性指数大于10，且粒径大于0.075 mm的土粒含量不多于50%，则该土属黏性土。黏性土可根据塑性指数做进一步的细分。《建筑地基基础设计规范》（GB 50007—2011）规定：在确定黏性土承载力时，按10 mm液限计算塑性指数和液性指数。故本文在依据塑性指数对黏性土进行分类时亦采用10 mm液限值作为标准，表1-12为根据塑性指数对黏性土进行分类的结果。此外，把在静水或缓慢的流水环境中沉积，经生物化学作用形成，其天然含水率大于液限、天然孔隙比大于或等于1.5的黏性土称为淤泥，如图1-37a所示；天然孔隙比小于1.5，但大于或等于1.0的黏性土称为淤泥质土，如图1-37b所示。

表1-12 黏性土的分类

土的名称	塑性指数（I_P）
黏土	$I_P>17$
粉质黏土	$10<I_P\leqslant 17$

注：本分类采用10 mm液限。

(a) 淤泥

(b) 淤泥质土

图1-37 黏性土

综上可以看出,两种分类方法在对粗粒土和细粒土进行分类时,既有联系又有区别。相较于第一种分类方法,第二种分类方法更为注重颗粒大小和形状,分类简单,简洁明了,比较能针对地基承载力问题。但是,其未考虑土的级配问题,而级配又是不同土粒之间相对关系的一个重要体现,它会直接影响土体的压缩性、渗透性和强度等特性。相较于第二种分类方法,第一种分类方法则在粗粒土的分类中考虑了土的级配关系,分类相对烦琐,对细粒土的区别更为精准,按此标准分类以后的土比较能归一化体现其在工程中的性状。但是,其分类时没有考虑巨粒土和砾类土的形状,当它应用于地基承载力评估时会有所缺陷。两种分类方法各有优点,因此,目前在中国工程界两种分类方法并存使用,在应用时需要针对不同的问题合理地选取分类方法。

三、特殊土分类

由于《建筑地基基础设计规范》(GB 50007—2011)针对土建工程的地基基础设计,在土性分类时,还特别根据相关地基土源的特殊性质,将其中一些土进行了针对工程特性的细分:例如将因人类活动形成的人工填土予以单独强调,并依据物质组成和成因细分为素填土、压实填土、杂填土和冲填土等;又如将黏性土根据物质组成和工程特性分为淤泥土、红黏土和膨胀土等。在工程中,通常将特定地理环境或人为条件下形成的具有特殊性质的土称为特殊土。特殊土通常有各自的分类标准,其分布一般具有明显的地域性。例如,《铁路工程岩土分类标准》(TB 10077—2019)根据土中特殊物质的含量、结构特征和特殊的工程地质性质等因素,将特殊土划分为黄土、红黏土、膨胀土、软土、盐渍土、多年冻土、季节性冻土、填土等。特殊土不仅表现出明显的区域性分布、独特的结构性效应,还表现出其工程特性对水分迁移变化的敏感性、对温度变化的不稳定性,以及物理力学性质的不一致性等,工程建设中遇到特殊土时,需特别予以注意。下面介绍几种在世界各地尤其是中国分布较为广泛的特殊土。

案例拓展
1-1 钙质砂

(一) 软土

软土是指滨海、湖沼、谷地、河滩沉积的天然含水率高、孔隙比大、压缩性高、抗剪强度低的细粒土,它主要包括淤泥、淤泥质黏性土和淤泥质粉土等,图 1-38 所示为美国大沼泽公园软土景观。软土通常具有天然含水率高、天然孔隙比大、压缩性高、抗剪强度低、固结系数小、固结时间长、灵敏度高、扰动性大、透水性差、土层层状分布复杂、各层

图 1-38 美国大沼泽公园软土景观

之间物理力学性质相差较大等特点。软土是一种工程不良的土，在我国主要集中分布于天津、山东、上海、江苏、浙江、福建、广东等地，这些地区的软土层通常有十几米甚至几十米厚。在软土地区进行工程建设时，必须对其采取加固措施。

软土地基处理的关键在于，既要加快土中水体的排出又要确保软土地基的稳定性。因此，目前工程中常采用排水固结法（砂井法或真空预压法等）进行加固处理。通过布置垂直排水井，改善软土地基的排水条件，采取加压、抽气、抽水或电渗等措施，在确保软土地基稳定性的前提下使软土中的水体能够得以快速排出，使沉降提前完成，有效提高软土地基的强度。

（二）红黏土

红黏土是指石灰岩、白云岩等碳酸盐类岩石在亚热带温湿气候条件下经风化作用所形成的褐红色黏性土，图 1-39 所示为伊朗阿拉穆特红黏土山谷景观。在我国红黏土主要分布于贵州、云南、广西等地，在湖南、湖北、安徽、四川等部分地区也有分布。因其独特的工程性质，红黏土通常被认为是天然良好地基，具有良好的力学性能，但因胀缩性、分布不均匀性和裂隙性等不良的物理性质而存在较大的工程隐患。

图 1-39　伊朗阿拉穆特红黏土山谷景观

作为天然地基，红黏土对建筑物的影响主要体现在其裂隙发育所引起的结构破坏和不均匀沉降。为此，工程上一般常采用晾晒法、深层搅拌桩法、土工合成材料加固法对其进行加固处理。其中，土工合成材料加固法是在红黏土地基中分层铺设土工格栅（网），充分利用土工格栅（网）与红黏土填料间的摩擦力和咬合力增大红黏土的抗压强度，约束其变形，隔断外界因素影响，降低裂隙发育所带来的不利影响，以达到稳定地基的目的。

（三）膨胀土

如本章第二节所述，膨胀土中蒙脱石矿物占很大比重，它具有吸水膨胀、失水收缩的特性，自由膨胀率大于或等于 40%。图 1-40 所示为膨胀土形成的中国土林景观。我国的膨胀土分布极为广泛，广西、云南、湖北、安徽、四川、山东等地均有分布。膨胀土具有干缩湿胀、崩解性、多裂隙性、易风化性等特征，在自然条件下会对建设在其上的路基和建筑物、构筑物产生较大的危害。因此，当利用膨胀土作为地基时需要采取必要的处理措施。

图 1-40 中国膨胀土土林景观

根据膨胀土的特性可以发现,土体含水率的变化所引起膨胀土体积的改变是造成膨胀土产生危害的根本原因。因此,实际工程中常采用预湿膨胀法对膨胀土地基进行处理,即在施工前使土体加水变湿而膨胀,并在土中维持高含水率,这样可以使得膨胀土体积基本保持不变,土体的结构不会遭到破坏。

(四) 冻土

冻土主要是由矿物颗粒、液态水、气态与黏塑性冰包裹体组成的一类土体。图 1-41 所示为挪威斯瓦尔巴群岛上的冻土层景观。冻土地基一般可分为季节性冻土地基和多年冻土地基两类。季节性冻土地基在冬季冻结、夏季融化,每年冻融交替一次,在我国主要分布在黑龙江省南部、内蒙古自治区东北部、吉林省西北部等地。多年冻土地基则常年处于冻结状态,至少连续冻结三年以上,其主要分布在东北大、小兴安岭,西部阿尔泰山、天山、祁连山及青藏高原等地。与多年冻土地基相比,季节性冻土地基对建筑物的危害较大。

图 1-41 挪威斯瓦尔巴群岛上的冻土层景观

季节性冻土地基在冻结过程中,往往会产生冻胀,基础底面与基础周围会受到向上的冻胀力作用。如果建筑物荷载小于冻胀力,基础将被抬起;又由于冻胀力常是不均匀的,它会致使建筑物倾斜、开裂,危及安全。夏季,冻土解冻融化变成稀软状态,强度显著降低,这将使建筑物产生过大沉降或发生倾斜。所以,在设计时,除满足一般地基的要求外,还要考虑地基土的冻胀和融化对基础的影响。为此,工程上常采用保温法对冻土地基进行处理。保温法是在建筑物基础底面四周设置隔热层,增大热阻,延迟地基土的冻结,保持土体温度,进而降低冻融循环的不利影响。

(五) 黄土

如本章第一节所述,黄土是一种典型的风积土,它是第四纪以来形成的多孔隙、弱胶结、结构疏松的特殊沉积物。黄土广泛分布于亚洲、欧洲、北美洲和南美洲等地。我国黄土分布十分广泛,遍及陕西、山西、甘肃、内蒙古、河南、宁夏、青海等地。如图1-42所示为我国西北黄土高原景观,是世界上规模最大的黄土高原。

图1-42 中国黄土高原景观

案例拓展 1-2 非洲南部红砂

黄土包括湿陷性黄土和非湿陷性黄土两类。由于黄土湿陷性而引起建筑物不均匀沉降是造成黄土地区地基事故的主要原因。对于湿陷性黄土地基的处理在大多数情况下主要目的不是为了提高地基承载力,而是为了消除黄土的湿陷性,同时也就提高了黄土地基的承载力。常用的黄土地基处理方法有:土桩法、振冲法、强夯法、桩基础和预浸水法等。其中,预浸水法是在修建建筑物前预先对湿陷性黄土场地大面积浸水,使土体在饱和自重应力作用下发生湿陷产生压密,以达到消除全部黄土层的自重湿陷性和深部土层的外荷载湿陷性的目的。

(六) 盐渍土

盐渍土是指易溶盐含量大于0.3%的土,具有较强的吸湿、松胀、溶陷及腐蚀性等工程地质特性,其成土条件受气候、地形、水文地质和植被等多种因素影响,按含盐性质可分为氯盐渍土、亚氯盐渍土、亚硫酸盐渍土、硫酸盐渍土和碱性盐渍土。盐渍土的分布极为广泛,我国中西部地区的陕西、甘肃、宁夏、青海、内蒙古、新疆六省(自治区)分布的盐渍土,占据我国盐渍土面积的七成左右,其余集中分布在我国华北、东北及沿海地区。由于分布地区多半为干旱或半干旱气候,降水量小,蒸发量大,盐渍土层表面会引起如图1-43所示的大规模土壤积盐现象。

图1-43 我国盐渍土分布区积盐景观

盐渍土地基的处理应根据土的含盐类型、含盐量和环境条件等因素选择地基处理方式和抗腐蚀能力强的建筑材料。盐渍土地基处理技术可分为去除土体中的盐分、固化剂处理、隔断水分和结构加固四类。其中,对于浅层盐渍土通常采用换填垫层的方式去除土体中的盐分,而使用固化剂处理不仅能解决盐分问题,还能显著提高地基整体强度及稳定性,发挥良好的综合治理效果。

综上所述,这些特殊土具有非常复杂的工程特性。在实际工程建设中若遇到此类特殊土地基,首先需要对这些特殊土的性质进行深入的分析,并在此基础上选择不同的地基处理方法进行加固处理,以达到提高特殊土强度及整体地基承载力的目的,从而保证地基的稳定性。关于各种加固方法的施工工艺和原理可参考有关书籍作进一步的了解。

习 题

1-1　从地下水位下某黏土层中取出一块试样,质量为 15.3 g,烘干后质量为 10.6 g,土粒比重为 2.70。求试样的含水率、孔隙比、孔隙率、饱和密度、干密度及相应的重度。

第一章习题参考答案

1-2　某试样的密度为 1.90 g/cm^3,土粒比重为 2.65,含水率为 28.0%。求试样的孔隙比、孔隙率和饱和度。

1-3　某土样的含水率为 6.0%,密度为 1.60 g/cm^3,土粒比重为 2.7。若设孔隙比不变,为使土样完全饱和,100 cm^3 土样中应加多少水?

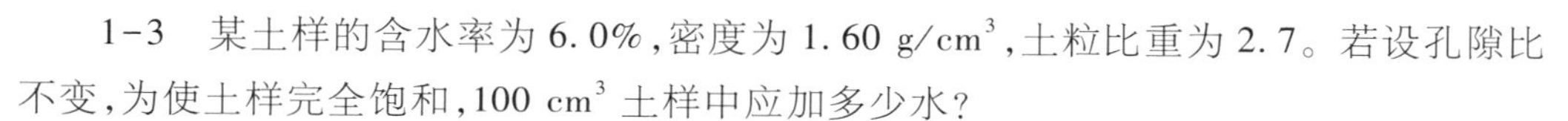

1-4　有土料 1 000 g,它的含水率为 6.0%。若使它的含水率增加 16.0%,需加多少水?

1-5　今有两种土,其性质指标如表 1-13 所示。通过计算,试判断下列叙述是否正确:

(1) 土样 A 的密度比土样 B 的大;

(2) 土样 A 的干密度比土样 B 的大。

表 1-13　习题 1-5 附表

性质指标	土样	
	A	B
含水率/%	15	6
土粒比重	2.75	2.68
饱和度/%	50	30

1-6　有一砂土层,厚 3 m,其最大和最小孔隙比分别为 0.97 和 0.45,天然孔隙比为 0.80,土粒比重为 2.680。

(1) 试求该砂层的相对密度和饱和含水率。

(2) 如使该砂层压实到相对密度为 70%时,侧向受限下的压缩量为多少?

1-7　试证明：

（1）干密度

$$\rho_d=\frac{G_s\rho_w}{1+e}=G_s\rho_w(1-n)$$

（2）湿密度

$$\rho=\frac{G_s+S_re}{1+e}\rho_w$$

1-8　在图 1-44 中，A 土的液限为 16.0%，塑限为 13.0%；B 土的液限为 24.0%，塑限为 14.0%；C 土为无黏性土。图中实线为粒径分布曲线，虚线为 C 土的粒组频率曲线。试按《土的工程分类标准》（GB/T 50145—2007）对这三种土进行分类。

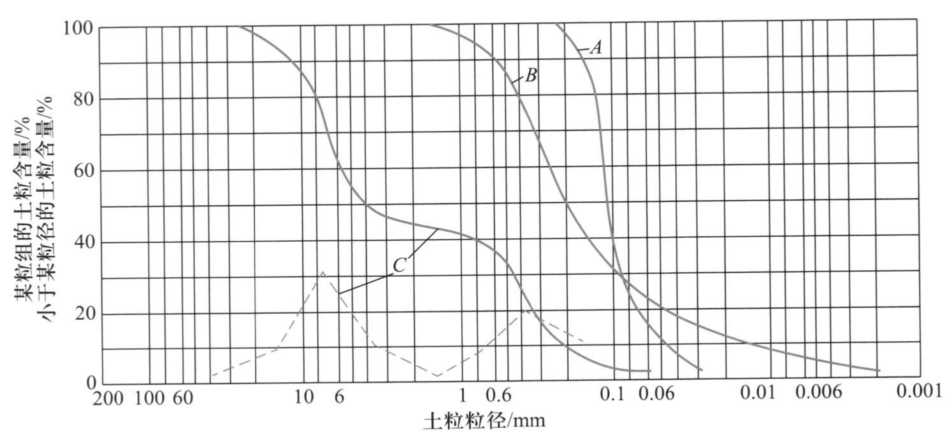

图 1-44　习题 1-8 附图

1-9　某碾压土坝土方量为 $2\times10^5\ m^3$，设计填筑干密度为 1.65 g/cm^3，附近土场可利用的取土深度为 2 m。土场土料经试验测定，其物理性质如下：天然密度为 1.70 g/cm^3，天然含水率为 12.0%，液限为 32.0%，塑限为 20.0%，土粒比重为 2.72。试问：

（1）为完成该坝填筑，至少需要开挖多大面积的土场？

（2）每层铺黏土厚为 30 cm，碾到 20 cm 厚时即可达到设计要求，该土的最优含水率为塑限的 95%，为达到最佳碾压效果，1 m^2 铺土面积需洒多少水？

（3）土坝填筑后的饱和度是多少？

★ 研讨题

两汉有诗云，“西北有高楼，上与浮云齐”，体现的是古人对拥有广厦高阙的美好憧憬，而今大国工匠们正在用智慧、科技与匠心将这一切转化为现实。表 1-14 中是国内外近年来建成的极具代表性的高层建筑，请同学们结合本章所学的知识内容，选择一个或多个建筑，查阅相关资料进行思考，尝试探讨以下几个方面的问题：

（1）表 1-14 中的建筑分别建立在什么土质之上？试利用本章所学的知识对土体性质进行分类和描述其基本工程特征。

（2）对于表中建筑所在区域可能存在的不良或特殊土质，在工程建设时通常需要注意的问题和改良措施有哪些？

（3）万丈高楼是否真的能平地而起？在建设之前需要做哪些准备？

表 1-14　研讨题附表

高楼图景						
名称	哈利法塔	上海中心大厦	台北 101 大楼	中国国际丝路中心大厦	昆明恒隆广场	Tora Asa
位置	阿联酋迪拜	中国上海	中国台北	中国西安	中国昆明	日本东京
高度/m	828	632	508	498	350	330

文献拓展

[1] MITCHELL J K. Fundamentals of soil behavior[M]. John Wiley & Sons, Inc., 1976.

附注：该著作为美国科学院和工程院两院院士、加州伯克利大学米切尔教授所著，是介绍土的基本工程性质的经典著作，南京工学院出版社曾于 1988 年出版了该书的中文版《岩土工程土性分析原理》。该书在 1993 年和 2005 年分别出版了第 2 版和第 3 版，第 3 版作者增加了剑桥大学的曾我健一（Kenichi Soga）教授。

[2] VAN BREEMEN N, BUURMAN P. Soil formation[M]. 2nd ed. Dordrecht: Kluwer Academic Publishers, 2002.

附注：该著作为荷兰瓦格宁根大学范布里曼教授等专家所著。著作详细介绍了土的成因、形成过程及不同土的土层剖面发育，重点阐述土的形成过程，帮助读者深入了解土的基本性质。2020 年中国水利水电出版社出版了此书的中文版。土在很多学科中都是重要研究对象，该文献基于农学等不同视角介绍土的基本性质，对于读者了解土力学的分析应用有很好的助力作用。

[3] 谢定义. 试论我国黄土力学研究中的若干新趋向[J]. 岩土工程学报，2001，23

(1):3-13.

附注:该文为西安理工大学谢定义教授所著,文章对黄土的分类定名、水敏性、结构性和动力特性,黄土土力学的理论基础,黄土工程的设计,黄土地基的处理,黄土规范的框架等问题研究的新趋向进行了探讨。

[4] **赖远明,张明义,李双洋. 寒区工程理论与应用[M]. 北京:科学出版社,2009.**

附注:该著作为中国科学院赖远明院士团队所著,系统介绍了冻土的基本力学特性和理论,以及冻土区路基、隧道、涵洞与桩基础等工程的分析、设计和冻害防治方法。

[5] **陈正汉. 非饱和土与特殊土力学的基本理论研究[J]. 岩土工程学报,2014,36(2):201-272.**

附注:该文为解放军后勤工程学院陈正汉教授所作2014年黄文熙讲座的文稿,介绍了非饱和土与黄土、膨胀土等多种特殊土的力学发展,对读者深入了解特殊土有重要帮助作用。

[6] **刘崇权,杨志强,汪稔. 钙质土力学性质研究现状与进展[J]. 岩土力学,1995,16(4):74-84.**

附注:该文为中国科学院武汉岩土所汪稔研究员团队所撰,钙质砂为近年来颇受关注的一种特殊土,文章介绍了钙质砂的成因、分布、结构和基本特性,以及钙质砂力学性质的研究现状与进展。

知识图谱

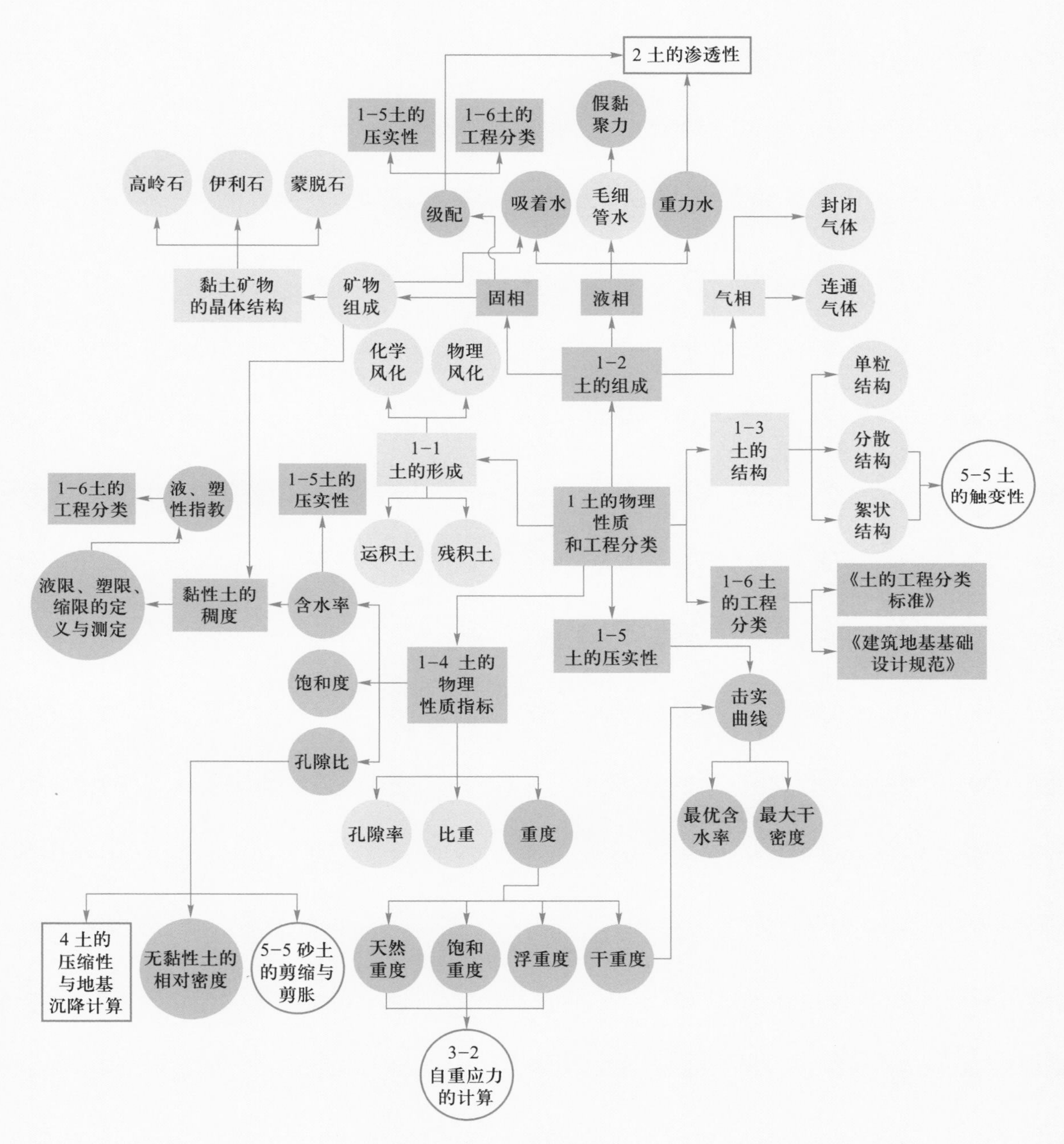

图例说明：

矩形表示可分割的知识点集，圆形表示不可分割的知识点；

实心表示本章节内容，空心表示其他章节内容；

深色表示本科教学重难点，浅色表示一般知识点；

箭头表示先后关系。

先贤故事
Darcy：无私公民

亨利·达西(Henry Darcy),1803 年出生于法国第戎(Dijon)。1821 年进入巴黎综合理工学院学习,后转入法国国立路桥大学,1826 年毕业后以工程师的身份加入陆军,进行各类重大工程项目建设。达西的贡献主要在流体力学领域,包括达西定律、达西管道阻力公式、明渠阻力实验和改进皮托测试管等,他的实验成果开创了一门研究流体在多孔介质中流动的科学——渗流力学。为纪念达西对渗流力学的贡献,国际上把渗透率的单位定义为 Darcy(D)。土作为一种多孔介质,达西的研究成果对于探究流体在土中的渗透性同样具有十分重要的意义。

同时值得一提的是,达西为他的故乡第戎做出了无与伦比的贡献。19 世纪初,第戎作为一个落后的城市,有着近乎全欧洲最差的水质,达西在 1827 年被调到第戎工作后,负责设计和建造了第戎的公共泉水工程。为研究地下水流动和饮用水砂层过滤的规律,达西设计、制作了著名的柱状砂筒渗流实验装置,完成了系列渗流实验,这为后人研究土的渗透性奠定了重要的基础。大约在 1840 年,在达西的努力下,第戎拥有了欧洲最好的供水系统,甚至比巴黎的供水系统早了 20 年。除了城市供水系统,达西还投身于道路、桥梁和航海工程的建设,修建了当时世界上最长的布莱斯隧道,如今从第戎通往巴黎的列车仍会通过该隧道。在达西的努力下,第戎成为欧洲其他地区的榜样。人们为了感谢达西对家乡的贡献,将城镇的中心广场以他的名字命名,并铸造勋章、建造纪念碑来纪念他的伟大功绩。

达西把一生都无私地奉献给了科学事业和家乡的公共事业,自己却淡泊名利。由于劳累过度,达西从 1842 年起健康状况日益糟糕,即便如此,他仍未停止工作，而是将精力从工程建设转向了科研工作。在去世前三年身体虚弱的状态下，他提出了达西定律（1856年）、管道流动达西公式（1858年），并与巴赞一起设计、进行了人工明渠实验（1855—1857年）。1858年达西在法国巴黎病逝，他将自己的生命以另一种方式永远延续下去，在工程科学界产生了深远的影响。

第 二 章

土的渗透性

章节导图

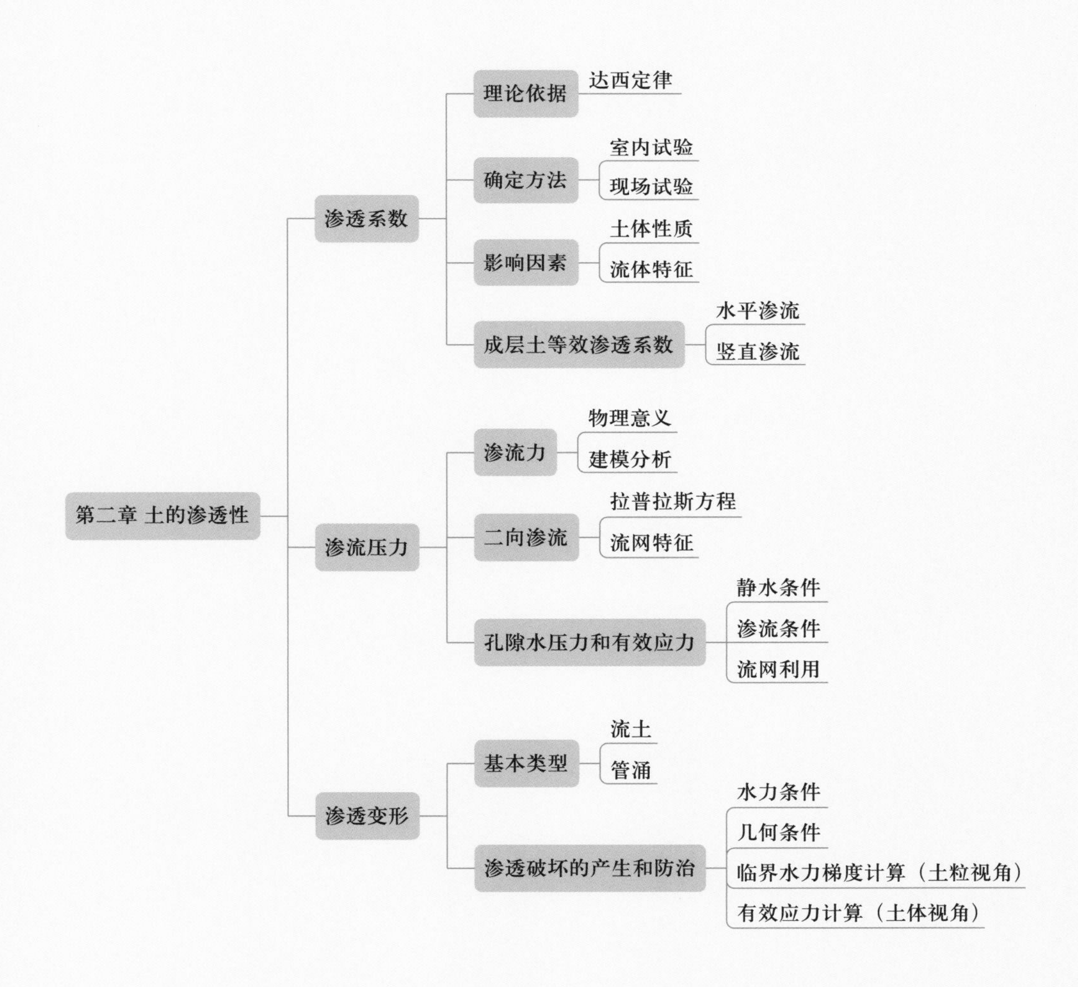

目标导入

◇ 了解水在土中的渗透特点和规律；
◇ 了解达西定律及其适用条件和二向渗流的基本特征；
◇ 理解常水头、变水头试验基本原理；
◇ 理解渗流力的本质，掌握渗透变形的形式及其防治措施；
◇ 掌握有效应力原理，学会初步分析不同水流条件下的孔隙水压力和有效应力；
◇ 培养通过计算（土颗粒渗流力视角或土整体有效应力视角）判别工程中渗透稳定性并采取措施预防破坏的能力；
◇ 通过实例加深对岩土渗流问题的认知，培养分析相关工程问题并有效表达解决方案的能力；
◇ 查阅分析涉水岩土工程案例，感受学科交叉魅力和有效应力原理作为土力学基石的重要作用，培养审视、解决问题的系统思维，提升信息获取能力。

第一节 概述

由前一章叙述可知，土是具有连续孔隙的介质。当土作为水工建筑物的地基或直接把它用作水工建筑物的材料时（如土坝），水就会在水位差作用下，从水位较高的一侧透过土体的孔隙流向水位较低的一侧。图 2-1a 为水闸挡水后水从上游透过地基土的孔隙流向下游的示例，图 2-1b 为土坝蓄水后，水从上游透过坝身填土孔隙流向下游的示例。

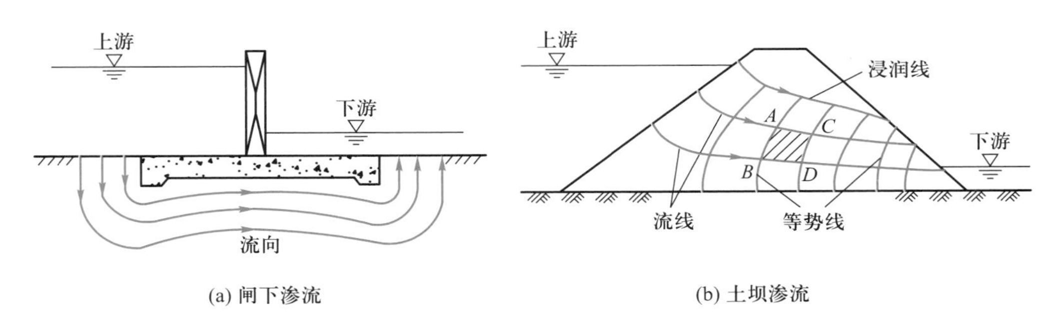

图 2-1 闸坝渗透示意图

在水位差作用下，水透过土体孔隙流动的现象称为渗透。土具有被水透过的性能称为土的渗透性。水在土体中渗透，一方面会造成水量损失，影响工程效益；另一方面将引起土体内部应力状态的变化，从而改变水工建筑物或地基的稳定条件，严重时还会酿成破坏事故。2017 年 2 月初，美国奥罗维尔大坝(Oroville Dam)溢洪道发生泄洪事故(图 2-2)。调查发现，造成该起事故的主要原因是溢洪道底板混凝土在热胀冷缩和自身重力作用下产生了裂缝，大量水流渗入地基、发生冲蚀，引起地基土体颗粒流失，形成空洞，进而导致溢洪道底板塌陷，最终造成此起泄洪事故。

(a) 事故发生前

(b) 溢洪道破损

图 2-2 奥罗维尔大坝溢洪道事故图

土的渗透性的强弱，对土体的固结、强度及工程施工都有非常重要的影响。为此，必须对土的渗透性质、水在土中的渗透规律及其与工程的关系进行深入的研究，从而为水工建筑物和地基的设计、施工提供必要的支撑。

水利工程中渗透(或渗流)所涉及的范围和问题很多，除闸坝挡水以外，诸如打井取水、筑堤防洪、施工围堰、渠道防渗等均涉及渗流问题。有关这些渗流问题的基本理论在水力学课程中有所讲授，本章将主要讨论水在土体中的渗透规律，以及与渗透有关的土体变形与破坏的问题，此外，还将介绍在渗流作用下有效应力和孔隙水压力的基本概念。

第二节 达西渗透定律

教学课件 2-2

土体中孔隙的形状和大小是极不规则的，因而水在土体孔隙中的渗透是一种十分复杂的水流现象。另外，由于土体中的孔隙一般非常微小，水在土体中流动时的黏滞阻力很大、流速缓慢，因此，其流动状态大多属于层流。

1856 年法国科学家达西(Darcy)(图 2-3 为欧洲地球物理学会颁发的以达西命名的奖章)利用图 2-4 所示的试验装置，对砂土的渗透性进行了研究，发现水在土中的渗透速度与试样两端面间的水位差成正比，而与渗径长度成反比。

于是，达西把渗透速度表示为

$$v=k\frac{h}{L}=ki \tag{2-1}$$

或渗流量为

图 2-3 欧洲地球物理学会颁发的水文学“达西奖章”

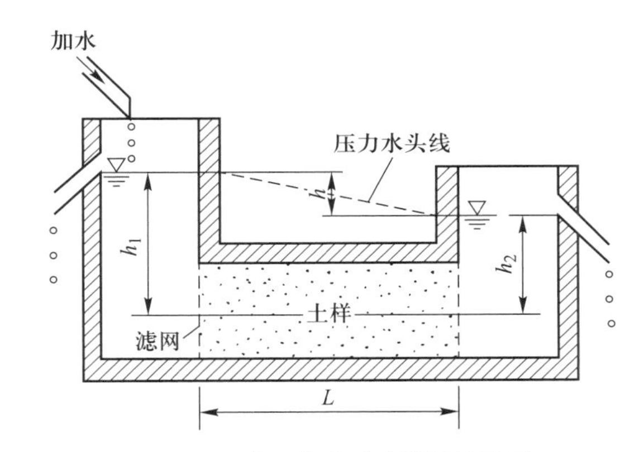

图 2-4 达西渗透试验装置示意图

$$q=vA=kiA \tag{2-2}$$

式中：v——渗透速度（cm/s 或 m/s）；

q——渗流量（cm^3/s 或 m^3/s）；

$i=h/L$——水力梯度，它是沿渗流方向单位距离的水头损失，量纲为一；

h——试样两端的水位差（cm 或 m）；

L——渗径长度（cm 或 m）；

k——渗透系数（cm/s 或 m/s），其物理意义是当水力梯度 i 等于 1 时的渗透速度；

A——试样截面面积（cm^2 或 m^2）。

这就是著名的达西渗透定律。

从式（2-1）可知，砂土的渗透速度与水力梯度呈线性关系，如图 2-5a 所示。但是，对于密实的黏土而言，由于它的吸着水含量较高，而吸着水又具有较大的黏滞阻力，只有当水力梯度达到某一数值，克服了吸着水的黏滞阻力以后才会发生渗透。这一开始发生渗透时的水力梯度称为黏土的起始水力梯度。一些试验资料表明，黏土不但存在起始水力梯度，而且当水力梯度超过起始水力梯度后，渗透速度与水力梯度的规律还偏离达西定律而呈非线性关系，如图 2-5b 中的实线所示。但是，为了实用方便，常用图 2-5b 中的虚直线来描述密实黏土的渗透速度与水力梯度的关系，并以下式表示：

$$v=k(i-i_b) \tag{2-3}$$

式中：i_b——密实黏土的起始水力梯度。

其余符号意义同前。

另外，试验也表明，在粒径较大的粗粒土中（如砾、卵石等），只有在较小的水力梯度下，渗透速度与水力梯度才呈线性关系，而在较大的水力梯度下，水在土中的流动即进入紊流状态，渗透速度与水力梯度是非线性关系，此时达西定律同样不能适用，如图 2-5c 所示。

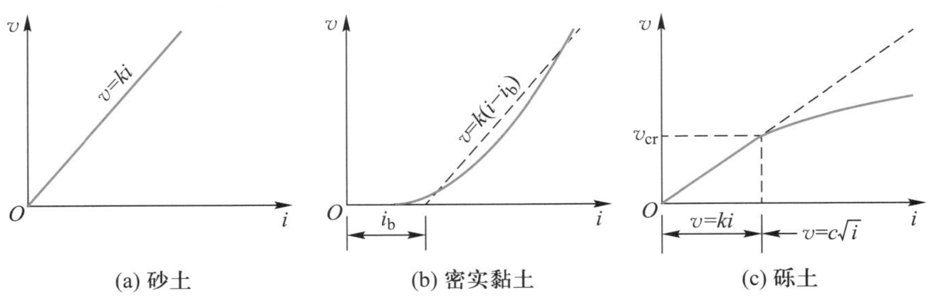

(a) 砂土　(b) 密实黏土　(c) 砾土

图 2-5　土的渗透速度与水力梯度的关系

必须指出,由式(2-1)求出的渗透速度是一种假想的平均流速,因为它假定水在土中的渗透是通过整个土体截面来进行的。而实际上,渗透水仅仅通过土体中的孔隙流动。因此,水在土体中的实际平均流速要比由式(2-1)所求得的数值大得多,它们之间的关系为

$$v=v'n=v'\frac{e}{1+e} \tag{2-4}$$

式中:v——按式(2-1)求得的假想平均流速;

v'——通过土体孔隙的实际平均流速;

n、e——土的孔隙率和孔隙比,这里假定面积孔隙率与体积孔隙率相等。

由于土体中的孔隙形状和大小异常复杂,要直接测定实际的平均流速是很困难的。目前,在渗流计算中广泛采用的流速是假想平均流速。因此,下面所述的渗透速度均指这种流速。

第三节
渗透系数的测定

一、渗透系数的测定

教学课件 2-3

前节已经提到,渗透系数的大小是直接衡量土的透水性强弱的一个重要的力学性质指标,其数值等于水力梯度为 1 时的渗透速度。它一般通过室内或现场试验测定。

渗透系数的测定可以分为现场试验和室内试验两大类。一般来说,现场试验比室内试验所得到的成果要准确可靠。因此,对于重要工程常需进行现场测定。关于现场试验的原理和方法请读者参阅水文地质方面的书籍,本节将主要介绍室内试验。

室内测定土的渗透系数的仪器和方法较多,但就其原理而言,可分为常水头试验和变水头试验两种。前者适用于透水性强的无黏性土,后者适用于透水性弱的黏性土。下面将分别介绍这两种方法的基本原理,有关它们的试验仪器和操作方法请参阅试验指导书。

（一）常水头法

常水头法是在整个试验过程中，水头保持不变，其试验装置如图 2-6 所示。

设试样的厚度即渗径长度为 L，截面面积为 A，试验时的水位差为 h，这三者在试验前可以直接量出或控制。试验中只要用量筒和秒表测出在某一时段 t 内流经试样的水量 V，即可求出该时段内通过土体的流量 q 为

$$q=\frac{V}{t} \tag{2-5}$$

将上式代入式（2-2），便可得到土的渗透系数 k 为

$$k=\frac{VL}{Aht} \tag{2-6}$$

（二）变水头法

黏性土的渗透系数很小，流经试样的水量很少，难以直接准确量测渗出水量，因此，应采用变水头法。

变水头法是在整个试验过程中，水头随着时间变化，其试验装置如图 2-7 所示。

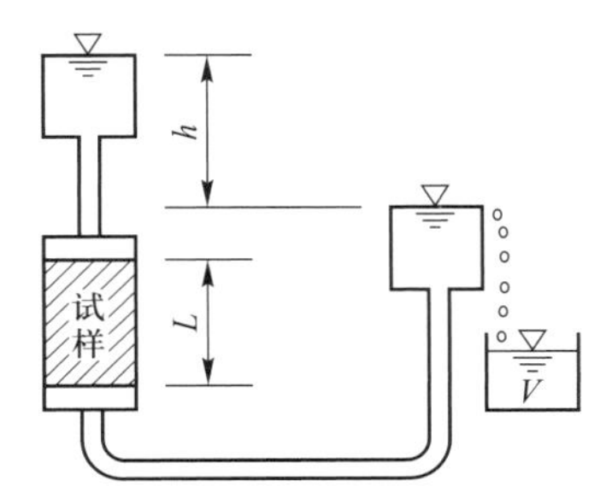

图 2-6　常水头试验装置示意图

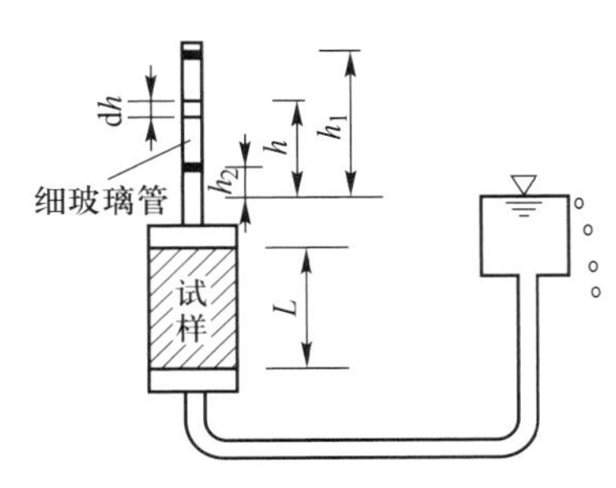

图 2-7　变水头试验装置示意图

试样的进水端与细玻璃管相接，在试验过程中测出某一时段内细玻璃管中水位的变化，就可根据达西定律，求出土的渗透系数。

设细玻璃管的内截面面积为 a，试验开始以后任一时刻 t 的水位差为 h，经时段 $\mathrm{d}t$，细玻璃管中的水位下落 $\mathrm{d}h$，则在时段 $\mathrm{d}t$ 内流经试样的水量为

$$\mathrm{d}V=-a\mathrm{d}h \tag{a}$$

式中负号表示渗水量随 h 的减小而增加。

根据达西定律，在时段 $\mathrm{d}t$ 内流经试样的水量又可表示为

$$\mathrm{d}V=k\frac{h}{L}A\mathrm{d}t \tag{b}$$

令式（a）等于（b），可以得到

$$\mathrm{d}t=-\frac{aL}{kA}\frac{\mathrm{d}h}{h}$$

将上式两边积分得

$$\int_{t_1}^{t_2}\mathrm{d}t=-\int_{h_1}^{h_2}\frac{aL}{kA}\frac{\mathrm{d}h}{h}$$

即可得到土的渗透系数为

$$k=\frac{aL}{A(t_2-t_1)}\ln\frac{h_1}{h_2}$$

如用常用对数表示，则上式可写为

$$k=2.3\frac{aL}{A(t_2-t_1)}\lg\frac{h_1}{h_2} \tag{2-7}$$

式(2-7)中的 a、L、A 为已知，试验时只要测出与时刻 t_1 和 t_2 对应的水位 h_1 和 h_2，就可求出渗透系数。

（三）影响渗透系数 k 的主要因素

渗透系数 k 综合反映了水在土体孔隙中流动的难易程度，因而其值必然要受到土体性质和渗流流体性质的影响。下面分别就这两方面的影响因素进行讨论。

1. 土体性质对渗透系数 k 的影响

土体种类不同，影响因素也不尽相同。对于砂土来说，影响渗透性的主要因素有颗粒大小、级配、密实度及土中是否有封闭气泡等。土粒越粗、越浑圆、越均匀，渗透性越大。级配良好的土，由于细颗粒会填充粗颗粒中的孔隙，使土体孔隙减少，导致渗透性变小。另外，渗透性会随相对密度增加而减少。当土中存在封闭气体时，不仅会减小土体中的过水面积，而且会堵塞孔隙，使土体渗透性减小。

黏性土渗透性的影响因素较砂性土更为复杂。黏性土中含有亲水矿物或有机质时，由于其具有膨胀性，将大大降低土的渗透性，比如含有大量有机质的淤泥土几乎不透水。黏性土中土粒的结合水膜厚度较厚时，将堵塞土中的孔隙，降低土的渗透性。黏土颗粒呈扁平状，具有定向排列特征，其沉积过程在不同的竖向应力和水平向应力条件下实现，土体各向异性和应力各向异性导致土体渗透性的各向异性。因此，土的矿物成分、结合水膜厚度、土的结构及土中气体都将影响黏性土的渗透性。

2. 渗流流体性质对渗透系数 k 的影响

渗流流体的性质对渗透系数的影响主要是由黏滞度不同所引起的。当温度升高时，流体的黏滞度会降低，k 值变大；反之，k 值变小。所以，当前《土工试验规程》(YS/T 5225—2016)和《公路土工试验规程》(JTG 3430—2020)均规定，测定渗透系数 k 时，以 20℃ 作为标准温度，不是 20℃ 时要进行温度校正。

此外，渗透系数的经验表达式可表示为

$$k=CD^2\frac{\rho g}{\mu} \tag{2-8}$$

式中：C——颗粒形状影响系数或孔隙形状影响系数；

D——颗粒的大小或孔隙的大小；

ρ——水的密度；

g——重力加速度；

μ——水的动力黏滞系数。

几种土的渗透系数参考值见表 2-1。

表 2-1 不同土的渗透系数

土类	渗透系数 $k/(\mathrm{cm\cdot s^{-1}})$	渗透性
粒径均匀的巨砾	$\geqslant 1$	极高渗透性
砂砾-砾石、卵石	$10^{-2}\sim<1$	高渗透性
砂-砂砾	$10^{-4}\sim<10^{-2}$	中渗透性
粉土-细粒土质砂	$10^{-5}\sim<10^{-4}$	低渗透性
黏土-粉土	$10^{-6}\sim<10^{-5}$	微渗透性
黏土	$<10^{-6}$	极微渗透性

注:上述渗透系数参考《水利水电工程地质勘察规范》(GB 50487—2008)。

[例题 **2-1**] 设做变水头渗透试验的黏土试样的截面面积为 30 cm^2,厚度为 4 cm,渗透仪细玻璃管的内径为 0.4 cm,试验开始时的水位差为 145 cm,经时段 7 min 25 s观察得水位差为 130 cm,试验时的水温为 20℃。试求试样的渗透系数。

[解] 已知试样的截面面积 $A=30\ \mathrm{cm}^2$,渗径长度 $L=4\ \mathrm{cm}$,细玻璃管的内截面面积 $a=\dfrac{\pi d^2}{4}=\dfrac{3.14\times0.4^2}{4}\ \mathrm{cm}^2=0.1256\ \mathrm{cm}^2$,$h_1=145\ \mathrm{cm}$,$h_2=130\ \mathrm{cm}$,$t_1=0$,$t_2=7\times60\ \mathrm{s}+25\ \mathrm{s}=445\ \mathrm{s}$。

由式(2-7)可得,试样在 20℃时的渗透系数为

$$k=2.3\frac{aL}{A(t_2-t_1)}\lg\frac{h_1}{h_2}=2.3\times\frac{0.1256\ \mathrm{cm}^2\times4\ \mathrm{cm}}{30\ \mathrm{cm}^2\times445\ \mathrm{s}}\times\lg\frac{145}{130}=4.10\times10^{-6}\ \mathrm{cm/s}$$

二、成层土的平均渗透系数

天然沉积土往往由渗透性不同的土层所组成。对于与土层层面平行和垂直的简单渗流情况,当各土层的渗透系数和厚度为已知时,可求出整个土层与层面平行和垂直的平均渗透系数,作为进行渗流计算的依据。

现在,先来考虑与层面平行的渗流情况。图 2-8a 为在渗流场中截取的渗径长度为 L 的一段与层面平行的渗流区域,各土层的水平向渗透系数分别为 k_1、k_2、…、k_n,厚度分别为 H_1、H_2、…、H_n,总厚度为 H。若通过各土层的渗流量为 q_{1x}、q_{2x}、…、q_{nx},则通过整个土层的总渗流量 q_x应为各土层渗流量之总和,即

$$q_x=q_{1x}+q_{2x}+\cdots+q_{nx}=\sum_{i=1}^{n}q_{ix} \tag{a}$$

根据达西定律,总渗流量又可表示为

$$q_x=k_x iH \tag{b}$$

式中:k_x——与层面平行的土层平均渗透系数;

i——土层的平均水力梯度。

对于这种条件下的渗流,通过各土层相同距离的水头损失均相等。因此,各土层的

水力梯度及整个土层的平均水力梯度亦应相等。于是,任一土层的渗流量为

$$q_{ix}=k_i iH_i \tag{c}$$

将式(b)和式(c)代入式(a)后可得

$$k_x iH=\sum_{i=1}^{n}k_i iH_i$$

因此,最后得到整个土层与层面平行的平均渗透系数为

$$k_x=\frac{1}{H}\sum_{i=1}^{n}k_iH_i \tag{2-9}$$

对于与层面垂直的渗流情况,如图 2-8b 所示,可用类似的方法求解。设通过各土层的渗流量为 q_{1y}、q_{2y}、…、q_{ny},根据水流连续定理,通过整个土层的渗流量 q_y必等于通过各土层的渗流量,即

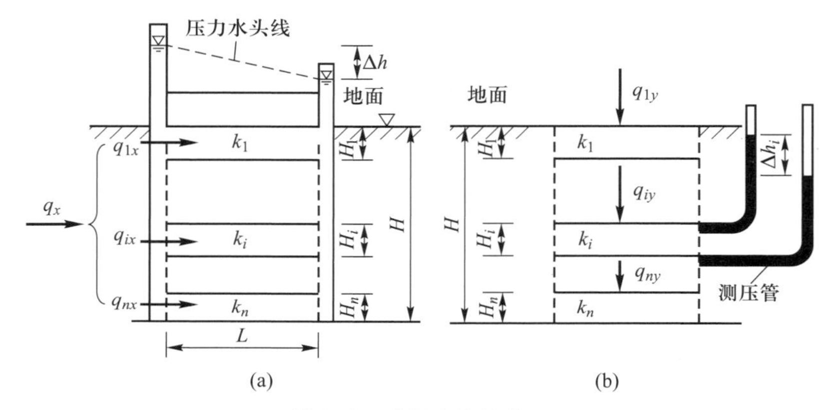

图 2-8 成层土渗流情况

$$q_y=q_{1y}=q_{2y}=\cdots=q_{ny} \tag{a}$$

设渗流通过任一土层的水头损失为 Δh_i,水力梯度 i_i为 $\Delta h_i/H_i$,则通过整个土层的水头总损失 h 应为 $\sum\Delta h_i$,总的平均水力梯度 i 应为 h/H。由达西定律可得通过整个土层的总渗流量为

$$q_y=k_y\frac{h}{H}A \tag{b}$$

式中:k_y——与层面垂直的土层平均渗透系数;

A——渗流截面面积。

通过任一土层的渗流量为

$$q_{iy}=k_i\frac{\Delta h_i}{H_i}A=k_ii_iA \tag{c}$$

将(b)、(c)两式分别代入式(a),消去 A 后可得

$$k_y\frac{h}{H}=k_ii_i \tag{d}$$

而整个土层的水头总损失又可表示为

$$h=i_1H_1+i_2H_2+\cdots+i_nH_n=\sum_{i=1}^{n}i_iH_i \tag{e}$$

将式(e)代入式(d)并经整理后即可得到整个土层与层面垂直的平均渗透系数为

$$k_y=\frac{H}{\dfrac{H_1}{k_1}+\dfrac{H_2}{k_2}+\cdots+\dfrac{H_n}{k_n}}=\frac{H}{\sum\limits_{i=1}^{n}\dfrac{H_i}{k_i}} \tag{2-10}$$

由式(2-9)和式(2-10)可知,对于成层土,如果各土层的厚度大致相近,而渗透性却相差悬殊时,与层面平行的平均渗透系数将取决于最透水土层的厚度和渗透性,并可近似地表示为 $k'H'/H$,式中 k' 和 H' 分别为最透水土层的渗透系数和厚度;而与层面垂直的平均渗透系数将取决于最不透水土层的厚度和渗透性,并可近似地表示为 $k''H/H''$,式中 k'' 和 H'' 分别为最不透水土层的渗透系数和厚度。因此,成层土与层面平行的平均渗透系数总大于与层面垂直的平均渗透系数。

第四节
二向渗流和流网的特征

上述渗流属简单边界条件下的单向渗流,只要渗透介质的渗透系数和厚度及两端的水位或水位差为已知,介质内的流动特性,例如测压管水头、渗透速度和水力梯度等,均可根据达西定律确定。然而,工程中遇到的渗流问题,其边界条件要复杂得多,水流形态往往是二向或三向的,如图 2-1 所示的水闸地基的渗流和土坝的渗流。这时,介质内的流动特性逐点不同,并且只能以微分方程的形式表示,然后根据边界条件进行求解。下面简要地讨论二向渗流。

教学课件 2-4

一、稳定渗流场中的拉普拉斯方程

设从稳定渗流场中任取一微小的土单元体,其面积为 $dxdy$,如图 2-9 所示。若单位时间内在 x 方向流入单元体的水量为 q_x,流出的水量为 $\left(q_x+\dfrac{\partial q_x}{\partial x}dx\right)$;在 y 方向流入的水量为 q_y,流出的水量为 $\left(q_y+\dfrac{\partial q_y}{\partial y}dy\right)$。假定在渗流作用下单元体的体积保持不变,水又是不可压缩的,则单位时间内流入单元体的总水量必等于流出的总水量,即

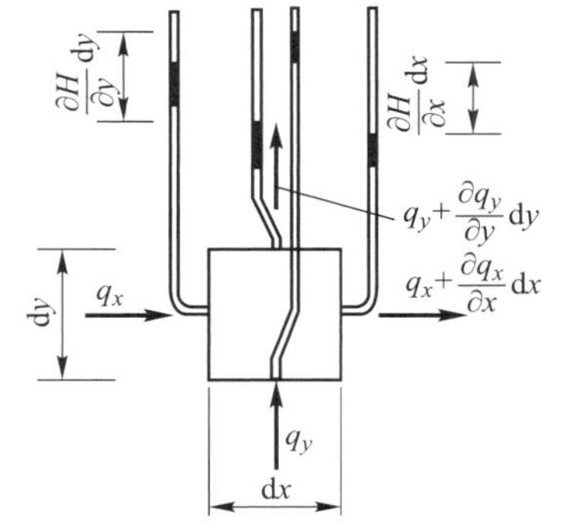

图 2-9　稳定渗流场中的单元体

$$q_x+q_y=\left(q_x+\frac{\partial q_x}{\partial x}dx\right)+\left(q_y+\frac{\partial q_y}{\partial y}dy\right)$$

或

$$\frac{\partial q_x}{\partial x}\mathrm{d}x+\frac{\partial q_y}{\partial y}\mathrm{d}y=0 \tag{2-11}$$

根据达西定律，$q_x=k_x i_x \mathrm{d}y$，$q_y=k_y i_y \mathrm{d}x$，其中 x 和 y 方向的水力梯度分别为 $i_x=\frac{\partial H}{\partial x}$，$i_y=\frac{\partial H}{\partial y}$。将上列关系式代入式(2-11)并化简后可得

$$k_x\frac{\partial^2 H}{\partial x^2}+k_y\frac{\partial^2 H}{\partial y^2}=0 \tag{2-12}$$

式中：k_x、k_y——x 和 y 方向的渗透系数；

H——总水头或测压管水头。

式(2-12)即为各向异性土在稳定渗流时的连续方程。

如果土是各向同性的，即 $k_x=k_y$，则式(2-12)可改写成

$$\frac{\partial^2 H}{\partial x^2}+\frac{\partial^2 H}{\partial y^2}=0 \tag{2-13}$$

式(2-13)即为著名的拉普拉斯(Laplace)方程，它是描述稳定渗流的基本方程式。

二、流网的特征

由式(2-13)可知，渗流场内任一点的水头是其坐标的函数，而一旦渗流场中各点的水头为已知，其他流动特性也就可以通过计算得出。因此，作为求解渗流问题的第一步，一般是先确定渗流场内各点的水头，亦即求解渗流基本微分方程式(2-13)。

众所周知，满足拉普拉斯方程的解是两组彼此正交的曲线。就渗流问题来说，一组曲线称为等势线，在任一条等势线上各点的总水头将是相等的，或者说，在同一条等势线上的测压管水位都是同高的；另一组曲线称为流线，它们代表渗流的方向。然而，必须指出，只有满足边界条件的那一种流线和等势线的组合形式才是方程式(2-13)的正确解答。

为了求得满足边界条件的解答，常用的方法主要有解析法、数值法和电拟法三种。一般来说，解析法是比较精确的，但也只有在边界条件较简单的情况才容易办到，因此并不实用。对于边界条件比较复杂的渗流，一般采用数值法和电拟法。它们的原理请参阅有关水力学著作，但不论采用哪种方法求解，其最后结果通常均可用流网表示。

流网为一簇流线和等势线交织而成的网格。图 2-10 为无限深坝基的流网图。对于各向同性的渗透介质，流网具有下列特征：

(1) 流线与等势线彼此正交；

(2) 每个网格的长宽比为常数，为方便计，常取 1，这时的网格就成为正方形或曲边正方形；

(3) 相邻等势线间的水头损失相等；

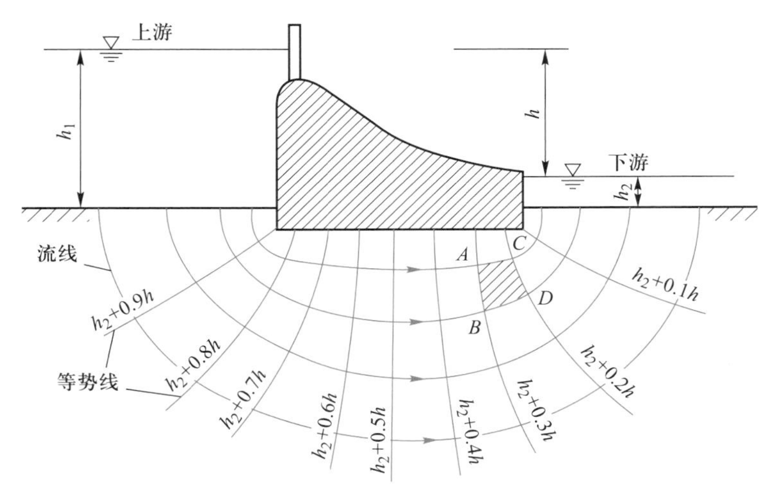

图 2-10 无限深坝基的流网图

（4）各流槽的渗流量相等。

流网一经绘出，就可以从流网图形上直观地获得流动特性的总轮廓。如图 2-10 所示，愈接近坝底，流线愈密集，表明该处的水力梯度愈大，渗透速度也愈大；而愈远离坝底，流线愈稀疏，则水力梯度愈小，流速也愈小。另一方面，根据流网还可以定量地确定渗流场中各点的水头、孔隙水压力和水力梯度等。流网在土工问题中的具体应用将在有关章节叙述。

从上述内容可以看出，对于均质土体，在边界条件相同的情况下，土体中的流网形状与土的渗透系数大小无关；在无浸润面的渗流中，流网的形状也与上下游水头差的大小无关。

但对于非均质土体或各向异性土体来说，其渗透流网性质将发生变化。图 2-11 所示为各向异性土中的流网图。当水平方向的渗透系数大于垂直方向的渗透系数时，网格将不再是正方形，水平方向的尺寸将会大于垂直方向的尺寸。图 2-12 所示为一船坞的非均质各向同性地基的流网图。从图中可见，对于非均质体，由于土体渗透性不同，为使流量保持不变，渗透性小的区域的水力梯度必将大于渗透性大的区域，因此当渗流从低渗透性区流向高渗透性区时，相邻等势线间距离将变宽，使网格狭长，流线和等势线在区域分界面也将发生偏转。

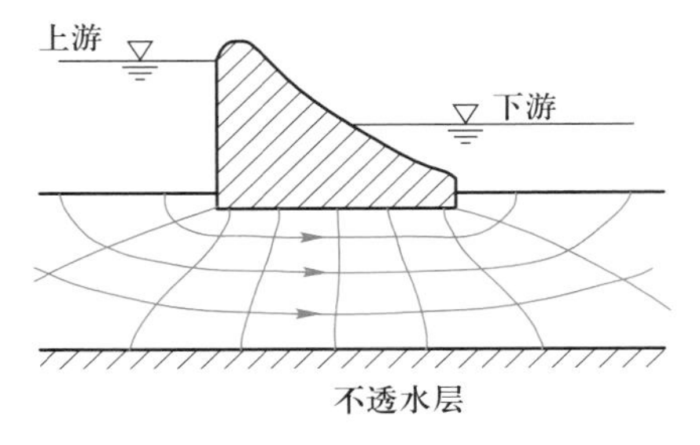

图 2-11 各向异性土中的流网图

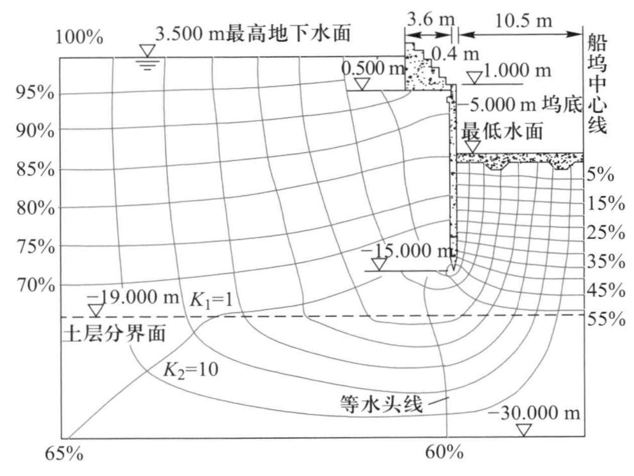

图 2-12 船坞的非均质各向同性地基的流网图

第五节 渗流力及渗透稳定性

教学课件 2-5

在本章开头部分曾提及渗透将引起土体内部应力状态的变化,从而改变水工建筑物地基或土坝的稳定条件。因此,对于水工建筑物来说,如何确保有渗流作用时建筑物的稳定性是一个非常重要的课题。

渗流所引起的稳定问题一般可归结为两类:

一类是土体的局部稳定问题。这是因渗透水流将土体的细颗粒冲出、带走或局部土体产生移动,导致土体变形而引起的。因此,这类问题又常称为渗透变形问题。

另一类是整体稳定问题。这是在渗流作用下,整个土体发生滑动或坍塌。岸坡或土坝在水位降落时引起的滑动是这类破坏的典型事例。

应该指出,局部稳定问题如不及时加以防治,同样会引起整个建筑物的毁坏。

关于渗流引起的整体稳定问题将在第七章结合土坡稳定予以介绍,本节仅限于土体的局部稳定问题。

一、渗流力的概念

水在土体中流动时,将会引起水头的损失。而这种水头损失是水在土体孔隙中流动时,试图拖曳土粒而消耗能量的结果。同样,水流在拖曳土粒时将给予土粒以某种拖曳力。渗透水流施于单位土体内土粒上的拖曳力称为渗流力。

为了验证渗流力的存在,先观察以下现象:图 2-13 中圆筒形容器 A 的细筛上装有均匀的砂,其厚度为 L,容器顶缘高出砂面 L_1,细筛底部用一根管子与容器 B 相连,两个容器的水面保持齐平时，无渗流发生。若将容器 B 逐级提升，则由于水位差的存在，容器 B 内的水就从底部透过砂层从容器 A 的顶缘不断溢出，渗透水流的速度也愈来愈快。当容器 B 提升到某一高度时，可以看到砂面出现类似沸腾的现象，这种现象称为流土或浮冲。

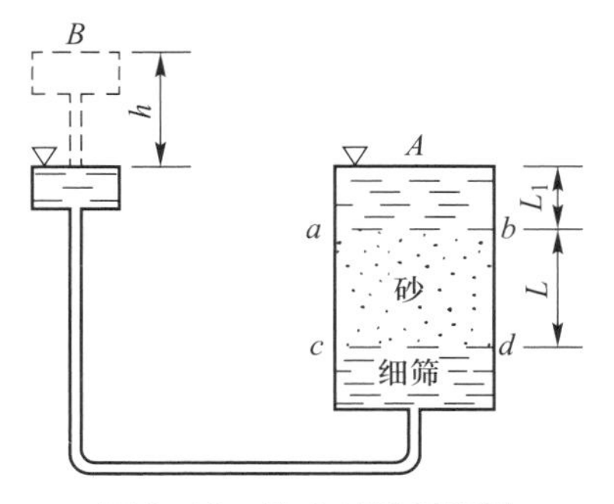

图 2-13 流土试验示意图

上述现象的发生，足以说明水在土体孔隙中流动时，确有促使土粒沿水流方向移动的渗流力存在。按照牛顿第三定律，土粒将以大小相等、方向相反的反作用力施于水流上。下面就来研究渗流力问题。

从图 2-1b 所示的渗流场中任取以两条相邻流线和两条相邻等势线组成的网格（即土体）$ABCD$，设等势线的间距为 a，流线的间距为 b。网格边界上的测压管水柱高度和孔隙水压力分别示于图 2-14a、b。对应边上的孔隙水压力经相减后为矩形分布，如图 2-14c 所示。现以网格中的孔隙水为脱离体（取单位厚度），其上的作用力有：

（1）孔隙水的重量与水对土粒的浮力的反作用力之和为 W_w（即网格土块中的水在静水条件下所受的合力），方向竖直向下，其值为

$$W_w=\gamma_w V_v+\gamma_w V_s=\gamma_w V=\gamma_w ab \tag{a}$$

（2）AB 面上的孔隙水压力的合力为 U_1，沿水流方向，其值为

$$U_1=\gamma_w(h_1-h_2)b \tag{b}$$

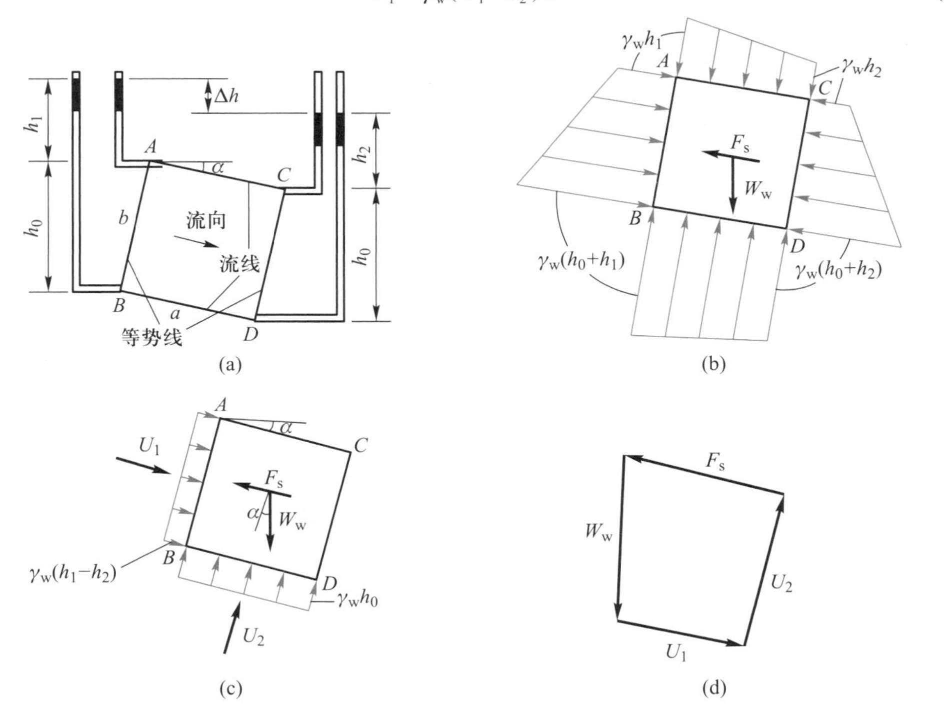

图 2-14 渗流情况下的孔隙水体的受力分析

(3) BD 面上的孔隙水压力的合力为 U_2,与流向垂直,其值为

$$U_2=\gamma_w h_0 a \tag{c}$$

(4) 网格内的土粒对水流的总阻力 F_s,逆水流方向。

网格内孔隙水体的力矢多边形如图 2-14d 所示。于是,由沿水流方向力的平衡条件可得

$$U_1+W_w\sin\alpha-F_s=0$$

把式(a)和式(b)代入上式,则得

$$F_s=\gamma_w(h_1-h_2)b+\gamma_w ab\sin\alpha$$

由图 2-14a 可知

$$\sin\alpha=\frac{\Delta h+h_2-h_1}{a}$$

将其代入上式并经整理后,可得土粒对水流的总阻力为

$$F_s=\gamma_w b\Delta h$$

设单位土体内土粒给予水流的阻力为 f_s,则

$$f_s=\frac{F_s}{ab}=\gamma_w\frac{\Delta h}{a}=\gamma_w i$$

由于渗流力的大小等于单位土体内水流所受的阻力,方向则相反,所以,渗流力为

$$j=f_s=\gamma_w i \tag{2-14}$$

从上式可知,渗流力的大小与水力梯度成正比,其作用方向与渗流(或流线)方向一致,是一种体积力,常以 kN/m^3 计。

为了进一步讨论渗流对土体稳定的影响,再以图 2-14a 所示的整个网格 $ABCD$ 的土体(包括土粒与孔隙水)为脱离体来分析其受力情况。

此时网格土体所受力的矢量图如图 2-15a 所示。

U_1 是土体两侧渗流方向的孔隙水压力(下称孔压)对土体施加的合力;U_2 是与渗流正交方向土体两侧的孔压对土体施加的合力;而 W 为饱和土体本身总重量,方向竖直向下,其值为

$$W=\gamma_{sat}ab=\gamma' ab+\gamma_w ab=W'+W_w$$

式中:W'——土体的有效重量,$W'=\gamma' ab$;

W_w——土体内孔隙水的重量与水对土粒的浮力的反作用力之和,$W_w=\gamma_w ab$。

除此以外,研究网格土体外的土粒对所研究土体(或土体中的土粒)也有作用力,其合力效果就是图中的 R。换言之,R 并非数学分析中 U_1、U_2、F_s、W_w 等诸多力的合成,而是客观存在的一个物理量。这个 R 还可以在以网格中的土粒为研究对象的受力分析中找到踪影。如图 2-15b 上方蓝色三角形矢量图所示,渗流时网格土体中的土粒受到渗流力合力 J、土粒的有效重量 W',以及外界土粒对网格土体中土粒的合作用力 R。由上可见,关于 R 的分析计算既可以以土体为研究对象得到,也可以以土粒为研究对象得到,具体应用时要看是分析土体所受的孔隙水压力便捷,还是得到土粒所受的渗流力方便。由此也可见,土粒在渗流下受水流作用所受到的力可分为浮力和渗流力两个方面。

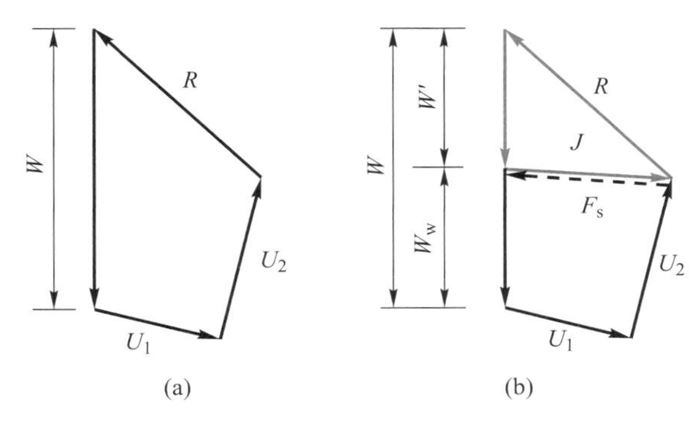

图 2-15 一般渗流情况下网格土体的受力矢量图

在静水条件下，合渗流力为零，周界上的孔隙水压力的合力等于网格土体所受的浮力 W_w，外界土粒对网格土体中土粒的合作用力 R 的大小即等于土体的有效重量 W'，方向竖直向上。而在有渗流的情况下，由于渗流力的存在，将使土体内部受力情况（包括大小和方向）发生变化。一般来说，这种变化对土体的整体稳定是不利的，但是，对于渗流中的具体部位应做具体分析。例如，对于图 2-16 中的 1 点，由于渗流力方向与重力一致，渗流力促使土体压密、强度提高，对稳定起着有利的作用；2、3 两点的渗流力方向与重力近乎正交，使土粒有向下游方向移动的趋势，对稳定是不利的；4 点的渗流力方向与重力相反，对稳定最为不利，特别是当向上的渗流力大于土体的有效重量时，土粒将被水流冲出，造成流土破坏，如不及时加以防治，将会引起整个建筑物的事故。

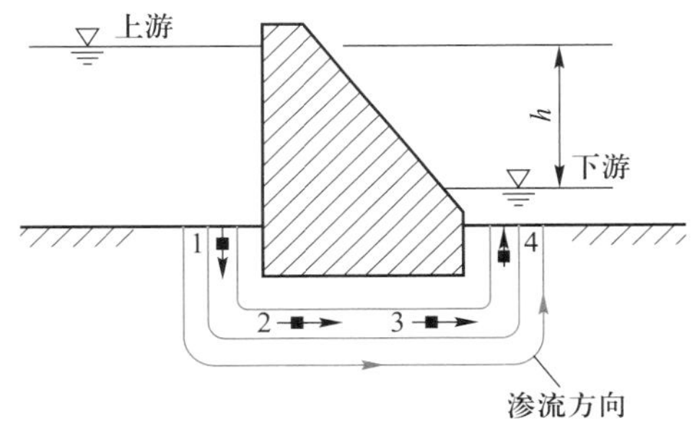

图 2-16 坝下渗流

二、渗透变形

（一）渗透变形的形式

按照渗透水流所引起的局部破坏的特征，渗透变形可分为流土和管涌两种基本形式。

流土是指在向上渗流作用下局部土体表面隆起，或土粒群同时起动而流失的现象。它主要发生在地基或土坝下游渗流逸出处。基坑或渠道开挖时所出现的流砂现象是流土的一种常见形式。图 2-17 表示在已建房屋附近进行排水开挖基坑时的情况。由于地基内埋藏着一层细砂层，当基坑开挖至该层时，在渗流力作用下，细砂向上涌出，造成大量流土，引起房屋不均匀下沉，上部结构开裂，影响正常使用。图 2-18 为河堤下游相对不透水覆盖层下面有一层强透水砂层，由于堤外水位高涨，局部覆盖层被水流冲溃，砂土大量涌出，危及堤防的安全。图 2-19 为下游出现涌砂时所进行的现场除险加固处理实景图。

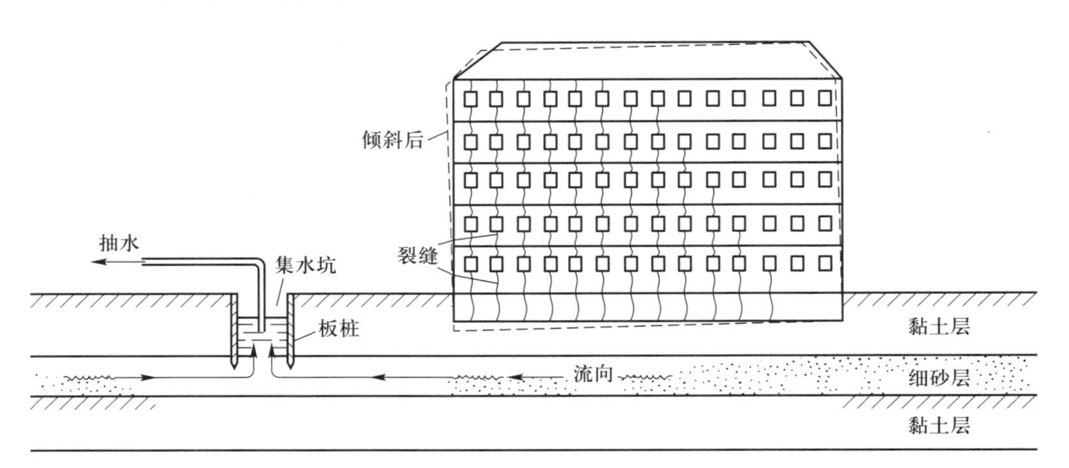

图 2-17 流砂涌向基坑引起房屋不均匀下沉

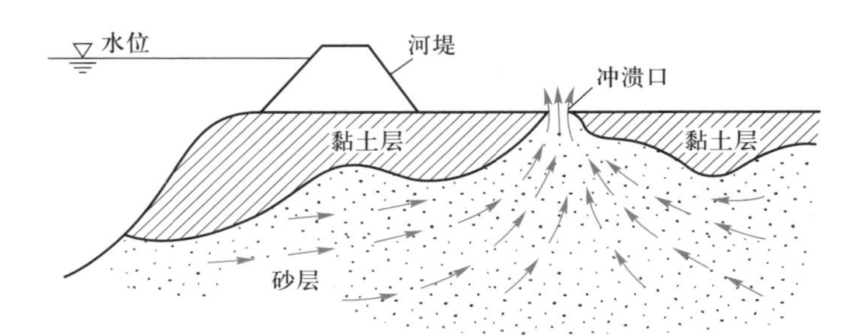

图 2-18 河堤下游覆盖层下流砂涌出的现象

图 2-19 下游流砂涌出时的除险加固处理

管涌是渗透变形的另一形式。它是指在渗流作用下土体中的细土粒在粗土粒形成的孔隙通道中发生移动并被带出的现象。管涌主要发生在砂砾中。图 2-20 为混凝土坝坝基因管涌而发生失事的示意图。开始土体中的细土粒沿渗流方向移动并不断流失，继而较粗土粒发生移动，从而在土体内部形成管状通道，带走大量砂粒，最后上部土体坍塌，造成坝体失事。

渗流可能会引起两种局部破坏的形式，但就土本身性质来说，却只有管涌和非管涌之分。对于某些土，即使在很大的水力梯度下也不会出现管涌；而对于另一些土（如缺乏中间粒径的砂砾料），却可以在较小的水力梯度下就发生管涌。因此，通常把土分为管涌土和非管涌土两种类型。非管涌土的渗透变形形式就是上述流土型；管涌土的渗透变形形式属管涌型。流土型破坏与管涌型破坏实例如图 2-21 所示。

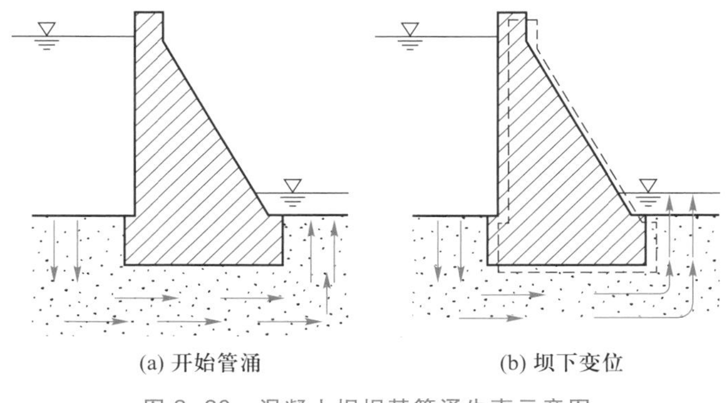

(a) 开始管涌　　(b) 坝下变位

图 2-20　混凝土坝坝基管涌失事示意图

(a) 流土型破坏实例

(b) 管涌型破坏实例

图 2-21　渗透变形破坏实例

案例拓展
2-1 上海长江隧道

但是，即使同属管涌型土，其渗透变形后的发展状况也会有所不同。一种土，一旦出现渗透变形，细土粒便会连续不断地被带出，土体没有能力再承受更大的水力梯度，有的甚至会出现承受水力梯度下降的情况，这种土称为发展型管涌土；另一种土，在出现渗透变形后不久，细土粒即停止流失，土体尚能承受更大的水力梯度，继续增大水力梯度，直至试样表面出现许多大泉眼，渗流量会不断增大，或许最后以流土的形式破坏，这种土称为非发展型管涌土，实际上这种土是介于管涌型和流土型之间的过渡型土。所以，也可以将土细分为管涌型土、过渡型土、流土型土三种类型。

关于渗透变形的形式，就一般黏性土来说，只有流土而无管涌，但分散性土例外。而对于无黏性土来说，其渗透变形的形式则与土的颗粒组成、级配和密度等因素有关。对于过渡型土，其渗透变形的形式因密度的不同而不同，在较大密度下可能会出现流土，在较小密度下又可能变为管涌。中国水利水电科学研究院将试验资料和一些学者的研究成果加以综合分析后认为，无黏性土的渗透变形形式可以根据土的不均匀系数、级配的连续性、级配中细料的含量，以及土孔隙的平均直径等因素，按图 2-22 所示的标准进行判别。

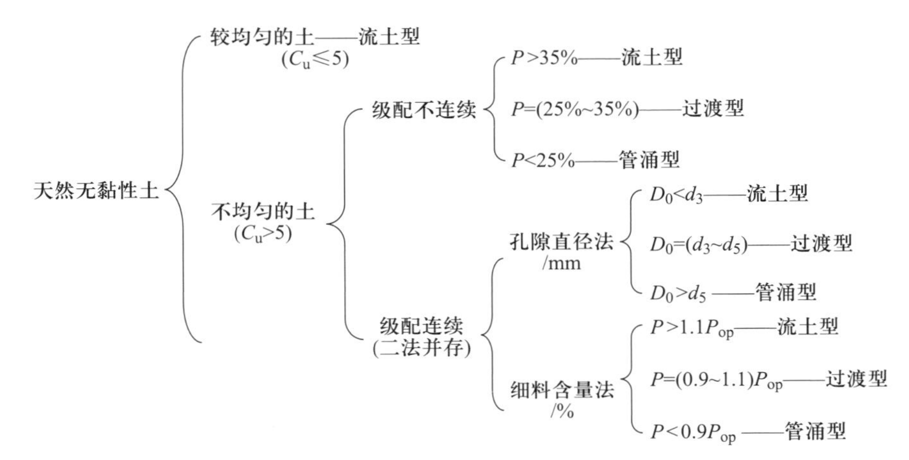

图 2-22 无黏性土的渗透变形形式

其中：P——细料含量。对于级配不连续的土，指小于粒组频率曲线中谷点对应粒径的土粒含量；对于级配连续的土，指小于几何平均粒径 $d=\sqrt{d_{70}d_{10}}$ 的土粒含量，d_{70}、d_{10} 为小于该粒径的土粒含量分别为 70% 和 10%。

d_3、d_5——小于该粒径的土粒含量分别为 3% 和 5%。

D_0——土孔隙的平均直径，按 $D_0=0.63nd_{20}$ 估算，n 为土的孔隙率，d_{20} 为土的等效粒径，指小于该粒径的土粒含量为 20%。

P_{op}——最优细料含量，$P_{op}=(0.3-n+3n^2)/(1-n)$，$n$ 为土的孔隙率。

（二）土的临界水力梯度

土体抵抗渗透破坏的能力称为抗渗强度。通常以濒临渗透破坏时的水力梯度表示，一般称为临界水力梯度或抗渗梯度。

1. 流土型土的临界水力梯度

前文提到，渗流力的方向与渗流方向相一致。如果堤坝下游渗流逸出面为一水平面，则那里的渗流力将是竖直向上的。在这种情况下，一旦竖向渗流力足够大，逸出面将会隆起或土粒群同时起动流失，从而导致土体流土破坏。下面来确定其临界状态。

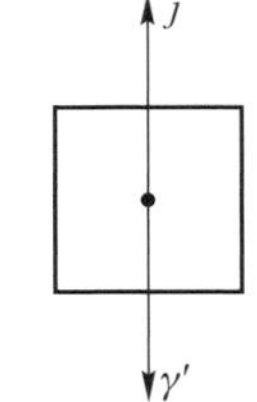

图 2-23 渗流逸出处单位无黏性土体的受力情况

现从图 2-16 中渗流逸出处任取一单位无黏性土体，如图 2-23 所示。该单位土体上的作用力有土体本身的有效重量及竖直向上的渗流力，分别计算如下：

$$\gamma'=\rho'\times g=\frac{(G_s-1)\rho_w}{1+e}\times g=\gamma_w(G_s-1)(1-n)$$

$$j=\gamma_w i$$

当竖向渗流力等于土体的有效重量时，土体就处于流土的临界状态。若设这时的水力梯度为 i_{cr}，则根据上述条件可求得

$$i_{cr}=(G_s-1)(1-n) \tag{2-15}$$

此即流土的临界水力梯度。

从式(2-15)可知,流土临界水力梯度取决于土的物理性质。当土粒比重 G_s 和孔隙率 n 已知时,土的临界水力梯度是一定值,一般为 0.8~1.2。

应该指出,式(2-15)是根据上覆无有效压重时发生竖向渗流的情况推得的,且因为不考虑周围土体的约束作用,因此按此式求得的临界水力梯度一般比真实值要小,一般比试验值小 15%~20%。而黏性土由于粒间黏结力的存在,其临界水力梯度较大,特别是渗流逸出面有保护层时,将使临界水力梯度大大提高。此外,黏性土发生流土破坏的机理与无黏性土不完全相同,因为前者不仅仅是渗流力作用的结果,还与土体表面的水化崩解程度(即水稳性)及渗流出口临空面的孔径等因素有关,而土体水稳性又直接与土中所含黏土矿物的成分和含量有关。中国水利水电科学研究院综合大量试验资料,建议按下式估算黏性土的临界水力梯度:

$$i_{cr}=\frac{24(1-n)}{[(1-n_L)-0.79(1-n)](1+CD_0^2)} \tag{2-16}$$

式中:n——土的孔隙率;

n_L——土处于液限时的孔隙率;

D_0——黏性土渗流出口临空面的平均孔径,可按 $D_0=0.63nd_{20}$ 估算(mm);

C——反映土体水化能力及水化程度的系数,其值在 0.06~0.15 之间变化,含蒙脱石为主的黏性土取大值,含高岭石为主的南方红黏土取小值。

流土一般发生在渗流的逸出处。因此,只要将渗流逸出处的水力梯度,即逸出梯度 i_e 求出,就可判别流土的可能性:

若 $i_e<i_{cr}$,则土处于稳定状态;

若 $i_e=i_{cr}$,则土处于临界状态;

若 $i_e>i_{cr}$,则土处于流土状态。

实际上渗流逸出处的水力梯度 i_e 是不可能求出的,通常是把渗流逸出处的流网网格的平均水力梯度作为逸出梯度的。若渗流逸出处网格的水头损失为 Δh,网格在流线方向的平均长度为 ΔL,则逸出梯度为

$$i_e=\frac{\Delta h}{\Delta L}$$

在设计时,为保证建筑物安全,通常要求将逸出梯度 i_e 限制在容许梯度 $[i]$ 之内,即

$$i_e\leqslant[i]=\frac{i_{cr}}{F_s}$$

式中:F_s——安全系数。按式(2-15)确定 i_{cr} 时取 2.0~2.5;按式(2-16)确定 i_{cr} 时取 2.5~3.5。

2. 管涌型土的临界水力梯度

如前所述,流土是土的整体遭受破坏,而管涌则是单个土粒在土体中移动和带出。

中国水利水电科学研究院根据渗流场中单个土粒受到渗流力、浮力及自重作用时的极限平衡条件，并结合试验资料的分析结果，提出管涌土临界水力梯度的计算公式为

$$i_{cr}=2.2(G_s-1)(1-n)^2\frac{d_5}{d_{20}} \tag{2-17}$$

式中符号意义同前。

除按式(2-17)确定管涌土的临界水力梯度外，通常还可利用图 2-13 所示的类似装置通过试验来测定。试验时除了通过肉眼观察细土粒的移动来判断管涌外，还可借助于水力梯度 i 与流速 v 之间的变化来判断管涌是否出现。如图 2-24 所示，水力梯度增到某一值后(如图中的 a 点)，$i-v$ 曲线明显向右偏离，这说明细土粒已被带出，孔隙增大，渗透系数增高。根据 a 点对应的水力梯度和肉眼观察到细土粒移动时的水力梯度，取两者中数值较小者作为管涌的临界水力梯度。

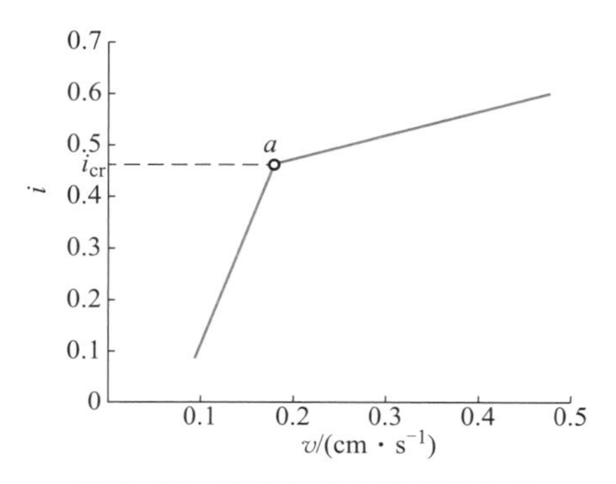

图 2-24 流速与水力梯度的关系

3. 临界水力梯度与不均匀系数的关系

苏联科学家伊斯托美娜(Истомина)根据理论分析并结合一定数量的试验资料，曾给出无黏性土的临界水力梯度与不均匀系数的关系曲线，并按不均匀系数把土划分为流土型、过渡型和管涌型三类，如图 2-25 所示。由图可见，土的不均匀系数愈大，临界水力梯度愈小。

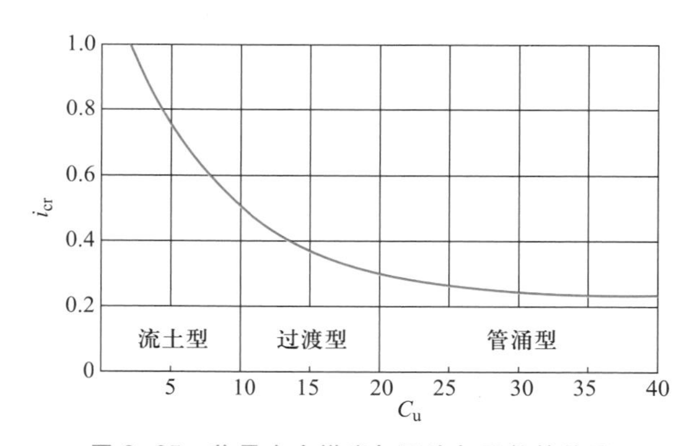

图 2-25 临界水力梯度与不均匀系数的关系

在第一章中曾经提到不均匀系数 C_u 是反映土中土粒均匀程度的参数，但是，许多资料表明，它不能完全代表土中土粒的组成特征。所以，以 C_u 值作为确定临界水力梯度的唯一指标是有其局限性的。

防止渗透变形的容许水力梯度，定义为土的临界水力梯度除以安全系数，规范中通常要求无黏性土的安全系数为 1.5~2.0，黏性土的安全系数不应小于 2.0。综上所述，

可将无黏性土的容许水力梯度值归纳于表 2-2,供参考。具体可查阅相应规范,比如《堤防工程设计规范》(GB 50286—2013)、《建筑深基坑工程施工安全技术规范》(JGJ 311—2013)等。无试验资料时,对于渗流出口无滤层的情况,无黏性土的容许水力梯度可从表 2-2 中选用,有滤层的情况可适当提高,特别重要的工程,其容许水力梯度应根据试验的临界梯度确定。

案例拓展 2-2 巴基斯坦塔贝拉大坝

表 2-2 各类土的容许水力梯度值的变化范围

水力梯度	土类					
	流土型土			过渡型土	管涌型土	
	$C_u \leqslant 3$	$3<C_u \leqslant 5$	$C_u>5$		级配连续	级配不连续
容许水力梯度	0.25~0.35	0.35~0.5	0.5~0.8	0.25~0.40	0.15~0.25	0.1~0.2

渗透变形是堤坝和基坑失稳的主要原因之一。防止渗透变形的根本措施是采用不透水材料改变渗流路径,设法增长渗径、减小水力坡降。此外,在渗流逸出处布置反滤层可减轻流土和管涌产生的危害,布置原则为上堵下疏。

[例题 2-2] 某含细粒土砂的粒径分布曲线如图 1-44 中的曲线 B 所示,若该土的孔隙率 $n=40\%$,试问:(1) 从渗透变形角度来判别,该土应属何种类型的土?(2) 其临界水力梯度为多少?(设 G_s 为 2.68)

[解] 已知 $n=40\%$,由图 1-44 中的曲线 B 查得 $d_{60}=0.255$ mm,$d_{10}=0.015$ mm,故土的不均系数 $C_u=\dfrac{d_{60}}{d_{10}}=\dfrac{0.255}{0.015}=17>5$,属不均匀土。由曲线 B 的形状可知,该土的级配是连续的,因此,可用孔隙直径法和细料含量法同时加以判别。

(1) 孔隙直径法

由图 1-44 中的曲线 B 查得 $d_3=0.002$ mm,$d_5=0.004$ mm,$d_{20}=0.046$ mm,则土孔隙的平均直径为

$$D_0=0.63nd_{20}=0.63\times0.4\times0.046\ \text{mm}=0.012\ \text{mm}>d_5=0.004\ \text{mm}$$

由于 $D_0>d_5$,故属于管涌型土。

(2) 细料含量法

由图 1-44 中的曲线 B 查得 $d_{70}=0.32$ mm,则土的几何平均粒径为

$$d=\sqrt{d_{70}d_{10}}=\sqrt{0.32\ \text{mm}\times0.015\ \text{mm}}=0.069\ \text{mm}$$

由几何平均粒径 $d=0.069$ mm,从曲线 B 上查得该土的细料含量为 $P=25\%$。

土的最优细料含量 $P_{op}=\dfrac{0.3-n+3n^2}{1-n}=\dfrac{0.3-0.4+3\times0.4^2}{1-0.4}=63\%$。

由于 $P<0.9P_{op}=57\%$,故属管涌型土。

两种方法判别的结果一致,故该土应属于管涌型土。

由式(2-17)可得该土的临界水力梯度为

$$i_{cr}=2.2(G_s-1)(1-n)^2\frac{d_5}{d_{20}}=2.2\times(2.68-1)\times(1-0.4)^2\times\frac{0.004}{0.046}=0.12$$

第六节 在静水和有渗流情况下的孔隙水压力和有效应力

一、饱和土体中的孔隙水压力和有效应力

教学课件 2-6

土体中的孔隙是互相连通的。因此,饱和土体孔隙中的水是连续的,它与通常的静水一样,能够承担或传递压力。这里,把饱和土体中由孔隙水来承担或传递的应力定义为孔隙水压力,常以 u 表示。孔隙水压力的特性与通常的静水压力一样,方向始终垂直于作用面,任一点的孔隙水压力在各个方向是相等的,其值等于该点的测压管水柱高度 h_w 与水的重度 γ_w 的乘积,即

$$u=\gamma_w h_w \tag{2-18}$$

从上式可知,只要已知某点的测压管水柱高度,即可迅速求得该点的孔隙水压力。

土体中除孔隙水压力外,还有通过粒间接触面传递的应力,该应力称为有效应力。显然,只有有效应力才能使土体产生压缩(或固结)和强度。但是,由于粒间接触面积非常微小、接触情况十分复杂,粒间力的传递方向又变化无常,因此,若按一般的方法(力与传力面积之比)来定义有效应力是困难的。为了简化,在实用中常用研究平面内所有粒间接触面上接触力沿着外荷载法向力方向的分力之总和 N_s,除以所研究平面的总面积(包括粒间接触面积和孔隙所占面积在内)A 所得到的平均应力来定义有效应力,即

$$\sigma'=\frac{N_s}{A} \tag{2-19}$$

即使做了上述简化,要按式(2-19)直接计算或实测有效应力仍然是困难的。为此,需要寻求孔隙水压力与有效应力的关系,以间接的方法来推求有效应力。

设饱和土体内某一研究平面(如水平面)的总面积为 A,其中粒间接触面积之和为 A_s,则该平面内由孔隙水所占的面积 $A_w=A-A_s$。若由外荷载在该面上所引起的法向总应力为 σ,如图 2-26 所示,那么,它必将由该面上的孔隙和粒间力共同分担,即该面上的法向总应力等于孔隙水所承担的力和粒间所承担的力之和,于是有

$$\sigma A=N_s+(A-A_s)u \tag{a}$$

或

$$\sigma=\frac{N_s}{A}+\left(1-\frac{A_s}{A}\right)u \tag{b}$$

把式(2-19)代入上式(b)可得

$$\sigma=\sigma'+(1-\alpha)u \tag{2-20}$$

式中：α——研究平面内粒间接触面积所占的比值。

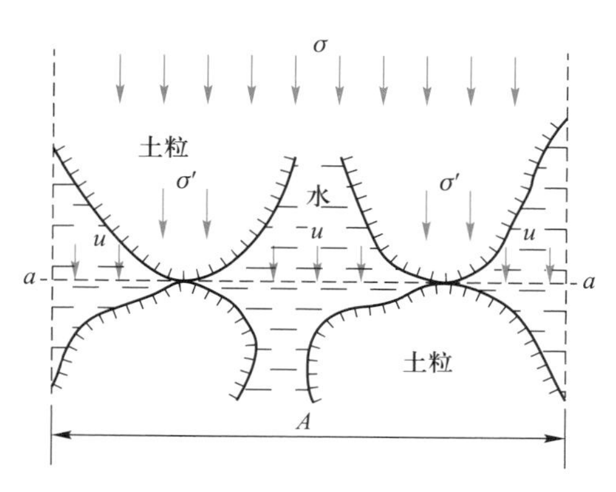

图 2-26 土中应力传递示意图

试验研究表明，粒间接触面积甚微，α 仅为百分之几，实用中可忽略不计，比如对于浑圆的由坚硬矿物组成的颗粒，接触面积接近为点接触，所以近似 $\alpha=0$。于是，式(2-20)可简化为

$$\sigma=\sigma'+u \tag{2-21}$$

式(2-21)即为著名的有效应力原理，是由太沙基首先提出的。它表示研究平面上的总应力、有效应力与孔隙水压力三者之间的关系：当总应力保持不变时，孔隙水压力与有效应力可互相转化，即孔隙水压力减小(增大)等于有效应力的等量增大(减小)。通常总应力可以计算，孔隙水压力可以实测或计算，因此，有效应力可通过上式换算求出。对于其他研究平面，有效应力原理同样适用。

二、在静水条件下水平面上的孔隙水压力和有效应力

图 2-27a 为浸没在水下的饱和土体(以下均假定饱和土体已在自重作用下压缩稳定)。

设土面至水面的距离为 h_1，土的饱和重度为 γ_{sat}，则土面下深度为 h_2 的 $a-a$ 平面上的总应力为

$$\sigma=\gamma_w h_1+\gamma_{sat}h_2$$

孔隙水压力为

$$u=\gamma_w h_w=\gamma_w(h_1+h_2)$$

于是，根据有效应力原理，$a-a$ 平面上的有效应力为

$$\sigma'=\sigma-u=(\gamma_w h_1+\gamma_{sat}h_2)-\gamma_w(h_1+h_2)=(\gamma_{sat}-\gamma_w)h_2=\gamma' h_2 \tag{2-22}$$

由此可见，在静水条件下，孔隙水压力等于研究平面上单位面积的水柱重量，与水深成正比，呈三角形分布；而有效应力等于研究平面上单位面积的土柱有效重量，与土层深度成正比，也呈三角形分布，而与土面以上静水位的高低无关。孔隙水压力和有效应力的分布如图 2-27b 所示。

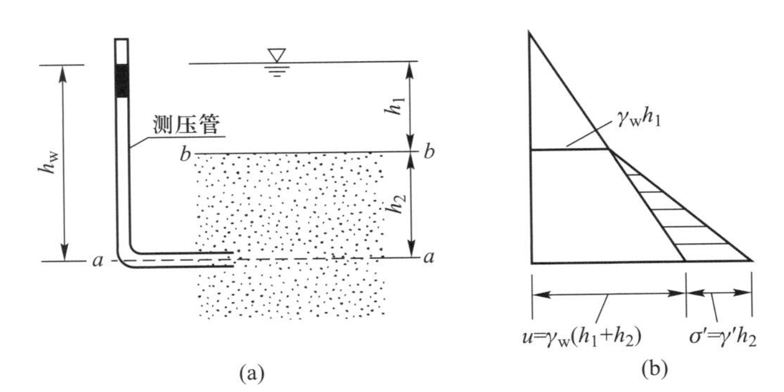

图 2-27 在静水情况下的孔隙水压力和有效应力

三、在稳定渗流作用下水平面上的孔隙水压力和有效应力

前面分析了静水条件下的孔隙水压力和有效应力，若土体中发生渗流，土体内的孔隙水压力和有效应力又将如何变化呢？图 2-28a 表示土体在水位差作用下发生由上向下的渗流情况。

此时在土层表面 $b-b$ 上的孔隙水压力与静水情况相同，仍等于 $\gamma_w h_1$，而 $a-a$ 平面上的孔隙水压力将因水头损失而减小，其值为

$$u=\gamma_w h_w=\gamma_w(h_1+h_2-h)$$

式中：h——$b-b$ 与 $a-a$ 平面之间的水位差或水头损失。

$a-a$ 平面上的总应力仍保持不变，为

$$\sigma=\gamma_w h_1+\gamma_{sat} h_2$$

于是，根据有效应力原理，$a-a$ 平面上的有效应力为

$$\sigma'=\sigma-u=\gamma' h_2+\gamma_w h \tag{2-23}$$

孔隙水压力和有效应力的分布如图 2-28b 所示。

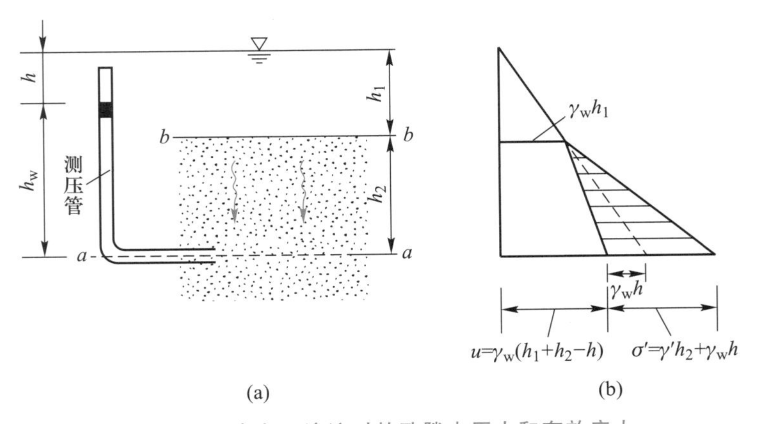

图 2-28 有向下渗流时的孔隙水压力和有效应力

与静水情况相比，有向下渗流作用时，$a-a$ 平面上的总应力保持不变，孔隙水压力减少了 $\gamma_w h$，而有效应力相应增加了 $\gamma_w h$。因而证明了在总应力不变的条件下孔隙水压

力的减少等于有效应力的等量增加。

现在再来分析由下向上渗流的情况，如图 2-29a 所示。

此时 $a-a$ 平面上的总应力仍然不变，其值为

$$\sigma=\gamma_{w}h_{1}+\gamma_{sat}h_{2}$$

而孔隙水压力为

$$u=\gamma_{w}h_{w}=\gamma_{w}(h_{1}+h_{2}+h)$$

于是，根据有效应力原理，$a-a$ 平面上的有效应力为

$$\sigma'=\sigma-u=\gamma' h_{2}-\gamma_{w}h \tag{2-24}$$

孔隙水压力和有效应力的分布如图 2-29b 所示。

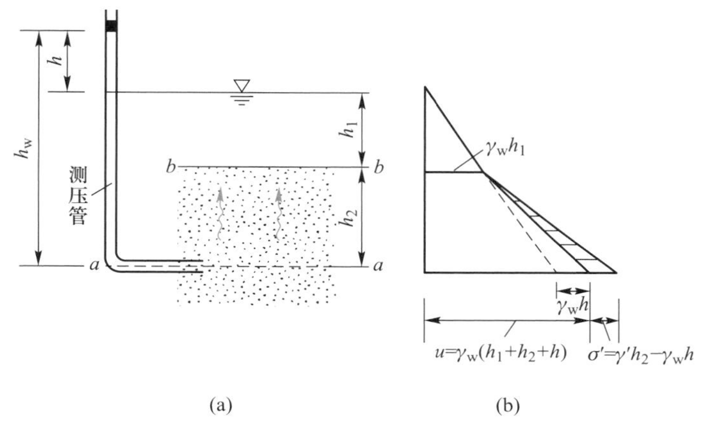

图 2-29 有向上渗流时的孔隙水压力和有效应力

与静水情况相比，当有向上渗流作用时，$a-a$ 平面上的总应力不变，孔隙水压力增加了 $\gamma_{w}h$，而有效应力相应减少了 $\gamma_{w}h$。因而，又一次证明了在总应力不变的条件下孔隙水压力的增加等于有效应力的等量减少。

现在，若使图 2-29a 中的水位差 h 不断增加，直至 $a-a$ 平面上的孔隙水压力增大到与总应力相等，即有效应力降为零时，则由式(2-24)可以得到

$$\gamma'=\gamma_{w}\frac{h}{h_{2}}=\gamma_{w}i=j$$

此式即前一节中的流土临界条件。由此看来，根据有效应力原理，也可认为流土的临界条件为该处的有效应力等于零。对于成层地基，常利用这一条件来判别流土的可能性。

顺便指出，在上述力的分析中，是以土体为研究对象的，而渗流力又是土体中的内力，所以没有直接用到渗流力，而它的影响是以土体的总重量（水下用 γ_{sat} 计算）与土体周界上的孔隙水压力的组合（即上节所述的第二种力的组合）加以考虑的。

四、根据流网确定孔隙水压力

按照上述孔隙水压力的定义，一旦流网绘出以后，渗流场中任一点的孔隙水压力即

可由该点的测压管中的水柱高度（或称压力水头）乘以水的重度得到。

图 2-30 为建造在不透水岩基上的均质土坝坝体内的流网。现在考察图中位于第三条等势线上 A、B 和 C 三点的孔隙水压力。若设渗流通过每一网格的水头损失为 Δh，则第三条等势线上的测压管水位必比上游库水位低 $2\Delta h$。又由于 A 点位于第三条等势线与浸润线的交点上，浸润线为零压线（以大气压力为零），测压管中的水柱高度应为零，故 A 点的位置就要比库水位低 $2\Delta h$，A 点的孔隙水压力 $u_A=0$。B 点和 C 点也位于该等势线上，因此 B、C 两点的测压管水位应与 A 点同高。所以 B 点的测压管中的水柱高度等于 A、B 两点间的高差 h_B，B 点的孔隙水压力 $u_B=\gamma_w h_B$。同理，C 点的测压管中的水柱高度等于 A、C 两点间的高差 h_C，C 点的孔隙水压力 $u_C=\gamma_w h_C$，余类推。然而，必须指出，当计算点位于下游静水位以下时，例如 C 点，按照上述测压管中水柱高度算出的孔隙水压力是由两部分组成的：其一是由下游静水位产生的孔隙水压力 $\gamma_w h_2$，通常将这一部分孔隙水压力称为静孔隙水压力；其二是由渗流所引起的，即超过静水位的那一部分测压管水柱所产生的孔隙水压力 $\gamma_w(h_C-h_2)$，通常将这部分的孔隙水压力称为超静孔隙水压力。

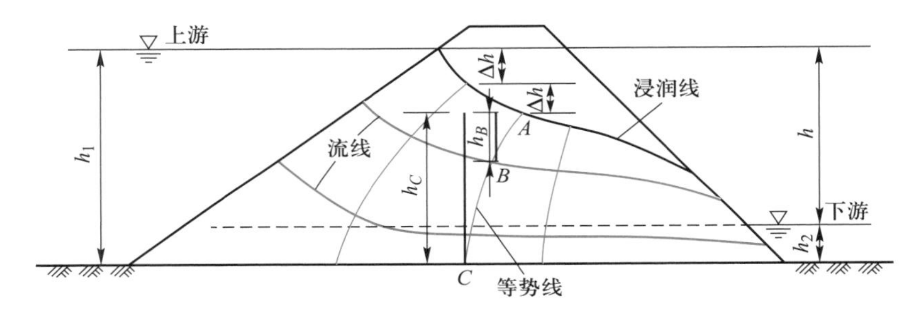

图 2-30　均质土坝坝体内的流网

需要强调，土体的超静孔隙水压力除可由渗流产生以外，荷载（动荷载或静荷载）也能够在土体内引起超静孔隙水压力。不过，对于稳定渗流来说，由于水头是常数，因而其超静孔隙水压力将不随时间而变化。而由荷载所引起的超静孔隙水压力将随时间而变化，其变化规律仍然服从前文提及的有效应力原理。关于荷载所引起的超静孔隙水压力问题，将在第四章和第五章分别讨论土的固结和强度时进一步加以叙述。

［**例题 2-3**］ 如图 2-31 所示闸基下的渗流，若地基土的土粒比重 $G_s=2.68$，孔隙率 $n=38.0\%$，试求：(1) a 点的孔隙水压力和有效应力；(2) 渗流逸出处 1-2 是否会发生流土？(3) 图中网格 9、10、11、12 上的渗流力。

［解］ (1) 由图中可知，上下游的水位差 $h=8$ m，等势线的间隔数 $N=10$，则相邻两等势线间的水头损失 $\Delta h=h/10=8\text{ m}/10=0.8$ m。a 点在第二根等势线上，因此，该点的测压管水位应比上游水位低 $\Delta h=0.8$ m，从图中直接量得下游静水位至 a 点的高差 $h'_a=10$ m，而超过下游静水位的高度应为 $h''_a=h-\Delta h=8\text{ m}-0.8\text{ m}=7.2$ m。则 a 点测压管中的水位高度为 $h_w=h'_a+h''_a=10\text{ m}+7.2\text{ m}=17.2$ m。所以，a 点的孔隙水压力为

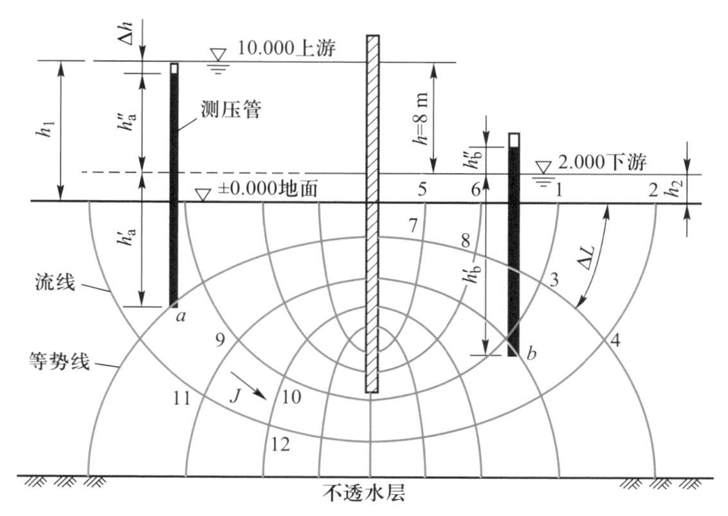

图 2-31　闸基下的渗流

$$u=\gamma_{w}h_{w}=9.8\ \mathrm{kN/m^3}\times 17.2\ \mathrm{m}=168.6\ \mathrm{kPa}$$

其中由下游静水位引起的静孔隙水压力为

$$u'=\gamma_{w}h'_{a}=9.8\ \mathrm{kN/m^3}\times 10\ \mathrm{m}=98\ \mathrm{kPa}$$

而由渗流引起的超静孔隙水压力为

$$u''=\gamma_{w}h''_{a}=9.8\ \mathrm{kN/m^3}\times 7.2\ \mathrm{m}=70.6\ \mathrm{kPa}$$

a 点的总应力为

$$\sigma=\gamma_{w}h_{1}+\gamma_{sat}(h'_{a}-h_{2})$$

其中土的饱和重度为

$$\begin{aligned}\gamma_{sat}&=\rho_{sat}\times 9.8\ \mathrm{kN/kg}=\rho_{w}[1+(G_{s}-1)(1-n)]\times 9.8\ \mathrm{kN/kg}\\&=[1+(2.68-1)(1-0.38)]\times 9.8\ \mathrm{kN/m^3}\\&=20\ \mathrm{kN/m^3}\end{aligned}$$

代入上式得总应力为

$$\sigma=9.8\ \mathrm{kN/m^3}\times 10\ \mathrm{m}+20\ \mathrm{kN/m^3}\times(10-2)\ \mathrm{m}=98\ \mathrm{kPa}+160\ \mathrm{kPa}=258\ \mathrm{kPa}$$

根据有效应力原理，a 点的有效应力为

$$\sigma'=\sigma-u=258\ \mathrm{kPa}-168.56\ \mathrm{kPa}=89.44\ \mathrm{kPa}$$

(2) 从图中直接量得网格 1、2、3、4 的平均渗径长度 $\Delta L=8$ m，而任一网格上的水头损失均为 $\Delta h=0.8$ m，则该网格的平均水力梯度为

$$i=\frac{\Delta h}{\Delta L}=\frac{0.8}{8}=0.1$$

该梯度即近似代表地面 1-2 处的逸出梯度 i_{e}。

根据式(2-15)，表层流土的临界水力梯度为

$$i_{cr}=(G_{s}-1)(1-n)=(2.68-1)(1-0.38)=1.04>i_{e}$$

所以，渗流逸出处 1-2 不会发生流土现象。

(3) 从图中直接量得网格9、10、11、12的平均渗径长度 $\Delta L=5.0\ \text{m}$，两流线间的平均距离 $b=4.4\ \text{m}$，网格的水头损失 $\Delta h=0.8\ \text{m}$，所以作用在该网格上的单位厚度总渗流力为

$$J=\gamma_w \frac{\Delta h}{\Delta L} b \Delta L=\gamma_w b \Delta h=9.8\ \text{kN/m}^3 \times \frac{0.8\ \text{m}}{5\ \text{m}} \times 4.4\ \text{m} \times 5\ \text{m}=34.5\ \text{kN/m}$$

习 题

第二章习题参考答案

2-1　图2-32为一简单的常水头渗透试验装置，试样的截面面积为120 cm^2 时，若经10 s，由量筒测得流经试样的水量为150 cm^3。试求试样的渗透系数。

2-2　某无黏性土的粒径分布曲线如图1-35中的曲线 A 所示。若该土的孔隙率 $n=38\%$，土粒的比重 $G_s=2.65$，试问：

(1) 当发生渗透变形时，该土应属何种类型的土？

(2) 其临界水力梯度为多少(用细料含量法判别)？

2-3　图1-44中的曲线 C 为某无黏性土的粒径分布曲线和粒组频率曲线(虚线所示)。试判别：

(1) 该土在发生渗透变形时属何种类型的土？

(2) 若土的孔隙率 $n=36\%$，土粒的比重 $G_s=2.65$，则该土的临界水力梯度为多大？

2-4　资料同例题2-3，试求：

(1) 图2-31中 b 点的孔隙水压力(包括静孔隙水压力和超静孔隙水压力)和有效应力；

(2) 地表面5-6处会不会发生流土现象？

2-5　有一黏土层位于两砂层之间，其中砂层的湿重度 $\gamma=17.6\ \text{kN/m}^3$，饱和重度 $\gamma_{sat}=19.6\ \text{kN/m}^3$，黏土层的饱和重度 $\gamma_{sat}=20.6\ \text{kN/m}^3$，土层的厚度如图2-33所示。地下水位保持在地面以下1.5 m处，若下层砂中有承压水，其测压管水位高出地面3 m。试计算：

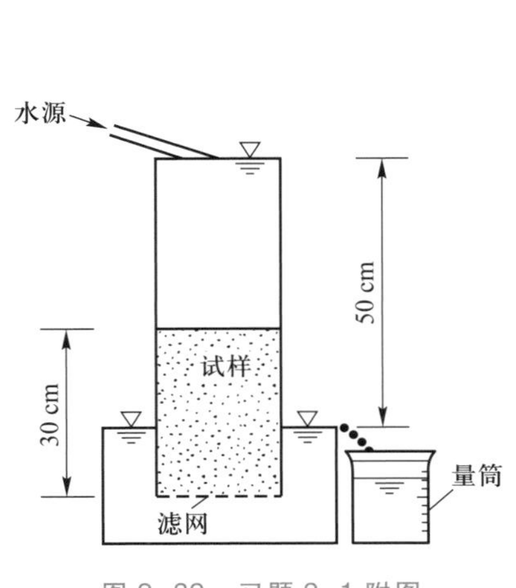

图2-32　习题2-1附图

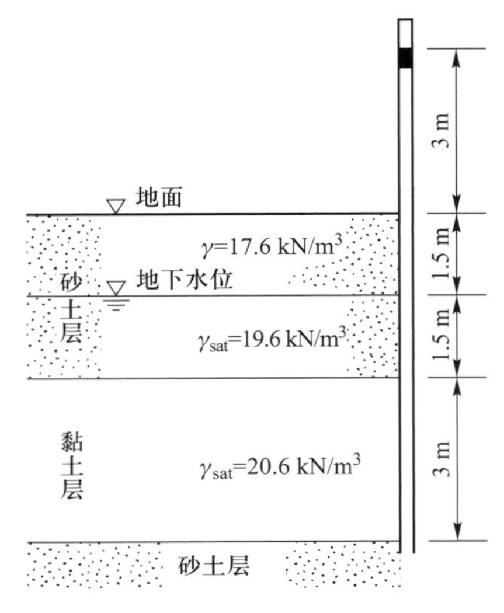

图2-33　习题2-5附图

（1）黏土层内的孔隙水压力及有效应力随深度的变化，并绘出分布图（假定承压水头全部损失在黏土层中）；

（2）要使黏土层发生流土，则下层砂中的承压水引起的测压管水位应当高出地面多少米？

研讨题

《管子·水地》曾云："地者，万物之本原，诸生之根菀也……水者，地之血气，如筋脉之通流者也。"水与土作为人类赖以生存之源，在多数环境条件下不可分割。而对于土力学来说，土遇到了水，相关力学问题的现象与解构也变得愈加复杂。在地基处理、基坑工程、隧道工程等工程项目中，大量水的出现可能会成为令工程师们头疼的难题。请同学们结合所学知识并查阅相关资料，从以下几个方面对水与岩土工程项目之间的关系进行探讨：

（1）不同土质类型的地基受水的影响可能会有什么区别？

（2）水的出现给不同的工程项目带来了哪些影响？一定是不良影响吗？

（3）表 2-3 所示的工程项目中，需重点关注的水所带来的问题有哪些方面？

表 2-3 研讨题附表

工程图景				
名称	上海地铁	赛富时大厦（Salesforce Tower）深基坑	南京应天大街长江隧道	胡佛水坝
位置	中国上海	美国旧金山	中国南京	美国内华达州
类型	地铁	基坑	隧道	堤坝

文献拓展

[1] 毛昶熙. 渗流计算分析与控制[M]. 2版. 北京：中国水利水电出版社，2003.

附注：该著作为南京水利科学研究院毛昶熙教授所著，系统论述了渗流基本理论，各种水利工程的渗流计算方法和实验方法，渗流参数的确定，渗流破坏和控制，渗漏隐患探测与处理等，是一部理论结合实践的权威渗流专著。

[2] 李广信，周晓杰. 土的渗透破坏及其工程问题[J]. 工程勘察，2004(5)：10-13+52.

附注：该文为清华大学李广信教授团队所撰，探讨了土的渗透破坏机理，并分析了渗透破坏的典型工程问题。

[3] 罗玉龙,速宝玉,盛金昌,等.对管涌机理的新认识[J]. 岩土工程学报,2011,33(12):1895-1902.

附注:该文为河海大学速宝玉教授团队所撰,文章系统揭示了管涌是涉及孔隙水渗流、可动细颗粒侵蚀运移、多孔介质变形等众多复杂力学行为的多相多场耦合现象,并进行了验证研究。对土的渗透变形问题有兴趣的学习者可通过此文对管涌问题有进一步认知。

知识图谱

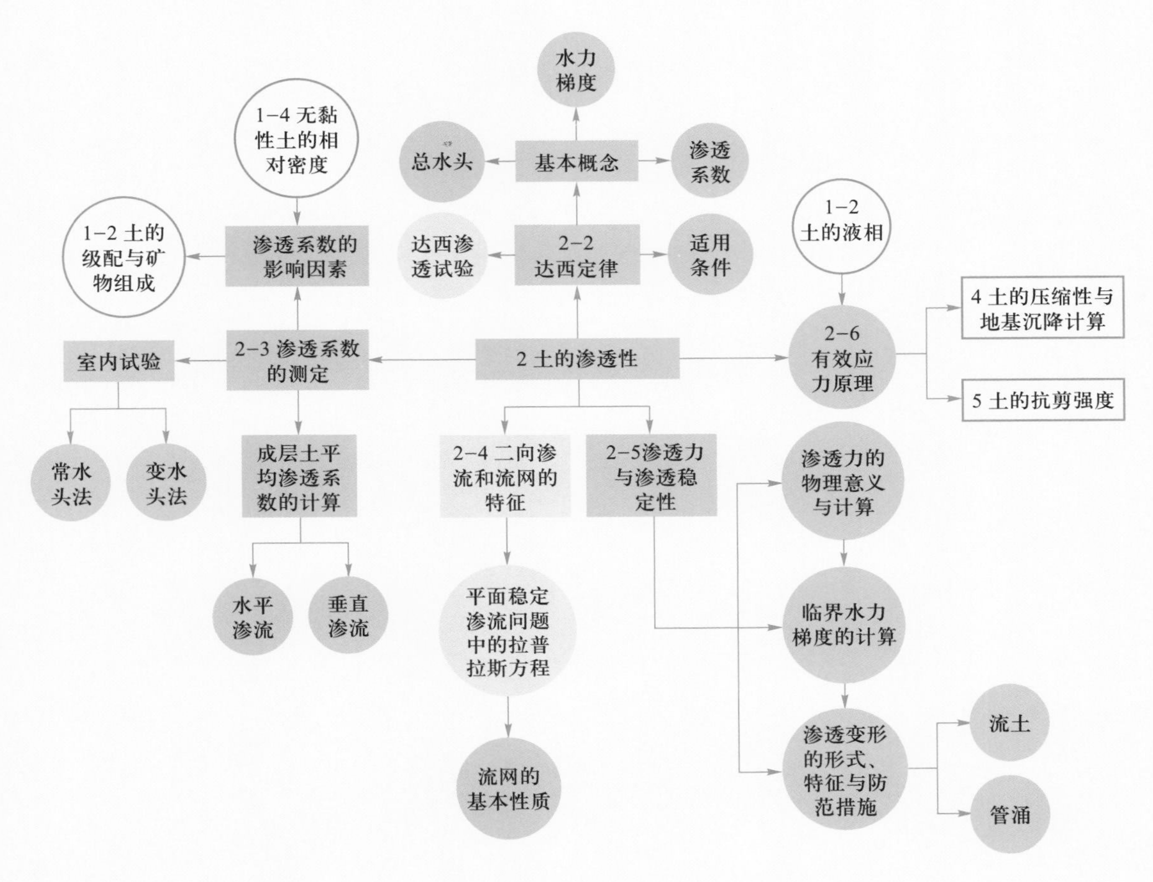

图例说明：

矩形表示可分割的知识点集，圆形表示不可分割的知识点；

实心表示本章节内容，空心表示其他章节内容；

深色表示本科教学重难点，浅色表示一般知识点；

箭头表示先后关系。

先贤故事
Boussinesq：师徒情深

约瑟夫·布西内斯克(Joseph Boussinesq),1842年出生在法国南部小镇一个农民家庭。他的父亲希望他继承家中农场,而他不顾反对坚持去蒙彼利埃大学学习,并在19岁获得了数学学士学位。布西内斯克毕业后在多所学校担任数学教师,后因为兴趣从事科研工作,1873年他被任命为里尔理学院微积分教授,1886年当选法国科学院院士,1929年在法国巴黎逝世。布西内斯克的研究领域非常广泛,几乎涵盖除电磁学外数学、物理的所有方面,尤其是流体力学,而他对土力学最大的贡献便是地基中附加应力的布西内斯克解答。

说起布西内斯克与地基中力学问题的缘分,就不得不提起他的恩师圣维南(Saint-Venant)。布西内斯克发表了第一篇学术论文后,得到了法国科学院的关注,更是让年近七旬的圣维南从此成为他最有力的支持者。在圣维南的建议下,他放弃了数学老师的工作开始专心研究,于1872年获得物理学学士学位,并在科学研究中投入了更多的精力。他在圣维南的介绍下与一名土木工程师合作,开始研究土中各类力学问题。当时,圣维南认为朗肯(Rankine)对于土中静应力问题的结论限制太多,希望进行改进。为了建立土体模型,布西内斯克在弹性模型中引入"粉状"的概念,对模型进行了一系列修正后得到了地基中附加应力的布西内斯克解答,该解答也正是以弹性力学中的圣维南原理作为前提假设的,可以说这是基于师徒二人的理论对此问题的共同解答,其与朗肯的结论相比更真实地描述了土中的应力情况,布西内斯克的名字也因此在土木工程界开始广为人知。

布西内斯克也是其恩师的忠实拥护者,他大胆指出流体力学中N-S方程的问题,并提出涡黏性假设证实了圣维南的理论。1886年,在圣维南的鼎力支持之下,布西内斯克在44岁的年纪就当选法国科学院院士。遗憾的是,圣维南在布西内斯克当选院士前12天离开了人世,并未亲眼见证爱徒获此殊荣。师徒二人的年龄虽相差近半百,却惺惺相惜,共同为科学界留下了宝贵的财富和一段师徒佳话。

第 三 章

地基中的应力计算

章节导图

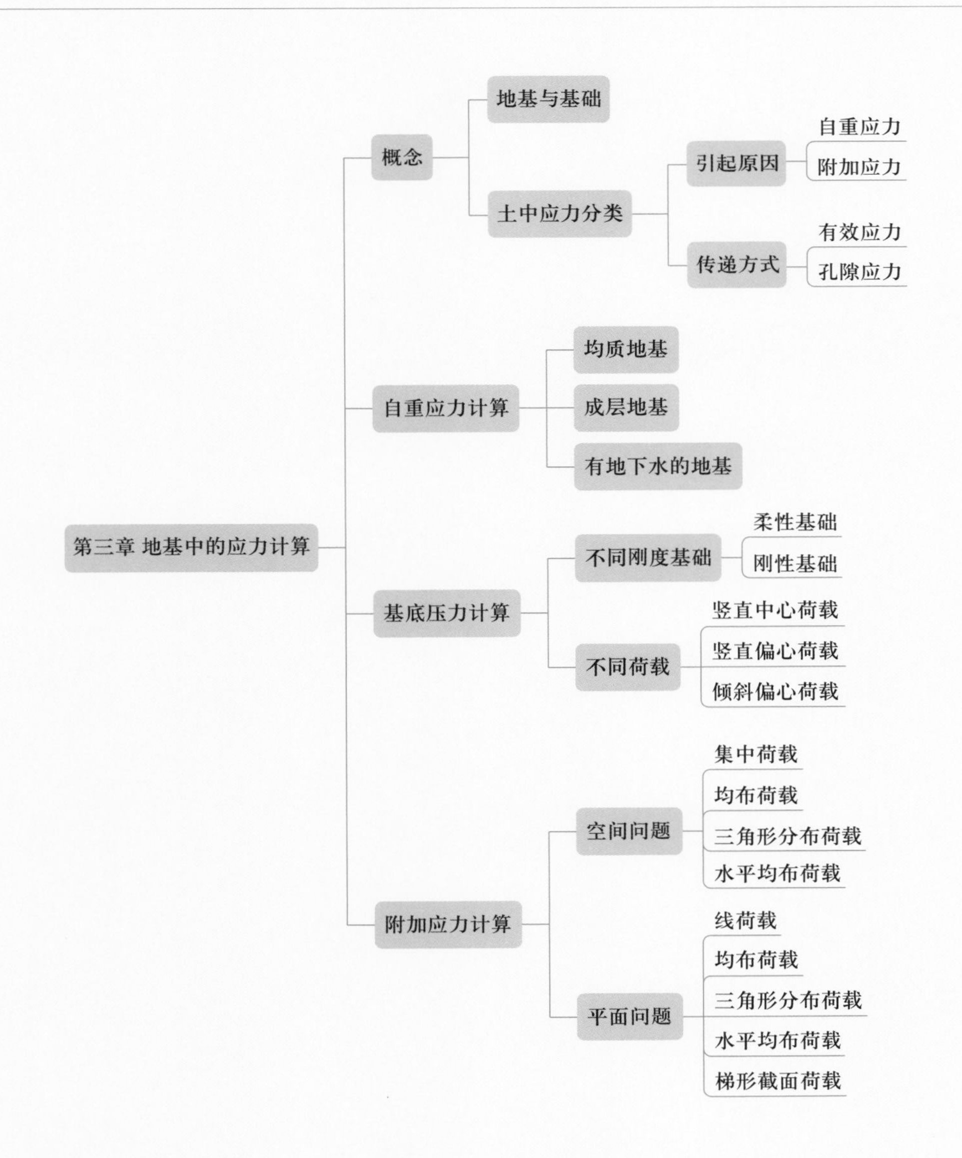

目标导入

◇ 了解自重应力的概念、分布规律，基底压力的影响因素与基础刚度不同情况下的分布规律；

◇ 掌握自重应力与基底压力的计算方法；

◇ 掌握典型基底压力荷载分布形式下基于布西内斯克解的空间问题中地基中附加应力的计算方法；

◇ 掌握典型基底压力荷载分布形式下基于符拉蒙解的平面问题中地基中附加应力的计算方法；

◇ 培养运用数学、力学知识求解复杂基底压力分布条件下地基附加应力的能力；

◇ 了解工程建设可能对周围建筑产生的负面影响，强化作为未来工程师的职业伦理，提升统筹规划和责任意识。

第一节 概述

教学课件 3-1

地基是指支承建筑物荷载的土体或岩体，如图 3-1 所示。建筑地基的土层一般可分为岩石、碎石土、砂土、粉土、黏性土和人工填土等。地基有天然地基和人工地基两类。天然地基是不需要人工加固的天然土层。人工地基则需要进行加固处理，常见的处理方法有石屑垫层法、砂垫层法、混合灰土回填再夯实等。而与地基相接触的建筑物底部则称为基础，如图 3-2 所示。

图 3-1　地基

图 3-2　基础

地基受到荷载作用以后将会产生应力和变形，从而给建筑物带来两个工程问题，即土体稳定问题和变形问题。如果地基内部产生的剪应力在土的强度所容许的范围内，那么土体就是稳定的；反之，如果地基内部某一区域中的剪应力超过了土的强度，那么，那里的土体就会发生破坏，并可能会引起整个地基的滑动，从而导致建筑物倾倒。

图 3-3 所示为墨西哥某建筑物倒塌实图。专家分析认为，地基土体在震动作用下发生破坏是造成该建筑物倒塌的主要原因。另一方面，如果地基土的变形量超过了容许值，即使土体尚未破坏，也会造成建筑物毁坏或失去使用价值。图 3-4 所示为韩国某即将完工的建筑物因地基不均匀沉降而发生倾斜的实图。

图 3-3　墨西哥某倒塌建筑物

图 3-4　韩国某即将完工的建筑物发生倾斜

因此，为了保证建筑物的安全和正常使用，必须研究在各种荷载作用下，地基内部的应力分布规律及其可能产生的变形量。关于地基变形量的计算将在第四章中讨论，本章仅介绍地基中的应力计算及其分布规律。

地基中的应力，按照其起因可以分为自重应力和附加应力两种：

自重应力是指由土体本身有效重量产生的应力。一般而言，土体在自重作用下，在成土后的漫长地质历史时期已压缩稳定，因此，土的自重应力不再引起土的变形。但是，新沉积土或近期人工冲填土则属例外。

附加应力是指由外荷载（静荷载或动荷载）在地基内部引起的应力，它是使地基失去稳定和产生变形的主要原因。附加应力的大小除了与计算点的位置有关外，还取决于基底压力的大小和分布状况。

本章将首先介绍自重应力的计算，接着讨论基底压力的分布规律及其计算方法，然后分别介绍在各种荷载作用下附加应力的计算。

第二节
地基中的自重应力

教学课件 3-2

计算地基中的自重应力时，一般将地基作为半无限弹性体来考虑。由半无限弹性体的边界条件可知，其内部任一与地面平行的平面和垂直的平面上，仅作用着竖向应力 σ_{sz} 和两个相等的水平应力 σ_{sx} 和 σ_{sy}，剪应力 τ 则等于零。

设地基中某单元体离地面的距离为 z，如图 3-5 所示，土的重度为 γ，则该单元体上的竖向自重应力（以 kPa 计）等于其单位面积上土柱的有效重量，即

$$\sigma_{sz}=\gamma z \tag{3-1}$$

在半无限体内，土不可能发生侧向变形，因此，该单元体上两个水平向应力按下式计算：

$$\sigma_{sx}=\sigma_{sy}=\sigma_{sz}K_0=\gamma zK_0 \tag{3-2}$$

式中：K_0——土的静止侧压力系数，是土体在无侧向变形条件下，侧向（水平向）有效应力与竖向有效应力的比值。各种土的静止侧压力系数不同，可由试验测定。

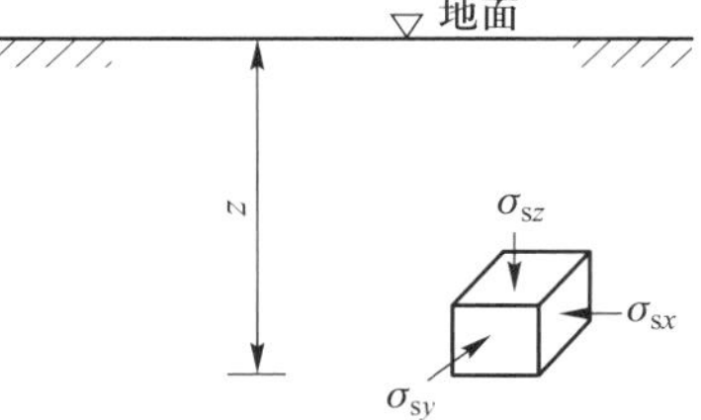

图 3-5 自重作用下的应力状态

从式(3-1)可知，土的竖向自重应力随着深度直线增大，呈三角形分布，如图 3-6 所示。

若计算点在地下水位以下，由于水对土体有浮力作用，水下部分土柱的有效重量应采用土的浮重度 γ'计算。例如图 3-6 中的 B 点，它位于地下水位以下深度为 h_2 处，其竖向自重应力为

$$\sigma_{sz}=\gamma h_1+\gamma' h_2 \tag{3-3}$$

从图中可以看出，自重应力的分布在地下水位处发生转折现象。

若地基由多层土所组成（如图 3-7 所示），设各土层的厚度为 h_1、h_2、…、h_n，相应的重度分别为 γ_1、γ_2、…、γ_n，则地基中第 n 层底面处的竖向自重应力为

$$\sigma_{sz}=\gamma_1 h_1+\gamma_2 h_2+\cdots+\gamma_n h_n=\sum_{i=1}^{n}\gamma_i h_i \tag{3-4}$$

从图中可以看出，由于各土层的重度不同，自重应力分布在各土层交界处也会出现转折现象。

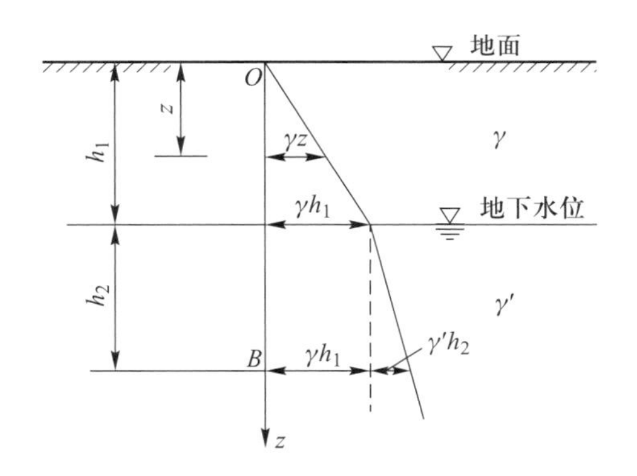

图 3-6 自重应力分布图

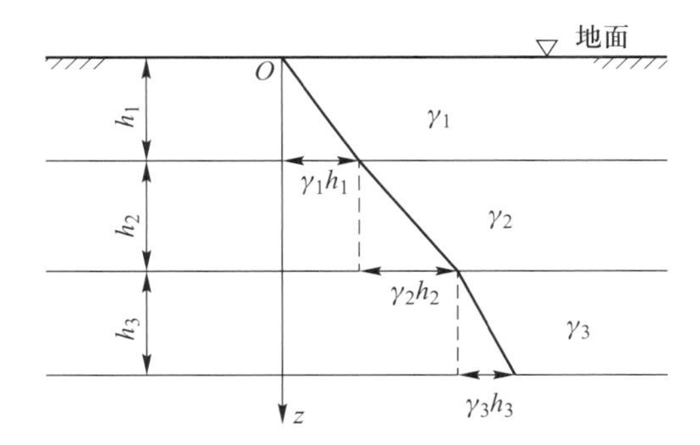

图 3-7 成层土的自重应力分布

［例题 3-1］设地基由多层土组成，各土层的厚度、重度如图 3-8 所示。试求各土层交界处的竖向自重应力并绘出自重应力分布图。

［解］按题中所给的资料，根据式(3-4)计算如下：

$$\sigma_{sz1}=\gamma_1 h_1=18.23\ \text{kN/m}^3\times 2.5\ \text{m}=45.58\ \text{kPa}$$

$$\sigma_{sz2}=\sigma_{sz1}+\gamma_2 h_2=45.58\ \text{kPa}+18.62\ \text{kN/m}^3\times 2\ \text{m}=82.82\ \text{kPa}$$

$$\sigma_{sz3}=\sigma_{sz2}+\gamma_3' h_3=82.82\ \text{kPa}+9.80\ \text{kN/m}^3\times 1.5\ \text{m}=97.52\ \text{kPa}$$

$$\sigma_{sz4}=\sigma_{sz3}+\gamma_4'h_4=97.52\ \text{kPa}+9.40\ \text{kN/m}^3\times 2\ \text{m}=116.32\ \text{kPa}$$

上述计算结果绘于图 3-8 中。

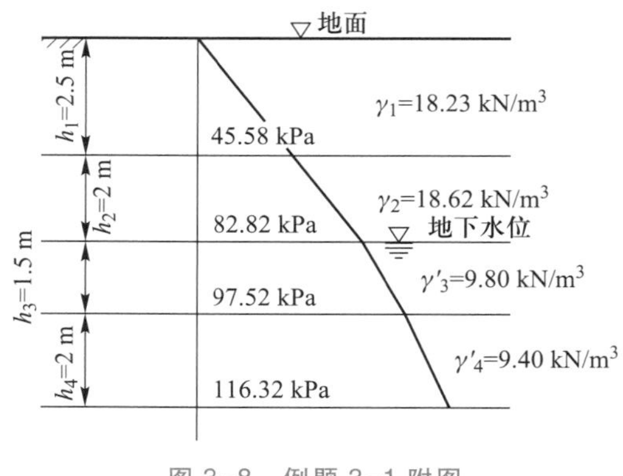

图 3-8　例题 3-1 附图

第三节
基底压力的计算

教学课件 3-3

基底压力是指上部结构荷载和基础自重通过基础传递，在基础底面处施加于地基上的单位面积压力，也称接触压力。建筑物的荷载是通过它的基础传给地基的（图 3-9），因此，基底压力的大小和分布状况，将对地基内部的附加应力有着十分重要的影响。而基底压力的大小和分布状况又与荷载的大小和分布、基础的刚度、基础的埋置深度，以及土的性质等多种因素有关。

试验研究指出，对于刚性很小的基础或柔性基础，由于它能够适应地基土的变形，其基底压力大小和分布状况与作用在基础上的荷载大小和分布状况相同。当基础上的荷载均匀分布时，基底压力（常以基底反力形式表示，下同）也为均匀分布，如图 3-10a 所示；当荷载为梯形分布时，其基底压力也为梯形分布，如图 3-10b 所示。

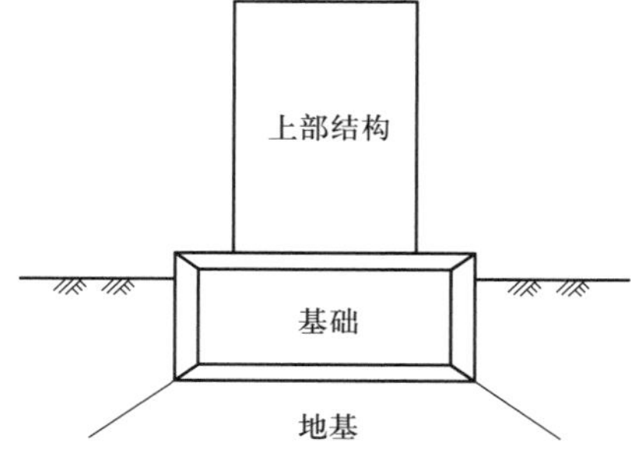

图 3-9　基础与地基关系示意图

对于刚性基础，由于其刚度很大，不能适应地基土的变形，其基底压力分布将随上部荷载的大小、基础的埋置深度和土的性质而异。例如，建造在砂土地基表面上的条形刚性基础，当受到中心荷载作用时，由于砂土颗粒之间没有黏聚力，其基底压力中间大、边缘处等于零，类似于抛物线分布，如图 3-11a 所示；而在黏性土地基表面上的条形刚性基础，当受到中心荷载作用时，由于黏性土具有黏聚力，基底边缘处能承受一定的压力，因此在荷载较小时，基底压力边缘大而中间小,类似于马鞍形分布。当荷载逐渐增大并达到破坏时,基底压力分布就变成中间大边缘小的形状,如图 3-11b 所示。

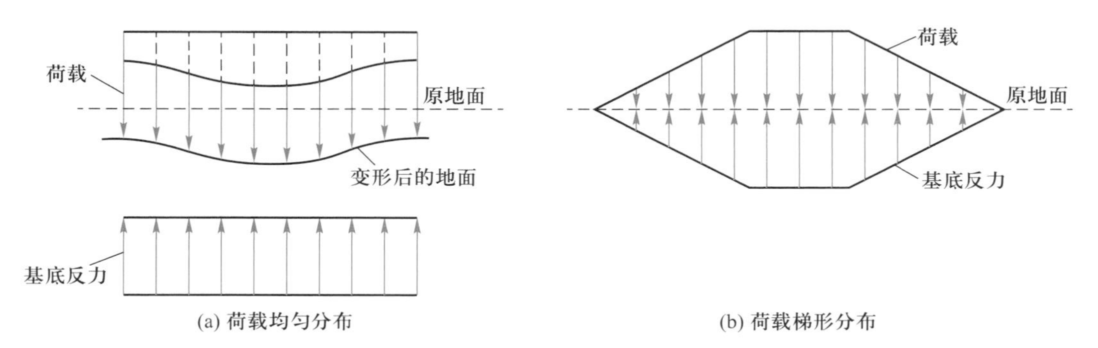

图 3-10　柔性基础基底反力的分布

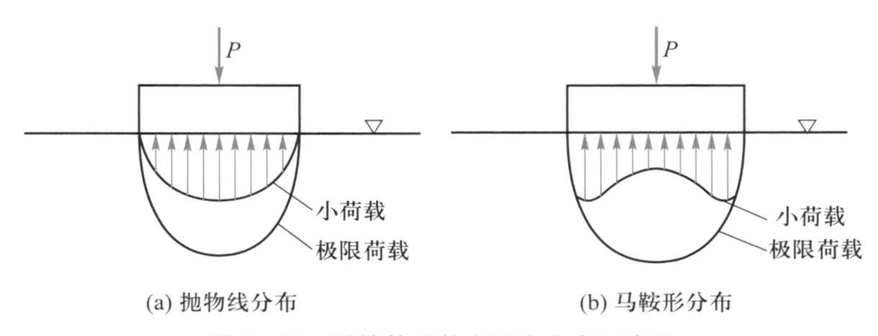

图 3-11　刚性基础基底压力分布示意图

根据经验,在刚性基础的宽度不太大而荷载较小的情况下,基底压力分布近似地按直线变化的假定,所引起的误差是允许的,也是工程中经常采用的简化计算方法。下面将按照直线分布的假定介绍基底压力的计算方法。

一、竖直中心荷载作用下的基底压力

如图 3-12a 所示,若矩形基础的长度为 L、宽度为 B,其上作用着竖直中心荷载 P,当假定基底压力为均匀分布时,其值为

$$p=\frac{P}{A} \tag{3-5}$$

式中:p——基底压力(kPa);

P——基底上的竖向总荷载(kN);

$A=B\times L$——基础的底面面积(m^2)。

若基础为长条形(理论上当 L/B 为无穷大时称为长条形基础。实际上,当 $L/B\geqslant 10$ 时即可按长条形基础考虑),则在长度方向截取 1 m 进行计算,如图 3-12b 所示,此时的基底压力为

$$p=\frac{\overline{P}}{B} \tag{3-6}$$

式中：$\overline{P}$——条形基础上的线荷载(kN/m)。

其余符号意义同前。

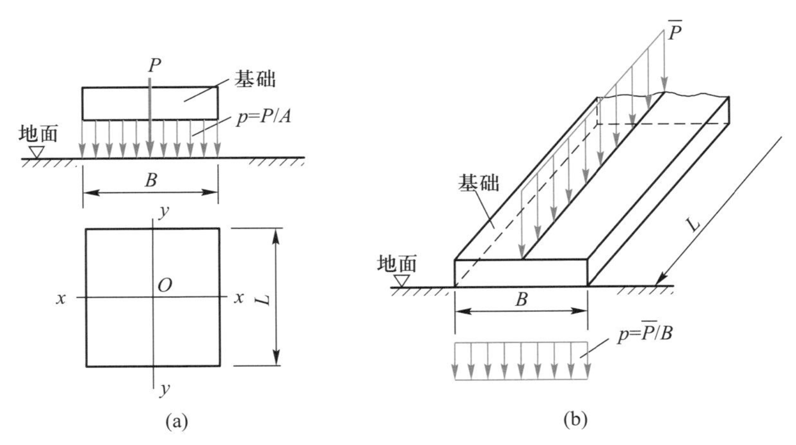

图 3-12　竖直中心荷载作用下的基底压力分布

二、竖直偏心荷载作用下的基底压力

如图 3-13a 所示，当矩形基础上作用着竖直偏心荷载 P 时，可按材料力学偏心受压的公式计算任意点的基底压力，即

$$p_{(x,y)}=\frac{P}{A}+\frac{M_x}{I_x}y+\frac{M_y}{I_y}x \tag{3-7}$$

式中：$p_{(x,y)}$——任意点[坐标为(x,y)]的基底压力；

$M_x=Pe_y$——偏心荷载对 $x-x$ 轴的力矩(e_y为偏心荷载对 $x-x$ 轴的力臂)；

$M_y=Pe_x$——偏心荷载对 $y-y$ 轴的力矩(e_x为偏心荷载对 $y-y$ 轴的力臂)；

$I_x=\frac{BL^3}{12}$——基础底面面积对 $x-x$ 轴的惯性矩；

$I_y=\frac{LB^3}{12}$——基础底面面积对 $y-y$ 轴的惯性矩。

若荷载作用在主轴上，例如 $x-x$ 轴上，如图 3-13b 所示，此时 e_y为零，则 $M_x=0$。令合力偏心距 $e_x=e$，并将 $I_y=LB^3/12$、$x=\pm B/2$ 代入式(3-7)，即可得到矩形基础在竖直偏心荷载作用下，基底两侧的最大和最小压力的计算公式为

$$p_{\substack{\max\\\min}}=\frac{P}{A}\left(1\pm\frac{6e}{B}\right) \tag{3-8}$$

同理，对于条形基础，如图 3-13c 所示，基底两侧最大和最小压力为

$$p_{\substack{\max\\\min}}=\frac{\overline{P}}{B}\left(1\pm\frac{6e}{B}\right) \tag{3-9}$$

从式(3-8)和式(3-9)可知，当合力偏心距 $e<B/6$ 时，基底压力呈梯形分布；当合力偏心距 $e=B/6$ 时，$p_{\min}=0$，基底压力呈三角形分布；当合力偏心距 $e>B/6$ 时，$p_{\min}<0$，

亦即基底一侧将出现拉力，如图 3-13c 虚线所示。但实际上土与基础之间不可能存在拉力，因此，基础底面下的压力将会重新分布。根据基底压力与偏心荷载相平衡的条件，三角形反力分布如图 3-13c 实线所示，形心应在竖直偏心荷载 P 的作用线上，由此可计算出基础边缘的最大压力 $p_{\max}$ 为

$$p_{\max}=\frac{2P}{3kL}$$

式中：k——单向荷载作用点至具有最大压力的基底边缘的距离，$k=\frac{B}{2}-e$。

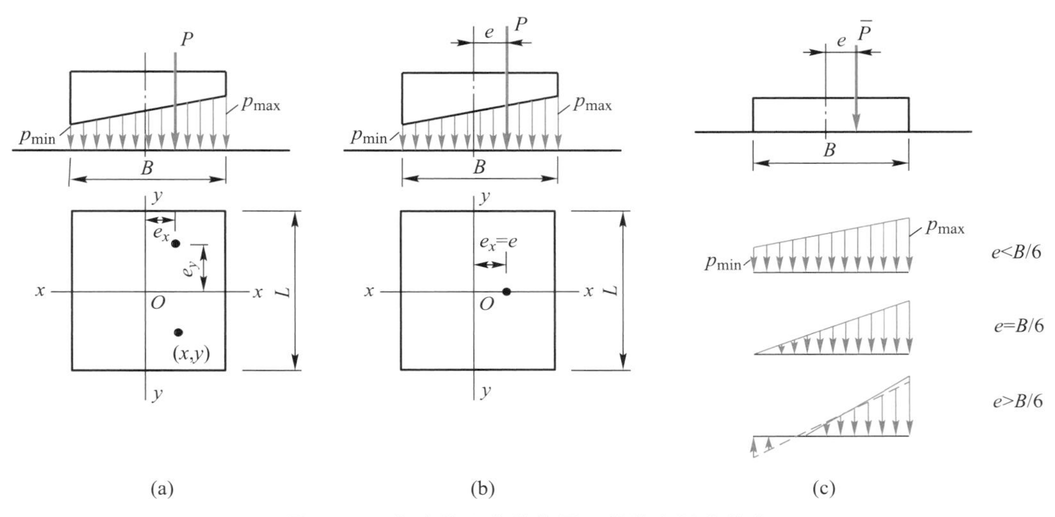

图 3-13 竖直偏心荷载作用下的基底压力分布

一般而言，在工程上应尽量避免基底出现理论拉力区，为此，在设计基础尺寸时，应使合力偏心距满足 $e<B/6$ 的条件，以保证安全。

三、倾斜偏心荷载作用下的基底压力

如图 3-14 所示，当基础受到倾斜的偏心荷载作用时，可先将偏心荷载 R（或 $\bar{R}$）分解为竖向分量 P（或 $\bar{P}$）和水平分量 H（或 $\bar{H}$），其中 $P=R\cos\beta$（或 $\bar{P}=\bar{R}\cos\beta$）、$H=R\sin\beta$（或 $\bar{H}=\bar{R}\sin\beta$），β 为倾斜荷载与竖直线之间的夹角。由竖直偏心荷载引起的基底压力按式（3-8）或式（3-9）计算。水平基底压力，假定为均匀分布，对于矩形基础，有

$$p_{h}=\frac{H}{A} \tag{3-10}$$

对于条形基础，则为

$$p_{h}=\frac{\bar{H}}{B} \tag{3-11}$$

最后应该注意，计算基底压力不仅是为了计算地基的附加应力，同时也是为了计算

基础本身的内力，用于配置钢筋和校核强度。对于大尺寸基础，其基底压力不能按直线分布的假定进行计算，而应按弹性基础梁来求解。

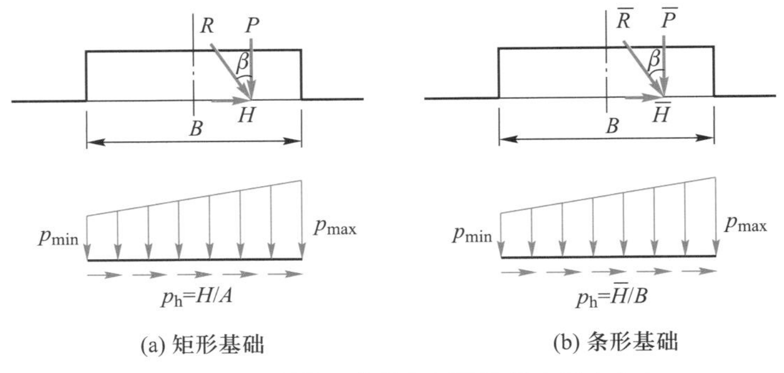

图 3-14　倾斜偏心荷载作用下的基底压力分布

第 四 节 地基中的附加应力

教学课件 3-4

目前在求解地基中的附加应力时，一般假定地基土是连续、均匀、各向同性的完全弹性体，然后根据弹性理论的基本公式进行计算。另外，按照问题的性质，将应力划分为空间问题和平面问题两大类型。若应力是 x、y、z 三个坐标的函数，则称为空间问题，矩形、圆形等基础（$L/B<10$）下的附加应力计算即属空间问题；若应力是 x、z 两个坐标的函数，则称为平面问题，条形基础下的附加应力计算即属于此类。大坝（图 3-15）、挡土墙（图 3-16）等构筑物的基础大多为条形基础。

案例拓展 3-1 苏州虎丘斜塔

图 3-15　大坝示例

图 3-16　挡土墙示例

一、空间问题条件下的附加应力

（一）竖直集中力作用下的附加应力

如图 3-17 所示，当半无限弹性体表面上作用着竖直集中力 P 时，弹性体内部任意点 M 的六个应力分量 σ_z、σ_x、σ_y、$\tau_{xy}=\tau_{yx}$、$\tau_{zx}=\tau_{xz}$、$\tau_{yz}=\tau_{zy}$，由弹性理论求出的表达式为

$$\sigma_z=\frac{3P}{2\pi R^2}\cos^3\theta=\frac{3P}{2\pi}\frac{z^3}{R^5} \tag{3-12}$$

$$\left.\begin{aligned}
\sigma_x&=\frac{3P}{2\pi}\left\{\frac{x^2z}{R^5}+\frac{1-2\mu}{3}\left[\frac{1}{R(R+z)}-\frac{(2R+z)x^2}{(R+z)^2R^3}-\frac{z}{R^3}\right]\right\}\\
\sigma_y&=\frac{3P}{2\pi}\left\{\frac{y^2z}{R^5}+\frac{1-2\mu}{3}\left[\frac{1}{R(R+z)}-\frac{(2R+z)y^2}{(R+z)^2R^3}-\frac{z}{R^3}\right]\right\}\\
\tau_{xy}&=\frac{3P}{2\pi}\left[\frac{xyz}{R^5}-\frac{1-2\mu}{3}\frac{(2R+z)}{(R+z)^2}\frac{xy}{R^3}\right]\\
\tau_{xz}&=\frac{3P}{2\pi}\frac{xz^2}{R^5}\\
\tau_{yz}&=\frac{3P}{2\pi}\frac{yz^2}{R^5}
\end{aligned}\right\} \tag{3-13}$$

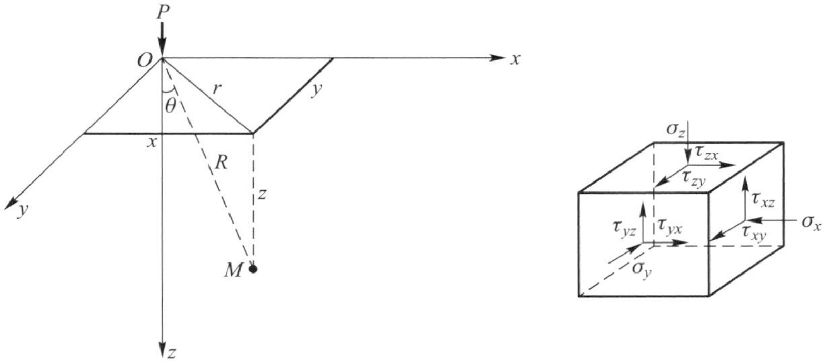

图 3-17 竖直集中力作用下土体中的应力状态

式(3-12)、式(3-13)为著名的布西内斯克(Boussinesq)解答,它是求解地基中附加应力的基本公式。在土力学中,关于应力正负号的规则与弹性力学正好相反,即法向应力以压为正,以拉为负。

对于土力学来说,水平面上竖向(或法向)应力分量 σ_z 具有特别重要的意义,因为它是使地基土产生压缩变形的主要原因。因此,下面将主要讨论竖向应力的计算及其分布规律。

由图 3-17 中的几何关系,式(3-12)可改写成下列形式:

$$\sigma_z=\frac{3P}{2\pi}\frac{z^3}{R^5}=\frac{3P}{2\pi z^2}\frac{1}{\left[1+\left(\frac{r}{z}\right)^2\right]^{5/2}} \tag{3-12$'$}$$

从式(3-12′)可知:在集中力作用线上,附加应力 σ_z 随着深度 z 的增加而递减,而离集中力作用线某一距离 r 时,在地表处的附加应力 σ_z 为零,随着深度的增加,σ_z 逐渐递增,但到一定深度以后,σ_z 又随着深度 z 的增加而减小,如图 3-18a 所示;当 z 一定时,即在同一水平面上,附加应力 σ_z 将随着 r 的增大而减小,如图 3-18b 所示。

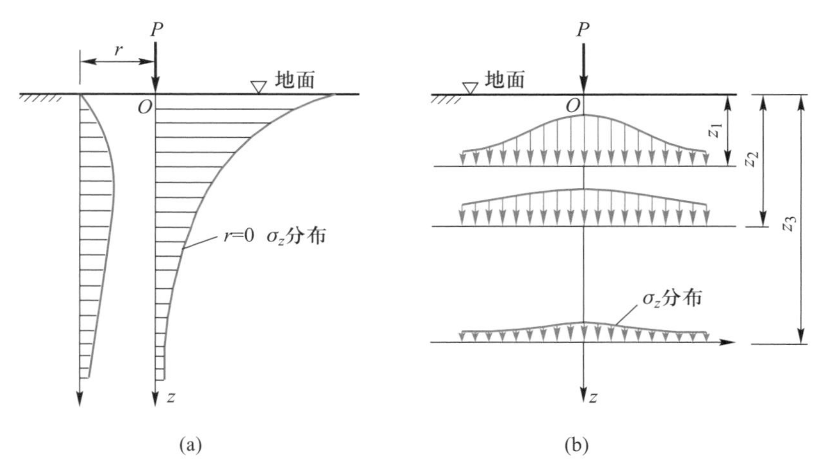

图 3-18　附加应力的分布情况

（二）矩形基底受竖直均布荷载作用时角点下的竖向附加应力

矩形基础，当底面受到竖直均布荷载（此处即指均布压力，下同）作用时，基础角点下任意深度处的竖向附加应力，可以利用基本公式（3-12′）沿着整个矩形面积进行积分求得。如图 3-19 所示，若设基底面上作用着强度为 p 的竖直均布荷载，则微小面积 $\mathrm{d}x\mathrm{d}y$ 上的作用力 $\mathrm{d}P=p\mathrm{d}x\mathrm{d}y$ 可作为集中力来看待，于是，由该集中力在基础角点 C 以下深度为 z 处所引起的竖向附加应力为

$$\mathrm{d}\sigma=\frac{3p}{2\pi}\frac{1}{\left[1+\left(\frac{r}{z}\right)^{2}\right]^{5/2}}\frac{\mathrm{d}x\mathrm{d}y}{z^{2}}$$

将 $r^2=x^2+y^2$ 代入上式并沿整个基底面积积分，即可得到矩形基底竖直均布荷载对角点 C 以下深度为 z 处所引起的附加应力为

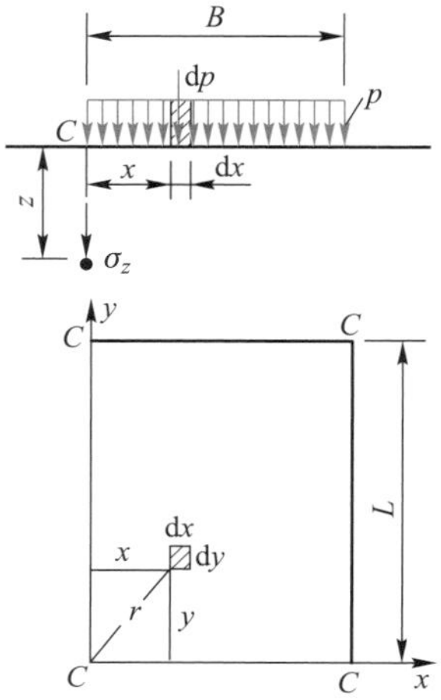

图 3-19　矩形基础受竖直均布荷载作用的情况

$$\sigma_z=\int_0^B\int_0^L\frac{3p}{2\pi}\frac{z^3\mathrm{d}x\mathrm{d}y}{(\sqrt{x^2+y^2+z^2})^5}$$

$$=\frac{p}{2\pi}\left[\frac{mn}{\sqrt{1+m^2+n^2}}\left(\frac{1}{m^2+n^2}+\frac{1}{1+n^2}\right)+\arctan\left(\frac{m}{n\sqrt{1+m^2+n^2}}\right)\right]$$

$$=K_{\mathrm{s}}p \tag{3-14}$$

式中：K_{s}——矩形基础、底面受竖直均布荷载作用时，角点 C 以下的竖向附加应力分布系数（简称应力系数），它是 $m=L/B$ 和 $n=z/B$ 的函数，可由表 3-3 查得，其中 L 为基础底面的长边，B 为基础底面的短边。

对于在基底范围以内或以外任意点下的竖向附加应力，可利用式（3-14）并按叠加原理进行计算,这种方法称为“角点法”。如图 3-20a 所示,设矩形基底 *abcd* 上作用着的竖直均布荷载为 p,求在基底内 M 点以下任意深度 z 处的附加应力 σ_z。可通过 M 点分别作平行于基底长、短边的两根辅助线 *ef* 和 *gh*,于是 M 点就成为Ⅰ、Ⅱ、Ⅲ、Ⅳ四个新矩形基底的公共角点,则 M 点以下任意深度 z 处的附加应力为上述四个新基底对 M 点所产生的附加应力之和,即

$$\sigma_{zM}=(\sigma_z)_{\mathrm{I}}+(\sigma_z)_{\mathrm{II}}+(\sigma_z)_{\mathrm{III}}+(\sigma_z)_{\mathrm{IV}}$$

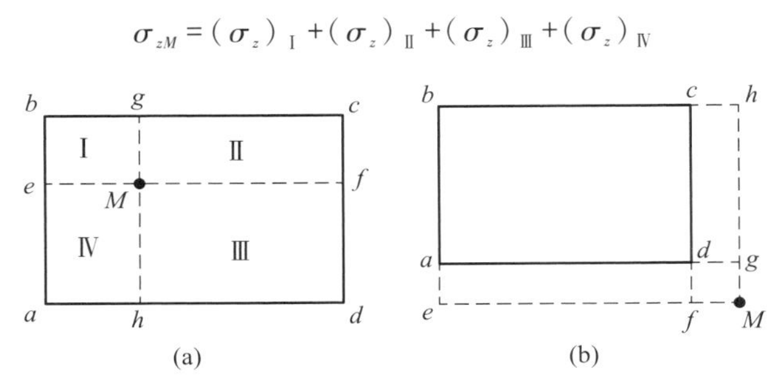

图 3-20 计算基底内、外任意点下的竖向附加应力

若 M 点落在基底范围之外,那么先将原有基底扩大,使 M 点落在虚拟基底的角点上,如图 3-20b 中的虚线所示,则 M 点以下任意深度 z 处的附加应力应为四个基底(*Mhbe*、*Mhcf*、*Mgae*、*Mgdf*)对 M 点所产生的附加应力之和,即

$$\sigma_{zM}=(\sigma_z)_{Mhbe}-(\sigma_z)_{Mhcf}-(\sigma_z)_{Mgae}+(\sigma_z)_{Mgdf}$$

应该指出,对于矩形基底竖直均布荷载,在应用“角点法”时,L 始终是基底长边的长度,B 始终为短边的长度。

[例题 3-2] 如图 3-21 所示,设矩形基础面积为 2 m×6 m,基底上作用的竖直均布荷载为 300 kPa。试求基底上 A、E、C、D、O 点以下深度 z 为 2 m 处的竖向附加应力。

[解]

(1) 为了求 A 点以下的附加应力,通过 A 点将基底划分为两块面积相等的矩形(2 m×3 m),这样 A 点就落在边长 $L_1=3$ m、宽度 $B=2$ m 的两个矩形的角点上。由 $L_1/B=3/2=1.5$ 和 $z/B=2/2=1$,查表 3-3 得 $K_s=0.193$,所以 A 点以下的附加应力为

$$(\sigma_z)_A=2K_sp=2\times0.193\times300\ \text{kPa}=115.8\ \text{kPa}$$

(2) 为了求 E 点以下的附加应力,通过 E 点将基底划分为两块 1 m×6 m 的矩形,使 E 点落在边长 $L=6$ m、宽度 $B_1=1$ m 的两个矩形的角点上。

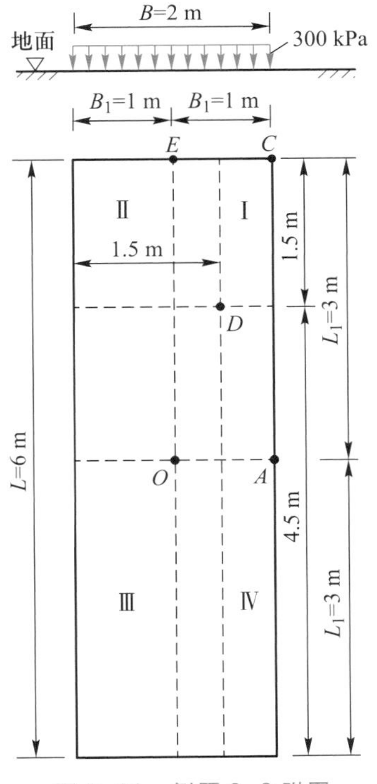

图 3-21 例题 3-2 附图

由 $L/B_1=6/1=6$ 和 $z/B_1=2/1=2$，查表 3-3 得 $K_s=0.137$，所以 E 点以下的附加应力为

$$(\sigma_z)_E=2K_sp=2\times0.137\times300\ \text{kPa}$$
$$=82.2\ \text{kPa}$$

(3) C 点正好落在边长 $L=6$ m，宽度 $B=2$ m 的矩形的角点上，由 $L/B=6/2=3$、$z/B=2/2=1$，查表 3-3 得 $K_s=0.203$，则 C 点以下的附加应力为

$$(\sigma_z)_C=K_sp=0.203\times300\ \text{kPa}=60.9\ \text{kPa}$$

(4) 为了求 D 点以下的附加应力，通过 D 点分别作平行于基底长、短边的两根辅助线，将基底分割为Ⅰ、Ⅱ、Ⅲ、Ⅳ四块矩形，使 D 点落在这四块矩形的公共角点上，利用表 3-3 查得各块矩形对 D 点的应力系数列于表 3-1。

表 3-1　例题 3-2 D 点的应力系数

面积序号	L/m	B/m	z/m	$\frac{L}{B}$	$\frac{z}{B}$	K_s
Ⅰ	1.5	0.5	2.0	3.0	4.0	0.06
Ⅱ	1.5	1.5	2.0	1.0	1.33	0.138
Ⅲ	4.5	1.5	2.0	3.0	1.33	0.177
Ⅳ	4.5	0.5	2.0	9.0	4.0	0.076

于是，D 点以下的附加应力为

$$(\sigma_z)_D=\sum K_sp=(0.06+0.138+0.177+0.076)\times300\ \text{kPa}=135.3\ \text{kPa}$$

(5) 为了求中心点 O 点以下的附加应力，同样可通过 O 点作平行于基底长、短边的两根辅助线，将基底分成四块面积相等的矩形，对于每一块矩形来说，由 $L_1/B_1=3/1$ 和 $z/B_1=2/1=2$，查表 3-3 得 $K_s=0.131$，所以 O 点以下的附加应力为

$$(\sigma_z)_O=\sum K_sp=4\times0.131\times300\ \text{kPa}=157.2\ \text{kPa}$$

[例题 3-3] 有甲乙两个相距甚远的方形基础，分别放置在土层情况相同的地面上，其中，甲基础的面积为 4 m×4 m，乙基础为 1 m×1 m，基底的荷载相同，均作用着 300 kPa 的竖直均布压力。试求两基底中心点 O 以下深度为 1 m、2 m、3 m 处的竖向附加应力并绘出分布图。

[解] 通过基底中心点 O 分别作平行于基底两边的辅助线(如图 3-22 中的虚线所示)，把甲基础的底面划分为四个 2 m×2 m 的正方形，将乙基础的底面划分为四个 0.5 m×0.5 m 的正方形。因为中心点 O 均落在四个正方形的公共角点上，利用"角点法"求得 O 点以下各深度上的竖向附加应力如表 3-2 所示。

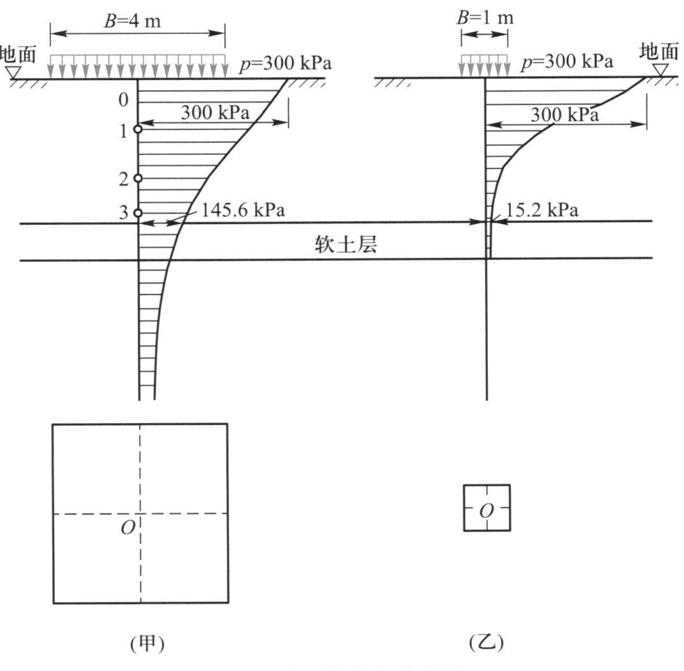

图 3-22　例题 3-3 附图

表 3-2　基础中心点下竖向附加应力计算成果表

基底以下深度 z/m	4 m×4 m 的基础				1 m×1 m 的基础			
	$n=\frac{z}{B}$	$m=\frac{L}{B}$	K_s	σ_z/kPa	$n=\frac{z}{B}$	$m=\frac{L}{B}$	K_s	σ_z/kPa
1.0	0.5	1.0	0.231 5	277.8	2.0	1.0	0.084 0	100.8
2.0	1.0	1.0	0.175 2	210.2	4.0	1.0	0.027 0	32.4
3.0	1.5	1.0	0.121 3	145.6	6.0	1.0	0.012 7	15.2

注：表中 $\sigma_z=4K_sp$，$p=300$ kPa。

表 3-3　基底受竖直均布荷载作用时角点下的应力系数 K_s 值

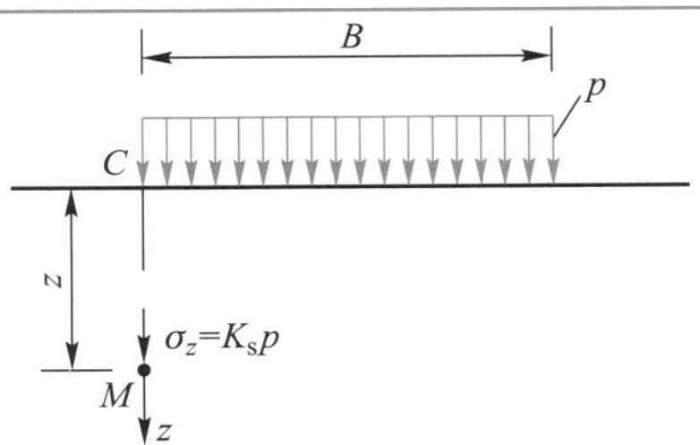

$n=z/B$	$m=L/B$									
	1.0	1.2	1.4	1.6	1.8	2.0	3.0	4.0	5.0	6.0	10.0
0.0	0.250 0	0.250 0	0.250 0	0.250 0	0.250 0	0.250 0	0.250 0	0.250 0	0.250 0	0.250 0	0.250 0
0.2	0.248 6	0.248 9	0.249 0	0.249 1	0.249 1	0.249 1	0.249 2	0.249 2	0.249 2	0.249 2	0.249 2

续表

$n=z/B$	$m=L/B$									
	1.0	1.2	1.4	1.6	1.8	2.0	3.0	4.0	5.0	6.0	10.0
0.4	0.240 1	0.242 0	0.242 9	0.243 4	0.243 7	0.243 9	0.244 3	0.244 3	0.244 3	0.244 3	0.244 3
0.6	0.222 9	0.227 5	0.230 0	0.231 5	0.232 4	0.232 9	0.233 9	0.234 1	0.234 2	0.234 2	0.234 2
0.8	0.199 9	0.207 5	0.212 0	0.214 7	0.216 5	0.217 6	0.219 6	0.220 0	0.220 2	0.220 2	0.220 2
1.0	0.175 2	0.185 1	0.191 4	0.195 5	0.198 1	0.199 9	0.203 4	0.204 2	0.204 4	0.204 5	0.204 6
1.2	0.151 6	0.162 6	0.170 5	0.175 8	0.179 3	0.181 8	0.187 0	0.188 2	0.188 5	0.188 7	0.188 8
1.4	0.130 5	0.142 3	0.150 8	0.156 9	0.161 3	0.164 4	0.171 2	0.173 0	0.173 5	0.173 8	0.174 0
1.6	0.112 3	0.124 1	0.132 9	0.139 6	0.144 5	0.148 2	0.156 7	0.159 0	0.159 8	0.160 1	0.160 4
1.8	0.096 9	0.108 3	0.117 2	0.124 1	0.129 4	0.133 4	0.143 4	0.146 3	0.147 4	0.147 8	0.148 2
2.0	0.084 0	0.094 7	0.103 4	0.110 3	0.115 8	0.120 2	0.131 4	0.135 0	0.136 3	0.136 8	0.137 4
2.2	0.073 2	0.083 2	0.091 5	0.098 4	0.103 9	0.108 4	0.120 5	0.124 8	0.126 4	0.127 1	0.127 7
2.4	0.064 2	0.073 4	0.081 2	0.087 9	0.093 4	0.097 9	0.110 8	0.115 6	0.117 5	0.118 4	0.119 2
2.6	0.056 6	0.065 1	0.072 5	0.078 8	0.084 2	0.088 7	0.102 0	0.107 3	0.109 5	0.110 6	0.111 6
2.8	0.050 2	0.058 0	0.064 9	0.070 9	0.076 1	0.080 5	0.094 2	0.099 9	0.102 4	0.103 6	0.104 8
3.0	0.044 7	0.051 9	0.058 3	0.064 0	0.069 0	0.073 2	0.087 0	0.093 1	0.095 9	0.097 3	0.098 7
3.2	0.040 1	0.046 7	0.052 6	0.058 0	0.062 7	0.066 8	0.080 6	0.087 0	0.090 0	0.091 6	0.093 2
3.4	0.036 1	0.042 1	0.047 7	0.052 7	0.057 1	0.061 1	0.074 7	0.081 4	0.084 7	0.086 4	0.088 2
3.6	0.032 6	0.038 2	0.043 3	0.048 0	0.052 3	0.056 1	0.069 4	0.076 3	0.079 9	0.081 6	0.083 7
3.8	0.029 6	0.034 8	0.039 5	0.043 9	0.047 9	0.051 6	0.064 6	0.071 7	0.075 3	0.077 3	0.079 6
4.0	0.027 0	0.031 8	0.036 2	0.040 3	0.044 1	0.047 5	0.060 3	0.067 4	0.071 2	0.073 3	0.075 8
4.2	0.024 7	0.029 1	0.033 3	0.037 1	0.040 7	0.043 9	0.056 3	0.063 4	0.067 4	0.069 6	0.072 4
4.4	0.022 7	0.026 8	0.030 6	0.034 3	0.037 6	0.040 7	0.052 7	0.059 7	0.063 9	0.066 2	0.069 2
4.6	0.020 9	0.024 7	0.028 3	0.031 7	0.034 8	0.037 8	0.049 3	0.056 4	0.060 6	0.063 0	0.066 3
4.8	0.019 3	0.022 9	0.026 2	0.029 4	0.032 4	0.035 2	0.046 3	0.053 3	0.057 6	0.060 1	0.063 5
5.0	0.017 9	0.021 2	0.024 3	0.027 4	0.030 2	0.032 8	0.043 5	0.050 4	0.054 7	0.057 3	0.061 0
6.0	0.012 7	0.015 1	0.017 4	0.019 6	0.021 8	0.023 8	0.032 5	0.038 8	0.043 1	0.046 0	0.050 6
7.0	0.009 4	0.011 2	0.013 0	0.014 7	0.016 4	0.018 0	0.025 1	0.030 6	0.034 6	0.037 6	0.042 8
8.0	0.007 3	0.008 7	0.010 1	0.011 4	0.012 7	0.014 0	0.019 8	0.024 6	0.028 3	0.031 1	0.036 7
9.0	0.005 8	0.006 9	0.008 0	0.009 1	0.010 2	0.011 2	0.016 1	0.020 2	0.023 5	0.026 2	0.031 9
10.0	0.004 7	0.005 6	0.006 5	0.007 4	0.008 3	0.009 2	0.013 2	0.016 7	0.019 8	0.022 2	0.028 0

从计算结果可以看出，在强度相同的均布压力作用下，基础底面积愈大，附加应力传递得愈深，或者说在同一深度处所产生的附加应力愈大。如图 3-22 所示，若离地面 3 m 处有一高压缩性的软土层，对于乙基础来说，在软土层顶面仅产生 15.2 kPa 的附加应力，而对于甲基础，却在软土层顶面产生 145.6 kPa 的附加应力。显然，后者将使软土层产生很大的变形，并导致基础有较大的沉降。

（三）矩形基底受竖直三角形分布荷载作用时角点下的竖向附加应力

矩形基底受竖直三角形分布荷载（即三角形分布压力、下同）作用时，在荷载强度为零的角点下的竖向附加应力同样可以利用基本公式（3-12′）沿着整个面积积分来求得。如图 3-23 所示，若矩形基底上三角形荷载的最大强度为 p_T，则微分面积 $dxdy$ 上的作用力 $dP=\frac{x}{B}p_T dxdy$ 可作为集中力看待，于是，角点 A 以下任意深度 z 处，由于该集中力所引起的竖向附加应力为

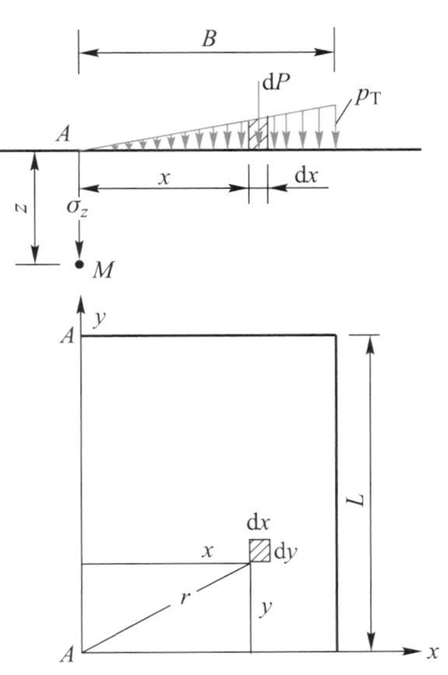

图 3-23 矩形基底受竖直三角形分布荷载作用的情况

$$d\sigma_z=\frac{3p_T}{2\pi B}\frac{1}{\left[1+\left(\frac{r}{z}\right)^2\right]^{5/2}}\frac{xdxdy}{z^2}$$

将 $r^2=x^2+y^2$ 代入上式并沿整个底面积进行积分，即可得到矩形基底受竖直三角形分布荷载作用时角点下的附加应力为

$$\sigma_z=K_T p_T \tag{3-15}$$

式中：K_T——矩形基底受三角形分布荷载作用时的竖向附加应力分布系数，可查表 3-4。

$$K_T=\frac{mn}{2\pi}\left[\frac{1}{\sqrt{m^2+n^2}}-\frac{n^2}{(1+n^2)\sqrt{1+m^2+n^2}}\right]$$

其中：$m=L/B$，$n=z/B$；

B——沿荷载变化方向矩形基底的长度；

L——矩形基底另一边的长度。

表 3-4 基底受三角形荷载作用时角点下的应力系数 K_T 值

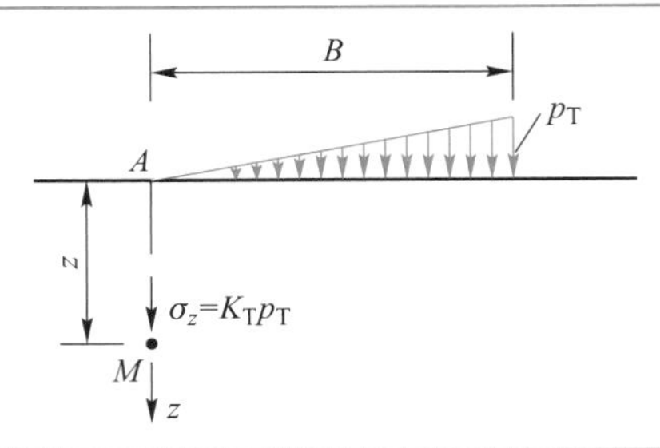

$n=z/B$	$m=L/B$									
	0.2	0.4	0.6	0.8	1.0	1.2	1.4	1.6	1.8	2.0
0.0	0.000 0	0.000 0	0.000 0	0.000 0	0.000 0	0.000 0	0.000 0	0.000 0	0.000 0	0.000 0
0.2	0.022 3	0.028 0	0.029 6	0.030 1	0.030 4	0.030 5	0.030 5	0.030 6	0.030 6	0.030 6
0.4	0.026 9	0.042 0	0.048 7	0.051 7	0.053 1	0.053 9	0.054 3	0.054 5	0.054 6	0.054 7

续表

$n=z/B$	$m=L/B$									
	0.2	0.4	0.6	0.8	1.0	1.2	1.4	1.6	1.8	2.0
0.6	0.025 9	0.044 8	0.056 0	0.062 1	0.065 4	0.067 3	0.068 4	0.069 0	0.069 4	0.069 6
0.8	0.023 2	0.042 1	0.055 3	0.063 7	0.068 8	0.072 0	0.073 9	0.075 1	0.075 9	0.076 4
1.0	0.020 1	0.037 5	0.050 8	0.060 2	0.066 6	0.070 8	0.073 5	0.075 3	0.076 6	0.077 4
1.2	0.017 1	0.032 4	0.045 0	0.054 6	0.061 5	0.066 4	0.069 8	0.072 1	0.073 8	0.074 9
1.4	0.014 5	0.027 8	0.039 2	0.048 3	0.055 4	0.060 6	0.064 4	0.067 2	0.069 2	0.070 7
1.6	0.012 3	0.023 8	0.033 9	0.042 4	0.049 2	0.054 5	0.058 6	0.061 6	0.063 9	0.065 6
1.8	0.010 5	0.020 4	0.029 4	0.037 1	0.043 5	0.048 7	0.052 8	0.056 0	0.058 5	0.060 4
2.0	0.009 0	0.017 6	0.025 5	0.032 4	0.038 4	0.043 4	0.047 4	0.050 7	0.053 3	0.055 3
2.5	0.006 3	0.012 5	0.018 3	0.023 6	0.028 4	0.032 6	0.036 2	0.039 3	0.041 9	0.044 0
3.0	0.004 6	0.009 2	0.013 5	0.017 6	0.021 4	0.024 9	0.028 0	0.030 7	0.033 1	0.035 2
5.0	0.001 8	0.003 6	0.005 4	0.007 1	0.008 8	0.010 4	0.012 0	0.013 5	0.014 8	0.016 1
7.0	0.000 9	0.001 9	0.002 8	0.003 8	0.004 7	0.005 6	0.006 4	0.007 3	0.008 1	0.008 9
10.0	0.000 5	0.000 9	0.001 4	0.001 9	0.002 3	0.002 8	0.003 3	0.003 7	0.004 1	0.004 6

$n=z/B$	$m=L/B$									
	3.0	4.0	6.0	8.0	10.0					
0.0	0.000 0	0.000 0	0.000 0	0.000 0	0.000 0					
0.2	0.030 6	0.030 6	0.030 6	0.030 6	0.030 6					
0.4	0.054 8	0.054 9	0.054 9	0.054 9	0.054 9					
0.6	0.070 1	0.070 2	0.070 2	0.070 2	0.070 2					
0.8	0.077 3	0.077 6	0.077 6	0.077 6	0.077 6					
1.0	0.079 0	0.079 4	0.079 5	0.079 6	0.079 6					
1.2	0.077 4	0.077 9	0.078 2	0.078 3	0.078 3					
1.4	0.073 9	0.074 8	0.075 2	0.075 2	0.075 3					
1.6	0.069 7	0.070 8	0.071 4	0.071 5	0.071 5					
1.8	0.065 2	0.066 6	0.067 3	0.067 5	0.067 5					
2.0	0.060 7	0.062 4	0.063 4	0.063 6	0.063 6					
2.5	0.050 4	0.052 9	0.054 3	0.054 7	0.054 8					
3.0	0.041 9	0.044 9	0.046 9	0.047 4	0.047 6					
5.0	0.021 4	0.024 8	0.028 3	0.029 6	0.030 1					
7.0	0.012 4	0.015 2	0.018 6	0.020 4	0.021 2					
10.0	0.006 6	0.008 4	0.011 1	0.012 8	0.013 9					

对于基底范围内(或外)任意点下的竖向附加应力,仍然可以利用"角点法"和叠加原理进行计算。但是必须注意两点:一是计算点应落在三角形分布荷载强度为零的点的垂线上;二是 B 始终指沿荷载变化方向的矩形基底的长度。

(四)矩形基底受水平均布荷载作用时角点下的竖向附加应力

如图 3-24 所示,当矩形基底受到水平均布荷载 p_h 作用时,角点下任意深度 z 处的竖向附加应力为

$$\sigma_z = \pm K_h P_h \qquad (3-16)$$

式中:K_h——矩形基底受水平均布荷载作用时的竖向附加应力分布系数,可查表 3-5。

$$K_h = \frac{m}{2\pi}\left[\frac{1}{\sqrt{m^2+n^2}} - \frac{n^2}{(1+n^2)\sqrt{1+m^2+n^2}}\right]$$

其中:$m = L/B$,$n = z/B$;

B——平行于水平荷载作用方向的矩形基底的长度;

L——矩形基底另一边的长度。

上式中当计算点在水平均布荷载作用方向的终止端以下时取"+"号;当计算点在水平均布荷载作用方向的起始端以下时取"-"号。当计算点在基底范围内(或外)任意位置时,同样可以利用"角点法"和叠加原理进行计算。

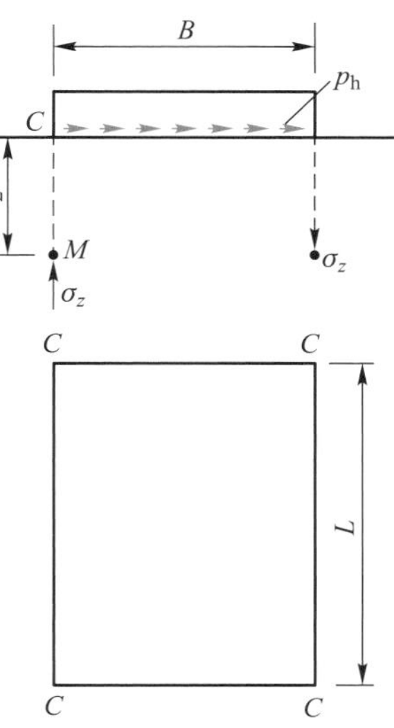

图 3-24 矩形基底受水平均布荷载作用的情况

表 3-5 基底受水平均布荷载作用时角点下的应力系数 K_h 值

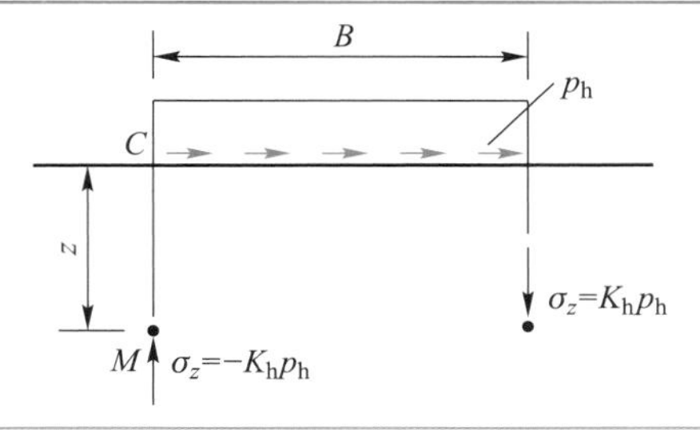

$n=z/B$	$m=L/B$										
	1.0	1.2	1.4	1.6	1.8	2.0	3.0	4.0	5.0	6.0	10.0
0.0	0.159 2	0.159 2	0.159 2	0.159 2	0.159 2	0.159 2	0.159 2	0.159 2	0.159 2	0.159 2	0.159 2
0.2	0.151 8	0.152 3	0.152 6	0.152 8	0.152 9	0.152 9	0.153 0	0.153 0	0.153 0	0.153 0	0.153 0
0.4	0.132 8	0.134 7	0.135 6	0.136 2	0.136 5	0.136 7	0.137 1	0.137 2	0.137 2	0.137 2	0.137 2
0.6	0.109 1	0.112 1	0.113 9	0.115 0	0.115 6	0.116 0	0.116 8	0.116 9	0.117 0	0.117 0	0.117 0
0.8	0.086 1	0.090 0	0.092 4	0.093 9	0.094 8	0.095 5	0.096 7	0.096 9	0.097 0	0.097 0	0.097 0

续表

$n=z/B$	$m=L/B$									
	1.0	1.2	1.4	1.6	1.8	2.0	3.0	4.0	5.0	6.0	10.0
1.0	0.066 6	0.070 8	0.073 5	0.075 3	0.076 6	0.077 4	0.079 0	0.079 4	0.079 5	0.079 6	0.079 6
1.2	0.051 2	0.055 3	0.058 2	0.060 1	0.061 5	0.062 4	0.064 5	0.065 0	0.065 2	0.065 2	0.065 2
1.4	0.039 5	0.043 3	0.046 0	0.048 0	0.049 4	0.050 5	0.052 8	0.053 4	0.053 7	0.053 7	0.053 8
1.6	0.030 8	0.034 1	0.036 6	0.038 5	0.040 0	0.041 0	0.043 6	0.044 3	0.044 6	0.044 7	0.044 7
1.8	0.024 2	0.027 0	0.029 3	0.031 1	0.032 5	0.033 6	0.036 2	0.037 0	0.037 4	0.037 5	0.037 5
2.0	0.019 2	0.021 7	0.023 7	0.025 3	0.026 6	0.027 7	0.030 3	0.0312	0.0315	0.0317	0.031 8
2.5	0.011 3	0.013 0	0.014 5	0.015 7	0.016 7	0.017 6	0.020 2	0.021 1	0.021 6	0.021 7	0.021 9
3.0	0.007 1	0.008 3	0.009 3	0.010 2	0.011 0	0.011 7	0.014 0	0.015 0	0.015 4	0.015 6	0.015 9
5.0	0.001 8	0.002 1	0.002 4	0.002 7	0.003 0	0.003 2	0.004 3	0.005 0	0.005 4	0.005 7	0.006 0
7.0	0.000 7	0.000 8	0.000 9	0.001 0	0.001 2	0.001 3	0.001 8	0.002 2	0.002 5	0.002 7	0.003 0
10.0	0.000 2	0.000 3	0.000 3	0.000 4	0.000 4	0.000 5	0.000 7	0.000 8	0.001 0	0.001 1	0.001 4

案例拓展 3-2 上海浦东机场场道

二、平面问题条件下的附加应力

理论上，当基础长度 L 与宽度 B 之比接近无穷大时，地基内部的应力状态才属于平面问题。但在工程实践中并不存在着无限长的基础。然而，根据研究，当 $L/B \geqslant 10$ 时，其结果与 L/B 接近无穷大的情况相差不多，这种误差在工程上是允许的。有时，当 $L/B>5$ 时也按平面问题计算。

（一）竖直线荷载作用下的附加应力

沿无限长直线上作用的竖直均布荷载称为竖直线荷载，如图 3-25 所示。当地面上作用竖直线荷载时，地基内部任一深度 z 处的附加应力可按符拉蒙（Flamant）解答计算，即

$$\left.\begin{aligned} \sigma_z &= \frac{2\overline{P}}{\pi R_1}\cos^3\theta_1 = \frac{2\overline{P}z^3}{\pi(x^2+z^2)^2} \\ \sigma_x &= \frac{2\overline{P}x^2 z}{\pi(x^2+z^2)^2} \\ \tau_{xz} &= \frac{2\overline{P}xz^2}{\pi(x^2+z^2)^2} \end{aligned}\right\} \tag{3-17}$$

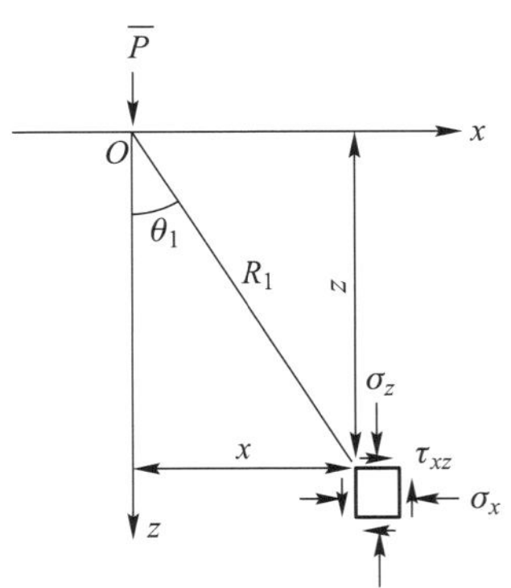

图 3-25 竖直线荷载作用下的应力状态

式中：$\overline{P}$——单位长度上的线荷载（kN/m）；

x、z——计算点的坐标。

（二）条形基底受竖直均布荷载作用时的附加应力

如图 3-26 所示，当基底上作用着强度为 p 的竖直均布荷载时，首先利用式（3-17）求出微分宽度 $\mathrm{d}\xi$ 上作用着的线荷载 $\mathrm{d}\overline{P}=p\mathrm{d}\xi$ 在任意点 M 所引起的竖向附加应力为

$$\mathrm{d}\sigma_z=\frac{2p}{\pi}\frac{z^3\mathrm{d}\xi}{[(x-\xi)^2+z^2]^2}$$

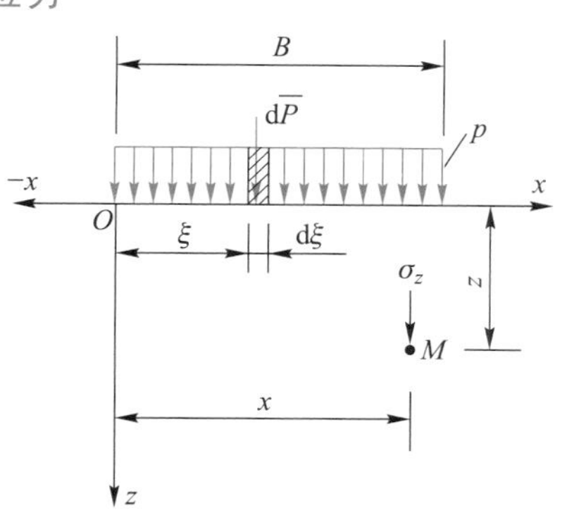

图 3-26 条形基底受竖直均布荷载作用的情况

再将上式沿宽度积分，即可得到条形基底受均布荷载作用时的竖向附加应力为

$$\sigma_z=\int_0^B\frac{2p}{\pi}\frac{z^3\mathrm{d}\xi}{[(x-\xi)^2+z^2]^2}$$

$$=\frac{p}{\pi}\left[\arctan\left(\frac{m}{n}\right)-\arctan\left(\frac{m-1}{n}\right)+\frac{mn}{n^2+m^2}-\frac{n(m-1)}{n^2+(m-1)^2}\right]=K_z^{\mathrm{s}}p \qquad (3-18)$$

式中：K_z^{s}——条形基底受竖直均布荷载（或压力，下同）作用时的竖向附加应力分布系数，可由 m、n 值查表 3-6 得到，其中 $m=x/B$、$n=z/B$，x 和 z 分别为计算点的坐标，B 为基底的宽度，见图 3-26 所示。

表 3-6 条形基底受竖直均布应力作用的附加应力分布系数 K_z^{s} 值

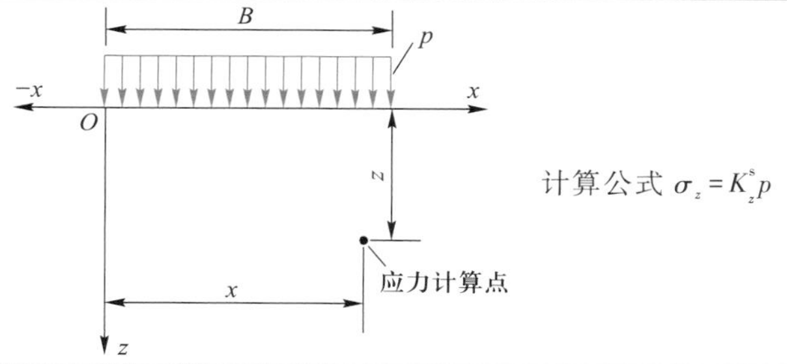

计算公式 $\sigma_z=K_z^{\mathrm{s}}p$

$m=x/B$	$n=z/B$										
	0.01	0.1	0.2	0.4	0.6	0.8	1.0	1.2	1.4	2.0	3.0
0	0.500	0.499	0.498	0.489	0.468	0.440	0.409	0.378	0.348	0.275	0.198
0.25	0.999	0.988	0.936	0.797	0.679	0.586	0.511	0.450	0.401	0.298	0.206
0.50	0.999	0.997	0.978	0.881	0.756	0.642	0.550	0.477	0.420	0.306	0.208
0.75	0.999	0.988	0.936	0.797	0.679	0.586	0.511	0.450	0.401	0.306	0.206
1.00	0.500	0.499	0.498	0.489	0.468	0.440	0.409	0.378	0.348	0.275	0.198
1.25	0.000	0.011	0.091	0.174	0.243	0.276	0.288	0.287	0.279	0.242	0.186
1.50	0.000	0.002	0.011	0.056	0.111	0.155	0.186	0.202	0.210	0.205	0.171
-0.25	0.000	0.011	0.091	0.174	0.243	0.276	0.288	0.287	0.279	0.243	0.186
-0.50	0.000	0.002	0.011	0.056	0.111	0.155	0.186	0.202	0.210	0.205	0.171

注：表中 n 为 0.01 一栏中的值，即代表 $n=0$ 的值。

(三) 条形基底受竖直三角形分布荷载作用时的附加应力

如图 3-27 所示,当条形基底上受到最大强度为 p_{T} 的三角形分布荷载作用时,同样可利用基本公式(3-17),先求出微分宽度 $\mathrm{d}\xi$ 上作用的竖直线荷载 $\mathrm{d}\overline{P}=\dfrac{\xi}{B}p_{\mathrm{T}}\mathrm{d}\xi$ 在计算点 M 引起的竖向附加应力,然后沿宽度 B 积分,即可得到整个三角形分布荷载对 M 点引起的竖向附加应力为

$$\sigma_z=\frac{p_{\mathrm{T}}}{\pi}\left\{m\left[\arctan\left(\frac{m}{n}\right)-\arctan\left(\frac{m-1}{n}\right)\right]-\frac{(m-1)n}{(m-1)^2+n^2}\right\}=K_z^{\mathrm{T}}p_{\mathrm{T}} \tag{3-19}$$

式中:K_z^{T}——条形基底受竖直三角形分布荷载作用时的竖向附加应力分布系数,可由 m、n 值查表 3-7 得到。

其余符号意义同前。

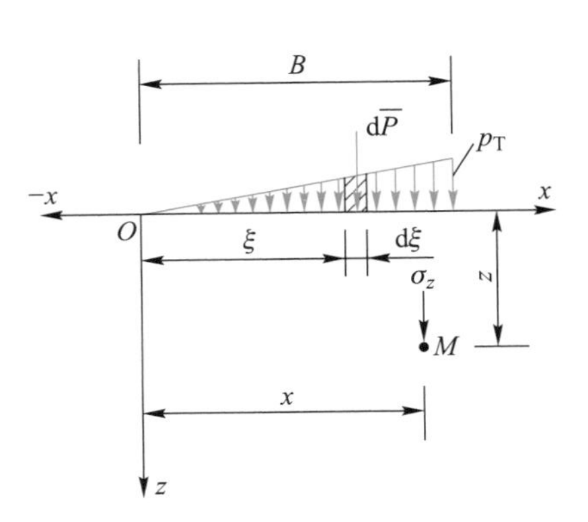

图 3-27　条形基底受竖直三角形分布荷载作用的情况

表 3-7　条形基底受竖直三角形基底压力荷载作用时竖向附加应力分布系数 K_z^{T} 值

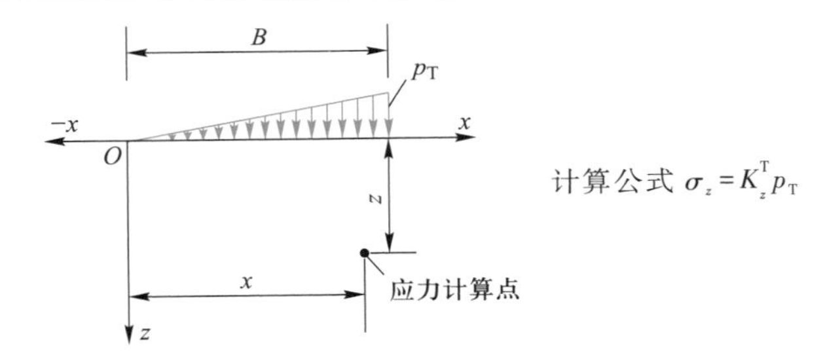

计算公式 $\sigma_z=K_z^{\mathrm{T}}p_{\mathrm{T}}$

$m=x/B$	$n=z/B$										
	0.01	0.1	0.2	0.4	0.6	0.8	1.0	1.2	1.4	2.0	3.0
0	0.003	0.032	0.061	0.110	0.140	0.155	0.159	0.157	0.151	0.127	0.095
0.25	0.250	0.251	0.255	0.263	0.258	0.243	0.223	0.204	0.186	0.143	0.101
0.50	0.500	0.498	0.489	0.440	0.378	0.321	0.275	0.239	0.210	0.153	0.104
0.75	0.750	0.737	0.682	0.534	0.421	0.343	0.287	0.246	0.215	0.155	0.105
1.00	0.497	0.468	0.437	0.379	0.328	0.285	0.250	0.221	0.197	0.148	0.102
1.25	0.000	0.010	0.050	0.136	0.177	0.187	0.184	0.175	0.165	0.134	0.098
1.50	0.000	0.001	0.009	0.042	0.080	0.106	0.121	0.126	0.127	0.115	0.091
-0.25	0.000	0.001	0.009	0.036	0.066	0.089	0.103	0.111	0.114	0.109	0.088
-0.50	0.000	0.000	0.002	0.014	0.031	0.049	0.064	0.075	0.083	0.089	0.080

注:表中 n 为 0.01 一栏中的值,即代表 $n=0$ 的值。

（四）条形基底受水平均布荷载作用时的附加应力

如图 3-28 所示，当基础底面上作用着强度为 p_h 的水平均布荷载时，同样可以利用弹性理论求水平线荷载对任意点 M 所引起的竖向附加应力，然后沿整个宽度积分，即可求得 M 点的竖向附加应力为

$$\sigma_z=\frac{p_h}{\pi}\left[\frac{n^2}{(m-1)^2+n^2}-\frac{n^2}{m^2+n^2}\right]=K_z^h p_h \qquad (3-20)$$

式中：K_z^h——条形基底受水平均布荷载作用时的竖向附加应力分布系数，可由 m、n 值从表 3-8 中查得。

其余符号意义同前。

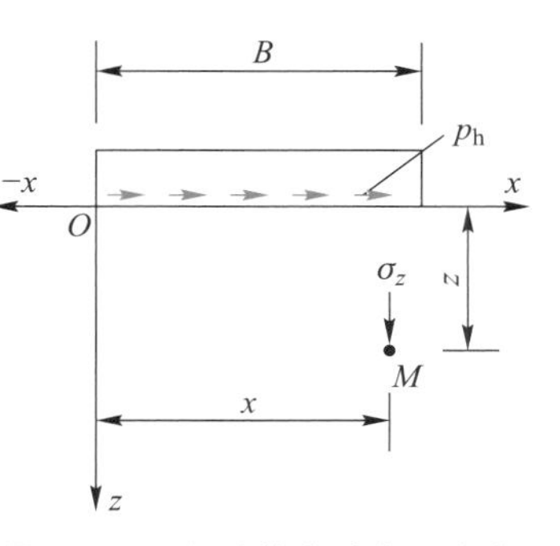

图 3-28　条形基底受水平均布荷载作用的情况

表 3-8　条形基底受水平均布荷载作用时的附加应力分布系数 K_z^h 值

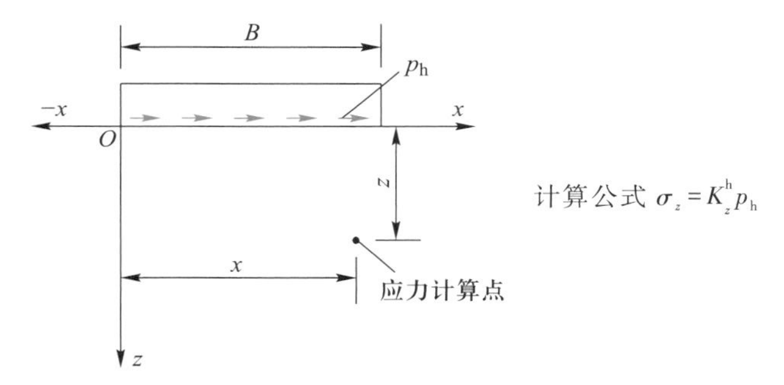

计算公式 $\sigma_z=K_z^h p_h$

$m=x/B$	$n=z/B$										
	0.01	0.1	0.2	0.4	0.6	0.8	1.0	1.2	1.4	2.0	3.0
0	-0.318	-0.315	-0.306	-0.274	-0.234	-0.194	-0.159	-0.131	-0.108	-0.064	-0.032
0.25	-0.001	-0.039	-0.103	-0.159	-0.147	-0.121	-0.096	-0.078	-0.061	-0.034	-0.017
0.50	0.000	0.000	0.000	0.000	0.000	0.000	0.000	0.000	0.000	0.000	0.000
0.75	0.001	0.039	0.103	0.109	0.147	0.121	0.096	0.078	0.061	0.034	0.017
1.00	0.318	0.315	0.306	0.274	0.234	0.194	0.159	0.131	0.108	0.064	0.032
1.25	0.001	0.042	0.116	0.199	0.212	0.197	0.175	0.153	0.132	0.085	0.045
1.50	0.000	0.011	0.038	0.103	0.144	0.158	0.157	0.147	0.133	0.096	0.055
-0.25	-0.001	-0.042	-0.116	-0.199	-0.212	-0.197	-0.175	-0.153	-0.132	-0.085	-0.045
-0.50	0.000	-0.011	-0.038	-0.103	-0.144	-0.158	-0.157	-0.147	-0.133	-0.096	-0.055

注：表中 n 为 0.01 一栏中的值，即代表 $n=0$ 的值。

必须注意，求条形基础下地基内的附加应力时，坐标系统的选择应分别符合图 3-26、图 3-27 和图 3-28 中的规定。

前面介绍了竖直均布荷载、三角形分布荷载及水平均布荷载作用下角点（空间问题）或任意点（平面问题）的附加应力计算。在水工建筑物中，它的合力往往既倾斜又偏心，因此，其基底的竖直压力呈梯形分布，而水平荷载一般假定为均匀分布，如图 3-29 所示。对这种情况，在求解地基中任意点的附加应力时，应将梯形分布的竖直荷载分解成均布荷载和三角形分布荷载，然后分别求出由竖直均布荷载、竖直三角形分布荷载及水平均布荷载所引起的附加应力，再进行叠加，即可得到倾斜偏心荷载在地基中任意点所引起的附加应力。

另外，前面的附加应力计算都假定基础底面（或荷载的作用面）是放在地面上的，而在工程实践中，为了增加基础稳定性或满足其他条件，一般总是将基础埋入地面以下某一深度，该深度通常称为“基础埋置深度”，并以 D 表示，如图 3-30 所示。

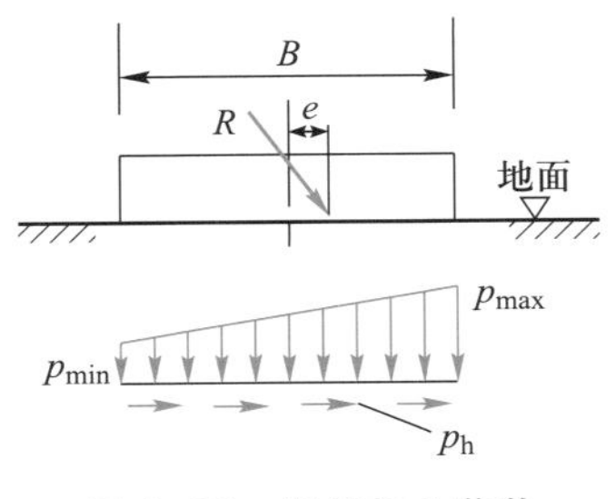

图 3-29　倾斜偏心荷载时的基底压力

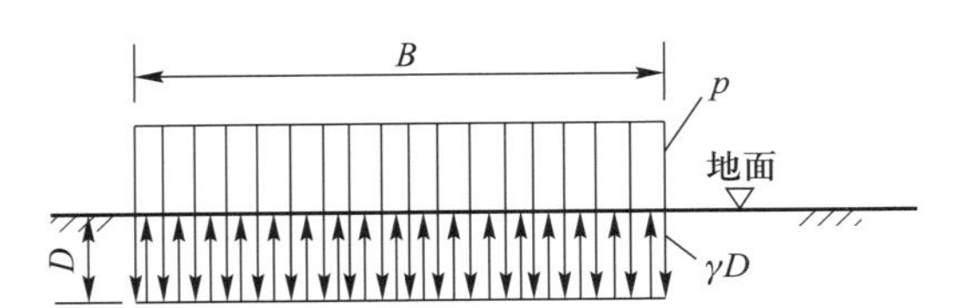

图 3-30　基础有埋深时的基底压力分布

由于有了基础埋置深度，地基内部的附加应力就会受到影响，这种影响随着埋深的增加而增大。要严格地考虑这种影响是困难的，目前均按下述近似方法来考虑：设土的重度为 γ，基础埋置深度为 D，建筑物荷载（包括基础自重在内）在基底产生的压力为 p。由于基坑开挖，在基础底面处减少了 γD 的压力。因此，在基底上由于建筑物荷载所增加的压力应为上述两种压力之差，该压力称之为“基底净压力”或“沉降计算压力”，以 $p_n=p-\gamma D$ 表示。通常，当不考虑基坑开挖而发生回弹的影响时，应采用“基底净压力”去计算地基内的附加应力和相应的变形。显然，埋置深度愈大，基底净压力愈小，地基中的附加应力和相应的变形量也愈小。因此，在工程中常常将加大基础的埋深作为提高基础稳定性和减少地基变形量的一种处理措施。

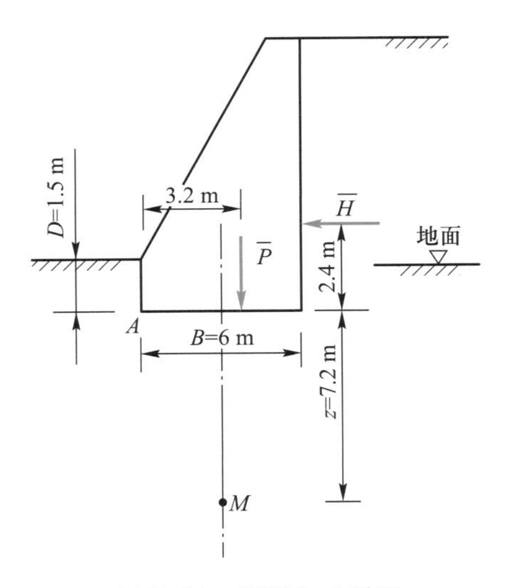

图 3-31　例题 3-4 附图

［例题 3-4］有一挡土墙，其基础宽度为 6 m，埋置在地面下 1.5 m 处，在离基础前缘 A 点 3.2 m 处作用着竖直线荷载 $\overline{P}=2\ 400$ kN/m，墙背受到水平推力 $\overline{H}=400$ kN/m，其作用点距基底

面为 2.4 m，如图 3-31 所示。设地基土的重度 $\gamma=19\ \mathrm{kN/m^3}$，试求基础中心点下深 7.2 m 处 M 点的附加应力（不考虑墙后填土引起的附加应力）。

［解］

（1）求偏心距 e

设合力作用点离基底前缘 A 点的水平距离为 x，将合力及各分力分别对 A 点求矩并令其相等，即

$$2\ 400\ \mathrm{kN/m}\times x=2\ 400\ \mathrm{kN/m}\times 3.2\ \mathrm{m}-400\ \mathrm{kN/m}\times 2.4\ \mathrm{m}$$

得

$$x=3.2\ \mathrm{m}-\frac{2.4\times 400}{2\ 400}\ \mathrm{m}=3.2\ \mathrm{m}-0.4\ \mathrm{m}=2.8\ \mathrm{m}$$

于是，合力的偏心距为

$$e=\frac{1}{2}B-x=\frac{1}{2}\times 6\ \mathrm{m}-2.8\ \mathrm{m}=0.2\ \mathrm{m}$$

（2）求基底压力

由式（3-9）得基底的竖直压力为

$$p_{\min}^{\max}=\frac{\overline{P}}{B}\left(1\pm\frac{6e}{b}\right)=\frac{2\ 400\ \mathrm{kN/m}}{6\ \mathrm{m}}\left(1\pm\frac{6\times 0.2}{6}\right)=\frac{480}{320}\ \mathrm{kPa}$$

基底水平荷载假定为均匀分布，由式（3-11）得到

$$p_{\mathrm{h}}=\frac{\overline{H}}{B}=\frac{400\ \mathrm{kN/m}}{6\ \mathrm{m}}=66.7\ \mathrm{kPa}$$

（3）求 M 点的附加应力

将梯形分布的竖直基底压力分解成强度 $p=320\ \mathrm{kPa}$ 的竖直均布压力和最大强度 $p_{\mathrm{T}}=160\ \mathrm{kPa}$ 的竖直三角形分布压力。由于基础埋置深度为 1.5 m，所以基底净压力为

$$p_{\mathrm{n}}=p-\gamma D=320\ \mathrm{kPa}-19\ \mathrm{kN/m^3}\times 1.5\ \mathrm{m}=291.5\ \mathrm{kPa}$$

各种压力对 M 点所引起的附加应力分布系数由表 3-6、表 3-7 和表 3-8 查得，列于表 3-9 中：

表 3-9　例题 3-4 计算结果表

压力形式	x/m	z/m	B/m	x/B	z/B	附加应力分布系数 K_z
竖向均匀分布	3.0	7.2	6.0	0.5	1.2	0.478
竖向三角形分布	3.0	7.2	6.0	0.5	1.2	0.239
水平均匀分布	3.0	7.2	6.0	0.5	1.2	0

于是，M 点的竖向附加应力为

$$\sigma_z=K_z^{\mathrm{s}}p_{\mathrm{n}}+K_z^{\mathrm{T}}p_{\mathrm{T}}+K_z^{\mathrm{h}}p_{\mathrm{h}}=0.478\times 291.5\ \mathrm{kPa}+0.239\times 160\ \mathrm{kPa}+0\times 66.7\ \mathrm{kPa}=177.6\ \mathrm{kPa}$$

三、土坝（堤）坝身的自重应力和坝基中的附加应力

土坝是指利用当地土料和砂、砂砾、卵砾、石碴、石料等筑成的坝。它是一种古老而至今还不断发展并得到广泛使用的挡水建筑物，土坝有时也称为土石坝。公元前 2 200 多年，巴比伦人就已在幼发拉底河修建土坝。为了防御黄河洪水，早在春秋时期（公元前 770—前 476 年）以前我国就沿黄河两岸修建了土坝，经历代扩充加固，至今总长已达 1 498 km。就结构而言，土堤也是土坝。公元前 598—前 591 年，在安徽寿县修建的堤堰，经过不断发展，形成了如今的安丰塘水库，如图 3-32 所示。

图 3-32　安徽安丰塘水库

土坝（或堤）坝身的边界条件及坝基的变形条件对坝身或坝基表面的应力均有影响。因此，要严格地求解土坝坝身的应力是比较困难和复杂的。为实用上的方便，目前不论是均质的或非均质的土坝，其坝身任意点的自重应力，均假定等于该点单位面积上的土柱有效重量，即仍然按照式（3-1）来计算。此时均质坝坝身的自重应力沿坝高为三角形分布，如图 3-33a 所示。

前已述及，土坝坝身能够适应坝基的变形，属柔性基础，故其基底压力为梯形分布，如图 3-33b 所示。因此，要计算土坝对地基中任意点引起的附加应力，可将竖向梯形

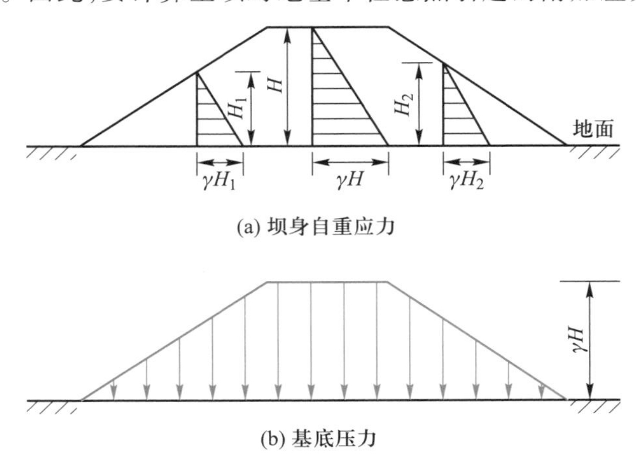

图 3-33　土坝坝身的自重应力和基底压力

分布压力分解为两个三角形分布压力和一个均布压力，再利用式(3-18)和式(3-19)求解，然后进行叠加。

对于图3-34中所示的梯形分布压力下地基内任意点的竖向附加应力，也可按奥斯特伯格(Osterberg)的公式计算，即

$$\sigma_z = K_z' p \tag{3-21}$$

式中：K_z'——竖向附加应力分布系数，是 a/z 和 b/z 的函数，可从图3-34中查取。其中 a、b 分别为三角形分布压力和均布压力的特征尺寸；z 为计算点至压力作用面的垂直距离。

p——梯形分布压力的最大强度，如图3-34中的图例所示。

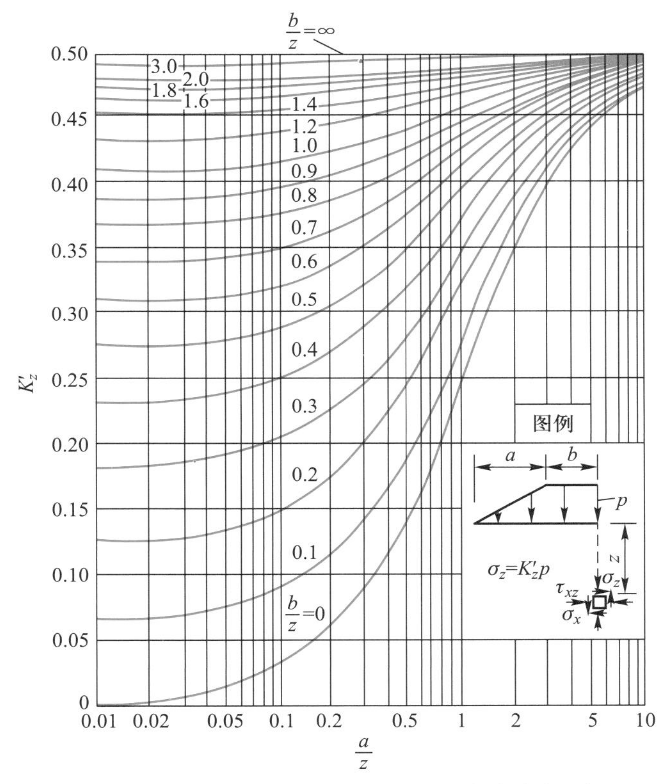

图3-34　梯形分布压力下的竖向附加应力分布系数

于是，利用奥斯特伯格公式求解土坝坝顶宽度以下地基内任意深度处 M 点的竖向附加应力时，先将基底梯形分布的压力划分成两个部分，如图3-35中的Ⅰ、Ⅱ所示，再利用式(3-21)分别求出两部分梯形分布压力对 M 点所引起的竖向附加应力，然后进行叠加，即可得到该点总的竖向附加应力为

$$\sigma_z = (K'_{z\mathrm{I}} + K'_{z\mathrm{II}})\,p \tag{3-22}$$

最后指出，前述附加应力的计算，均把地基当作均质的半无限弹性体来考虑。而天然土层在沉积过程中，其土粒组成不可能是均匀的，它们的物理力学性质在各个方向也不尽相同。此外，土体也不是完全弹性，其应力与应变不呈线性关系。因而，用前述理

论公式计算的附加应力与实测的结果往往存在差别，特别是在弹性性质较差的砂砾石地基及弹性性质差异较大的成层土地基中更为显著。

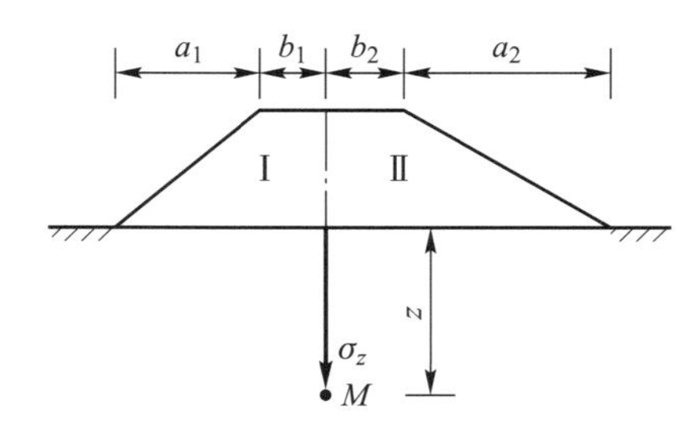

图 3-35　土坝坝顶宽度下任意点竖向附加应力的求解

习 题

第三章习题参考答案

3-1　图 3-36 为一地基剖面图，各土层的重度如图所示，求土的自重应力并绘分布图。

3-2　图 3-37 为一矩形基础，长度为 8 m，宽度为 4 m，其上作用着竖直偏心荷载 6 400 kN，若偏心距为 0.4 m，试求图中 A 点以下 8 m 深度处的竖向附加应力。

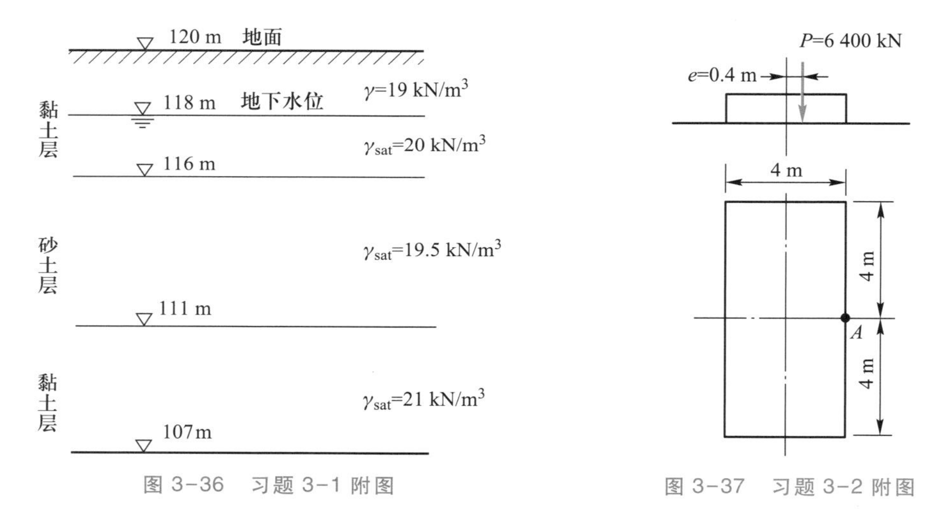

图 3-36　习题 3-1 附图

图 3-37　习题 3-2 附图

3-3　图 3-38 所示为两栋整体基础的建筑物。已知甲基础上的竖直均布压力为 150 kPa，乙基础上的竖直均布压力为 200 kPa。试考虑相邻基础的影响，求出甲基础 A 点以下 20 m 深度处的竖向附加应力。

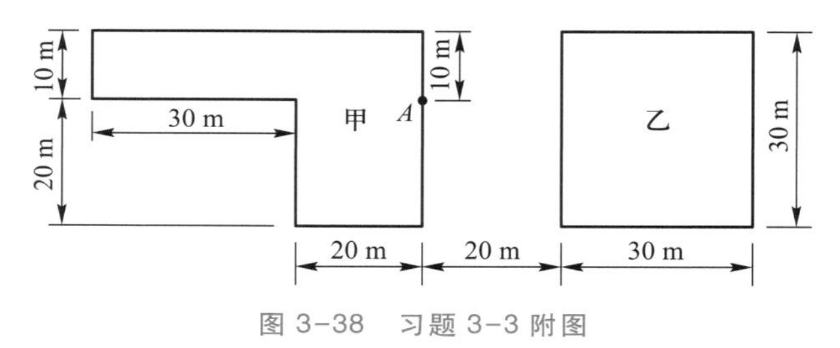

图 3-38　习题 3-3 附图

3-4 混凝土挡土墙的断面尺寸和地基的土层情况如图 3-39 所示。若墙上作用着竖直线荷载(包括墙的自重在内)$\overline{P}=1\ 000\ \mathrm{kN/m}$,其作用点离墙的前趾 A 点的距离为 3.83 m,墙后的水平推力 $\overline{H}=350\ \mathrm{kN/m}$,其作用点距基底 3.5 m。试求墙前趾 A 点以下 M 点和 N 点的竖向附加应力及竖向自重应力。

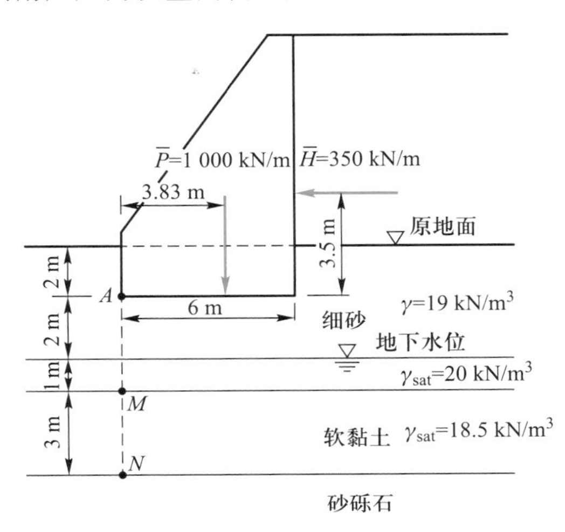

图 3-39 习题 3-4 附图

3-5 图 3-40 为一土堤的截面,堤身填土的重度 $\gamma=19\ \mathrm{kN/m^3}$。试用奥斯特伯格公式计算土堤轴线上黏土层中 A、B、C 三点的附加应力并绘出分布图。

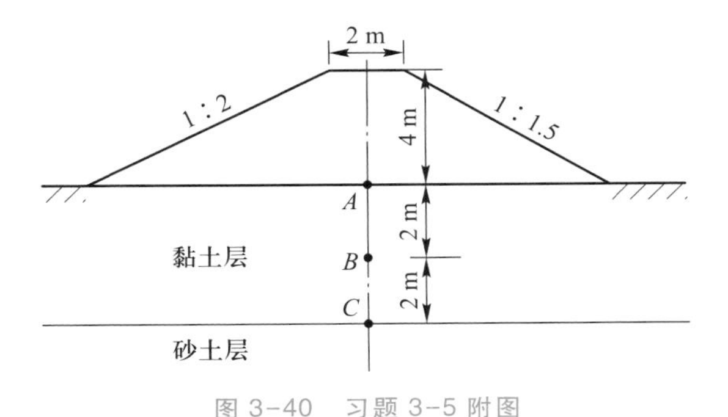

图 3-40 习题 3-5 附图

★ 研讨题

《朱子家训》有云:“宜未雨而绸缪,毋临渴而掘井。”周全的准备是安全开展工程建设的必要前提。要在错综复杂的城市网络中建设新的建筑工程项目,例如进行超高层建筑施工、隧道开挖等,若不充分考虑其对周围既有建筑产生的附加应力,可能导致不堪设想的后果。请同学们结合所学知识并查阅相关资料,列举一个因施工未考虑在建工程对于周边地基应力条件改变而引发工程事故的案例,并重点从以下几个方面对如何避免相关事故进行思考与探讨:

(1) 在城市群中建设新的建筑工程项目需要考虑哪些因素?

(2) 新建工程项目和既有建筑或基础设施之间会互相产生什么影响? 会造成什么危害?

(3) 设计过程中采用什么方法对工程进行分析? 施工过程中可以采取哪些措施,以尽量将在建工程对周边环境造成的负面影响减少到最小?

文献拓展

[1] MINDLIN R D. Force at a point in the interior of a semi-infinite solid[J]. Physics,1936,7(5):195-202.

附注:该文为美国哥伦比亚大学明德林教授所撰。土力学教材通常介绍的地基附加应力计算理论依据布西内斯克解是基于半无限空间体表面应力荷载引起的,而位于地基中因外界应力而产生的地基中的附加应力(如桩基中桩对地基土产生应力引发的附加应力)则需要通过其他解法求解,其中明德林解是业界最为广泛使用的一种方法,学习者可通过该经典论文一窥端倪。

[2] BARDEN L. Distribution of contact pressure under foundations[J]. Geotechnique,1962,12(3):181-198.

附注:该文为英国思克莱德大学巴登教授所撰[文章发表时巴登教授在曼彻斯特大学任职,在该校期间,他还协助罗(Rowe)研发了后来闻名于世的罗(Rowe)型固结仪]。文章介绍了一种较为精确计算基底压力分布的近似方法,适用于工程中几乎所有常见土类,对于有兴趣深入了解基底应力分布的学习者很有启发意义。

知识图谱

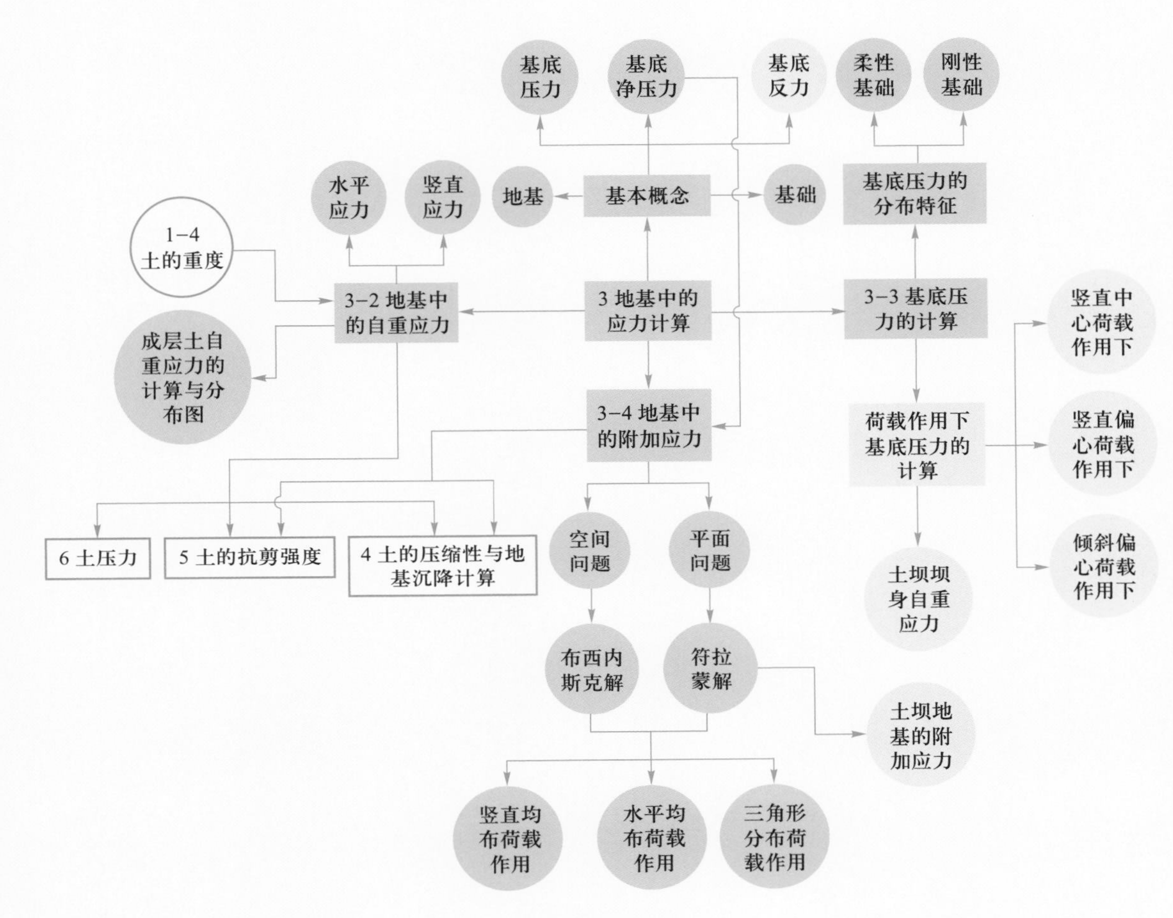

图例说明：

矩形表示可分割的知识点集，圆形表示不可分割的知识点；

实心表示本章节内容，空心表示其他章节内容；

深色表示本科教学重难点，浅色表示一般知识点；

箭头表示先后关系。

先贤故事

Skempton：工程柱石

亚历克·韦斯特利·斯开普顿(Alec Westley Skempton),1914年生于英国北安普敦(Northampton),20世纪30年代进入帝国理工学院学习并先后获得学士(1935年)、硕士(1936年)及博士学位(1949年)。斯开普顿的主要研究领域包括土力学、地质学、岩石力学等,尤其在土力学方面,他对有效应力、孔隙水压力、地基承载力等问题的研究做出了重要贡献。

斯开普顿最初主攻方向为钢筋混凝土,正式的转型是出于他对地质学的浓厚兴趣。1937年他加入英国建筑科学研究院(BRS)土力学分部,而后接到的第一个任务就是清福德(Chingford)大坝的调查分析工作。清福德大坝由其所有者大都会水务公司的工程部设计,该工程部于1910年在同一条河流的同一山谷位置设计的类似大坝十分安全,因此清福德大坝的风险原因显得扑朔迷离。年轻的斯开普顿负责对原因进行分析调查,他很快得出结论:大坝的失败是由于施工速度过快,施工过程中的孔隙应力未能及时消散,造成了黏土层的不完全固结。而造成这一结果的原因是该坝在建设过程中采用了全新的土方机械取代了传统的马和马车,让原本9个月左右的施工时间缩短为3个月,从而让黏土无法按照预定的时间完成固结。这一工程案例的分析得到了太沙基的支持,让斯开普顿在英国土力学界声名大噪,也掀起了英国大学研究土力学的热潮。而斯开普顿分析清福德大坝所使用的最基本也是最重要的理论正是太沙基于1936年发表的单向固结理论。

1947年斯开普顿成为帝国理工学院教授,年仅33岁。正是在斯开普顿的带领下,帝国理工学院成为世界土力学研究的又一个中心。1947年斯开普顿组织成立英国岩土工程协会(BGS)和英国土木工程师协会土力学与地基工程委员会，次年杂志 *Geotechnique* 创刊，斯开普顿的两篇论文被编入期刊的前两期，时至今日该期刊依旧是全球最权威的土力学研究期刊，斯开普顿也是公认的创始人之一。1957 年，斯开普顿接替太沙基成为国际土力学与岩土工程学会第二任主席。2001 年，斯开普顿在英国伦敦去世。

第 四 章

土的压缩性与地基的沉降计算

章节导图

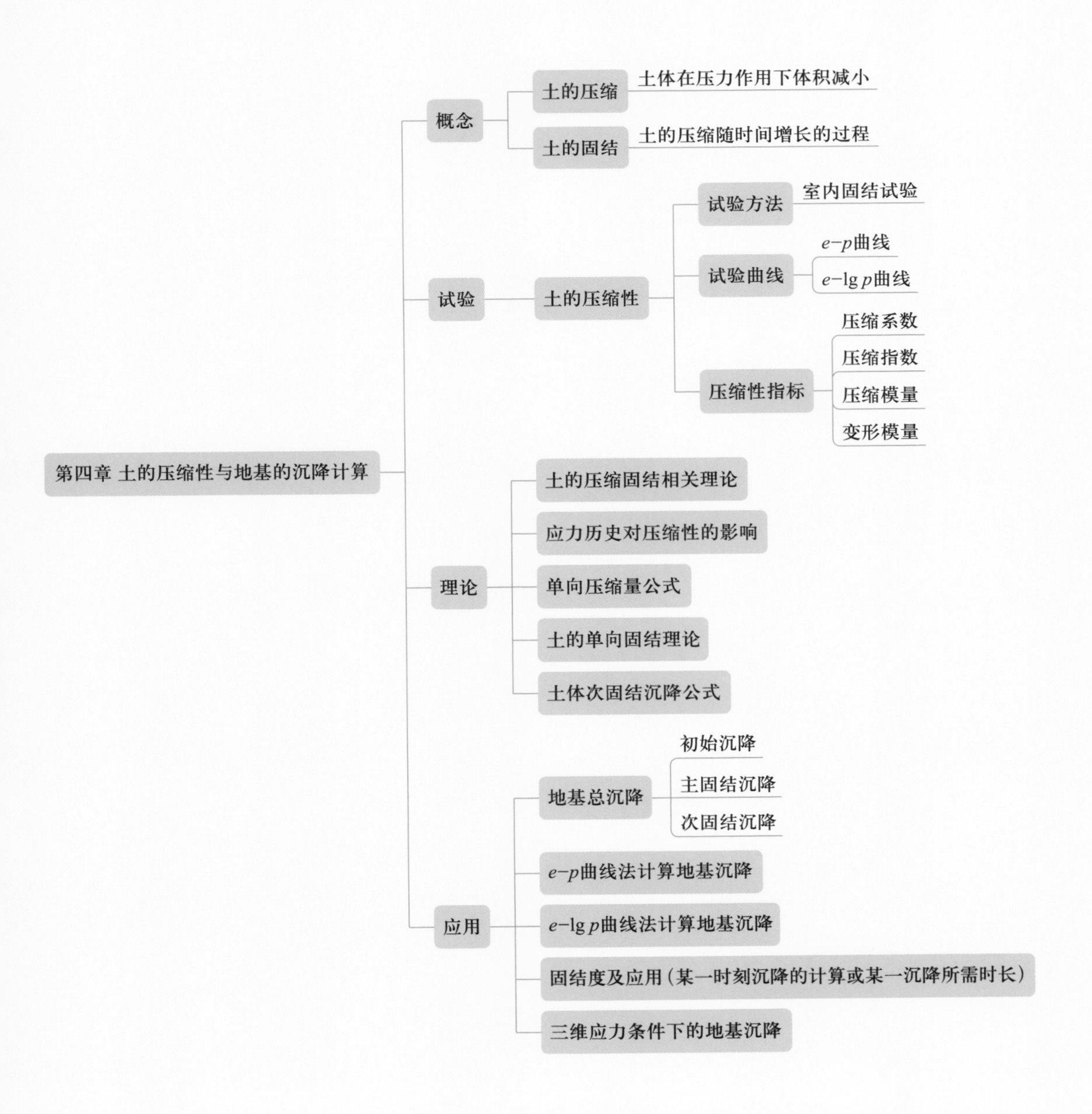

目标导入

- ◇ 了解土的压缩特性、单向压缩(固结)试验、压缩性指标;
- ◇ 了解应力历史对土压缩性的影响;
- ◇ 理解地基沉降计算的 $e-p$ 及 $e-\lg p$ 曲线方法内涵与异同;
- ◇ 理解单向固结理论的基本假定,了解单向固结条件下地基沉降与时间的数学关系;
- ◇ 掌握简单条件下长期和短期地基沉降计算分析方法;
- ◇ 通过计算地基沉降等实例培养简化复杂工程问题、进行建模计算分析、灵活运用土力学理论知识解决工程实践问题的能力;
- ◇ 通过了解分析地基沉降实例提高对岩土变形问题的系统性认知,并提升在工程设计、施工等阶段的法治意识和工程伦理素养。

第一节 概　　述

教学课件 4-1

在前一章已经知道,当建筑物通过它的基础将荷载传给地基以后,在地基内部将产生应力和变形,从而引起建筑物基础的下沉。在工程上将荷载引起的地基下沉称为地基的沉降。土体受力后引起的变形可分为体积变形和形状变形。体积变形主要由正应力引起,它只会使土体积缩小、压密,不会导致土体破坏。而形状变形主要由剪应力引起,当剪应力超过一定限度时,土体将产生剪切破坏,此时的变形将不断发展。通常在地基中是不允许发生大范围剪切破坏的。本章讨论的地基沉降主要是指由正应力作用引起的体积变形。

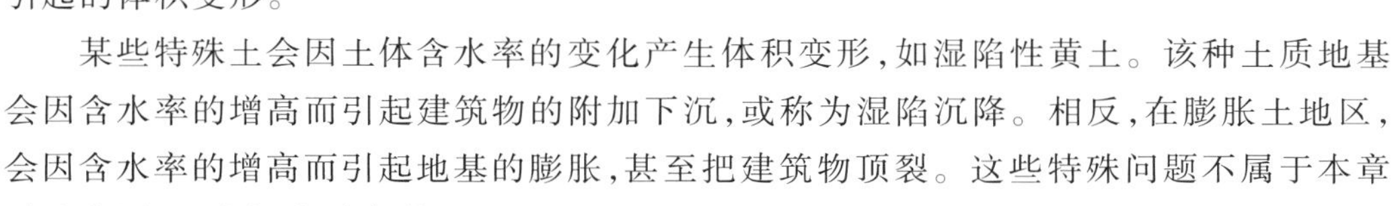
某些特殊土会因土体含水率的变化产生体积变形,如湿陷性黄土。该种土质地基会因含水率的增高而引起建筑物的附加下沉,或称为湿陷沉降。相反,在膨胀土地区,会因含水率的增高而引起地基的膨胀,甚至把建筑物顶裂。这些特殊问题不属于本章讨论范围,可参阅有关专著。

除此之外,世界上一些大城市,其所在地层软土地基深厚,再加上过量开采地下水和大面积建造高层建筑,容易引起地基沉降、塌陷,甚至是整个城市的普遍下沉。以墨西哥城为例,该城地基土体的初始天然孔隙比多为 7~12,含水率高达 150%~600%。作为墨西哥的政治、经济中心,墨西哥城人口快速增长,房屋密度增大,地下水开采需求增多,上压下抽,整个城市地层的有效应力持续增大,引起土体骨架不断发生变形。统计数字显示,过去 100 年中,墨西哥城平均每年下沉 9 cm,某些地区每年的下沉量接近 40 cm。图 4-1 所示就是墨西哥城一些建筑物在地基发生巨大沉降以后的倾斜和变形场景。

图 4-1 墨西哥城建筑物因地基沉降而倾斜或变形的场景

地基的沉降量或沉降差(或不均匀沉降)过大,不但会影响建筑物的使用价值,而且往往会造成建筑物的毁坏。例如,水利工程中的水闸或装有行车的厂房,如果闸门两侧的闸墩或行车两侧的基础产生过大的不均匀沉降,就会引起闸门启闭或吊车行驶的困难;对于挡水的水工建筑物,如土坝,如果产生过大的沉降,将不能满足拦洪蓄水的要求,而不均匀沉降往往又会引起土坝裂缝,导致集中渗漏,给工程带来危害。因此,为了保证建筑物的安全和正常使用,必须预先对地基可能产生的最大沉降量和沉降差进行估算。如果地基可能产生的最大沉降量和沉降差在规定的容许范围之内,那么该建筑物的安全和正常使用一般是有保证的;否则,是没有保证的。对后一种情况,必须采取相应的工程措施,以确保建筑物的安全和正常使用。

地基沉降量或沉降差的大小,首先与地基土的压缩性有关,在相同荷载条件下,易于压缩的土,地基的沉降大,而不易压缩的土,地基的沉降小。其次,与作用在地基上的荷载大小和性质有关。一般而言,荷载愈大,相应的地基沉降也愈大;而偏心或倾斜荷载产生的沉降差要比中心荷载大。因此,在这一章里,首先讨论土的压缩性;然后介绍目前工程中常用的沉降计算方法;最后介绍沉降与时间的关系。

第二节 土的压缩性

教学课件 4-2

案例拓展 4-1 港珠澳大桥

一、基本概念

土在压力作用下体积将缩小,这种现象称为压缩。土体在某一压力作用下产生体积缩小的原因有以下三个方面:(1) 土粒本身和孔隙中水的压缩变形;(2) 孔隙气体的压缩变形;(3) 孔隙中的水和气体有一部分向外排出。根据研究,土粒本身和孔隙中水的压缩量,就工程上常遇到的压力(约 100~600 kPa)而言,不到土体总压缩量的 1/400,因此常可略去不计;而孔隙中气体的压缩变形,一般情况下,只有在土的饱和度很高,孔隙气以封闭气泡的形式出现时才能发生。这时,土中含气率很小,因此,它的压缩量在土体总压缩量中所占的比重也不大。除了某些情况需要考虑封闭气体的压缩外,一般也可忽略不计。所以,目前在研究土的压缩性时,均认为土的压缩完全是由于孔隙中水和气体向外排出而引起的。然而，孔隙中水和气体向外排出需要一个时间过程，因此，土的压缩亦要经过一段时间才能完成。这种与时间有关的压缩过程称为固结。

根据上述概念，对于饱和土体来说，它的固结实际上就是孔隙中的水逐渐向外排出，孔隙体积逐渐减小的过程。显然，对于饱和砂土，由于它的透水性强，在压力作用下，孔隙中的水易于向外排出，固结很快就能完成；而对于饱和黏土，由于它的透水性弱，孔隙中的水不能迅速排出，因而固结需要很长时间才能完成。关于土固结的力学机理将在本章第六节中详细讨论。

二、土的压缩性指标

为了研究土的压缩特性，通常可在实验室里进行固结试验，测出土的压缩性指标。此外，也可以在现场进行原位试验，测定有关参数，如载荷试验、旁压试验等。室内固结试验的主要装置为固结仪，如图 4-2 所示。

固结仪是一个可以容纳装有环刀试样的容器。试样是用环刀切取的扁圆柱体，高 2 cm，面积为 30 cm^2 或 50 cm^2。试样连同环刀一起装入护环内，上下有透水石，以便试样在压力作用下排水。在透水石顶部放一加压上盖，所加压力通过加压支架作用在上盖上，同时安装一只百分表用来量测试样的压缩变形。如上所述，土的压缩可以认为仅仅是由于孔隙体积的减小而引起的，所以土的压缩变形常用孔隙比的减小来反映。在这种仪器中进行试验，由于试样不可能产生侧向变形，而只有竖向压缩，于是，把这种条件下的固结试验称为单向固结试验或侧限固结试验。关于固结试验的操作步骤，可参阅《土工试验方法标准》(GB/T 50123—2019)中有关固结试验的部分。

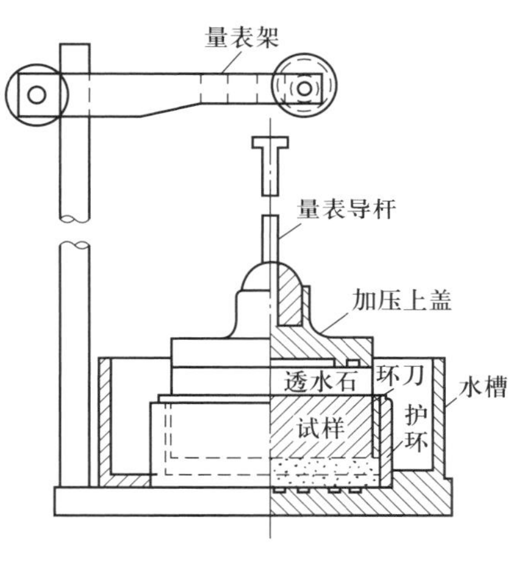

图 4-2　固结仪示意图

图 4-3 为土的固结试验成果示意图。其中图 4-3a 表示压力与加载历时的关系。图 4-3b 表示在各级压力作用下，试样孔隙比随着时间的变化过程。由图可以看出，随着压力的增加，试样逐渐压缩。在某一压力作用下，试样开始压缩较快，而后逐渐趋于稳定，稳定的快慢与土的性质有关。对于饱和土，主要取决于试样的透水性。透水性强，稳定得快；透水性弱，稳定所需的时间就长。根据图 4-3b 的结果，可以得到各级压力与其相应的稳定孔隙比之间的关系曲线，如图 4-3c 所示。通常把这种曲线称为压缩曲线或简称为 e-p 曲线。

压缩曲线反映了土受压后的压缩特性。图 4-4 表示两种不同土所得到的固结试验结果。从图中可以看出，在同一压力增量作用下，曲线 A 的孔隙比变化要比曲线 B 大得多，即 $\Delta e_1>\Delta e_2$。从而可知，曲线 A 所代表的土的压缩性要比曲线 B 所代表的土高。

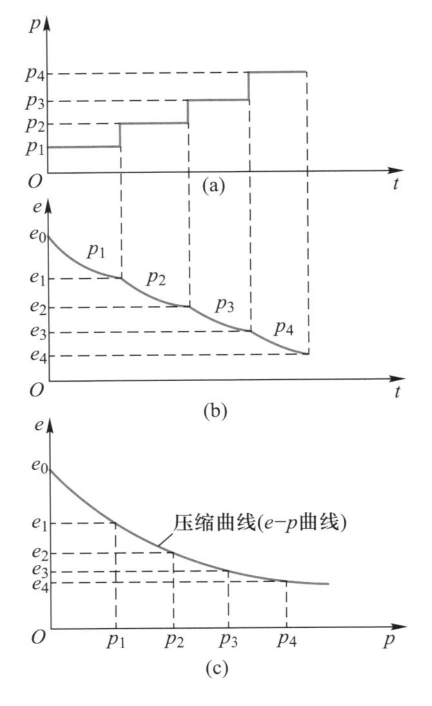

图 4-3 固结试验成果示意图

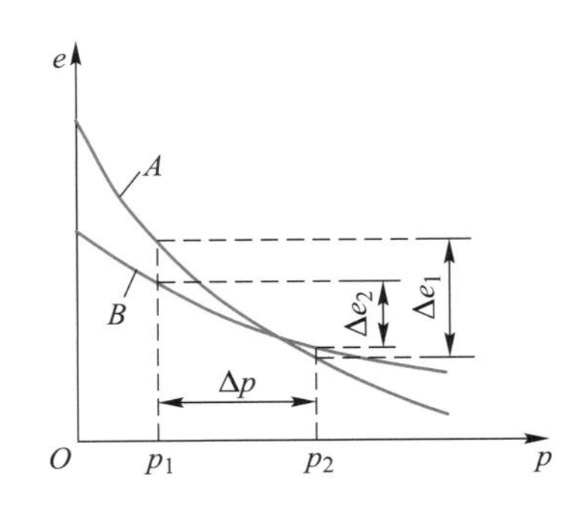

图 4-4 两种不同压缩性土的比较

因此，可以用单位压力增量所引起的孔隙比改变，即压缩曲线的割线斜率来表征土的压缩性高低（图 4-5），即

$$a_v=\frac{e_1-e_2}{p_2-p_1}=-\frac{\Delta e}{\Delta p} \tag{4-1}$$

式中：a_v——压缩系数，以 kPa^{-1} 或 MPa^{-1} 计。

e_1、e_2——压缩曲线上与 p_1、p_2 相对应的孔隙比。压缩曲线愈陡，压缩系数就愈大，则土的压缩性愈高；反之，压缩曲线愈平缓，压缩系数就愈小，则土的压缩性也愈低。

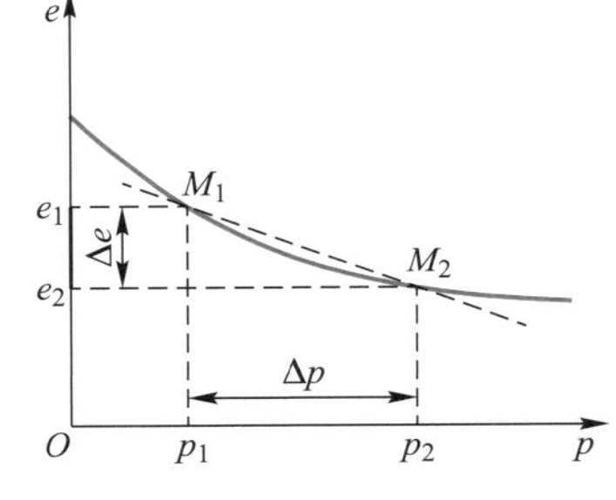

图 4-5 压缩系数的确定

但是，压缩系数不是常量，它将随着压力的增加及压力增量取值的增大而减小。在工程中，为了便于统一比较，习惯上采用 100 kPa 和 200 kPa 范围的压缩系数来衡量土的压缩性的高低。

我国《建筑地基基础设计规范》（GB 50007—2011）根据压缩系数 a_v 的大小，将地基土的压缩性划分为如下几类：

当 $a_v<0.1\ MPa^{-1}$ 时，土属于低压缩性土；

当 $0.1\ MPa^{-1}\leqslant a_v<0.5\ MPa^{-1}$ 时，土属于中等压缩性土；

当 $a_v\geqslant 0.5\ MPa^{-1}$ 时，土属于高压缩性土。

一般而言，建于低压缩性土上的建筑物，由于地基的沉降小，能够满足建筑物对地基变形的要求。对于中等压缩性土，特别是高压缩性土，由于地基沉降大，应该视建筑物的情况采取相应的措施，以保证安全。

也可将土的固结试验结果绘在半对数坐标上，即坐标横轴 p 用对数坐标，而纵轴 e 仍然用普通坐标。由此得到的压缩曲线通常称为 e-lg p 曲线，如图 4-6 所示。

从图中可以看出，在较高的压力范围内，e-lg p 曲线近似为一直线。于是，可用直线的斜率——压缩指数 C_c 来反映其陡缓，即

$$C_c=\frac{e_1-e_2}{\lg p_2-\lg p_1}=-\frac{\Delta e}{\lg\left(\dfrac{p_1+\Delta p}{p_1}\right)} \tag{4-2}$$

式中：e_1、e_2——p_1、p_2 所对应的孔隙比。

压缩指数 C_c 也是反映土的压缩性高低的一个指标。C_c 愈大，压缩曲线愈陡，土的压缩性就高；反之，C_c 愈小，压缩曲线愈平缓，则土的压缩性就低。

虽然压缩系数和压缩指数都是反映土的压缩性的指标，但是两者有所不同。前者会因所取的初始压力及压力增量的不同而发生变化，而后者在较高的压力范围内却是常数。

如果试样的固结试验这样进行：试样从图 4-7 中 a 点开始，分级加载压缩至 b 点后，分级卸载回弹至 c 点，再分级加载让试样再压缩，试验结果如图 4-7 所示。从图中可以看到在这种试验条件下土体体积变化的另一些特征：(1) 卸载时，试样不是沿初始压缩曲线，而是沿曲线 bc 回弹，可见土体的变形由可恢复的弹性变形和不可恢复的塑性变形两部分组成；(2) 回弹曲线和再压缩曲线构成一回滞环，这是土体不是完全弹性体的又一表征；(3) 回弹和再压缩曲线比初始压缩曲线平缓得多；(4) 当再加载时的压力超过 b 点对应的压力时，再压缩曲线就趋于初始压缩曲线的延长线。

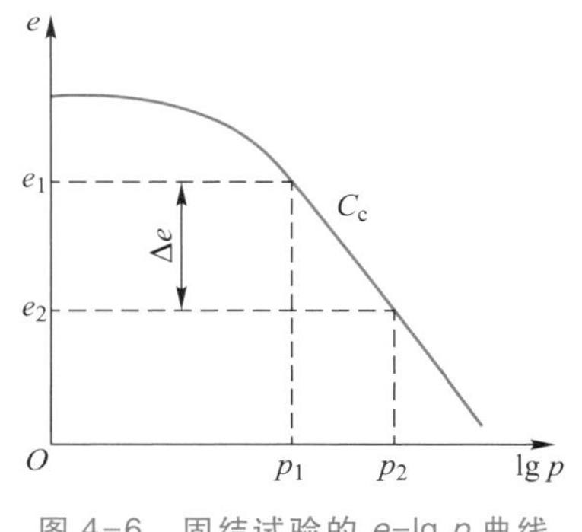

图 4-6 固结试验的 e-lg p 曲线

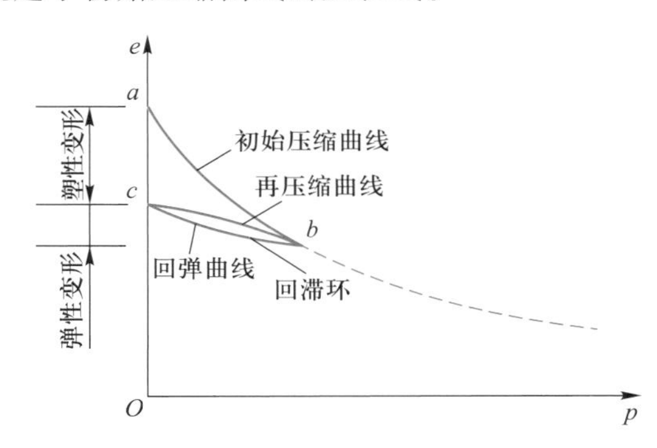

图 4-7 土的回弹、再压缩特性

应当指出，图 4-3 所示的压力与孔隙比之间的关系，对同一种土来说也不是固定不变的，它还与每级所加荷载历时的长短及荷载级的大小有关。所谓稳定也是指固结应力完全转化为有效应力而言的，对 2 cm 厚的黏土试样约需 24 h。荷载级的大小可用荷载率表示，即新增加的荷载与原有的荷载之比。按现行《土工试验方法标准》(GB/T 50123—2019)的规定，荷载率宜为 1，即 p = 12.5 kPa，25 kPa，50 kPa，100 kPa，200 kPa，400 kPa，800 kPa，1 600 kPa，3 200 kPa。

第三节
无侧向变形条件下的压缩量公式

教学课件 4-3

前面已经讨论了土的压缩性，现在来进一步讨论在压力增量作用下，土体压缩量的计算方法。目前在工程中广泛采用的计算地基沉降的分层总和法是以无侧向变形条件下土的压缩量（或称单向压缩）公式为基础的。它的基本假定是：

（1）土的压缩完全是由于孔隙体积减小导致骨架变形的结果，而土粒本身的压缩可忽略不计；

（2）土体仅产生竖向压缩，而无侧向变形；

（3）在土层高度范围内，压力是均匀分布的。

图 4-8a 为试样在压力 p_1 作用下压缩已经稳定时的情况。设此时试样的高度为 H，土粒的体积为 V_s，相应的孔隙比为 e_1，则孔隙体积为 e_1V_s，总体积 $V_1=(1+e_1)V_s$。如在试样上将压力增加到 $p_2=p_1+\Delta p$，压缩稳定后试样的高度为 H'，相应的孔隙比为 e_2，则此时试样的压缩量 $S=H-H'$，孔隙体积为 e_2V_s，总体积 $V_2=(1+e_2)V_s$，如图 4-8b 所示。

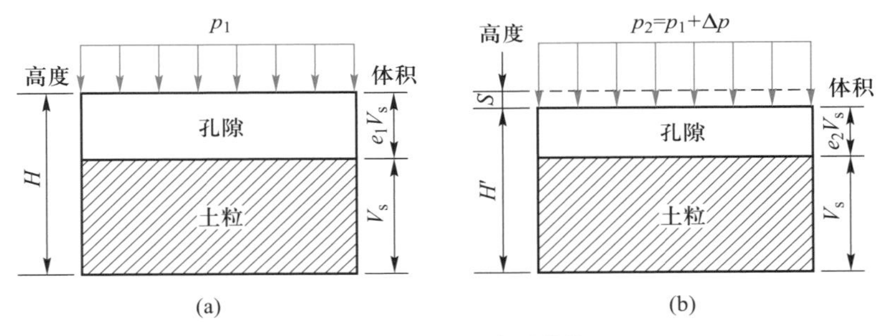

图 4-8 试样压缩前后的情况

于是，由于压力增量 Δp 的作用所引起的单位体积土体的体积变化为

$$\frac{V_1-V_2}{V_1}=\frac{(1+e_1)V_s-(1+e_2)V_s}{(1+e_1)V_s}=\frac{e_1-e_2}{1+e_1} \tag{4-3}$$

因为试样无侧向变形，它的面积 A 保持不变，所以单位体积土体的体积变化也可表示为

$$\frac{V_1-V_2}{V_1}=\frac{HA-H'A}{HA}=\frac{S}{H} \tag{4-4}$$

由式（4-3）和式（4-4），即可得到在无侧向变形条件下的压缩量计算公式为

$$S=\frac{e_1-e_2}{1+e_1}H=-\frac{\Delta e}{1+e_1}H \tag{4-5}$$

若将式（4-1）中的 $-\Delta e$ 代入式（4-5），可以得到另一形式的压缩量计算公式

$$S=\frac{a_{v}}{1+e_{1}}\Delta pH \tag{4-6}$$

或写为

$$S=m_{v}\Delta pH \tag{4-7}$$

式中：m_v——体积压缩系数，它表示土体在单位压力增量作用下单位体积的体积变化，等于 $a_v/(1+e_1)$。在无侧向变形条件下，即为单位厚度的压缩量。

若令 $E_s=1/m_v$，则式(4-7)还可以改写为

$$S=\frac{\Delta p}{E_{s}}H \tag{4-8}$$

式中：E_s——压缩模量，以 kPa 计。它是在无侧向变形条件下，竖向应力与应变的比值。E_s 值的大小反映了在单向压缩时土体对压缩变形的抵抗能力。

根据广义胡克定律，当土体的应力与应变假定为线性关系时，x、y、z 三个坐标方向的应变可表示为

$$\varepsilon_{x}=\frac{\sigma_{x}}{E}-\frac{\mu}{E}(\sigma_{y}+\sigma_{z})$$

$$\varepsilon_{y}=\frac{\sigma_{y}}{E}-\frac{\mu}{E}(\sigma_{x}+\sigma_{z})$$

$$\varepsilon_{z}=\frac{\sigma_{z}}{E}-\frac{\mu}{E}(\sigma_{x}+\sigma_{y}) \tag{4-9}$$

式中：E——土的变形模量，以 kPa 计。它表示在无侧限条件下应力与应变的比值，相当于弹性模量，但由于土体不是理想的弹性体，故称为变形模量。因此，E 的大小反映了土体抵抗弹塑性变形的能力，可用于弹塑性问题的分析计算。E 值通常用三轴试验(见第五章)或现场试验测定。表 4-1 是不同土类的 E 值，可供参考。

μ——土的泊松比，即土在单向受压或受拉时的横向正应变与轴向正应变绝对值的比值，它的变化范围不大，一般为 0.3～0.4，饱和黏土在不排水条件下才可能接近 0.5。

表 4-1　不同土类的变形模量值

土的类型	变形模量/kPa
泥炭	100～500
塑性黏土	500～4 000
硬塑黏土	4 000～8 000
较硬黏土	8 000～15 000
松砂	10 000～20 000
密实砂	50 000～80 000
密实砂砾、砾石	100 000～200 000

在无侧向变形条件下,其侧向应变 ε_x 和 ε_y 为零,而 $\sigma_x=\sigma_y$。于是,从式(4-9)中的前两式均可得到

$$\sigma_x-\mu(\sigma_x+\sigma_z)=0 \tag{4-10}$$

或

$$\frac{\sigma_x}{\sigma_z}=\frac{\mu}{1-\mu}$$

在式(3-2)中,曾把无侧向变形条件下的侧向有效应力与竖向有效应力的比值定义为静止侧压力系数 K_0,于是可得

$$K_0=\frac{\mu}{1-\mu} \tag{4-11}$$

这就是土的静止侧压力系数 K_0 与泊松比 μ 的关系。

无侧向变形条件下的竖向应变由式(4-8)可以表示为

$$\varepsilon_z=\frac{S}{H}=\frac{\sigma_z}{E_s} \tag{4-12}$$

以 $\sigma_z K_0$ 代替式(4-9)第三式中的 σ_x 和 σ_y,并令其等于式(4-12),即可得到变形模量与压缩模量的关系为

$$E=E_s\left(1-\frac{2\mu^2}{1-\mu}\right) \tag{4-13}$$

由于 $\mu<0.5$,因此,土的变形模量总小于压缩模量。应当指出,式(4-13)是根据弹性理论中广义胡克定律推导出来的,但土并不是理想弹性体,也不完全符合胡克定律,所以上式只是一个近似公式。

压缩系数 a_v、压缩指数 C_c、体积压缩系数 m_v、压缩模量 E_s 及变形模量 E 都是用来表征土的压缩特性的指标,并可用于沉降计算,但它们有不同的含义,应当加以区别,不能混淆。

第四节
地基沉降计算的 *e*-*p* 曲线法

教学课件 4-4

地基的沉降是由地基土的变形引起的。地基沉降按照其发生的原因和次序来说,可以分为初始沉降、固结沉降和次固结沉降三个部分。对于一般黏性土而言,固结沉降是地基沉降中的主要部分,通常所说的地基沉降一般都是指固结沉降。因此,本节将主要介绍固结沉降的计算方法。关于初始沉降和次固结沉降的计算将在第七节中予以介绍。

固结沉降是土体在压力作用下,由于孔隙中的水和气体(对于饱和土仅为水)排出

使土体体积缩小而引起的。固结沉降的计算，目前在工程界广泛采用的方法是以无侧向变形条件下的压缩量计算公式为基础的分层总和法。该法按照压缩曲线所取坐标的不同，又可分为 $e-p$ 曲线法和 $e-\lg p$ 曲线法。本节先介绍前一种方法，$e-\lg p$ 曲线法将在下一节介绍。

在第三章开始的时候曾讲过，对于天然沉积的土层，由于经历了漫长的地质年代，土体本身已在自重下压缩稳定，所以土的自重应力即为地基中的初始应力，亦即 $p_1=\sigma_s$，而地基土的压缩则是由外界压力在地基中引起的附加应力所产生的，亦即压力增量 $\Delta p=\sigma_z$ 或 $p_2=\sigma_s+\sigma_z$。在理论上，附加应力可深达无穷远，但在实际计算地基土的压缩量时，只需考虑某一深度范围内土层的压缩量，这一深度范围内的土层就称为“压缩层”。

关于压缩层的确定，目前在土建工程中通常是按竖向附加应力 σ_z 与竖向自重应力 σ_s 之比确定的。对于一般黏性土，当地基某深度的附加应力 σ_z 与竖向自重应力 σ_s 之比等于 0.2 时，该深度范围内的土层即为压缩层；对于软黏土，则以 $\sigma_z=0.1\sigma_s$ 的标准确定压缩层的厚度，如图 4-9 所示。

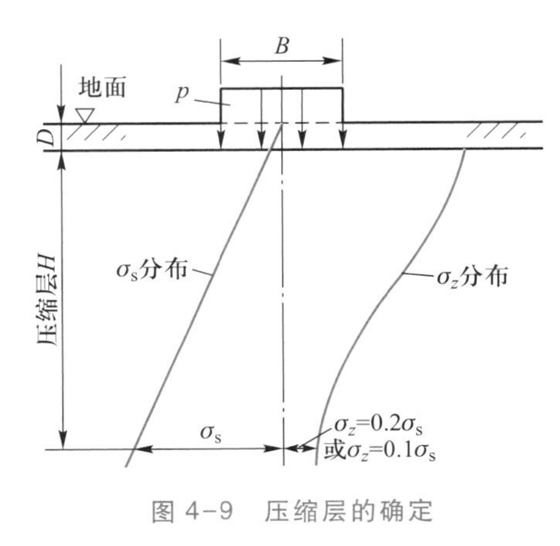

图 4-9 压缩层的确定

下面介绍分层总和法计算地基固结沉降的步骤：

（1）选择沉降计算剖面，在每一个剖面上选择若干计算点。在计算基底压力和地基中附加应力时，根据建筑物基础的尺寸，判别是属于空间问题还是平面问题；再按作用在基础上的荷载的性质（中心、偏心或倾斜等情况），求出基底压力的大小和分布；然后结合地基中土层性状，选择沉降计算点的位置（下面以条形基础、均质地基、中心荷载、基础中心点的沉降计算为例）。

（2）将地基分层。在分层时天然土层的交界面和地下水位应为分层面，同时在同一类土层中分层的厚度不宜过大。对于水工建筑物地基，每层的厚度可以控制在 $H_i=2\sim4$ m 或 $H_i\leqslant0.4B$（B 为基础的宽度）。对每一分层，可认为压力是均匀分布的。

（3）求出计算点垂线上各分层层面处（如图 4-10 中的 0、1、2、…）的竖向自重应力 σ_s（应从地面算起），并绘出它的分布曲线。

（4）求出计算点垂线上各分层层面处的竖向附加应力 σ_z，绘出它的分布曲线（如图 4-10 所示），并以 σ_z 等于 $0.2\sigma_s$ 或 $0.1\sigma_s$ 的标准确定压缩层的厚度 H。应当注意，当基础有埋置深度 D 时，应采用基底净压力 $p_n=p-\gamma D$ 去计算地基中的附加应力（从基底算起）。

（5）按算术平均法计算出各分层的平均自重应力 σ_{si} 和平均附加应力 σ_{zi}（见图 4-10）：

$$\sigma_{si}=\frac{(\sigma_{si})_{下}+(\sigma_{si})_{上}}{2}$$

$$\sigma_{zi}=\frac{(\sigma_{zi})_{下}+(\sigma_{zi})_{上}}{2} \tag{4-14}$$

式中：$(\sigma_{si})_{上}$、$(\sigma_{si})_{下}$——第 i 分层上、下面的自重应力；

$(\sigma_{zi})_{上}$、$(\sigma_{zi})_{下}$——第 i 分层上、下面的附加应力。

（6）根据第 i 分层的平均初始应力 $p_{1i}=\sigma_{si}$，初始应力和附加应力之和等于 p_{2i}，由压缩曲线（图 4-11）查出相应的初始孔隙比 e_{1i} 和压缩稳定后孔隙比 e_{2i}。

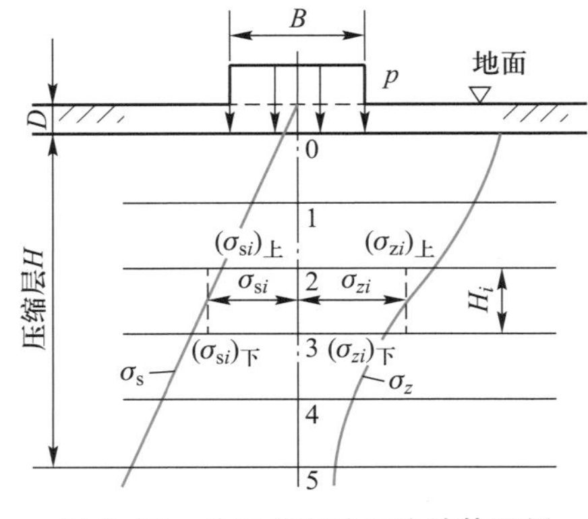

图 4-10 分层总和法沉降计算图例

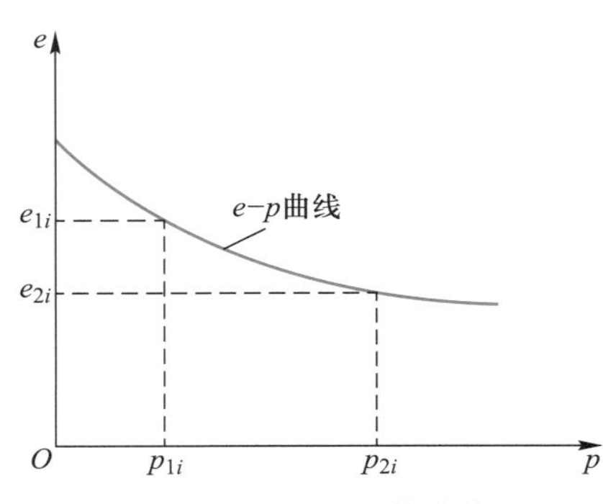

图 4-11 土层压缩曲线

（7）按式（4-5）求出第 i 分层的压缩量：

$$S_i=\frac{e_{1i}-e_{2i}}{1+e_{1i}}H_i \tag{4-15}$$

式中：H_i——第 i 分层的厚度。

最后计算总和，即得地基的沉降量为

$$S=\sum_{i=1}^{n}S_i=\sum_{i=1}^{n}\frac{e_{1i}-e_{2i}}{1+e_{1i}}H_i \tag{4-16}$$

有时勘测单位提供的不是压缩曲线，而是其他压缩性指标，则可利用式（4-6）、式（4-7）和式（4-8）进行估算，即

$$S_i=\frac{a_v}{1+e_1}\Delta pH_i=m_v\Delta pH_i=\frac{1}{E_s}\Delta pH_i \tag{4-17}$$

［例题 4-1］有一矩形基础，放置在均质黏性土层上，如图 4-12a 所示。基础长度 $L=10$ m，宽度 $B=5$ m，埋置深度 $D=1.5$ m，其上作用着中心荷载 $P=10\ 000$ kN（含基础自重）。地基土的天然湿重度为 20 kN/m³，饱和重度为 21 kN/m³，土的压缩曲线如图 4-12b 所示。若地下水位距基底 2.5 m，试求基础中心点的沉降量。

［解］

（1）由 $L/B=10/5=2<10$ 可知，属于空间问题，且为中心荷载，所以基底压力为

$$p=\frac{P}{L\times B}=\frac{10\ 000}{10\times5}\ \text{kPa}=200\ \text{kPa}$$

基底净压力为

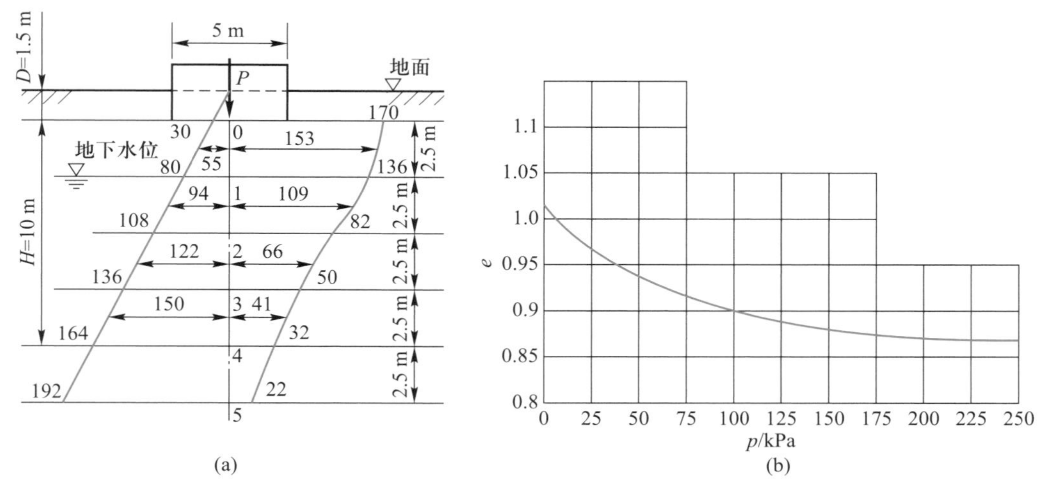

图 4-12 例题 4-1 附图

$$p_n = p-\gamma D = 200\ \text{kPa}-20\times1.5\ \text{kPa} = 170\ \text{kPa}$$

(2) 因为是均质土，且地下水位在基底以下 2.5 m 处，取分层厚度 $H_i = 2.5$ m。

(3) 求各分层面的自重应力并绘分布曲线(见图 4-12a)：

$$\sigma_{s0} = \gamma D = 20\times1.5\ \text{kPa} = 30\ \text{kPa}$$

$$\sigma_{s1} = \sigma_{s0}+\gamma H_1 = 30\ \text{kPa}+20\times2.5\ \text{kPa} = 80\ \text{kPa}$$

$$\sigma_{s2} = \sigma_{s1}+\gamma' H_2 = 80\ \text{kPa}+(21-9.8)\times2.5\ \text{kPa} = 108\ \text{kPa}$$

$$\sigma_{s3} = \sigma_{s2}+\gamma' H_3 = 108\ \text{kPa}+11.2\times2.5\ \text{kPa} = 136\ \text{kPa}$$

$$\sigma_{s4} = \sigma_{s3}+\gamma' H_4 = 136\ \text{kPa}+11.2\times2.5\ \text{kPa} = 164\ \text{kPa}$$

$$\sigma_{s5} = \sigma_{s4}+\gamma' H_5 = 164\ \text{kPa}+11.2\times2.5\ \text{kPa} = 192\ \text{kPa}$$

(4) 求各分层面的竖向附加应力并绘出分布曲线(见图 4-12a)。

因属空间问题，故应用“角点法”求解。为此，通过中心点将基底划分为四块相等的计算面积，其长度 $L_1 = 5$ m，宽度 $B_1 = 2.5$ m。中心点正好在四块计算面积的公共角点上，该点下任意深度 z_i 处的附加应力为一块计算面积所得的 4 倍。计算结果如表 4-2 所示。

表 4-2 附加应力计算结果表

位置	z_i/m	z_i/B	L/B	K_s	$\sigma_z(=4K_sp)$/kPa
0	0	0	2	0.250 0	170
1	2.5	1.0	2	0.199 9	136
2	5.0	2.0	2	0.120 2	82
3	7.5	3.0	2	0.073 2	50
4	10.0	4.0	2	0.047 4	32
5	12.5	5.0	2	0.032 8	22

(5) 确定压缩层厚度。从计算结果可知,在第 4 点处的 $\sigma_{z4}/\sigma_{s4}=0.195<0.2$,所以取压缩层厚度为 10 m。

(6) 计算各分层的平均自重应力和平均附加应力。

各分层平均自重应力和平均附加应力的计算结果见表 4-3。

表 4-3 各分层的平均应力及相应的孔隙比

层次	平均自重应力 $\sigma_{si}(=p_{1i})$/kPa	平均附加应力 σ_{zi}/kPa	$p_{2i}(=\sigma_{si}+\sigma_{zi})$ /kPa	初始孔隙比 e_{1i}	压缩后的稳定孔隙比 e_{2i}
Ⅰ	55	153	208	0.935	0.870
Ⅱ	94	109	203	0.915	0.870
Ⅲ	122	66	188	0.895	0.875
Ⅳ	150	41	191	0.885	0.873

(7) 由图 4-12b 查取各分层的初始孔隙比和压缩稳定后的孔隙比结果列于上表。

(8) 计算地基的沉降量:

$$S=\sum_{i=1}^{n}\frac{e_{1i}-e_{2i}}{1+e_{1i}}H_i$$

$$=\left(\frac{0.935-0.870}{1+0.935}+\frac{0.915-0.870}{1+0.915}+\frac{0.895-0.875}{1+0.895}+\frac{0.885-0.873}{1+0.885}\right)\times 250\ \text{cm}$$

$$=(0.0336+0.0235+0.0106+0.00637)\times 250\ \text{cm}=18.5\ \text{cm}$$

[**例题 4-2**] 有一条形基础,底宽 $B=5$ m,埋置深度 $D=1.5$ m,基底上作用着倾斜的偏心荷载 $\overline{R}=1\ 000$ kN/m,其偏心距 $e=0.4$ m,与竖直线的倾角 $\beta=20°$。地基土层和地下水位情况如图 4-13a 所示,土的压缩曲线如图 4-13b 所示(其中黏土层 1 查曲线 1,黏土层 2 查曲线 2)。试求基础两侧的沉降量及沉降差(砂土层的沉降不计)。

[解]

(1) 条形基础属平面问题,由于基底作用着倾斜偏心荷载,用第三章中的式(3-9)和式(3-11)求得基底压力为

$$p_{\substack{\max\\ \min}}=\frac{\overline{R}\cos\beta}{B}\left(1\pm\frac{6e}{B}\right)=\frac{1\ 000\ \text{kN/m}\times\cos 20°}{5\ \text{m}}\left(1\pm\frac{6\times 0.4\ \text{m}}{5\ \text{m}}\right)=\begin{matrix}278.1\\97.7\end{matrix}\ \text{kPa}$$

$$p_{\text{h}}=\frac{\overline{R}\sin\beta}{B}=\frac{1\ 000\ \text{kN/m}\times\sin 20°}{5\ \text{m}}=200\ \text{kPa}\times 0.342=68.4\ \text{kPa}$$

将基底竖直压力分为均匀分布和三角形分布两部分,其中竖直均布压力为

$$p=p_{\min}=97.7\ \text{kPa}$$

基底净压力为

$$p_{\text{n}}=p-\gamma D=97.7\ \text{kPa}-19\ \text{kN/m}^3\times 1.5\ \text{m}=97.7\ \text{kPa}-28.5\ \text{kPa}=69.2\ \text{kPa}$$

三角形分布压力的最大强度为

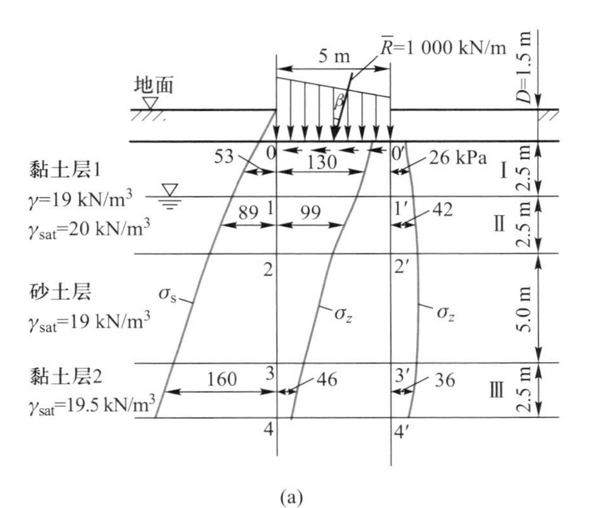

(a)

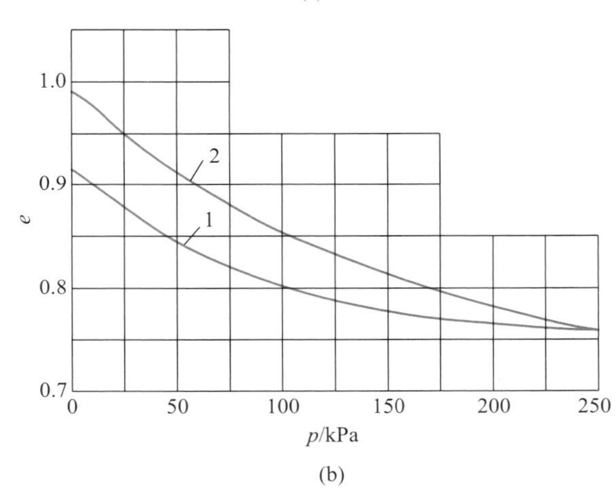

(b)

图 4-13　例题 4-2 附图

$$p_{\mathrm{T}}=p_{\max}-p_{\min}=278.1\ \mathrm{kPa}-97.7\ \mathrm{kPa}=180.4\ \mathrm{kPa}$$

(2) 根据土层和地下水位的情况,取分层厚度 $H_i=2.5$ m。

(3) 求各土层界面上的自重应力并绘分布曲线:

$$\sigma_{s0}=\gamma D=19\times1.5\ \mathrm{kPa}=28.5\ \mathrm{kPa}$$

$$\sigma_{s1}=\sigma_{s0}+\gamma_1 H_1=28.5\ \mathrm{kPa}+19\times2.5\ \mathrm{kPa}=76\ \mathrm{kPa}$$

$$\sigma_{s2}=\sigma_{s1}+\gamma_1' H_2=76\ \mathrm{kPa}+10.2\times2.5\ \mathrm{kPa}=101.5\ \mathrm{kPa}$$

$$\sigma_{s3}=\sigma_{s2}+\gamma_2' H_3=101.5\ \mathrm{kPa}+9.2\times5\ \mathrm{kPa}=147.5\ \mathrm{kPa}$$

$$\sigma_{s4}=\sigma_{s3}+\gamma_3' H_4=147.5\ \mathrm{kPa}+9.7\times2.5\ \mathrm{kPa}=171.8\ \mathrm{kPa}$$

其分布曲线绘于图 4-13a 中。

(4) 求基础两侧 0 及 0′以下各分层面的附加应力。

基础两侧 0 及 0′以下各分层面的附加应力计算结果列于表 4-4、表 4-5,其分布曲线绘于图 4-13a 中。

表 4-4 0 点（$x/B=1$）以下各分层面上的附加应力 kPa

z/m	z/B	竖直均布压力		三角形分布压力		水平均布压力		$\sigma_z=(\sigma_z)_s+(\sigma_z)_T+(\sigma_z)_h$
		K_z^s	$(\sigma_z)_s=K_z^s p_n$	K_z^T	$(\sigma_z)_T=K_z^T p_T$	K_z^h	$(\sigma_z)_h=K_z^h p_h$	
0.05	0.01	0.500	34.6	0.497	89.7	0.318	21.8	146.1
2.5	0.5	0.479	33.1	0.354	63.9	0.254	17.4	114.4
5.0	1.0	0.409	28.3	0.250	45.1	0.159	10.9	84.3
10.0	2.0	0.275	19.0	0.147	26.5	0.064	4.4	49.9
12.5	2.5	0.240	16.6	0.128	23.1	0.040	2.7	43.4

表 4-5 0′点（$x/B=0$）以下各分层面上的附加应力 kPa

z/m	z/B	竖直均布压力		三角形分布压力		水平均布压力		$\sigma_z=(\sigma_z)_s+(\sigma_z)_T+(\sigma_z)_h$
		K_z^s	$(\sigma_z)_s=K_z^s p_n$	K_z^T	$(\sigma_z)_T=K_z^T p_T$	K_z^h	$(\sigma_z)_h=K_z^h p_h$	
0.05	0.01	0.500	34.6	0.003	0.54	−0.318	−21.8	13.3
2.5	0.5	0.470	33.1	0.125	22.6	−0.254	−17.4	38.3
5.0	1.0	0.409	28.3	0.159	28.7	−0.159	−10.9	46.1
10.0	2.0	0.275	19.0	0.127	22.9	−0.064	−4.4	37.5
12.5	2.5	0.240	16.6	0.111	20.0	−0.040	−2.7	33.9

注：z/B 为 0.01 处的值，近似代表 $z/B=0$ 处的值。

（5）求各分层的平均自重应力和平均附加应力。

各分层的平均自重应力和平均附加应力计算结果列于表 4-6。

表 4-6 各分层的平均自重应力和平均附加应力计算结果 kPa

层次	平均自重应力	0 点平均附加应力	0′点平均附加应力
Ⅰ	53	130	26
Ⅱ	89	99	42
Ⅲ	160	46	36

（6）由图 4-13b 查取各分层的 e_1、e_2 列于表 4-7。

表 4-7 各分层的 e_1、e_2

层次	p_1/kPa	e_1	0 点		0′点	
			p_2/kPa	e_2	p_2/kPa	e_2
Ⅰ	53	0.835	183	0.775	79	0.815
Ⅱ	89	0.810	188	0.770	131	0.790
Ⅲ	160	0.805	206	0.780	191	0.785

(7) 求基础两侧的沉降量

0 点:

$$S_0=\sum_{i=1}^{n}\frac{e_{1i}-e_{2i}}{1+e_{1i}}H_i=\left(\frac{0.835-0.775}{1+0.835}+\frac{0.810-0.770}{1+0.810}+\frac{0.805-0.780}{1+0.805}\right)\times 250\ \text{cm}$$

$$=(0.0327+0.0221+0.0139)\times 250\ \text{cm}=17.18\ \text{cm}$$

0′点:

$$S_{0'}=\sum_{i=1}^{n}\frac{e_{1i}-e_{2i}}{1+e_{1i}}H_i=\left(\frac{0.835-0.815}{1+0.835}+\frac{0.810-0.790}{1+0.810}+\frac{0.805-0.785}{1+0.805}\right)\times 250\ \text{cm}$$

$$=(0.0109+0.0110+0.0111)\times 250\ \text{cm}=8.25\ \text{cm}$$

基础两侧的沉降差为 $\Delta S=S_0-S_{0'}=17.18\ \text{cm}-8.25\ \text{cm}=8.93\ \text{cm}$

最后必须提及,为保证建筑物的安全和正常使用,建筑物基础可能产生的最大沉降量和沉降差应在该类建筑物所容许的沉降量$[S]$和沉降差$[\Delta S]$之内。一旦不能满足这一要求,则应采取适当的措施。

第五节
地基沉降计算的 e-lg p 曲线法

一、应力历史对黏性土压缩性的影响

教学课件 4-5

在讨论应力历史对黏性土压缩性的影响之前,引进固结应(压)力的概念。所谓固结应力,就是指使土体产生固结或压缩的应力。就地基土层而言,使土体产生固结或压缩的应力主要有两种:其一是土的自重应力;其二是外荷载在地基内部引起的附加应力。对于新沉积的土或人工吹填土,起初土粒尚处于悬浮状态,土的自重应力由孔隙水承担,有效应力为零。随着时间的推移,土在自重作用下逐渐沉降固结,最后自重应力全部转化为有效应力,故这类土的自重应力就是固结应力。但对大多数天然土,由于经历了漫长的地质年代,在自重作用下已完全固结,此时的自重应力已不再引起土层固结,于是能够进一步使土层产生固结的只有外荷载引起的附加应力了,故此时的固结应力仅指附加应力。如果将时间后推到土层刚沉积时算起,那么固结应力也应包括自重应力。

在本章第二节讨论土的压缩性时就已提到,试样的室内再压缩曲线比初始压缩曲线要平缓得多,这表明试样经历的应力历史不同将使它具有不同的压缩特性。为了进一步讨论应力历史对土压缩性的影响,把土在历史上曾受到过的最大有效应力称为先期固结应力,以 p_c 表示;而把先期固结应力与现有有效应力 p_0'之比定义为超固结比,以 OCR 表示,即 OCR$=p_c/p_0'$。需要指出,目前不同教材对超固结比的定义不尽相同,也有的以先期固结应力与现有固结应力(也称为准现有有效应力)之比来定义超固结比。

本书定义源自太沙基和派克合著的 *Soil Mechanics in Engineering Practice*（《工程实用土力学》）中关于超固结比的定义。

对于天然土，当 OCR>1 时，该土是超固结的。当 OCR=1 时，则为正常固结土。OCR 愈大，该土所受到的超固结作用愈强，在其他条件相同的情况下，其压缩性愈低。此外还有所谓欠固结土，即在自重应力作用下还没有完全固结的土，尚有一部分超静孔隙水压力没有消散，它的现有有效应力即为先期固结应力，按上面的定义，它的 OCR 也等于 1，故欠固结土实质上属于正常固结土的类别。下面举例说明上述概念。

图 4-14 为天然沉积的三个土层，目前具有相同的地面标高。其中土层 A 沉积到现在的地面后，在自重应力作用下已固结稳定。土层 B 在历史上曾经沉积到图中虚线所示的地面，并在其自重应力作用下固结稳定。后来由于地质作用，上部土层被冲蚀而形成现有地面。土层 C 是近代沉积起来的，由于沉积时间不长，在自重应力作用下尚未完全固结稳定。现在来分析这三个土层所经受的应力历史。

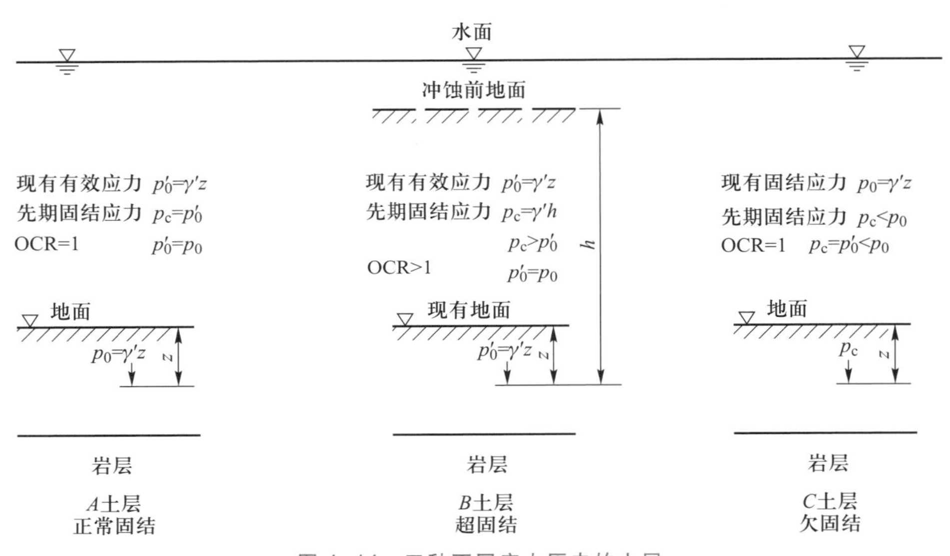

图 4-14　三种不同应力历史的土层

案例拓展 4-2 印度尼西亚雅万高速铁路

对于土层 A，在地面下任一深度 z 处，土的现有固结应力 p_0 就是它的自重应力 $\gamma' z$，且已为骨架所承担而转化为有效应力 p_0'，这也就是该土层曾经受到过的最大有效应力，故 $p_0'=p_0$，OCR=1，属正常固结土。对于土层 B，在 z 深度处，现有有效应力 p_0' 也等于 $\gamma' z$，但先期固结应力 $p_c=\gamma' h$，故 $p_c>p_0'$，OCR>1，属超固结土。对于土层 C，因土在自重应力作用下尚未完全固结稳定，故在 z 深度处，土的现有固结应力 $p_0(=\gamma' z)$ 尚未完全转化为有效应力，尚有一部分由孔隙水所承担。土的现有有效应力 p_0' 就是它的先期固结应力 p_c，所以 $p_c=p_0'<p_0$，OCR=1。

从以上分析可知，在 A、B、C 三个土层现有地面以下同一深度 z 处，土的现有应力虽然相同，均为 $p_0=\gamma' z$，但是由于它们经历的应力历史不同，因而在压缩曲线上将处于不同的位置。若图 4-15 代表 z 深度处土的现场压缩、回弹和再压缩曲线，那么对于正常固结土,它在沉积过程中已从 e_0 开始在自重应力作用下沿现场压缩曲线至 A 点固结稳定。对于超固结土,它曾在自重应力作用下沿现场压缩曲线至 B 点,后因上部土层冲蚀,现已回弹稳定在 B' 点。对于欠固结土,由于在自重应力作用下还未完全固结稳定,目前它处在现场压缩曲线上的 C 点。现在,若对这三种土再施加相同的固结应力 Δp,那么,正常固结土和欠固结土将分别由 A 点和 C 点沿现场压缩曲线至 D 点固结稳定;而超固结土则由 B' 点沿现场再压缩曲线至 D 点固结稳定。显然,三者的压缩量是不同的,其中欠固结土最大,超固结土最小,而正常固结土则介于两者之间。因此,在这三种土层上修建建筑物时,必须考虑它们压缩性的差异。但是,这个问题用 e-p 曲线法是无法考虑的,只有采用 e-lg p 曲线法才能得到解决。

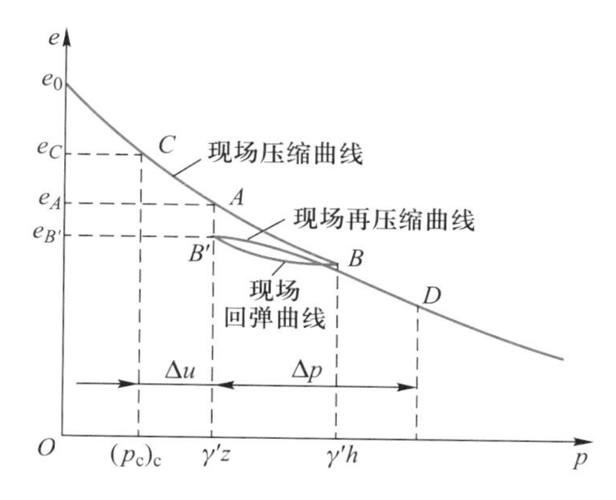

图 4-15 三种不同土层的压缩特性

二、现场压缩曲线的推求

要考虑三种不同应力历史对土层压缩性的影响,必先解决下列两个问题:其一是要确定该土层的先期固结应力 p_c,通过与现有固结应力 p_0 的比较,来判别该土层是正常固结的、欠固结的还是超固结的;其二是要得到能够反映土的原位特性的现场压缩曲线资料。可是,在绝大多数情况下土的先期固结应力和现场压缩曲线都不能直接得到,通常只能根据试样的室内压缩试验求得的 e-lg p 曲线的特征来近似推求。

(一)室内压缩曲线的特征

现在来分析取自现场的原状试样的室内压缩试验结果。图 4-16 是试样的室内压缩、回弹和再压缩曲线。图 4-17 是初始孔隙比相同但扰动程度不同(由不同的试样厚度来反映,越厚受扰动越小)的试样的室内压缩曲线。由图可见,当把压缩试验结果绘在半对数坐标纸上时,试验曲线具有下列特征:

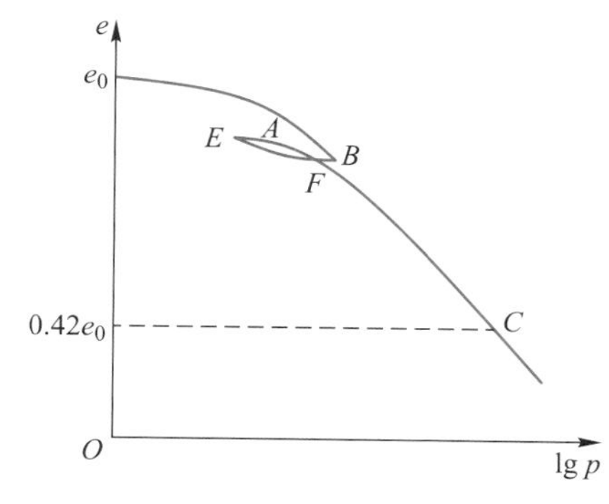

图 4-16 试样的室内压缩、回弹、再压缩曲线

(1)室内压缩曲线开始时平缓,随着压力的增大明显地向下弯曲,继而近乎直线向下延伸;

(2)不管试样的扰动程度如何,当压力较大时,它们的压缩曲线都近乎直线,且大致交于一点 C,C 点的纵坐标约为 $0.42e_0$,e_0 为试样的初始孔隙比;

(3)扰动愈剧烈,压缩曲线愈低,曲率也就愈不明显;

(4)卸载点 B 在再压缩曲线曲率最大的 A 点右下侧。

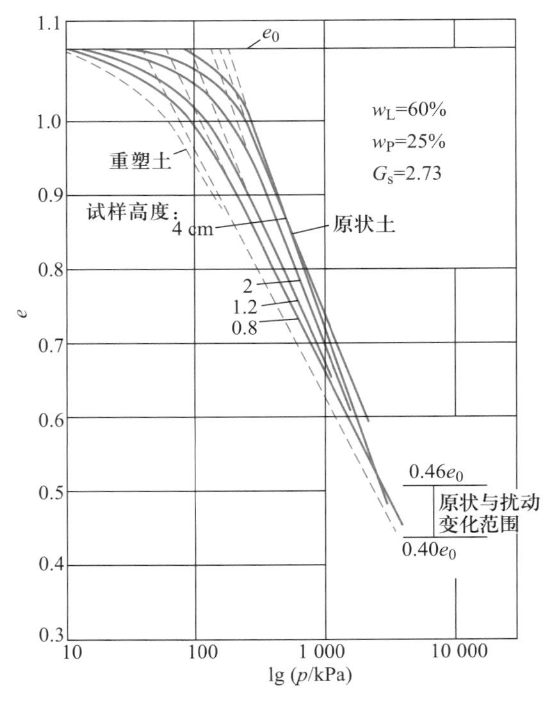

图 4-17　扰动程度不同的试样的室内压缩曲线

对室内压缩曲线，还有必要进一步说明。由于土样取自地下，一个优质原状土样尽管能保持土的原位孔隙比不变，但应力释放是无法完全避免的，因此室内压缩曲线实质上已是一条再压缩曲线（对现场压缩曲线而言）。而取样和试验操作中试样的扰动又导致室内压缩曲线的直线部分偏离现场压缩曲线，试样扰动愈剧烈，偏离也愈大。

下面介绍先期固结应力和现场压缩曲线的推求。

（二）先期固结应力的确定

为了判断地基土的应力历史，首先要确定它的先期固结应力 p_c，最常用的方法是卡萨格兰德依据上述室内压缩曲线特征（4）所建议的经验图解法，其作图方法和步骤如下：

（1）在 e-lg p 坐标上绘出试样的室内压缩曲线，如图 4-18 所示；

（2）找出压缩曲线上曲率最大的点 A，过 A 点作水平线 $A1$，切线 $A2$，以及它们夹角的平分线 $A3$；

（3）把压缩曲线下部的直线段向上延伸交 $A3$ 线于 B 点，B 点的横坐标即为所求的先期固结应力 p_c。

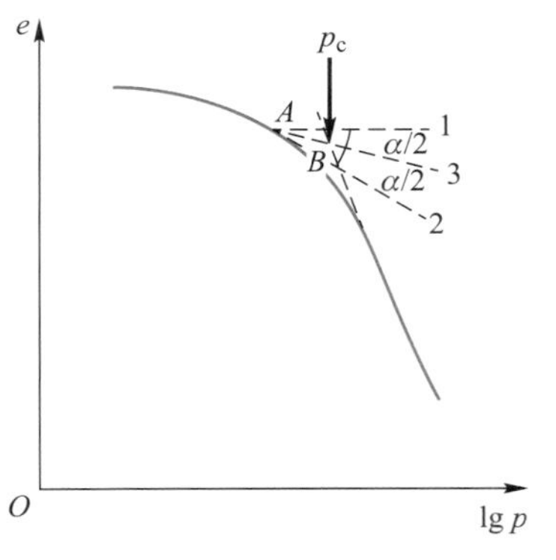

图 4-18　前期固结应力的确定

应该指出，采用这种方法确定先期固结应力的精度在很大程度上取决于曲率最大的 A 点的正确选定。但是，通常 A 点是凭借目测确定的，故有一定的人为误差。同时，由上述特征(3)可知，严重扰动的试样，压缩曲线的曲率不大明显，A 点的正确位置也就更难以确定。另外，选用不同比例的纵坐标时，A 点的位置也不尽相同。因此，要可靠地确定先期固结应力，还需结合土层形成的历史资料加以综合分析。关于这方面的问题有待进一步研究。

(三) 现场压缩曲线的推求

试样的先期固结应力一旦确定，就可通过它与试样现有固结应力 p_0 的比较，来判定它是正常固结、超固结还是欠固结。然后依据室内压缩曲线的特征，来推求现场压缩曲线。

若 $p_c=p_0$，则试样是正常固结的，它的现场压缩曲线可推求如下：一般可假定取样过程中试样不发生体积变化，即试样的初始孔隙比 e_0 就是它的原位孔隙比，于是由公式 $e=\dfrac{G_s\rho_w}{\rho_d}-1$ 求出 e_0，再由 e_0 和 p_c 值，在 e-lg p 坐标上定出 D 点，此即试样在现场压缩的起点，然后由上述特征(2)的推论，从纵坐标 $0.42e_0$ 处作一水平线交室内压缩曲线于 C 点，作 D 点和 C 点的连线即为所求的现场压缩曲线，如图 4-19 所示。

若 $p_c>p_0(p_0=p_0')$，则试样是超固结的。由于超固结土由先期固结应力 p_c 减至现有有效应力 p_0' 期间曾在原位经历了回弹，因此，当超固结土后来受到外荷载引起的附加应力 Δp 时，它开始将沿着现场再压缩曲线压缩。如果 Δp 较大，超过(p_c-p_0)，它才会沿现场压缩曲线压缩。为了推求这条现场压缩曲线，应改变压缩试验的程序，并在试验过程中随时绘制 e-lg p 曲线，待压缩曲线出现急剧转折之后，立即逐级卸载至 p_0，让回弹稳定，再分级加载。于是，可求得图 4-20 中的曲线 $AEFC$，以备推求超固结土的现场压缩曲线之用。步骤如下：

(1) 按上述方法确定先期固结应力 p_c 的位置线和 C 点的位置；

(2) 按试样在原位的现有有效应力 p_0'(即现有自重应力 p_0)和孔隙比 e_0 定出 D' 点，此即试样在原位压缩的起点；

(3) 假定现场再压缩曲线与室内回弹-再压缩曲线构成的回滞环的割线 EF 相平行，过 D' 点作 EF 线的平行线交 p_c 的位置线于 D 点，$D'D$ 线即为现场再压缩曲线；

(4) 作 D 点和 C 点的连线，即得现场压缩曲线。

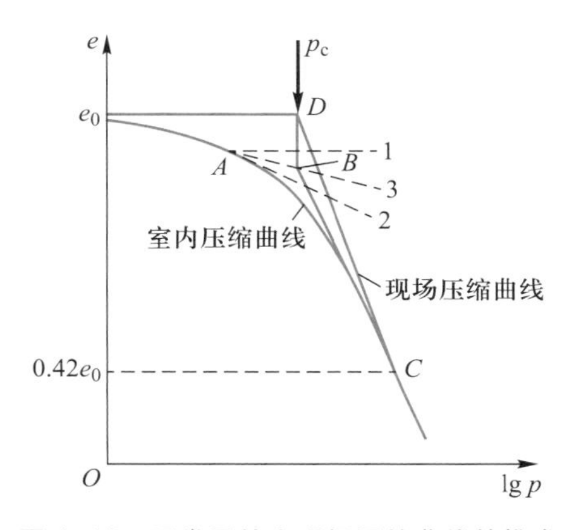

图 4-19 正常固结土现场压缩曲线的推求

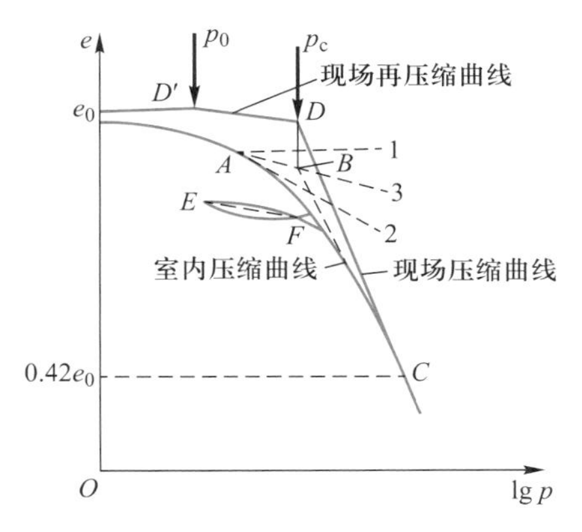

图 4-20 超固结土现场压缩曲线的推求

若 $p_c<p_0$,则试样是欠固结的。如前所述,欠固结土实质上属于正常固结土一类,所以其现场压缩曲线的推求方法与正常固结土完全一样,故不再赘述。

三、地基沉降计算

按照 $e-\lg p$ 曲线法来计算地基的沉降与 $e-p$ 曲线法一样,都是以无侧向变形条件下压缩量的基本公式和分层总和法为前提的,即每一分层压缩量计算公式仍为式(4-5),所不同的是,Δe 应由现场压缩曲线来获得,初始孔隙比应取 e_0,压缩指数也应由现场压缩曲线求得。下面将分别介绍正常固结土、超固结土和欠固结土的计算方法。

(一) 正常固结土的沉降计算

设图 4-21 所示为第 i 分层由室内压缩试验曲线推得的现场压缩曲线。因此,当第 i 分层在平均固结应力(即附加应力)Δp_i 作用下达到完全固结时,其孔隙比的改变量应为

$$\Delta e_i=-C_{ci}[\lg(p_{0i}+\Delta p_i)-\lg(p_{0i})]=-C_{ci}\lg\left(\frac{p_{0i}+\Delta p_i}{p_{0i}}\right) \tag{4-18}$$

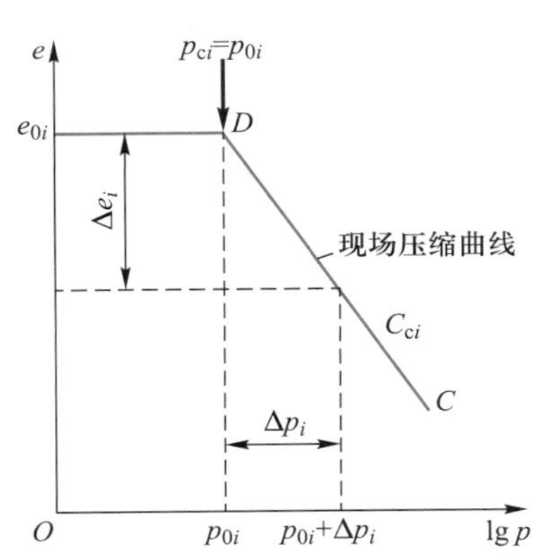

图 4-21 正常固结土沉降计算

将式(4-18)代入式(4-5),即可得到第 i 分层的压缩量为

$$S_i=\frac{H_i}{1+e_{0i}}C_{ci}\lg\left(\frac{p_{0i}+\Delta p_i}{p_{0i}}\right) \tag{4-19}$$

于是,地基的沉降为各分层压缩量的总和,即

$$S=\sum_{i=1}^{n}\frac{H_i}{1+e_{0i}}C_{ci}\lg\left(\frac{p_{0i}+\Delta p_i}{p_{0i}}\right) \tag{4-20}$$

式中:e_{0i}——第 i 分层的初始孔隙比;

p_{0i}——第 i 分层的平均自重应力;

H_i——第 i 分层的厚度;

C_{ci}——第 i 分层的现场压缩指数。

太沙基根据试验资料发现,灵敏度较低的正常固结土的现场压缩指数 C_c 与液限 w_L 之间有以下关系:

$$C_c=0.009(w_L-10) \tag{4-21}$$

(二) 超固结土的沉降计算

超固结土的地基沉降计算应该区分两种情况:第一种情况是各分层的平均固结应力 $\Delta p>p_c-p_0$;第二种情况是各分层的平均固结应力 $\Delta p<p_c-p_0$。

对于第一种情况,第 i 分层在 Δp_i作用下,孔隙比将先沿着现场再压缩曲线 $D'D$ 减小 $\Delta e_i'$,然后再沿着现场压缩曲线 DC 减小 $\Delta e_i''$,如图 4-22a 所示。

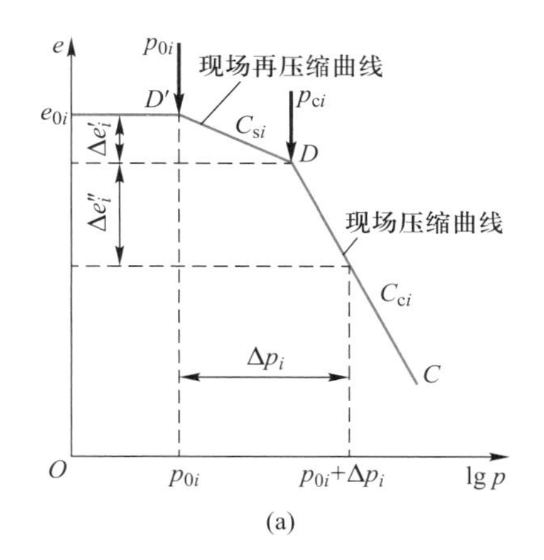

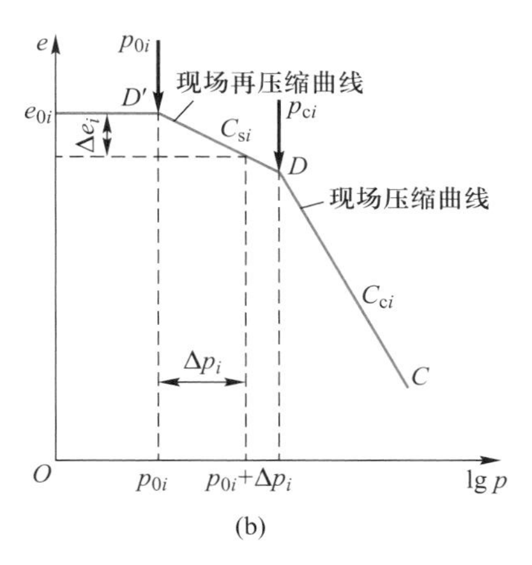

图 4-22 超固结土沉降计算

其中：

$$\Delta e_i' = -C_{si}(\lg p_{ci} - \lg p_{0i}) = -C_{si}\lg\left(\frac{p_{ci}}{p_{0i}}\right) \tag{4-22}$$

$$\Delta e_i'' = -C_{ci}\lg\left(\frac{p_{0i}+\Delta p_i}{p_{ci}}\right) \tag{4-23}$$

于是，孔隙比的总改变量最终为

$$\Delta e_i = \Delta e_i' + \Delta e_i'' = -\left[C_{si}\lg\left(\frac{p_{ci}}{p_{0i}}\right) + C_{ci}\lg\left(\frac{p_{0i}+\Delta p_i}{p_{ci}}\right)\right] \tag{4-24}$$

将上式代入式(4-5)，即可得到第 i 分层的压缩量为

$$S_i = \frac{H_i}{1+e_{0i}}\left[C_{si}\lg\left(\frac{p_{ci}}{p_{0i}}\right) + C_{ci}\lg\left(\frac{p_{0i}+\Delta p_i}{p_{ci}}\right)\right] \tag{4-25}$$

式中：C_{si}——第 i 分层的现场再压缩指数；

p_{ci}——第 i 分层的先期固结压力。

其余符号意义同前。

于是，地基的沉降最终为各分层压缩量之和，即

$$S = \sum_{i=1}^{n} \frac{H_i}{1+e_{0i}}\left[C_{si}\lg\left(\frac{p_{ci}}{p_{0i}}\right) + C_{ci}\lg\left(\frac{p_{0i}+\Delta p_i}{p_{ci}}\right)\right] \tag{4-26}$$

对于第二种情况，第 i 分层在 Δp_i 作用下，孔隙比的改变将只沿着再压缩曲线 $D'D$ 发生，如图 4-22b 所示，其值为

$$\Delta e_i = -C_{si}[\lg(p_{0i}+\Delta p_i) - \lg p_{0i}] = -C_{si}\lg\left(\frac{p_{0i}+\Delta p_i}{p_{0i}}\right) \tag{4-27}$$

第 i 分层的压缩量应为

$$S_i = \frac{H_i}{1+e_{0i}}C_{si}\lg\left(\frac{p_{0i}+\Delta p_i}{p_{0i}}\right) \tag{4-28}$$

于是，地基的沉降量为

$$S=\sum_{i=1}^{n}\frac{H_i}{1+e_{0i}}C_{si}\lg\left(\frac{p_{0i}+\Delta p_i}{p_{0i}}\right) \tag{4-29}$$

如果超固结土层中既有 $\Delta p>p_c-p_0$ 又有 $\Delta p<p_c-p_0$ 的分层，其沉降量应分别按式(4-26) 和式(4-29)计算，最后将两部分叠加即可。

（三）欠固结土的沉降计算

对于欠固结土，由于在自重应力作用下还没有完全达到固结稳定，其土层已经受到的有效应力（即先期固结应力）小于现有固结应力（即自重应力 p_0）。因此，在这样的土层上施加荷载，地基的沉降量应包括自重下继续固结所引起的沉降量和新增固结应力 Δp 所引起的沉降量两部分。图 4-23 所示为欠固结土第 i 分层的现场压缩曲线。由土的自重应力继续固结所引起的孔隙比的改变 $\Delta e_i'$和新增固结应力所引起的孔隙比的改变 $\Delta e_i''$之和为

$$\Delta e_i=\Delta e_i'+\Delta e_i''=-C_{ci}\lg\left(\frac{p_{0i}+\Delta p_i}{p_{ci}}\right) \tag{4-30}$$

将上式代入式(4-5)，即可得到第 i 分层的压缩量为

$$S_i=\frac{-\Delta e_i}{1+e_{0i}}H_i=\frac{H_i}{1+e_{0i}}C_{ci}\lg\left(\frac{p_{0i}+\Delta p_i}{p_{ci}}\right) \tag{4-31}$$

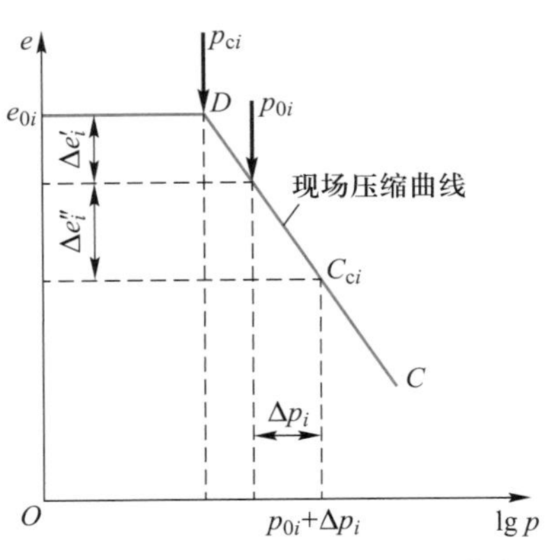

图 4-23　欠固结土现场压缩曲线

于是，地基的沉降量为

$$S=\sum_{i=1}^{n}\frac{H_i}{1+e_{0i}}C_{ci}\lg\left(\frac{p_{0i}+\Delta p_i}{p_{ci}}\right) \tag{4-32}$$

[例题 4-3] 有一仓库面积为 12.5 m×12.5 m，堆载为 100 kPa，地基剖面见图 4-24a。从黏土层中心部位取样做室内压缩试验得到压缩曲线如图 4-24b 所示。土样的初始孔隙比 $e_0=0.67$。试求仓库中心处的沉降量（砂土压缩量不计）。

[解]

(1) 计算自重应力并绘分布曲线。黏土层顶面的自重应力为

$$\sigma_{s1}=2\ \text{m}\times19\ \text{kN/m}^3+3\ \text{m}\times9\ \text{kN/m}^3=65\ \text{kPa}$$

黏土层中心处的自重应力为

$$\sigma_{s2}=\sigma_{s1}+10\ \text{kN/m}^3\times5\ \text{m}=115\ \text{kPa}$$

黏土层底面的自重应力为

$$\sigma_{s3}=\sigma_{s2}+10\ \text{kN/m}^3\times5\ \text{m}=165\ \text{kPa}$$

自重应力分布如图 4-24a 所示。

(2) 计算地基中的附加应力并绘分布曲线。该基础属空间问题，根据第三章表 3-3，可求得黏土层中竖向附加应力 σ_z，并标在图 4-24a 中。

(3) 确定先期固结应力。根据卡萨格兰德的方法，由图 4-24b 所示的室内压缩曲线，通过作图得到黏土层的先期固结应力为 115 kPa。

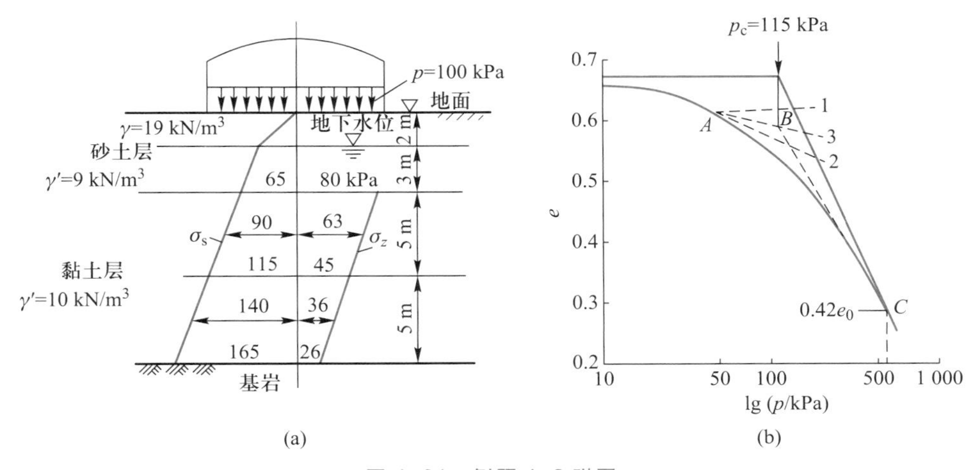

图 4-24 例题 4-3 附图

由于 $p_0=p_c$，所以该黏土层为正常固结土。

(4) 现场压缩曲线的推求。由 e_0 与先期固结应力得交点 B，B 点即为现场压缩曲线的起点；再由 $0.42e_0(=0.28)$ 在室内压缩曲线上得交点 C，作 B 点和 C 点的连线，即为要求的现场压缩曲线，如图 4-24b 所示。从压缩曲线上可读得 C 点的横坐标为 630 kPa，所以现场压缩指数为

$$C_c=\frac{0.67-0.28}{\lg(630/115)}=0.53$$

(5) 将黏土层分为两层，每层的厚度 $H_i=5$ m，平均自重应力分别为 90 kPa、140 kPa，分别求出其相应的初始孔隙比为

$$e_{0i}=e_0-C_c\lg\frac{p_{0i}}{p_0}$$

$$e_{01}=0.67-0.53\times\lg(90/115)=0.726$$

$$e_{02}=0.67-0.53\times\lg(140/115)=0.625$$

(6) 计算沉降量。根据式(4-20)，仓库中心点的沉降量为

$$\begin{aligned}S&=\sum\frac{H_i}{1+e_{0i}}C_c\lg\left(\frac{p_{0i}+\Delta p_i}{p_{0i}}\right)\\&=\frac{500\text{ cm}}{1+0.726}\times0.53\times\lg\left(\frac{90+63}{90}\right)+\frac{500\text{ cm}}{1+0.625}\times0.53\times\lg\left(\frac{140+36}{140}\right)\\&=35.4\text{ cm}+16.2\text{ cm}=51.6\text{ cm}\end{aligned}$$

四、讨论

本节介绍的地基沉降计算 e-lg p 曲线法与上一节 e-p 曲线法的本质区别在于，此法能推求现场压缩曲线，从而使压缩曲线或压缩指数能较真实地反映地基土层的受力压缩情况。如果仅把室内压缩试验资料绘制成 e-lg p 曲线直接用来进行地基沉降计

算，那上述两种方法就没有本质区别了，而算出的沉降量差异是由它们对原位孔隙比的假定不一样产生的。在 $e-\lg p$ 曲线法中假定试样的初始孔隙比即为它的原位孔隙比；在 $e-p$ 曲线法中假定试样在自重应力下再压缩后的孔隙比为它的原位孔隙比。前已述及 $e-\lg p$ 曲线法的优点是可考虑应力历史的影响，而应力历史的影响只有通过现场压缩曲线的推求才能得到反映，$e-p$ 曲线法却无法做到这一点。

还需要指出的是，上述两种计算方法都是以室内无侧向变形下的压缩试验为依据的，它的受力状态接近于大面积荷载（如机场、仓库、堆场）和条形基础中心位置下地基土的受力情况及深层土的受力情况。在建筑物边缘处的地基浅层，往往会有明显的侧向变形，这会使那里的计算结果较实际沉降偏小。另外，试样的扰动也会导致室内试验得出的压缩曲线偏离地基土的现场压缩曲线，扰动程度越大的试样得出的压缩指数越偏小（参见图 4-17），因此在其他条件都相同的情况下，直接使用室内压缩曲线将使计算沉降量比实际情况小，这正与地基土施工作业扰动将引起沉降量增加的情况相反。因而，在做地基土的压缩试验时，要求钻探取样、试样运输、试样制备及加载试验的整个过程尽可能避免试样扰动，以便提高压缩试验结果的可靠性。

第六节
土的单向固结理论

教学课件 4-6

按前面所介绍的方法确定的地基沉降量，都是指地基土在外荷载作用下压缩稳定后的沉降量，通常称为最终沉降量。正如本章第一节已提及的，饱和土体的压缩完全是由于孔隙中水的逐渐向外排出导致的孔隙体积缩小引起的。因此，排水速率将影响土体压缩稳定所需的时间。而排水速率又直接与土的透水性有关，透水性愈强，排水愈快，完成压缩所需的时间愈短；反之，排水愈慢，完成压缩所需的时间愈长。

在工程设计中，有时不但需要预估建筑物基础可能产生的最终沉降量，而且还常常需要预估建筑物基础达到某一沉降量所需的时间，或者预估建筑物完工以后经过一定时段可能产生的沉降量。关于地基沉降量与时间的关系，目前均以饱和土体单向固结理论为基础。下面将介绍这一理论及其应用。

一、单向固结模型

前已述及，土体的固结是指土体在某一压力作用下与时间有关的压缩过程。就饱和土体而言，这是由于孔隙水逐渐向外排出而引起的。如果孔隙水只朝一个方向向外排出，土体的压缩也只在一个方向发生（一般均指竖直方向）。那么，这种压缩过程就称为单向固结。在压力作用下，土体内孔隙水的向外排出、体积减小只是一种现象，而它的本质是什么呢？下面以土的固结模型来说明土体固结的力学机理。

土的单向固结模型是一个侧壁和底面均不能透水，其内部装置着多层活塞和弹簧的充水容器，如图 4-25 所示。其中弹簧模拟土的骨架，容器中的水模拟土体孔隙中的水，活塞上的小孔模拟排水条件，容器侧面的测压管只用来说明模型中各分层孔隙水压力的变化，实际上测压管是不允许容器中的水排出的。

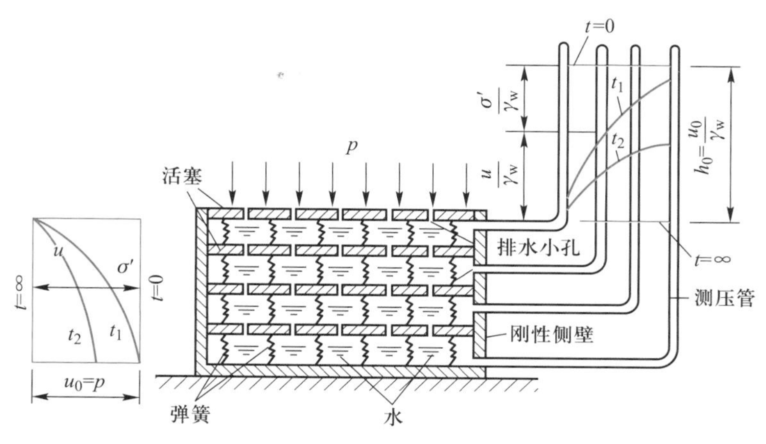

图 4-25 饱和土体的单向固结模型

现在来分析当模型顶面受到均布压力 p 作用时，其内部的应力变化及弹簧的压缩过程，亦即土体的固结过程。设模型在受压之前，活塞的重量已由弹簧承担。因此，各测压管中的水位与容器中的静水位齐平。此时每一分层中的弹簧均承受一定的应力，容器中的水也承受一定的孔隙水压力（即静水压力），但它们对今后的压缩变形并没有影响。当模型受到外界压力 p 作用时，由弹簧承担的应力将增加，它相当于土体内骨架所承担的附加有效应力 σ'。而由容器中的水来承担的应力亦将在静水压力的基础上有所增加，这部分应力即相当于土体内孔隙水所承担的超静孔隙水压力。假定活塞与容器侧壁的摩擦力忽略不计，那么，当模型顶层活塞上受到压力 p 作用时，各弹簧分层的附加应力亦即固结应力将是相同的。在施加压力的瞬间，即 $t=0$ 时，由于容器中的水还来不及向外排出，加之水本身被认为是不可压缩的，因而各分层的弹簧都没有压缩，附加有效应力 $\sigma'=0$，固结应力全部由水来承担，故超静孔隙水压力 $u_0=p$。此时，各测压管中的水位均将高出容器中的静水位，所高出的水柱高度为 $h_0=p/\gamma_w$。

经过时间 t，容器中的水在水位差作用下，由下而上逐渐从顶层活塞的排水孔向外排出，各分层的孔隙水压力将减小，测压管的水位相继下降，超静孔隙水压力 $u<p$。与此同时，各分层弹簧相应压缩而承担部分应力，即附加有效应力 $\sigma'>0$。最后，当 t 趋于无穷大时，测压管中的水位都恢复到与容器中静水位齐平的位置。这时，超静孔隙水压力全部消散，即 $u=0$，仅剩静水压力，容器中的水不再向外排出，弹簧均压缩稳定，固结应力全部由弹簧承担而转化为有效应力，即 $\sigma'=p$。这就是土的固结模型在某一压力作用下，其内部应力变化和弹簧压缩的全过程。从这一过程可得出结论：在某一压力作用下，饱和土的固结过程就是土体中各点的超静孔隙水压力不断消散、附加有效应力 σ' 相应增加的过程，或者说是超静孔隙水压力逐渐转化为附加有效应力的过程，而在这种转化过程中，任一时刻、任一深度上的应力始终遵循着有效应力原理，即 $p=\sigma'+u$。因此，求解地基沉降与时间关系的问题，实际上就变成求解在附加应力作用下，地基中各点的超静孔隙水压力（或附加有效应力）随时间变化的问题。

应当指出，在不会引起误解的情况下，以后提到的由固结应力引起的孔隙水压力和有效应力，都是指超静孔隙水压力和附加有效应力。它们所表示的是土层中的孔隙水压力和有效应力的增量，它们只与附加应力有关，而土层中实际作用着的孔隙水压力和有效应力则应包含原有孔隙水压力和有效应力，这点请读者加以注意。

二、单向固结理论

下面将利用上述单向固结模型所得到的关于饱和土体固结的力学机理来求解在附加应力作用下地基内的孔隙水压力问题。这个方法称为单向固结理论，它是由太沙基教授（图 4-26）于 1923 年提出的，该理论在解决问题时，有一些基本假定：

（1）土是均质、各向同性且饱和的；

（2）土的压缩完全由孔隙体积的减小引起，土粒和孔隙水是不可压缩的；

（3）土的压缩和排水仅在竖直方向发生；

（4）孔隙水的向外排出符合达西定律，因此土的固结快慢取决于它的渗透速度，所以常称这种固结为单向渗透固结；

（5）在整个固结过程中，土的渗透系数、压缩系数等均视为常数；

（6）地面上作用着连续均布荷载并且是一次施加的。

图 4-26 一维固结理论提出者——太沙基教授

图 4-27 所示为均质、各向同性的饱和黏土层，位于不透水的岩层上，黏土层的厚度为 H，在自重应力作用下已固结稳定，仅考虑外加荷载引起的固结。若在水平地面上施加连续均布压力，则在土层内部引起的竖向附加应力（即固结应力）沿高度的分布将是均匀的，且等于外加均布压力，即 $\sigma_z=p$。为了找出黏土层在固结过程中孔隙水压力的变化规律，需分析黏土层层面以下 z 深度处厚度为 $\mathrm{d}z$、面积为 1×1 的单元体的水量变化和孔隙体积压缩的情况（坐标取重力方向为正，先不考虑边界条件）。

在地面加载之前，单元体顶面和底面的测压管中的水位均与地下水位齐平。而在加载瞬间，即 $t=0$ 时，根据前述的固结模型，测压管中的水位都将升高 $h_0=u_0/\gamma_w$。在固结过程中某一时刻 t，测压管中的水位将下降，设此时单元体顶面测压管中水位高出地下水位 $h=u/\gamma_w$。而顶面测压管中水位又比底面测压管中水位低 $\mathrm{d}h$，如图 4-27 所示。

由于单元体顶面与底面存在着水位差 dh，因此单元体中将发生渗流并引起水量变化和孔隙体积的改变。

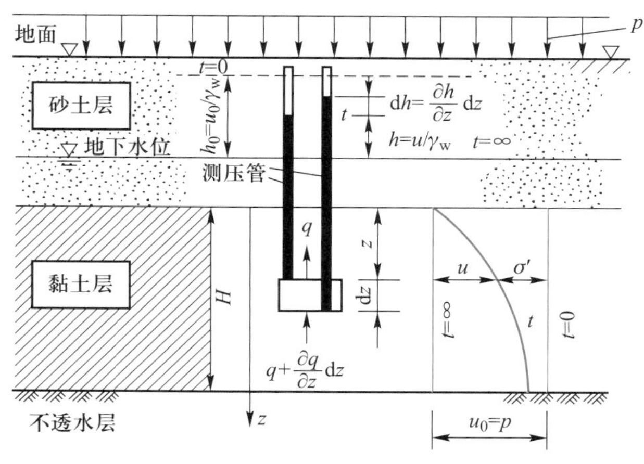

图 4-27 饱和黏土的固结过程

设在固结过程中的某一时刻 t，从单元体顶面流出的流量为 q，从底面流入的流量将为$\left(q+\dfrac{\partial q}{\partial z}\mathrm{d}z\right)$。于是，在时间增量 d$t$ 内，流出与流入该单元体中的水量之差，即净流出的水量为

$$\mathrm{d}Q=q\mathrm{d}t-\left(q+\frac{\partial q}{\partial z}\mathrm{d}z\right)\mathrm{d}t=-\frac{\partial q}{\partial z}\mathrm{d}z\mathrm{d}t \tag{4-33}$$

设在同一时间增量 dt 内，单元体上的有效应力增量为 dσ'，则单元体体积的减小为

$$\mathrm{d}V=-m_{\mathrm{v}}\mathrm{d}\sigma'\mathrm{d}z \tag{4-34}$$

式中：m_{v}——体积压缩系数，$m_{\mathrm{v}}=a_{\mathrm{v}}/(1+e_1)$。

由于在固结过程中，外荷载保持不变，因而在 z 深度处的附加应力 $\sigma_z=p$ 也为常数，则有效应力的增加量将等于孔隙水压力的减小量，即

$$\mathrm{d}\sigma'=\mathrm{d}(p-u)=-\mathrm{d}u=-\frac{\partial u}{\partial t}\mathrm{d}t \tag{4-35}$$

将式(4-35)代入式(4-34)得

$$\mathrm{d}V=m_{\mathrm{v}}\frac{\partial u}{\partial t}\mathrm{d}z\mathrm{d}t \tag{4-36}$$

对于饱和土而言，由于孔隙被水充满，因此，在 dt 时间内单元体体积的减小量应等于净流出的水量，即

$$-\mathrm{d}V=\mathrm{d}Q \tag{4-37}$$

将式(4-33)和式(4-36)代入式(4-37)，可得

$$\frac{\partial q}{\partial z}=m_{\mathrm{v}}\frac{\partial u}{\partial t} \tag{4-38}$$

根据达西定律，在 t 时刻通过单元体的流量可表示为

$$q=ki=k\frac{\partial h}{\partial z}=\frac{k}{\gamma_w}\frac{\partial u}{\partial z} \tag{4-39}$$

将式(4-39)代入式(4-38)左边，即可得到单向固结微分方程式为

$$\frac{\partial u}{\partial t}=C_v\frac{\partial^2 u}{\partial z^2} \tag{4-40}$$

式中：C_v——固结系数，$C_v=k/m_v\gamma_w$ (cm^2/s)。

在一定的初始条件和边界条件下，由式(4-40)可以解得任一深度 z 在任一时刻 t 的孔隙水压力表达式。对于图 4-27 所示的土层和受荷载情况，其初始条件和边界条件为

$t=0$ 及 $0\leqslant z\leqslant H$ 时，　$u_0=p$

$0<t<\infty$ 及 $z=H$ 时，$q=0$，　$\frac{\partial u}{\partial z}=0$

$0<t<\infty$ 及 $z=0$ 时，　$u=0$

$t=\infty$ 及 $0\leqslant z\leqslant H$ 时，　$u=0$

根据上述边界条件，用分离变量法可求得式(4-40)的解答为

$$u=\frac{4}{\pi}p\sum_{m=1}^{\infty}\frac{1}{m}\sin\left(\frac{m\pi z}{2H}\right)e^{-m^2\frac{\pi^2}{4}T_v} \tag{4-41}$$

式中：m——正奇数(1,3,5,…)。

T_v——时间因数，量纲为一，表示为 $T_v=C_vt/H^2$。其中 H 为最大排水距离，在单面排水条件下为土层厚度，在双面排水条件下为土层厚度的一半。

三、固结度及其应用

理论上可以根据式(4-41)求出土层中任意时刻孔隙水压力及相应的有效应力的大小和分布，再利用压缩量基本公式算出任意时刻的地基沉降量 S_t。但是，这样求解甚是不便，下面将引入并应用固结度的概念，使问题得到简化。

所谓固结度，就是指在某一固结应力作用下，经某一时间 t 后，土体发生固结或孔隙水压力消散的程度。对于任一深度 z 处土层经时间 t 后的固结度，可按下式表示：

$$U_z=\frac{u_0-u}{u_0}=1-\frac{u}{u_0} \tag{4-42}$$

式中：u_0——初始孔隙水压力，其大小即等于该点的附加应力 p_0；

u——t 时刻该点的孔隙水压力。

某一点的固结度对于解决工程实际问题来说并不重要，为此，又常常引入土层平均固结度的概念。对于图 4-27 所示的单向固结、单面排水、固结应力为均匀分布的情况来说，土层的平均固结度为

$$U=1-\frac{\int_0^H u\mathrm{d}z}{\int_0^H u_0\mathrm{d}z}=1-\frac{\int_0^H u\mathrm{d}z}{pH} \tag{4-43}$$

将式(4-41)代入式(4-43),积分后即可得到土层平均固结度的表达式为

$$U=1-\frac{8}{\pi^2}\left(e^{-\frac{\pi^2}{4}T_v}+\frac{1}{9}e^{-9\frac{\pi^2}{4}T_v}+\frac{1}{25}e^{-25\frac{\pi^2}{4}T_v}+\cdots\right) \tag{4-44}$$

从上式可以看出,土层的平均固结度是时间因数 T_v 的单值函数,它与所加固结应力的大小无关,但与土层中固结应力的分布有关。对于单面排水、各种直线形固结应力分布下的土层平均固结度与时间因数的关系,从理论上同样可以求得。为了实用的方便,已将各种固结应力分布情况下土层的平均固结度与时间因数之间的关系绘制成曲线,如图 4-28 所示。曲线中的参数 α 等于 σ_z'/σ_z'',其中的 σ_z'为透水面的固结应力,σ_z''为不透水面的固结应力。

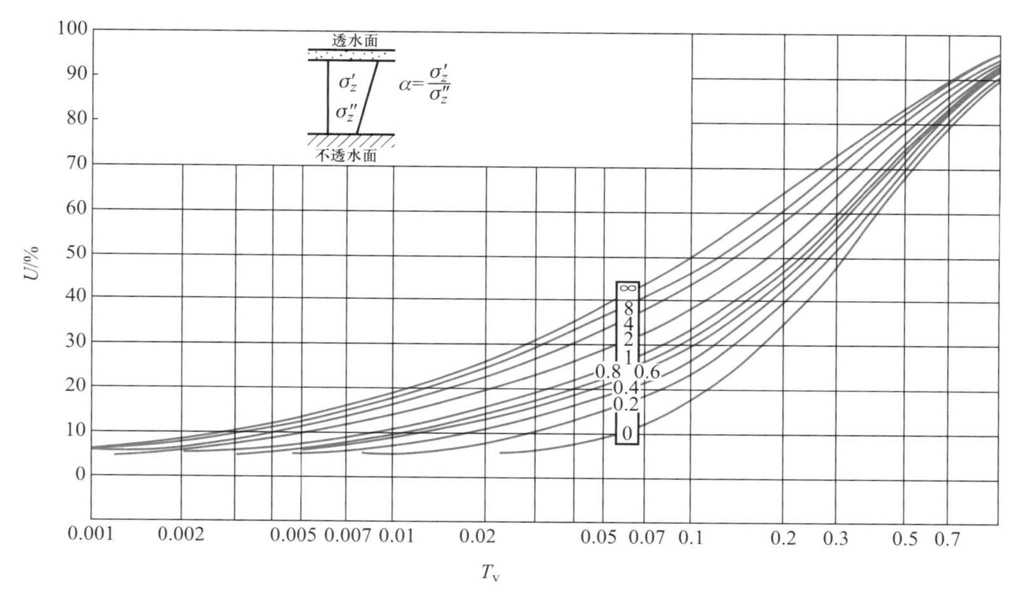

图 4-28　平均固结度 U 与时间因数 T_v 关系曲线

基于固结度的定义,土层的平均固结度也可用下式表示:

$$U=\frac{S_t}{S} \tag{4-45}$$

式中:S_t——经过时间 t 后的地基沉降量;

S——地基的最终沉降量。

在本书所设定的单层均质土的单向固结问题中,由于土的压缩模量恒定不变,式(4-45)与式(4-44)在数值上相等,则根据式(4-45),以及土层中固结应力的分布和排水条件,并利用图 4-28 中的曲线,可以解决下列两类问题:

(1) 已知土层的最终沉降量 S,求某一固结历时 t 的沉降 S_t。

对于这类问题,首先根据土层的 k、a_v、e_1、H 和给定的 t,算出土层平均固结系数 C_v(也可由固结试验结果直接推求,见下文)和时间因数 T_v,然后利用图 4-28 中的曲线查出相应的固结度 U,再由式(4-45)求出 S_t。

（2）已知土层的最终沉降量 S，求土层达到某一沉降量 S_t 时所需的时间 t。

对于这类问题，首先求出土层平均固结度 $U=S_t/S$，然后从图 4-28 中的曲线查得相应的时间因数 T_v，再按式 $t=H^2T_v/C_v$ 求出所需的时间。

上述单向固结理论的计算都是指单面排水的情况。如土层上下两面均可排水，则不论土层中固结应力的分布情况如何，土层的平均固结度均按固结应力为均匀分布的情况（即 $\alpha=1$）进行计算，但时间因数中的排水距离应取土层厚度的一半。

［例题 4-4］设饱和黏土层的厚度为 10 m，位于不透水坚硬岩层上，由于基底上作用着竖直均布荷载，在土层中引起的附加应力 σ_z 的大小和分布如图 4-29 所示。若土层的初始孔隙比 $e_1=0.8$，压缩系数 $a_v=2.5\times10^{-4}\ \text{kPa}^{-1}$，渗透系数 $k=2.0\ \text{cm/a}$。试问：（1）加载一年后，基础中心点的沉降量为多少？（2）当沉降量达到 20 cm 时需要多少时间？

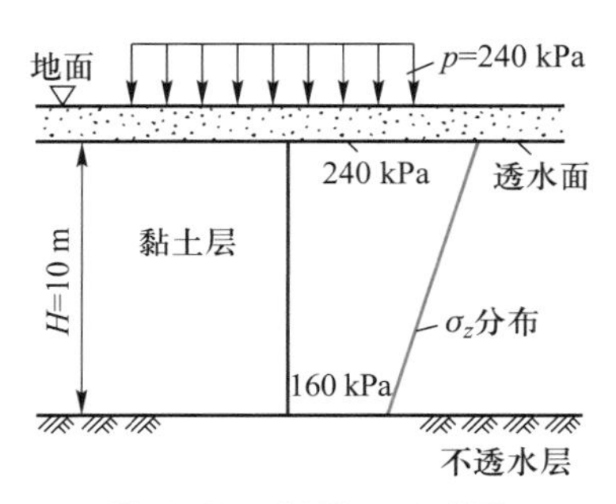

图 4-29　例题 4-4 附图

［解］

（1）该土层的平均附加应力为

$$\sigma_z=\frac{240\ \text{kPa}+160\ \text{kPa}}{2}=200\ \text{kPa}$$

则基础的最终沉降量为

$$S=\frac{a_v}{1+e_1}\sigma_zH=\frac{2.5}{1+0.8}\times10^{-4}\ \text{kPa}^{-1}\times200\ \text{kPa}\times1\ 000\ \text{cm}=27.8\ \text{cm}$$

该土层的固结系数为

$$C_v=\frac{k(1+e_1)}{a_v\gamma_w}=\frac{2.0\times(1+0.8)}{0.000\ 25\times0.098}\ \text{cm}^2/\text{a}=1.47\times10^5\ \text{cm}^2/\text{a}$$

时间因数为

$$T_v=\frac{C_vt}{H^2}=\frac{1.47\times10^5\ \text{cm}^2/\text{a}\times1\ \text{a}}{1\ 000^2\ \text{cm}^2}=0.147$$

土层的附加应力为梯形分布，其参数为

$$\alpha=\frac{\sigma_z'}{\sigma_z''}=\frac{240\ \text{kPa}}{160\ \text{kPa}}=1.5$$

由 T_v 及 α 值从图 4-28 查得土层的平均固结度为 0.45，则加载一年后的沉降量为

$$S_t=U\times S=0.45\times27.8\ \text{cm}=12.5\ \text{cm}$$

（2）已知地基的沉降量为 $S_t=20\ \text{cm}$，最终沉降量 $S=27.8\ \text{cm}$

则土层的平均固结度为

$$U=\frac{S_t}{S}=\frac{20\ \text{cm}}{27.8\ \text{cm}}=0.72$$

由 U 及 α 值从图 4-28 查得时间因数为 0.47，则沉降量达到 20 cm 所需的时间为

$$t=\frac{T_{v}H^{2}}{C_{v}}=\frac{0.47\times1\ 000^{2}\ \text{cm}^{2}}{1.47\times10^{5}\ \text{cm}^{2}/\text{a}}=3.20\ \text{a}$$

［例题 4-5］ 有一厚 10 m 的饱和黏土层，上下两面均可排水。现从黏土层中心取样后切取厚为 2 cm 的试样做固结试验（试样上下均有透水石）。该试样在某级压力下达到 80%固结度需 10 min，若要使该黏土层在同样固结压力（即沿高度均布固结压力）作用下达到同一固结度需要多少时间？若黏土层改为单面排水，所需时间又为多少？

［解］ 已知黏土层厚度 $H_1=10$ m，试样厚度 $H_2=2$ cm，试样达到 80%固结度需 $t_2=10$ min。设黏土层达到 80%固结度需时间 t_1。

由于原位土层和试样土的固结度相等，因而根据 $T_{v1}=T_{v2}$ 及 $C_{v1}=C_{v2}$ 的条件可得

$$\frac{t_1}{\left(\frac{H_1}{2}\right)^2}=\frac{t_2}{\left(\frac{H_2}{2}\right)^2}$$

于是

$$t_1=\frac{H_1^2}{H_2^2}t_2=\frac{1\ 000^2\ \text{cm}^2}{2^2\ \text{cm}^2}\times10\ \text{min}=2\ 500\ 000\ \text{min}=4.76\ \text{a}$$

当黏土层改为单面排水时，其所需时间为 t_3，则由 T_v 相同的条件可得

$$\frac{t_1}{\left(\frac{H_1}{2}\right)^2}=\frac{t_3}{H_1^2}$$

于是

$$t_3=4t_1=4\times4.76\ \text{a}\approx19\ \text{a}$$

由上式可知，在其他条件都相同的情况下，单面排水所用时间为双面排水的 4 倍。

*四、固结系数的确定

前已提及，土层的平均固结度 U 是时间因数 T_v 的单值函数，而 T_v 又与固结系数 C_v 成正比，C_v 越大，土层的固结越快。固结系数是反映土体固结快慢的一个重要指标，它是需要通过试验来确定的。正确地确定土的固结系数对于地基沉降速率的计算有着十分重要的意义。目前，确定土的固结系数的方法很多。由固结系数的定义可知，它是与渗透系数和压缩系数有关的。如果能测出某一孔隙比下土的渗透系数和压缩系数，就可计算出相应的固结系数，但这种方法较少采用。最常用的方法是根据室内固结试验得到某一级荷载下的试样变形量与时间的关系曲线，然后与单向固结理论中的固结度与时间因数关系曲线（即图 4-28 中 $\alpha=1$ 的曲线）进行比较拟合。由于试样变形量与固结度成正比，而时间又与时间因数成正比，因此这两种曲线应有相似的形态。求固结系数的不同方法，实质上是不同的拟合方法而已。应当注意到，固结系数

是对应某一级固结应力而言的。固结应力不同，得出的固结系数也会有差别。因此，测定固结系数时，所加荷载级应尽可能与今后实际工程中产生的固结应力相一致。下面将介绍目前最常用的两种方法，也是我国《土工试验方法标准》(GB/T 50123—2019)推荐的方法。

(一) 时间平方根法

时间平方根法的依据是：根据理论曲线首段为抛物线的特征，若把固结度与时间因数的理论关系绘在 $U-\sqrt{T_v}$ 坐标上，则理论曲线的首段为一直线。将此直线向下延伸，对应于 90%固结度时的水平距离为 AB。而理论曲线达 90%固结度时则为一曲线段，其水平距离为 AC，可以证明，AB 与 AC 之比为 1∶1.15，如图 4-30 右上角所示。时间平方根法即是利用上述特征，推求出试验曲线的理论零点和对应于 90%固结度的时间 t_{90} 的。方法步骤如下：

(1) 以时间平方根为横坐标，百分表读数 R 为纵坐标，绘出在某一级荷载下的试验曲线，如图 4-30 所示。

(2) 在试验曲线首段找出直线段，该直线段向上延伸与坐标纵轴的交点即为理论零点 R_0，相应的固结度为零。

(3) 再通过 R_0 点绘一条虚直线，其横坐标为原直线的 1.15 倍，与试验曲线相交于 c 点，c 点所对应的纵坐标即相当于 90%固结度的点，而横坐标即相应于固结度达 90%时所需时间的平方根 $\sqrt{t_{90}}$。

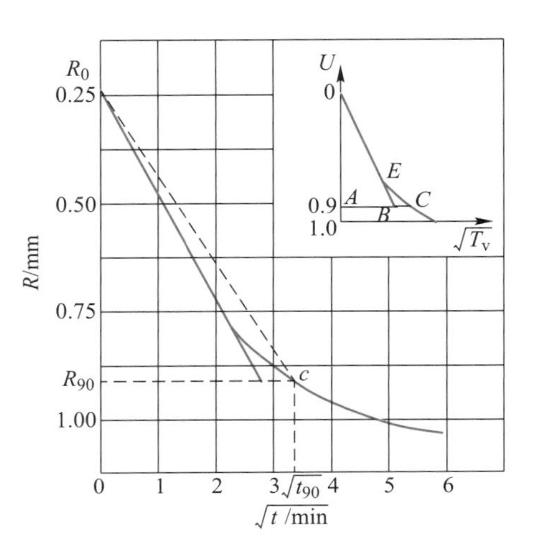

图 4-30　时间平方根法求 C_v 值

(4) 由理论曲线可知，当固结度为 90%时，$T_v=0.848$。于是，固结系数可按下式求得：

$$C_v=\frac{0.848H^2}{t_{90}} \tag{4-46}$$

式中：H——试样的最大排水距离。对于上下两面透水的试样，H 为试样厚度的一半。

(二) 时间对数法

时间对数法的依据是：若将式(4-44)所表示的平均固结度与时间因数的理论关系绘在半对数坐标上时，发现理论曲线末段的渐近线与曲线反弯点之切线交点的纵坐标恰好为 100%的固结度，如图 4-31b 所示。若将固结度与时间的理论关系绘在普通坐标上时，发现理论曲线的首段($U<53\%$)为一抛物线，其顶点就在坐标原点上。如在抛物线上选取两点 a 和 b，使 b 点的横坐标为 a 点的 4 倍，则由抛物线的特征可知，b 点的纵坐标必为 a 点的 2 倍，如图 4-31a 所示。于是，利用上述理论曲线的特征，就可以推求试验曲线的理论零点和理论终点，从而求出固结系数值。方法步骤如下：

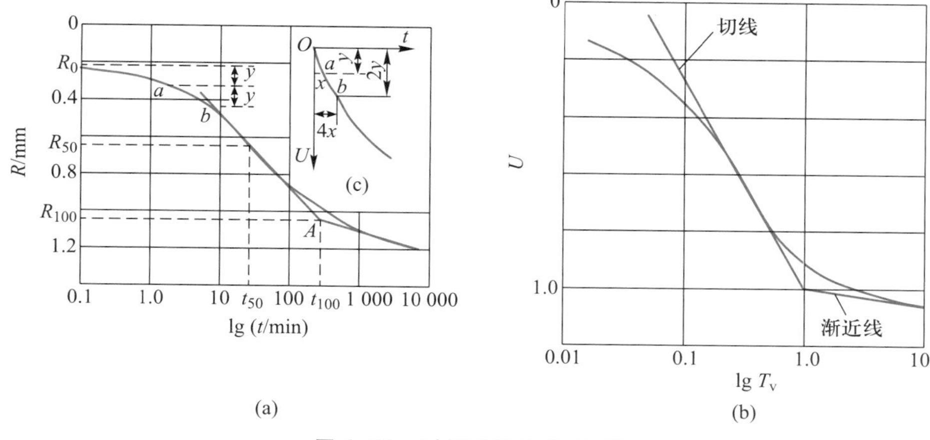

图 4-31 时间对数法求 C_v 值

（1）根据固结试验结果，在半对数坐标上绘出某一固结应力下试样的压缩量（以百分表读数 R 表示）与时间对数的关系曲线，如图 4-31a 所示。

（2）由试验曲线的反弯点和末段分别作切线，两切线交点（如图中 A 点）的纵坐标即为 100%固结度的理论终点 R_{100}。

（3）再在试验曲线的首段选取两点 a 和 b，使 b 点的横坐标为 a 点的 4 倍，于是可量得 a、b 两点的纵坐标差值 y。从 a 点竖直向上量取同一距离 y，并作一水平线，它与坐标纵轴的交点即为固结度为零的理论零点 R_0。

（4）根据 R_0 和 R_{100} 可定出相应于 50%固结度的纵坐标 $R_{50}=(R_0+R_{100})/2$。

（5）由 R_{50} 作一水平线，它与试验曲线交点的横坐标即为所对应的时间 t_{50}。

（6）按理论曲线，当固结度为 50%时，对应的时间因数 $T_v=0.197$。于是，固结系数可按下式求得：

$$C_v=\frac{0.197H^2}{t_{50}} \tag{4-47}$$

这里要指出的是：根据渗透固结理论，当试样压缩到 R_{100} 时就该稳定。可是，实际上试样仍在继续压缩，如图 4-31a 所示。于是，把符合固结理论的压缩过程称为主固结，而把继续发生压缩的过程称为次固结。关于次固结的问题请参阅第七节。

在工程建设中遇到天然渗透性较差的土层（如软黏土地基）时，一般采用砂井法对其进行处理。所谓砂井法（包括袋装砂井、塑料排水板等，如图 4-32 所示），就是在软黏土地基中设置一系列砂井，在砂井之上铺设砂垫层或砂沟，人为地增加土层固结排水通道（增加 C_v），缩短排水距离（降低 H）。根据 $T_v=\frac{C_v t}{H^2}$ 可知，软黏土固结所需的时间会有效降低，使得固结过程可以提前完成。

(a) 袋装砂井

(b) 塑料排水板

图 4-32 砂井法现场图

第 七 节 地基沉降的进一步分析

一、初始沉降、固结沉降和次固结沉降

教学课件 4-7

本章前面所介绍的用一般方法所计算的地基沉降和一维(单向)固结理论所述沉降,是指由于地基土固结所造成的沉降。实际上,地基总沉降可分为三部分,依发生的次序来说,为初始沉降、固结沉降和次固结沉降。

初始沉降是基础荷载一旦加上后,立即发生的那一部分沉降。对于饱和土地基,是由于土体的侧向变形;而对于非饱和土地基,这种沉降的产生除了土的侧向膨胀之外,还由于土粒间孔隙气体的压缩或排出。

如前所述,饱和土地基在基础荷载作用下将引起超静孔隙水压力。地基内各点的超静孔隙水压力值不同,其压力梯度促使孔隙水逐渐从土粒间孔隙渗出,于是引起地基土缓慢压缩而产生固结沉降。

次固结沉降发生在土体固结后期,此时超静孔隙水压力基本上已消散为零,但土粒表面上的吸着水层受压变形,离开土粒表面较远的那部分吸着水逐渐转变为自由水,这样引起的地基土压缩产生次固结沉降,其持续时间极长。

因此,对于普通黏性土,固结沉降只是地基总沉降的一个主要部分。对于特别软的黏土,次固结沉降在总沉降中占有可观的比例。有时初始沉降也不可忽视。如遇到砂土地基,由于固结速率很快,初始沉降与固结沉降这两部分已合在一起,难以区分。固结沉降的计算方法已在第四节与第五节叙述,下面详细说明初始沉降和次固结沉降的计算方法。

(一) 初始沉降

1. 黏土地基的初始沉降

如果对黏性土很快加载,土体会立刻变形,同时产生超静孔隙水压力。图 4-33a 中实线代表加载之前的原来的土体。在侧向允许变形的条件下,垂直方向及水平方向分别

施加 $\Delta\sigma_1$ 及 $\Delta\sigma_3$ 之后，土体立即变形至虚线的位置，同时产生超静孔隙水压力 Δu，这时，垂直方向的压缩量就是初始变形，或称为弹性变形。

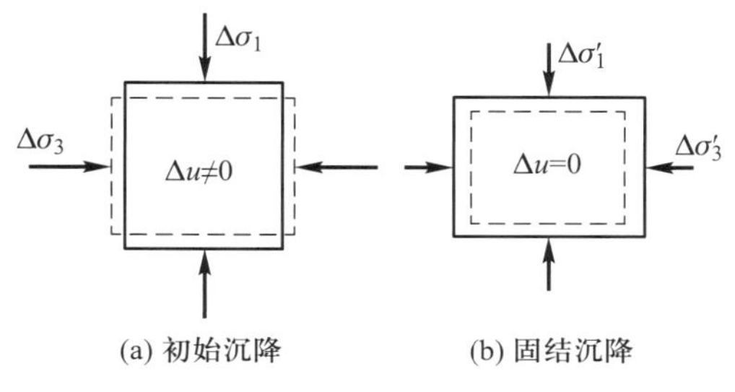

图 4-33　初始沉降和固结沉降

若一个 $L\times B$ 的矩形基础建造在黏土地基上，可用下列弹性理论公式来估计基础底面的平均弹性下沉，即初始沉降：

$$S_i=\rho p\frac{B(1-\mu^2)}{E} \tag{4-48}$$

式中：p——基底压力；

B——基础宽度；

μ——土的泊松比（对于饱和黏土，$\mu=0.5$）；

E——土的弹性模量（确定方法见下）；

ρ——系数，随基础形状而改变，实用数值可根据表 4-8 选用。

表 4-8　ρ 值

基础类型		基础形状											
		圆形	矩形（L/B）										
			1.0	1.5	2.0	3.0	4.0	5.0	6.0	7.0	8.0	9.0	10.0
柔性基础	角点	0.64	0.56	0.68	0.77	0.89	0.98	1.05	1.12	1.17	2.21	1.25	1.27
	中心	1.00	1.12	1.36	1.53	1.78	1.96	2.10	2.23	2.33	2.42	2.49	2.53
	平均	0.85	0.95	1.15	1.30	1.53	1.70	1.83	1.96	2.04	2.12	2.19	2.25
刚性基础		0.79	0.88	1.08	1.22	1.44	1.61	1.72	—	—	—	—	2.12

式（4-48）适用于无限深的黏土地基。对于有限深的黏土地基，也可以用该式，但其中系数 ρ 值应该查图 4-34 的曲线。

先参阅图 4-34a，图中 H 即代表基底下黏土层的有限厚度，系数 ρ 可查图 4-34c 中的曲线。如黏土层较薄，如图 4-34b 所示，那么先后使 H 等于 H_1 和 H_2，应用图 4-34c 及式（4-48）求得两个沉降值，这两个沉降值之差即为该薄黏土层的初始沉降。注意，此时应采用该黏土层的弹性参数。

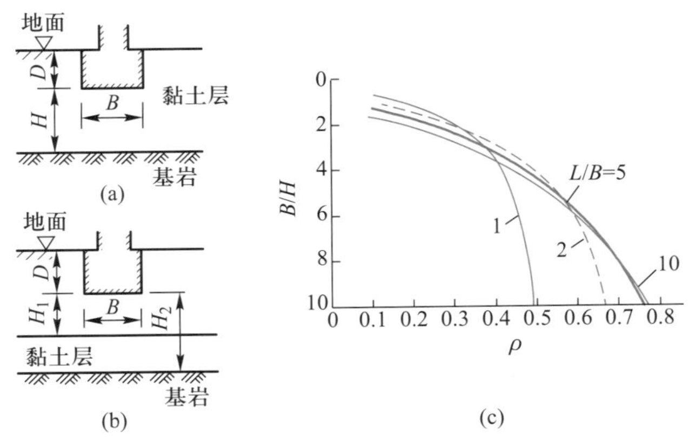

图 4-34　有限压缩层的 ρ 值

由于基础埋置深度 D 对地基沉降也有显著影响，式(4-48)的初始沉降 S_i 尚应乘以基础深度的校正因数 I。该因数与基础的长宽比 L/B 及土的泊松比有关，计算时可查阅图 4-35。注意，这时式(4-48)中的 p 仍是基底压力，无须采用净压力。

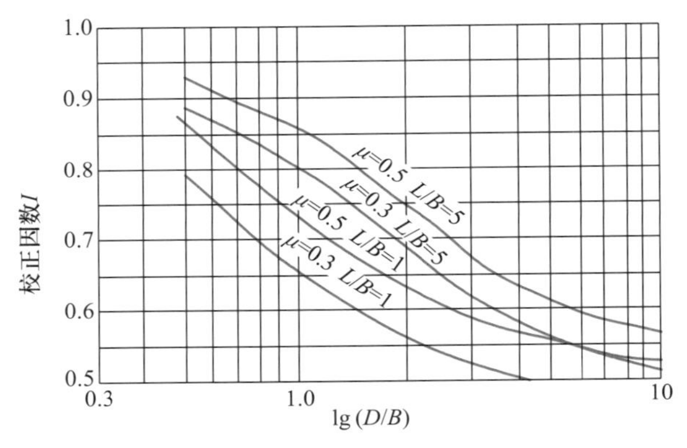

图 4-35　有限压缩层基础埋深的校正因数

2. 弹性参数的估计

黏性土不是完全的弹性体，它们的弹性参数 E 和 μ 不是常数，而随应力的大小而改变。

一般来说地基中地下水位较高，黏性土为饱和土。在瞬时加载时，可认为饱和土的体积是不可压缩的，泊松比 μ 值可用 0.5。虽然许多黏性土是各向异性的，但这样假设对初始沉降的计算结果没有什么影响。

确定弹性模量 E 比较困难。一般可以从三轴不排水剪切试验或单轴压缩试验(详见第五章)得到的应力-应变关系曲线上，量取初始段切线的斜率，以此作为弹性模量，称为初始切线弹性模量。但这样求得的 E 值可能偏低，比较正确的方法需要在三轴仪中进行重复加载和退载试验，求得再加载模量 E_r，以此来代替 E，算得的初始沉降才与实测值比较一致。

此外,也可以采用旁压仪在现场测定土的弹性模量。旁压仪由旁压器、充水、加压、变形量测系统组成,如图 4-36 所示。旁压器是旁压仪的主要组成部分,它由外径为 5 cm 的圆柱形骨架组成,外套由弹性膜所构成,分上、中、下三腔,中腔为测量室,长 25 cm,上、下腔相互沟通但与中腔隔离,为辅助室。辅助室的作用是限制测量室上下两端的变形,保证测量室在压力作用下只能发生径向膨胀,使周围土体呈圆柱状的轴对称应力状态。旁压器的中央有导水管,用来排泄地下水,使旁压器能顺利地放置到测试深度。充水系统主要用于试验前对测量室和辅助室注水。加压系统包括加压、稳压及调压设备等,它的主要作用是在试验过程中根据试验的要求给测量室和辅助室分级加压。变形量测系统有测量管和辅助管,它们分别与测量室和辅助室连通。在测量管上设有测量水位的标尺,可以直接测读出各级压力下注入测量室的水量,该水量即代表测量室在径向的体积变化。

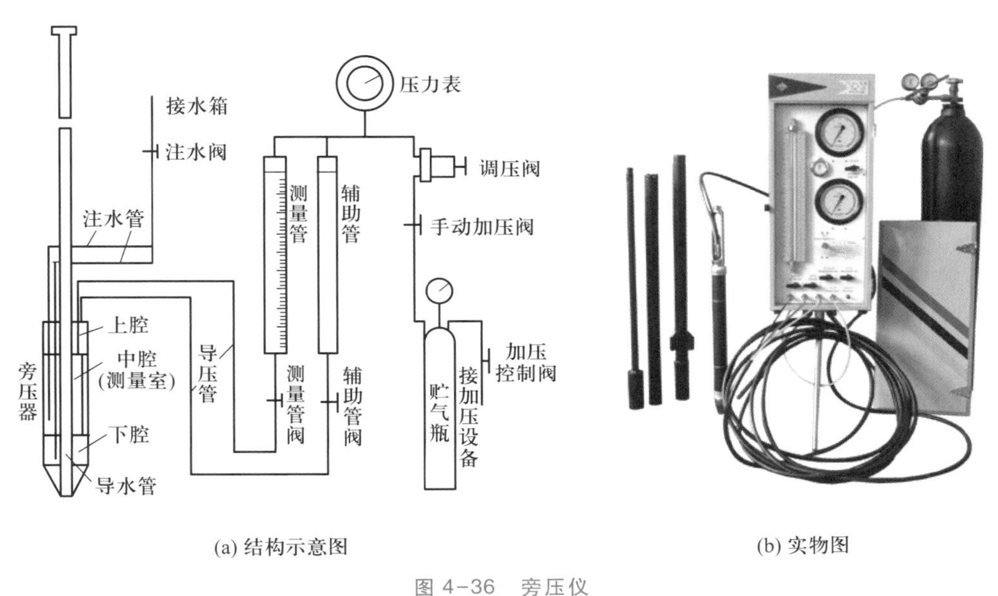

(a) 结构示意图 (b) 实物图

图 4-36 旁压仪

试验时先将旁压器竖立在地面,打开注水阀和测量管阀及辅助管阀,向旁压器中的上、中、下三腔及测量管和辅助管中充水,充好水即关闭上述三个阀门;利用成孔工具造孔,并将旁压器下放到钻孔中预定的测试深度;再打开测量管和辅助管的阀门。至此,已完成测试前的准备工作。接着打开加压阀向旁压器逐级加压。通过压力表和测量管中的水位变化,可以得到测量室中的压力与体积变化关系曲线,如图 4-37 所示。

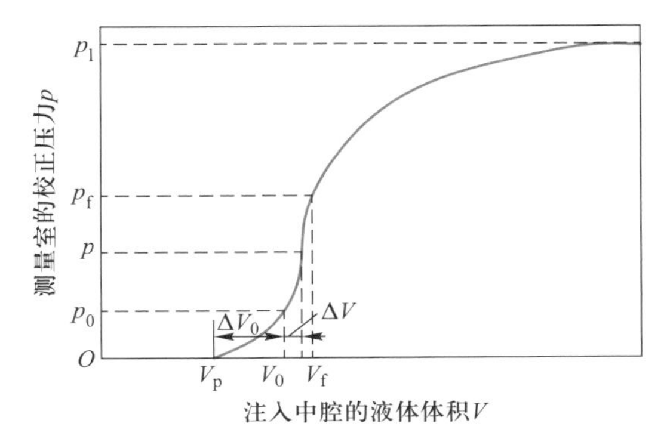

图 4-37 测量室压力-体积关系曲线

图中校正后的压力指扣除弹性膜约束力的压力值，其中 p_0 代表测量室弹性膜与孔壁贴紧时的压力，p_f 是土体开始出现塑性破坏时的压力，p_l 是土体完全破坏时的极限压力。

从图中可以看出，在 p_0 与 p_f 之间，压力与体积的变化近乎直线，这表明在此阶段土体呈弹性变形性质。因此，根据弹性理论可以导出旁压仪径向变形模量的计算公式为

$$E_p = 2(1+\mu)(V_0+\Delta V)\frac{dp}{dV} \tag{4-49}$$

式中：V_0——对应初始压力 p_0 时测量室的体积，显然，$V_0 = V_p + \Delta V_0$，V_p 为旁压器测量室的原体积，ΔV_0 为弹性膜与孔壁之间的间隙体积；

ΔV——在弹性变形阶段，相应于平均压力 p 时测量室所增加的体积；

μ——土的泊松比；

$\frac{dp}{dV}$——图 4-37 所示的弹性变形阶段曲线（p_0 与 p_f 之间）的平均斜率。

上式中，除土的泊松比需另求外，其他如 V_0、ΔV 和 dp/dV 均可从现场试验曲线确定，从而代入式（4-49）即可算出旁压仪的变形模量 E_p。当土质均匀、各向同性时，可直接利用 E_p 值代入式（4-48）求初始沉降；当土为各向异性时，则应将 E_p 值根据事先与现场载荷试验求得的 $E-E_p$ 关系进行修正，再代入式（4-48）求初始沉降。

3. 砂土地基的沉降

砂性土的透水性很强，在不长的时间内即可完成压缩，所以砂土地基的初始沉降与固结沉降已混在一起无法分开。这里介绍的方法，实际上已将这两种沉降合并考虑，并利用标准贯入试验及触探试验资料进行计算，以避免采取原状砂样的困难。各种砂土地基在侧限条件下的压缩模量 E_s 值可用式（4-50）来估算：

$$E_s = \frac{1}{m_v} = C_1 + C_2 N \tag{4-50}$$

式中：m_v——体积压缩系数；

N——标准贯入击数；

C_1、C_2——经验系数，可查阅表 4-9。

表 4-9 经验系数 C_1 和 C_2

砂土的类型		C_1	C_2
砂土	地下水位以上	5 200	330
	地下水位以下	7 100	490
黏质砂土		4 300	1 180
砂质黏土		3 800	1 050
松 砂		2 400	530

由式(4-50)求得 m_v 或 E_s 之后,即可按本章所述的方法及有关公式计算沉降。

静力触探贯入阻力 q_c 与标准贯入击数 N 之间有经验的关系。所以,当工地实测资料只有静力触探数据而没有标准贯入击数时,亦可根据表 4-10 来查得标准贯入击数,然后再利用式(4-50)求压缩模量,最后计算沉降。

表 4-10 q_c 与 N 之间的关系

土的类型	q_c/N
粉土、砂质粉土、轻黏性粉-砂混合土	200
干净细砂到中砂、轻粉质砂	350
细砂和含小砾石的砂	500
粉质砾石、砾石	600

注:q_c 为双桥探头的锥头阻力(kPa)。

(二)次固结沉降

软土在固结后期,吸着水层也要受到挤压,而其中一部分吸着水逐渐转变为自由水。转变的过程甚为缓慢,但引起的压缩量有时很可观。这一部分的压缩称为次固结。现场黏土的次固结可直接由室内试样的固结试验结果估计。

图 4-38 表示黏土试样在某级荷载作用下由于固结和次固结引起的孔隙比与时间的半对数关系。试验曲线反弯点的切线与下部直线段引伸线的交点(t_1, e_1)即代表试样固结度达 100%的一点。下部直线段的斜率称为次固结系数,用 C_α 表示。

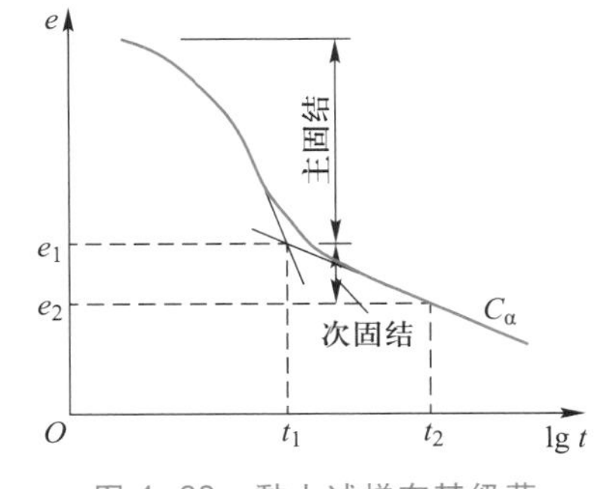

图 4-38 黏土试样在某级荷载下的固结试验结果

从时间 t_1 到 t_2 之间,由次固结所引起的孔隙比的减小为

$$\Delta e=-C_\alpha \lg \frac{t_2}{t_1}$$

所以,对于地基中软土层厚度为 H 的次固结沉降为

$$S_s=\frac{H}{1+e_0}C_\alpha \lg \frac{t_2}{t_1} \tag{4-51}$$

式中:t_1——次固结的起始时间;

t_2——建筑物的使用年限;

e_0——初始孔隙比。

如果地基中的软土有多层土,也可用分层总和法来推求总的次固结沉降。

到此为止,本节已介绍了初始沉降与次固结沉降,以补充本章前面所介绍的固结沉降。对于软黏土地基上的建筑物,从理论上讲总沉降应该包括这三种沉降,但实际上,如果由黏土的室内试验测得的次固结系数 $C_\alpha<0.03$，则次固结沉降可以略去。对于砂土地基，如前所述，只要用式(4-50)求得 E_s 后，即可计算沉降。此沉降值实际上已包括了初始沉降和固结沉降两个部分。

*二、三维变形状态下的固结沉降

在图 4-33 中，图 a 表示地基中土体加载后的初始变形引起地基的初始沉降，图 b 表示土体在三维应力状态下，侧向变形随着土的固结而变化，一直到固结完成为止。因此，在侧向可以变形的条件下，所引起的固结沉降 S' 与没有侧向变形的固结仪中所发生的固结沉降 S 必然有差别。比耶鲁姆(Bjerrum)和斯开普顿(Skempton)建议将 S 乘以一个系数 C_p 来考虑侧向变形的影响，即

$$S'=C_pS \tag{4-52}$$

下面推导系数 C_p 值，并说明其意义及应用。

在一维(竖直方向)变形的固结仪中，没有侧向膨胀的可能。在加载瞬时，竖直方向的大主应力增量等于孔隙水压力增量，即 $\Delta\sigma_1=\Delta u$。所以，试样的压缩量为

$$S=m_v\Delta\sigma_1h=m_v\Delta uh \tag{4-53}$$

式中：m_v——土的体积压缩系数；

h——试样厚度。

对于整个地基土层(厚度为 H)来说，固结沉降为

$$S=\int_0^H m_v\Delta u\mathrm{d}H \tag{4-54}$$

在考虑到有侧向变形的饱和土体中：

$$\Delta u=\Delta\sigma_3+A(\Delta\sigma_1-\Delta\sigma_3)=A\Delta\sigma_1+(1-A)\Delta\sigma_3 \tag{4-55}$$

上式中的 A 是孔隙应力系数(详见第五章)，对于沉降计算，可采用下列数值：

灵敏软黏土，$A>1.0$；

正常固结黏土，$A=0.6\sim1.0$；

超固结黏土，$A=0.2\sim0.6$；

强超固结黏土，$A=0\sim0.2$。

所以，这时的固结沉降为

$$S'=\int_0^H m_v\Delta u\mathrm{d}H=\int_0^H m_v[A\Delta\sigma_1+(1-A)\Delta\sigma_3]\mathrm{d}H \tag{4-56}$$

将式(4-56)与式(4-54)相比，得到

$$\frac{S'}{S}=C_p=\frac{\int_0^H m_v(A\Delta\sigma_1+(1-A)\Delta\sigma_3]\mathrm{d}H}{\int_0^H m_v\Delta\sigma_1\mathrm{d}H} \tag{4-57}$$

假定 m_v 与 A 均为常数，上式可简化为

$$C_p=A+(1-A)\alpha \tag{4-58}$$

其中：

$$\alpha=\frac{\int_0^H \Delta\sigma_3 \mathrm{d}H}{\int_0^H \Delta\sigma_1 \mathrm{d}H} \tag{4-59}$$

α 值与基础形状、基础宽度 B（或圆形基础的直径）及地基的有效压缩层厚度 H 有关，可查表 4-11。

表 4-11 α 值

H/B	圆形基础	条形基础
0	1.00	1.00
0.25	0.67	0.74
0.50	0.50	0.53
1.0	0.38	0.37
2.0	0.30	0.26
4.0	0.28	0.20
10.0	0.26	0.14
∞	0.25	0

用系数 C_p 乘以第四节与第五节所求出的固结沉降 S，即为考虑了三维变形状态并允许土在固结过程中有侧向变形时的修正固结沉降 S'，从而使沉降计算更为精确。过去对于灵敏度较高的软黏土，如上海地区，用第四节与第五节方法算得的固结沉降往往偏小。因为软土的 $A>1.0$，C_p 总大于 1［见式(4-58)］，所以可提高原来的第四节与第五节的计算值；对于超固结土，如南京地区的下蜀黄土，用第四节与第五节方法算得的固结沉降偏大，但由于这种土的 A 远小于 1.0，C_p 值必然小于 1，校正后可降低原来的计算值。当 $A=1$ 时，两种方法计算的结果相同。

这里要指出的是，本节所介绍的修正方法，严格地讲只适用于基础底面以下对称轴线上的沉降计算，因为，在推导过程中假定竖向应力为大主应力 $\Delta\sigma_1$，水平向应力为小主应力 $\Delta\sigma_3$，这仅在对称轴线上才是合适的。最后还要说明的是，所修正的沉降只对固结沉降而言，对于次固结沉降，如果需要的话，依旧可以加在修正后的固结沉降值上。

*三、应力路径法求地基沉降

应力路径法的基本概念是用应力路径表示现场在施工前、施工期间及完工后地基内部的应力变化情况。土体中任一单元体的应变、孔隙应力和强度都与应力路径有关，所以应力路径法能够从土体内部的应力变化来推测土的变形和强度，其基本原理请参阅第五章。本节专门讨论如何用应力路径法求地基沉降，其步骤如下：

（1）先估计现场在建筑物荷载作用下地基中某些代表性单元体（例如每一土层的中点）的有效应力路径；

（2）取样，在实验室做这些土单元体的三轴试验（详见第五章），复制现场有效应力路径，并量取试验各阶段的垂直应变；

（3）将各阶段的垂直应变乘以土层厚度，即得初始及最终沉降。

图 4-39 可以很清楚地说明地基沉降过程中的应力变化。A 点表示施工前现场地基内某一点的应力，它处于 K_0 线上。当该点受到来自建筑物附加应力 $\Delta\sigma_1$ 和 $\Delta\sigma_3$ 作用的瞬间，总应力路径为 AC，有效应力路径为 AC'。CC'代表超静孔隙水压力的大小。随着超静孔隙水压力的消散，有效应力最后达到 C。因此，初始沉降是 AC'的函数，固结沉降是 CC'的函数。所以，总沉降应为 $AC'C$ 路径中所引起的总应变乘以土层厚度。这里，有效应力路径是连续的。

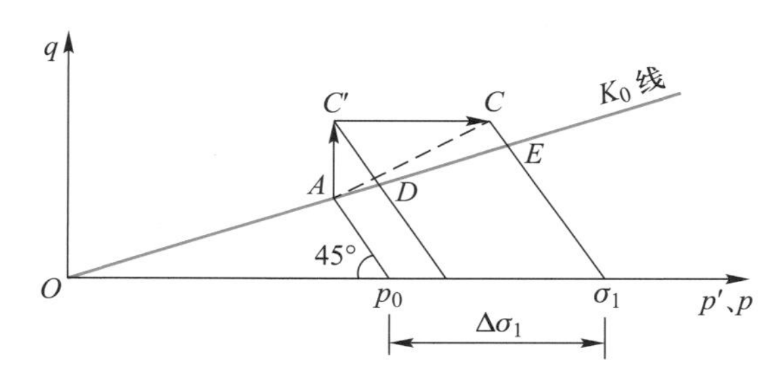

图 4-39 地基土沉降过程中的应力变化

然而，在第四节与第五节所述的一维固结中，初始超静孔隙水压力的大小为 $\Delta\sigma_1$。随着超静孔隙水压力的消散，有效应力路径沿着 K_0 线从 A 至 E，不发生初始沉降，固结沉降为路径 AE 的函数。而前面提到的固结沉降修正，只是以三维变形下的超静孔隙水压力代入了一维固结的沉降公式，因此固结过程中的有效应力路径为 DE，初始沉降为路径 AC'的函数，而固结沉降为路径 DE 的函数。由此可见，在这种修正中，有效应力路径是不连续的。

根据上述解释，可知应力路径法对进一步认识土力学理论计算是有帮助的。

习 题

第四章习题参考答案

4-1 某涵闸基础宽 6 m，长（沿水流方向）18 m，受中心竖直荷载 $P=10\ 800$ kN 的作用（含基础自重）。地基为均质黏性土，地下水位在地面以下 3 m 处，地下水位以上土的湿重度 $\gamma=19.1$ kN/m^3，地下水位以下土的饱和重度 $\gamma_{sat}=21$ kN/m^3，基础的埋置深度为 1.5 m，土的压缩曲线如图 4-40 所示。试求基础中心点的沉降量。

4-2 某条形基础宽 15 m，受 2 250 kN/m 的竖直偏心线荷载作用，偏心距为 1 m。地下水位距地面 6 m，地基由两层黏土层组成，上层厚 9 m，湿重度 $\gamma=19$ kN/m^3，饱和重

度 $\gamma_{sat}=20\ kN/m^3$；下层厚度很大，饱和重度 $\gamma_{sat}=21\ kN/m^3$。基础埋深为 3 m（假定无回弹现象），上层土和下层土的压缩曲线如图 4-41 中的 A、B 线所示。试求基础两侧的沉降量和沉降差。

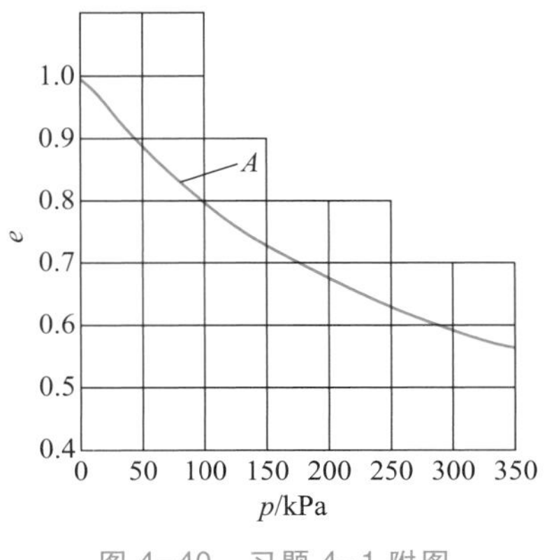

图 4-40　习题 4-1 附图

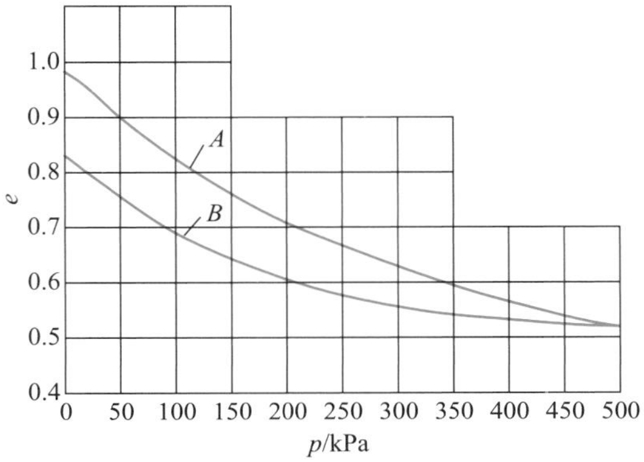

图 4-41　习题 4-2 附图

4-3　参照上一章习题 3-4，假定软土层的固结系数 $C_v=2\times10^{-5}\ cm^2/s$，压缩曲线可借用图 4-40。试求挡土墙前趾 A 由于软黏土的压缩所引起的沉降量，以及达到 80% 固结度所需的时间。

4-4　某均质土坝及地基的剖面图如图 4-42 所示，其中黏土层的平均压缩系数 $a_v=2.4\times10^{-4}\ kPa^{-1}$，初始孔隙比 $e_1=0.97$，渗透系数 $k=2.0\ cm/a$，坝轴线处黏土层内的附加应力分布如图中阴影部分所示，设坝体是不透水的。试求：

（1）黏土层的最终沉降量；

（2）当黏土层的沉降量达到 12 cm 时所需时间；

（3）加载一个月后，黏土层的沉降量为多少？

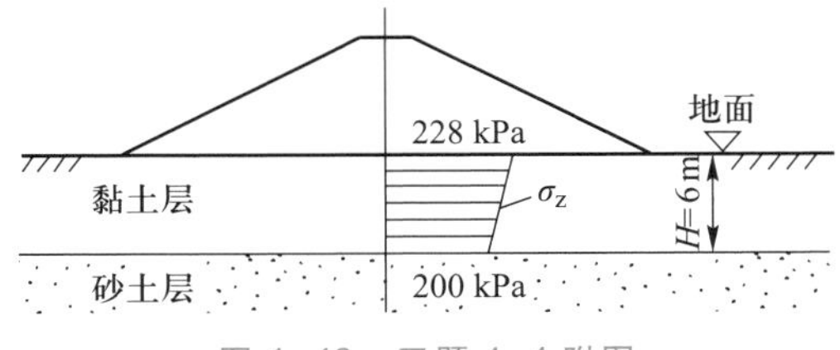

图 4-42　习题 4-4 附图

4-5　有一黏土层位于两砂层之间，厚度为 5 m，现从黏土层中心取出一试样做固结试验（试样的厚度为 2 cm，上下均放透水石），测得当固结度达到 60% 时需要 8 min。试求当天然黏土层的固结度达到 80% 时需要多少时间（假定黏土层内附加应力为直线分布）。

4-6　某一黏土试样取自地表以下 8 m 处，该处受到的有效应力为 100 kPa，试样的初始孔隙比为 1.05，压缩试验得到的压力与稳定孔隙比关系见表 4-12。

表 4-12 习题 4-6 附表

加载	p/kPa	50	100	200	400
	e	0.950	0.922	0.888	0.835
卸载	p/kPa	200	100		
	e	0.840	0.856		
再加载	p/kPa	200	400	800	1 600
	e	0.845	0.830	0.757	0.675

试在半对数纸上绘出压缩、回弹及再压缩曲线，并推求前期固结压力 p_c 及现场压缩曲线的 C_c 和 C_s 值，判断该土属于何种类型的固结土。

4-7 图 4-43 是一地基剖面图，A 为原地面，在近代的人工活动中已被挖去 2 m，即现在的地面为 B。

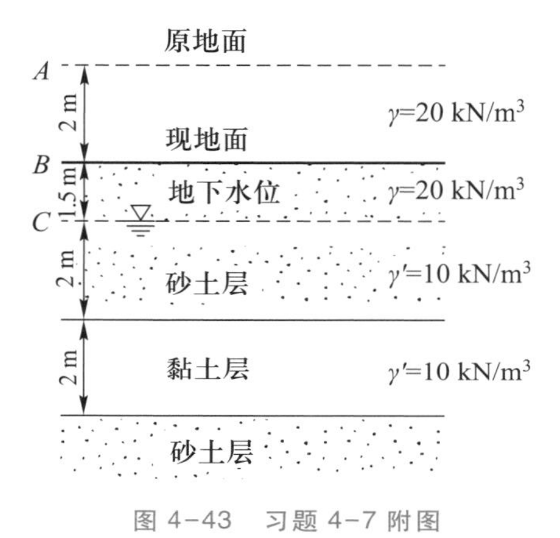

图 4-43 习题 4-7 附图

设在开挖以后地面以下的土体允许发生充分回弹的情况下，再在现地面上大面积堆载，其大小为 150 kPa。试问黏土层将产生多大的压缩量。（黏土层的初始孔隙比为 1.00，$C_c=0.36$，$C_s=0.06$）

研讨题

老子《道德经》有言：“祸兮福之所倚，福兮祸之所伏。”位于亚得里亚海沿岸的意大利古城威尼斯有着悠久的历史和深厚的文化，特别是其独有的水上城市景观，每年吸引了众多的游客。然而由于地表相对于海平面的下降，威尼斯也面临着严重的洪水侵袭问题。威尼斯坐落在海岸潟湖中的一百多座小岛之上，这些小岛由河流携带的土颗粒在潟湖中沉积而成，土质松散。在过去的 100 年里，地表相对于海平面下降了 23 cm，其中包括了 12 cm 的地表沉降和 11 cm 的海平面上升。威尼斯的地表沉降成因复杂，包括了地下水过度开采、建筑荷载、沼泽地开发带来的土壤有机质氧化、新近沉积土的天然沉降、地质运动等多种人为和天

然因素。请同学们结合本章所学的知识内容,查阅相关资料,尝试思考并探讨以下几个方面的问题:

(1) 造成威尼斯地表沉降的内在和外部原因有哪些?

(2) 对于由建筑荷载引起的沉降,如何进行分析预测? 新近沉积土为什么存在天然沉降?

(3) 地下水过度开采是如何影响地表沉降的? 其对沉降深度的影响和建筑荷载引起的沉降有何不同?

(4) 威尼斯当地采用了哪些手段来应对地表沉降和洪水问题?

文献拓展

[1] SKEMPTON A W,BJERRUM L. A contribution to the settlement analysis of foundations on clay[J]. Geotechnique, 1957, 7(4):168-178.

附注:该文为英国帝国理工学院斯开普顿教授和挪威岩土工程研究所比耶鲁姆教授两位土力学先驱共同撰写。文章介绍了一种计算黏土固结沉降的近似理论,并通过实际工程案例验证了该理论对已有计算方法的改进。

[2] GIBSON R E,ENGLAND G L,HUSSEY M J L. The theory of one-dimensional consolidation of saturated clays (I): finite non-linear consolidation of thin homogeneous layer[J]. Geotechnique,1967,17(3): 261-273.

[3] GIBSON R E,SCHIFFMAN R L,CARGILL K W. The theory of one-dimensional consolidation of saturated clays (II): finite non-linear consolidation of thick homogeneous layers[J]. Canadian Geotechnical Journal,1981,18(2): 280-293.

附注:上述两篇文章是英国伦敦国王学院吉布森教授(第 14 届朗肯讲座主讲人)等所撰写的系列论文,论文考虑了黏土在固结过程中压缩性和渗透性的变化,取消了小应变的限制条件,建立了更为普遍的一维有限固结方程,为固结理论向非线性和大应变方向的发展做出了卓越贡献。

知识图谱

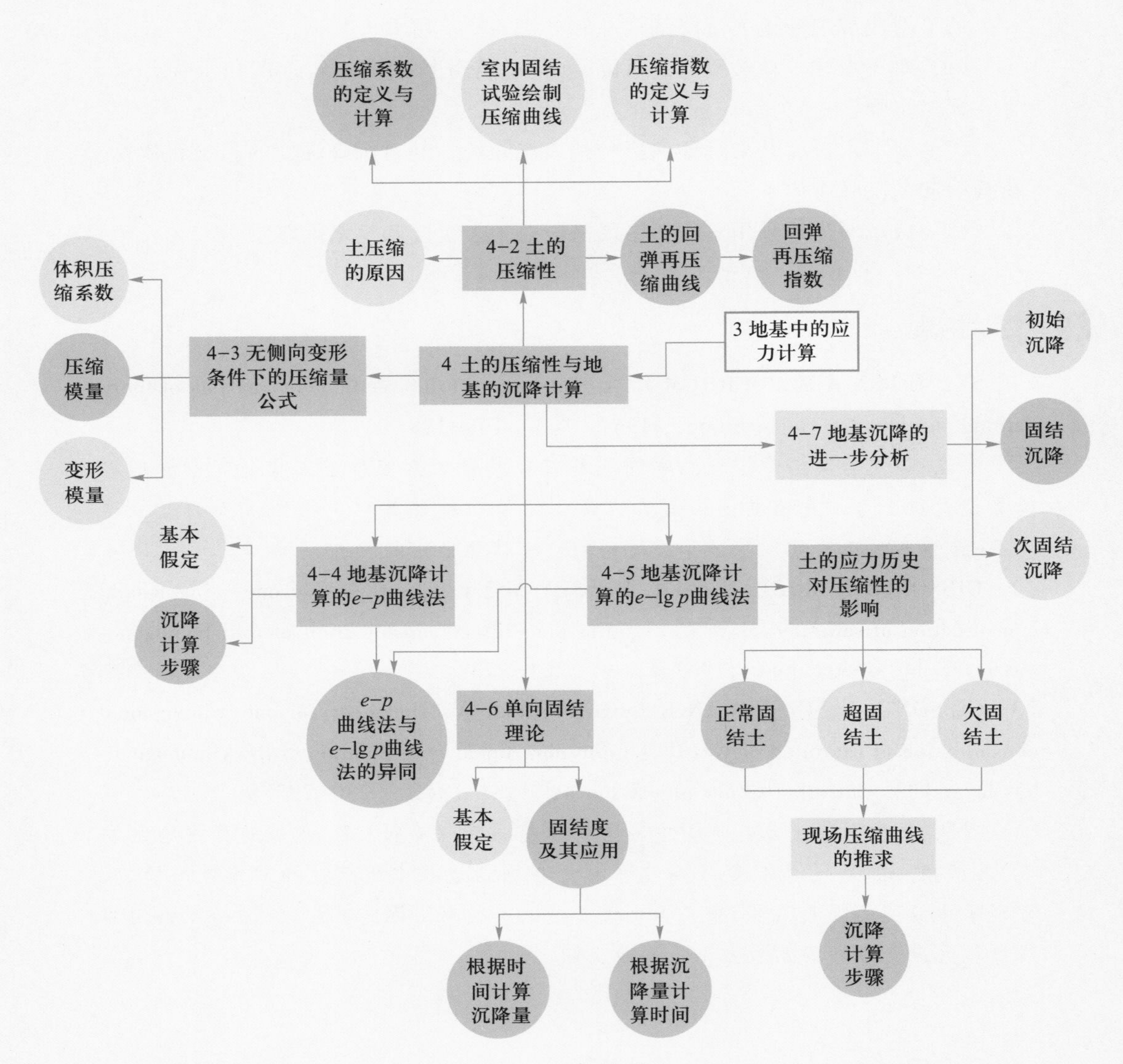

图例说明：

矩形表示可分割的知识点集，圆形表示不可分割的知识点；

实心表示本章节内容，空心表示其他章节内容；

深色表示本科教学重难点，浅色表示一般知识点；

箭头表示先后关系。

先贤故事

Coulomb：躬行实践

查尔斯·奥古斯丁·德·库仑(Charles Augustin de Coulomb),1736年生于法国昂古莱姆(Angoulême),从小随父母迁居巴黎,在巴黎接受了极好的基础教育,在学习文史哲等课程的同时掌握了大量数学、物理、化学方面的知识,为他后来的研究奠定了坚实的基础。

不同于多数学者的职业生涯始于学校,库仑的职业生涯始于军队。在随法军各处驻防期间,他参与设计了各类工事、掩体,为此他针对结构力学、土体的物理化学性质等展开深入研究,积累了丰富的经验。1764年,他被派往马提尼克岛,其间库仑最重要的任务就是负责建造新的波旁堡。建造波旁堡是一项艰巨的挑战,库仑主要负责解决现场施工中遇到的各种难题。不同的地质结构、气候条件都为库仑的研究提供了丰富的素材。库仑于1772年回到法国,随后他开始整理之前的研究所得,并撰写论文。1773年,库仑向法兰西科学院提交了论文《最大最小原理在某些与建筑有关的静力学问题中的应用》,文中研究了土的抗剪强度,并提出了土的抗剪强度准则(即库仑定律),还对挡土结构上的土压力的确定进行了系统研究,首次提出了主动土压力和被动土压力的概念及其计算方法(即库仑土压力理论)。该文在3年后的1776年由科学院刊出,被认为是古典土力学的基础,库仑也因此被称为"土力学的始祖"。

1781年,库仑当选法国科学院力学部门的院士,他搬到巴黎,成为一名工程顾问,余生致力于物理学研究。1806年8月,库仑病逝于巴黎。

库仑不仅在电磁学理论方面功勋卓著,还在土木工程领域成就斐然。他这种对知识不断探索并亲力躬行加以验证的精神鼓舞并激励着一代又一代的科学家与工程师。

第 五 章

土的抗剪强度

章节导图

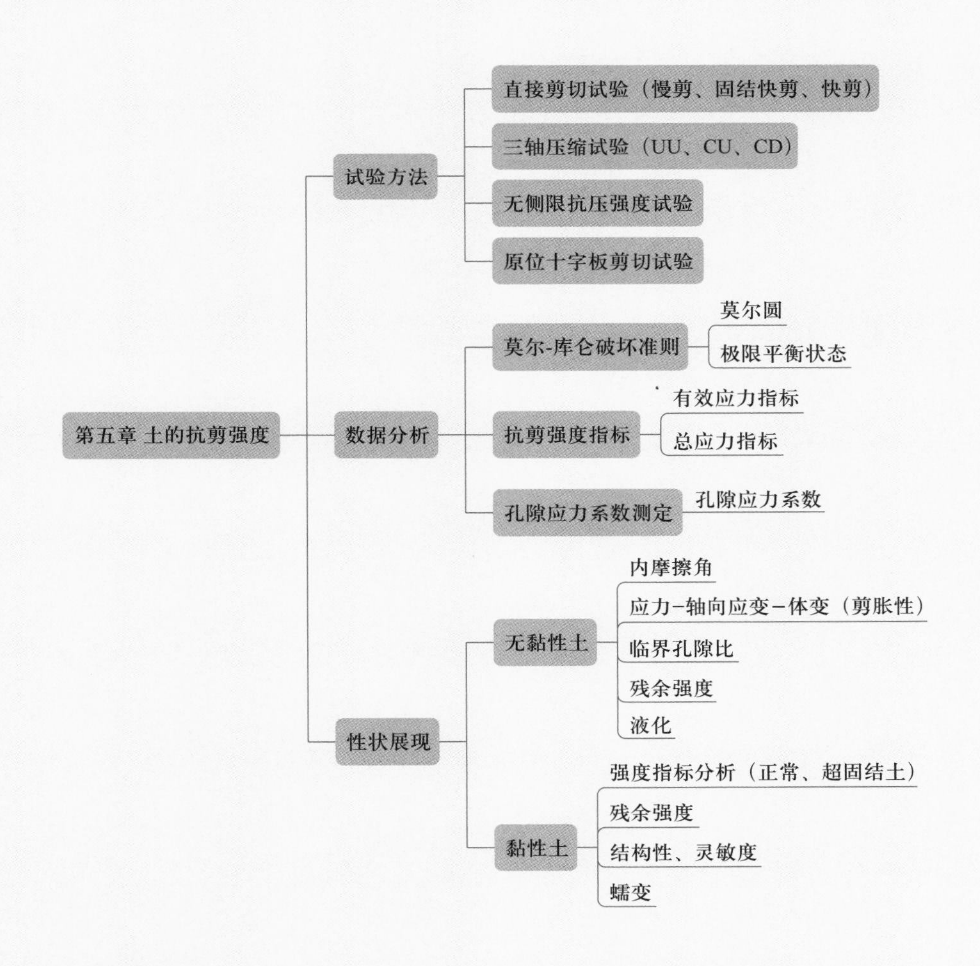

目标导入

◇ 掌握采用莫尔应力圆分析土体单元任意一点应力状态的方法；
◇ 了解土的典型剪切试验类型(重点为直剪试验和三轴试验)，以及各类试验测试原理与适用土质；
◇ 了解斯开普顿孔隙应力系数的定义和内涵；
◇ 了解影响土抗剪强度的重要因素；
◇ 了解土在剪切过程中的应力-应变、体变、孔压变化等性状特征；
◇ 掌握土在不同类型的直剪试验和三轴试验中表现出的不同抗剪强度和强度指标规律的特征及原因，培养选用合适指标分析和解决实际岩土强度问题的能力；
◇ 培养基于三轴试验结果，分析求解土体相关破坏应力、抗剪强度及规律的能力；
◇ 了解砂土液化、黏土结构性、灵敏度、残余强度等现象产生原因及对工程的影响，增强工程责任意识；
◇ 通过土体剪切破坏实例提升对土体强度理论实际运用的认知，培养利用理论知识解决复杂实际问题的能力，并提升在工程设计、施工等阶段的法治意识和工程伦理素养。

第一节 概述

教学课件 5-1

工程实践中常常需要研究建筑物地基承受外荷载后的稳定性，填方或挖方边坡在外力和土体自重作用下的稳定性，以及挡土结构物上的土压力等问题。所有这些问题涉及一部分土体沿着某个面相对于另一部分土体的滑动，因而，也就涉及土体之间的抗滑能力问题。

在外荷载和自重作用下，土工建筑物和地基内部将产生剪应力和相应的变形。与此同时，也将引起抵抗这种剪切变形的阻力。当土工建筑物和地基保持稳定时，土体内的剪应力和抗剪应力将处于平衡状态。如果剪应力增加，抗剪应力亦相应增大。可是，土的抗剪应力有一定限度，达到这一限度时，土就要发生破坏。这个限度称为土的抗剪强度。所以，如果土体内某一部分的剪应力达到了它的抗剪强度，就要在该部分开始出现剪切破坏或产生塑性流动，最终可能导致一部分土体沿着某个面相对于另一部分土体产生滑动，即整体破坏。图 5-1a 所示为 2009 年上海某小区新建 PHC 管桩基础高层居民楼，由于一侧超限堆土而另一侧地下车库基坑快速开挖，形成两侧压力差致使 PHC 管桩折断引起基础失稳而整体倒塌；图 5-1b 所示为 1955 年美国法戈(Fargo)谷仓

(10个仓筒)由谷物充填引起地基破坏而倾倒垮塌。这两起工程事故都是因剪应力过大,超过了土的抗剪强度引起的。

(a) 上海某小区新建居民楼整体倒塌

(b) 美国法戈谷仓倾倒垮塌

图 5-1 地基破坏的工程案例

土的抗剪强度是土的重要力学性质之一。本章将首先叙述强度的基本概念和莫尔-库仑破坏准则,其次简要介绍几种常用的剪切试验仪器和试验类型,着重讨论剪切试验中土的性状。此外,对三轴试验中的孔隙应力和应力路径等问题也做一些简要介绍。

第二节 强度的基本概念及莫尔-库仑破坏准则

一、固体间的摩擦力

教学课件 5-2

设某物体的重量为 W,放置在一水平面上,在没有水平推力的情况下,接触面对物体的反力 R 将是竖直向上的,且大小等于 W,如图 5-2a 所示。这时,竖向反力所能提供的摩擦力为

$$T_{\mathrm{f}}=W\tan\varphi_0 \tag{5-1}$$

式中:φ_0——摩擦角,与接触面的性质(如接触面的材料和粗糙程度等)有关,而与外力的大小无关。在大多数接触材料中,φ_0 接近常数。

在图 5-2a 中,物体没有滑动趋势,因此,摩擦力实际上没有发挥作用。如果在物体上施加一水平推力,那么,重力 W 与水平推力 T 的合力 R'将与接触面的法向成某一角度 α,α 称为合力的倾角。在 W 不变的条件下,α 取决于所施加的推力 T 的大小,而与接触面的性质无关。当水平推力 T 很小时,为了抵抗这一推力,物体将动用部分摩擦力。于是,接触面对物体的反力 R 就不再是竖直向上的,而是与接触面的法向成 α 角。这时,由于 $\alpha<\varphi_0$,所以,物体仍没有滑动,如图 5-2b 所示。

随着水平推力 T 的继续增加,α 角亦将相应增大,一旦 $\alpha=\varphi_0$,如图 5-2c 所示,则物体在接触面上的摩擦力将全部动用,从而处于极限平衡状态(临界状态)。当 $\alpha>\varphi_0$ 时,物体就沿着接触面滑动。

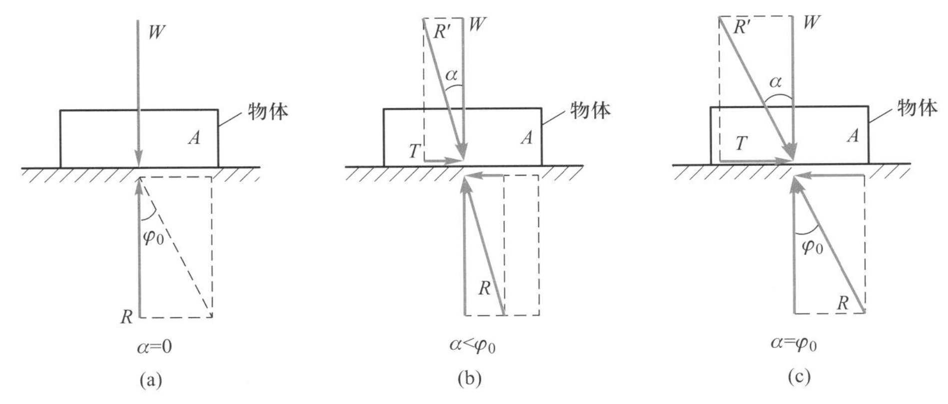

图 5-2 物体在水平接触面上的滑动

从上述简单情况可得出如下结论：固体间的摩擦力直接取决于接触面上的法向力和接触材料的摩擦角；若合力的倾角 α 小于摩擦角 φ_0，即 $T<T_f$，这时仅部分摩擦力发挥作用，物体没有滑动危险；当合力的倾角 α 等于摩擦角 φ_0 时，即 $T=T_f$，物体的摩擦力将全部动用，从而处于极限平衡状态。所以，得出的滑动准则是合力的倾角等于摩擦角或水平推力等于竖向反力所能提供的摩擦力。

二、莫尔应力圆

土体内部的滑动可沿任何一个面发生，只要该面上的剪应力等于它的抗剪强度。为此，通常需要研究土体内任一微小单元体的应力状态。

通过土体内某微小单元体的任一平面上，一般都作用着一个合应力，它与该面法向成某一倾角，并可分解为法向应力（正应力）σ 和切向应力（剪应力）τ 两个分量。如果某一平面上只有法向应力，没有切向应力，则该平面称为主应力面，而作用在主应力面上的法向应力就称为主应力。由材料力学可知，通过一微小单元体的三个主应力面是彼此正交的，因此，微小单元体上三个主应力也是彼此正交的。

下面研究平面问题或轴对称问题。某一土单元体如图 5-3a 所示，若该单元的大主应力 σ_1 和小主应力 σ_3 的大小和方向都为已知，则与大主应力面成 θ 角的任一平面上的法向应力 σ 和剪应力 τ 可由力的平衡条件求得。

按 σ 方向的静力平衡条件：

$$\sigma\, ac=\sigma_1 ab\cos\,\theta+\sigma_3 bc\sin\,\theta$$

于是，得

$$\sigma=\sigma_1\frac{ab}{ac}\cos\,\theta+\sigma_3\frac{bc}{ac}\sin\,\theta=\sigma_1\cos^2\theta+\sigma_3\sin^2\theta$$

经换算后可得

$$\sigma=\frac{\sigma_1+\sigma_3}{2}+\frac{\sigma_1-\sigma_3}{2}\cos\,2\theta \tag{5-2}$$

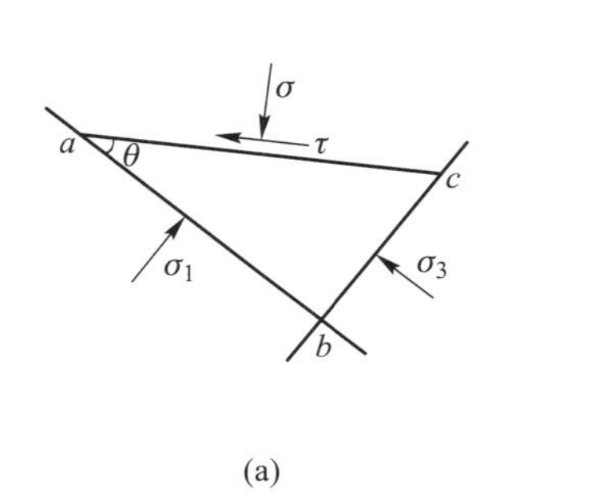

(a)

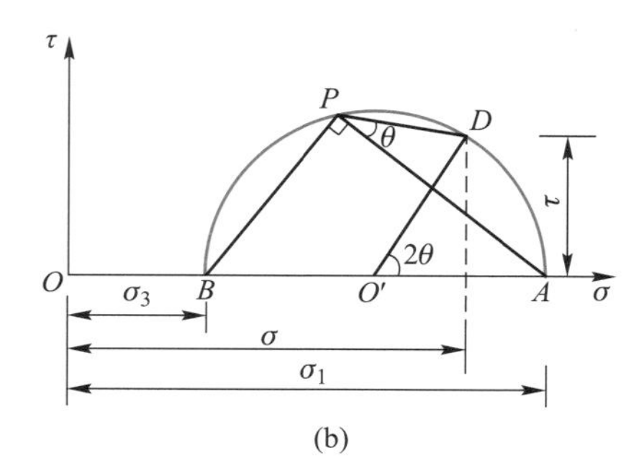

(b)

图 5-3　土单元体的应力状态

按 τ 方向的静力平衡条件:

$$\tau ac=\sigma_1 ab\sin\theta-\sigma_3 bc\cos\theta$$

于是,得

$$\tau=\sigma_1\frac{ab}{ac}\sin\theta-\sigma_3\frac{bc}{ac}\cos\theta=\sigma_1\cos\theta\sin\theta-\sigma_3\sin\theta\cos\theta$$

所以,有

$$\tau=\frac{\sigma_1-\sigma_3}{2}\sin 2\theta \qquad (5-3)$$

由式(5-2)和式(5-3)可知,若给定 σ_1 和 σ_3,则通过该单元体任一平面上的法向应力和剪应力将随它与大主应力面的夹角 θ 而异。

如果消去式(5-2)和式(5-3)中的 θ,则可得到

$$\left(\sigma-\frac{\sigma_1+\sigma_3}{2}\right)^2+\tau^2=\left(\frac{\sigma_1-\sigma_3}{2}\right)^2 \qquad (5-4)$$

可见,在 σ-τ 坐标平面内,土单元体的应力状态的轨迹将是一个圆,圆心落在 σ 轴上,与坐标原点的距离为 $(\sigma_1+\sigma_3)/2$,半径为 $(\sigma_1-\sigma_3)/2$,该圆就称为莫尔应力圆。因此,若某土单元体的莫尔应力圆一经确定,那么,该单元体的应力状态也就确定了。

为了绘制莫尔应力圆,习惯上常以坐标横轴为法向应力 σ 轴,坐标纵轴为剪应力 τ 轴,在横轴上取 $OO'=(\sigma_1+\sigma_3)/2$,以 O'为圆心,$(\sigma_1-\sigma_3)/2$ 为半径作圆即可得到。该圆与横轴交于 A 点和 B 点,OA 等于大主应力 σ_1,OB 等于小主应力 σ_3,如图 5-3b 所示。若过 A、B 两点分别作平行于图 5-3a 中大主应力面 ab 和小主应力面 bc 的直线,那么,由于主应力面的正交性和半圆的圆周角为直角,故所作的两直线必与莫尔应力圆相交于一点 P,P 称为极或极点。现在,若求与大主应力面成 θ 角的某一平面 ac 上的应力,只需通过 P 点作 ac 的平行线,它与莫尔应力圆交于 D 点。由几何关系可知,D 点的纵坐标就等于式(5-3)中的剪应力 τ,横坐标就等于式(5-2)中的法向应力 σ。所以,D 点的纵、横坐标就是 ac 面上的剪应力和法向应力。

当大、小主应力的方向分别与 τ 轴、σ 轴平行时,如图 5-4a 所示,极 P 将与 B 点重

合。于是，与大主应力面成 θ 角的平面 ac 上的应力，可通过 B 点作 ac 的平行线，即与横轴成 θ 角的直线，它与莫尔应力圆的交点 D 的坐标就是这个面上的应力，如图 5-4b 所示。图中 D 点的纵坐标 DE 和横坐标 OE 分别代表 ac 面上的剪应力和法向应力的大小。于是，由三角形 ODE 可知，ac 面上的合应力的大小在图中就以 OD 线表示，而 $\angle DOE$ 即等于合应力的倾角 α。由图 5-4b 还可看出，当 D 点在圆周上移动，至 OD 线与莫尔应力圆相切时，可得 α 的最大值 α_{max}。

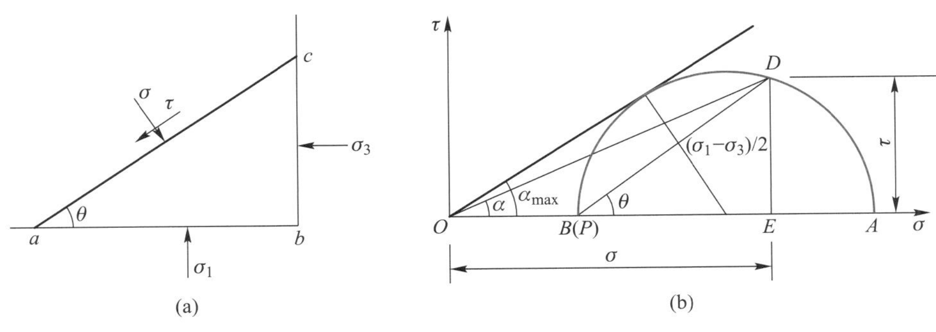

图 5-4　合应力和倾角

这时，有

$$\sin\alpha_{max}=\frac{\sigma_1-\sigma_3}{\sigma_1+\sigma_3} \tag{5-5}$$

要指出的是，在土力学中绘制莫尔应力圆时，应力的正、负号与材料力学不同。一般规定如下：法向应力以压应力为正，拉应力为负；剪应力以逆时针方向为正，顺时针方向为负。

三、莫尔-库仑破坏准则

前面曾经提到：在固体间的摩擦中，当合力的倾角 α 等于摩擦角 φ_0 时，接触面上的摩擦力达到了它的最大值，物体处于极限平衡状态。根据这一概念，如果土的强度特性类似于固体间的摩擦，那么，只要土体单元内任一平面上的合应力的倾角 α_{max} 等于它的内摩擦角 φ，该单元也就处于极限平衡状态，因为通过该单元体已有一对平面上的剪应力达到了它的抗剪强度。这一对平面就是剪切破坏面（剪破面），它们平行于图 5-5 中的 BD 和 BE 线，在实际试验和工程中近似如图 5-6 中虚线所示。

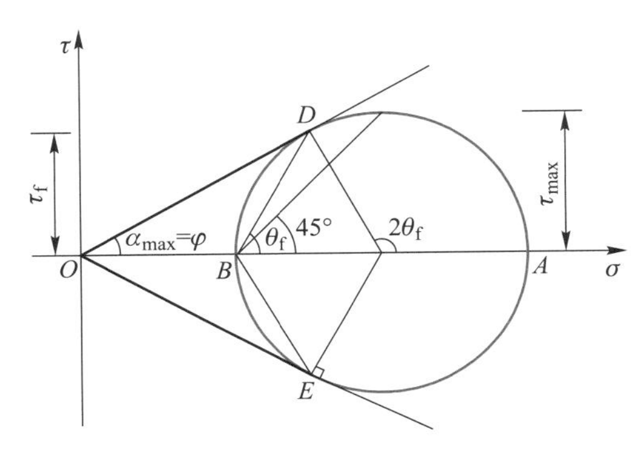

图 5-5　$\alpha_{max}=\varphi$ 时的莫尔应力圆

由图可以看出，以合应力的最大倾角作为破坏准则，剪破面不是最大剪应力面，而是与大主应力面成 θ_f 角的平面（下标 f 表示剪破时，下同）。由几何关系可知

$$2\theta_f=90°+\varphi$$

所以，得

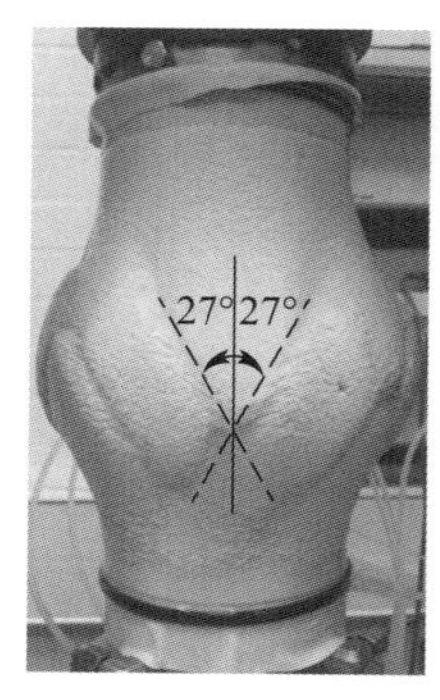

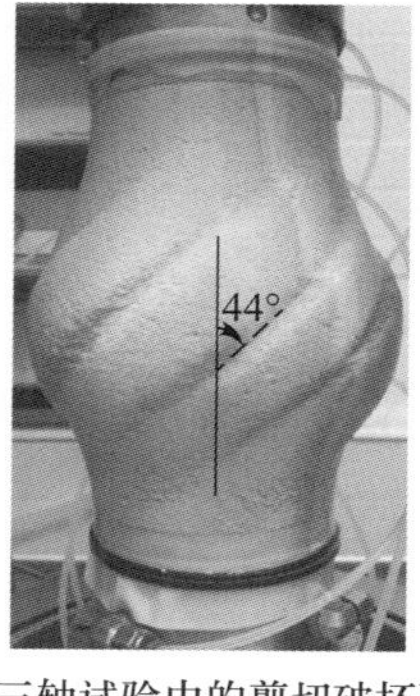

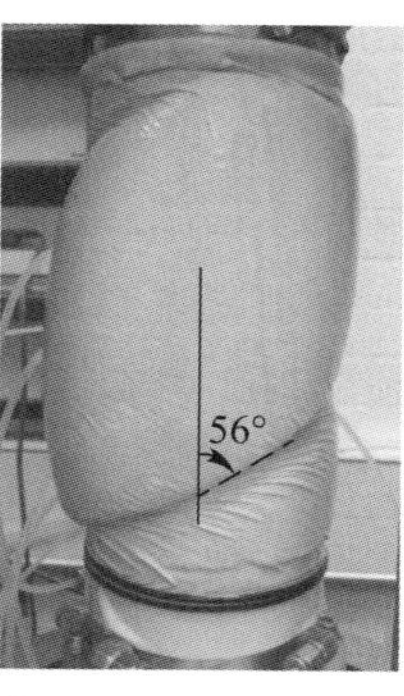

(a) 三轴试验中的剪切破坏面

(b) 实际工程中的剪切破坏面

图 5-6 土体的剪切破坏面

$$\theta_f = 45° + \frac{\varphi}{2} \tag{5-6}$$

即剪破面与大主应力面的理论夹角为$(45°+\varphi/2)$，一对剪破面的夹角为$(90°\pm\varphi)$。

1773 年，库仑根据砂土的摩擦试验，把抗剪强度表达为滑动面上法向总应力的线性函数，即

$$\tau_f = \sigma \tan\varphi \tag{5-7}$$

这表明，砂土的强度特性类似于固体间的摩擦。后来为适应不同土类和试验条件，把上式改写成更普遍的形式：

案例拓展 5-1 宁波西洪大桥

$$\tau_f = c + \sigma \tan\varphi \tag{5-8}$$

式中：τ_f——土的抗剪强度（kPa）；

σ——滑动面上的法向总应力（kPa）；

c——黏聚力，即在 τ-σ 坐标平面内抗剪强度线与坐标纵轴的截距（kPa）；

φ——内摩擦角，即抗剪强度线的倾角（°）。

c 和 φ 称为总应力强度指标，因为滑动面上的法向应力 σ 是以总应力表示的。

现在，如果土的抗剪强度线和某土单元体的莫尔应力圆为已知，那么，就可通过两者之间的对照来确定该单元所处的状态。当莫尔应力圆在强度线以内时，如图 5-7 中 A 圆，表示通过该单元的任何平面上的剪应力都小于它的抗剪强度，故土单元体处于稳定状态，没有被剪破。当莫尔应力圆与强度线相切时，如图中 B 圆，表示已有一对平面

上的剪应力达到了它的抗剪强度,该单元体处于极限平衡状态,濒临剪破。这时的莫尔应力圆称为莫尔极限应力圆。当莫尔应力圆与强度线相割时,如图中 C 圆,表示该单元体已剪破。实际上,这种应力状态并不存在,因为在此之前,土单元体早已沿某一对平面剪破了。

下面就来研究某一土体单元处于极限平衡状态时的应力条件。图 5-8 中是以总应力表示的强度线和极限应力圆,它们相切于 D 点。根据几何关系可得

$$\sin\varphi=\frac{(\sigma_1-\sigma_3)_f/2}{(\sigma_1+\sigma_3)_f/2+c\cdot\cot\varphi}$$

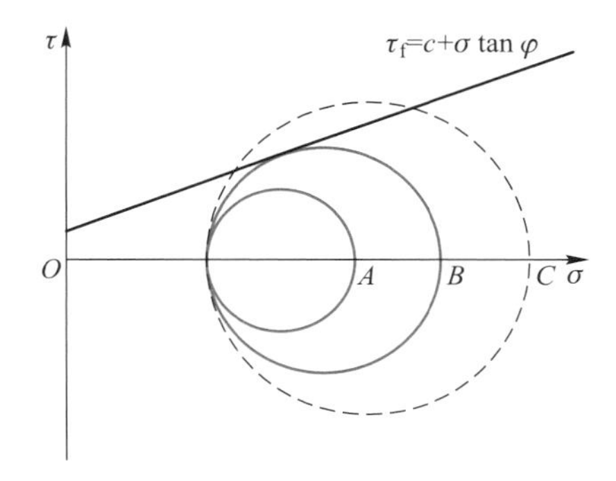

图 5-7 图解确定某一土单元体所处的状态

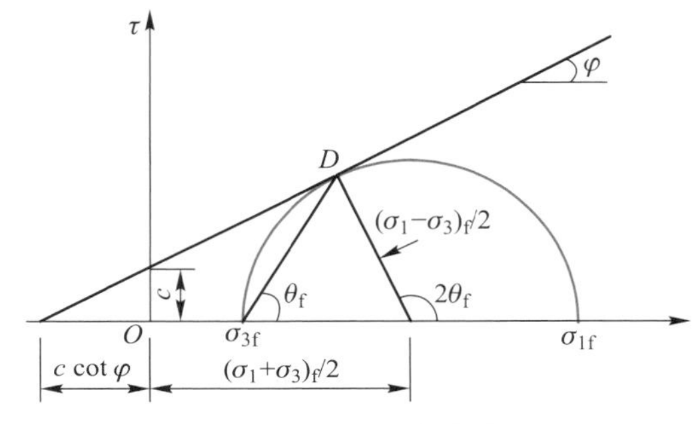

图 5-8 极限应力圆

于是,有

$$\frac{(\sigma_1-\sigma_3)_f}{2}=\frac{(\sigma_1+\sigma_3)_f}{2}\sin\varphi+c\cdot\cos\varphi \tag{5-9}$$

经整理后,即可得到

$$\sigma_{1f}=\sigma_{3f}\tan^2\left(45°+\frac{\varphi}{2}\right)+2c\cdot\tan\left(45°+\frac{\varphi}{2}\right) \tag{5-10}$$

或

$$\sigma_{3f}=\sigma_{1f}\tan^2\left(45°-\frac{\varphi}{2}\right)-2c\cdot\tan\left(45°-\frac{\varphi}{2}\right) \tag{5-11}$$

上式表明,若 c、φ 一定,即强度线为已知,而仅知 σ_1 和 σ_3 中的一个,还不能确定该点是否达到破坏。当 σ_3 保持不变时,只有 σ_1 增加到某一定值,莫尔应力圆与强度线相切,该点才处于极限平衡状态;或者,当 σ_1 保持不变时,只有 σ_3 减小到某一定值,莫尔应力圆与强度线相切,该点才处于极限平衡状态。强度线一般是未知的,但由此可知,同一种土可以在不同的 σ_3(或 σ_1)下达到剪破。如果对同一种土的一组试样,分别在不同 σ_3 下做剪切试验,那么,它们必定在不同的 σ_1 下达到剪破。于是,就可得到一组极限应力圆,作它们的包线即得上述抗剪强度线。试验表明,强度包线为一曲线,但在一定的应力范围内通常可用直线(即库仑公式)近似表示。

现在,可把上述强度理论归纳为:

(1) 任一平面上的抗剪强度是该面上法向应力的函数;

（2）在一定的应力范围内，这一函数关系可用直线近似表示；

（3）如果通过某点的任一平面上的剪应力达到了它的抗剪强度，就认为该点已被剪破。

通常，人们把土的这种强度理论称为莫尔-库仑强度理论，而某点处于极限平衡状态时大、小主应力之间的关系，即式（5-9）~式（5-11）称为莫尔-库仑破坏准则。必须注意，在这一强度理论中，不考虑中主应力对强度的影响。

显然，当土的强度包线通过坐标原点，即黏聚力为零时，以合应力的最大倾角作为破坏准则与莫尔-库仑破坏准则是完全一致的。因此，可以把前者看成是后者的一种特殊情况。然而必须指出，尽管莫尔-库仑破坏准则比较简单，现已广泛应用于土工实践，但它绝不是土的唯一可能的破坏准则。

[**例题 5-1**] 设砂土地基中某点的大主应力为 300 kPa，小主应力为 150 kPa，由试验测得砂土的内摩擦角为 25°，黏聚力为零。则该点处于什么状态？

[**解 1**] 已知 $\sigma_1=300\ \text{kPa}$，$\sigma_3=150\ \text{kPa}$，$\varphi=25°$，$c=0$。按式（5-5）有

$$\sin\alpha_{\max}=\frac{\sigma_1-\sigma_3}{\sigma_1+\sigma_3}=\frac{300-150}{300+150}=0.33$$

$$\alpha_{\max}=\arcsin 0.33=19.5°<25°$$

故该点处于稳定状态。

[**解 2**] 按式（5-11）有

$$\sigma_{3f}=\sigma_{1f}\tan^2\left(45°-\frac{\varphi}{2}\right)-2c\cdot\tan\left(45°-\frac{\varphi}{2}\right)=300\ \text{kPa}\times\tan^2\left(45°-\frac{25°}{2}\right)=122\ \text{kPa}$$

而实际 $\sigma_3=150\ \text{kPa}>\sigma_{3f}$，故该点处于稳定状态。

或按已知条件，参照图 5-7，在 $\tau-\sigma$ 平面内作抗剪强度线和莫尔应力圆，通过两者的对照亦可确定该点所处的状态。

[**例题 5-2**] 设地基中某点的大主应力为 450 kPa，小主应力为 100 kPa，土的内摩擦角为 30°，黏聚力为 10 kPa。则该点处于什么状态？

[**解**] 已知 $\sigma_1=450\ \text{kPa}$，$\sigma_3=100\ \text{kPa}$，$\varphi=30°$，$c=10\ \text{kPa}$。按式（5-11）有

$$\sigma_{3f}=\sigma_{1f}\tan^2\left(45°-\frac{\varphi}{2}\right)-2c\cdot\tan\left(45°-\frac{\varphi}{2}\right)$$

$$=450\ \text{kPa}\times\frac{1}{3}-2\times10\ \text{kPa}\times\frac{1}{\sqrt{3}}=150\ \text{kPa}-11.6\ \text{kPa}=138.4\ \text{kPa}$$

$$\sigma_{3f}>\sigma_3$$

所以，该点早已破坏。

第 三 节
土的剪切试验

教学课件 5-3

测定土的抗剪强度指标的试验称为剪切试验。剪切试验可以在实验室内进行，也可在现场原位条件下进行。如按常用的试验仪器分类，剪切试验可分为直接剪切试验、三轴压缩试验、无侧限抗压强度试验和十字板剪切试验等。其中除十字板剪切试验、直接剪切试验可在原位进行试验外，其他两种试验均需从现场取回土样，在室内进行。

目前，要正确测定土的强度指标是极为困难的，这是因为它们不仅取决于土的种类，还在更大程度上取决于土的密度、含水率、初始应力状态、应力历史、试验中的固结程度和排水条件等因素。因此，为了求得可供建筑物地基设计或土坡稳定分析用的土的强度指标，室内试验中除试样必须具有代表性和高质量外，它的受力和排水条件也应尽可能与实际情况相一致。可是，根据现有的测试设备和技术条件，要完全做到这一点仍是有困难的，目前，只能作近似模拟。

根据太沙基的有效应力概念，土体内的剪应力仅能由土的骨架承担。因此，土的抗剪强度理应表示为剪破面上法向有效应力的函数。所以，库仑公式应修改为

$$\tau_f = c' + \sigma' \tan \varphi' = c' + (\sigma - u) \tan \varphi' \tag{5-12}$$

式中：u——剪破面上的孔隙水压力（kPa）；

σ'——剪破面上的法向有效应力（kPa）；

c'——有效黏聚力，即有效强度包线与坐标纵轴的截距（kPa）；

φ'——有效内摩擦角，即有效强度包线的倾角（°）。

c'和 φ'称为有效应力强度指标，因为剪破面上的法向应力是以有效应力表示的。

然而，在剪切试验中试样内的有效应力（或孔隙水压力）将随剪切前试样的固结程度和剪切中的排水条件而异。因此，同一种土如用不同的方法进行试验时，那么即使剪破面上的法向总应力相同，也未必就有相同的强度。当以有效应力表示试验结果时，不同试验方法引起的强度差异是通过式（5-12）中（$\sigma-u$）项来反映的，而有效应力强度指标基本不变。可是，当以总应力表示试验结果时，强度的差异则通过总应力强度指标来反映，而剪破面上的法向总应力不变。所以，在下面将会看到，不同的试验方法求出的总应力强度指标是不同的。

目前，为了近似模拟土体在现场可能遇到的受剪排水条件，而把剪切试验分为不固结不排水剪（UU）或快剪、固结不排水剪（CU）或固结快剪、固结排水剪（CD）或慢剪三种基本试验类型。不固结不排水剪或快剪试验用来模拟透水性弱的黏土地基受到建筑物的快速荷载或土坝在快速施工中被剪破的情况。固结排水剪或慢剪试验用来模拟黏土地基和土坝在自重下已压缩稳定后，受缓慢荷载被剪破的情况，或砂土受静荷载被剪

破的情况。完全符合固结不排水剪或固结快剪试验中的受力排水条件在现场很少遇到,有时,这种试验用来模拟中等透水性土或黏土在中等加载速率下被剪破的情况。然而,如何比较合理地把它的结果使用于稳定分析尚须进一步探讨。通常,固结不排水剪试验主要用来测定土的有效应力强度指标和推求原位不排水强度。

下面分别简要介绍常用的剪切试验仪器、试验原理和三种基本试验类型的试验方法。

一、直接剪切试验

直接剪切试验(直剪试验)可直接测出预定剪破面上的抗剪强度。图 5-9 是直接剪切仪的剪切盒示意图。它由两个可互相错动的上、下金属盒组成。试样一般呈扁圆柱形,高为 2 cm,面积为 30 cm^2。试验中如果不允许排水,则用不透水板代替透水石。在应变控制式直剪试验中,首先通过加压盖板对试样施加某一竖向压力,然后以规定速率对下盒逐渐施加水平剪切力(剪切力的大小可通过经率定的力传感器测定),直至试样沿上、下盒间预定的水平面剪破。在剪切力施加过程中,要同时记录下盒的位移。由于剪破面为水平面,且试样较薄,试样侧壁摩擦力可不计,于是,剪前施加在试样顶面上的竖向压力即为剪破面上的法向应力 σ。剪切面上的剪应力由试验中测得的剪切力除以试样断面面积求得。根据试验记录可绘制该 σ 下的剪应力与剪位移关系曲线,如图 5-10 所示。以曲线的剪应力峰值作为该级法向压力下土的抗剪强度。如果剪应力不出现峰值,则取某一剪位移(如上述尺寸的试样,常取上下盒相对错动位移 4 mm)相对应的剪应力作为它的抗剪强度。

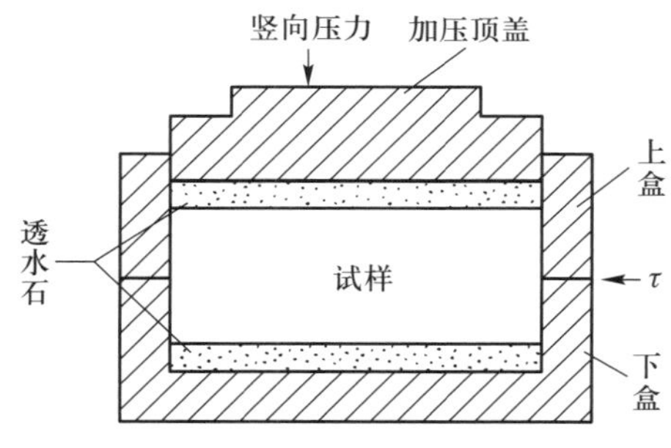

图 5-9 直接剪切仪的剪切盒示意图

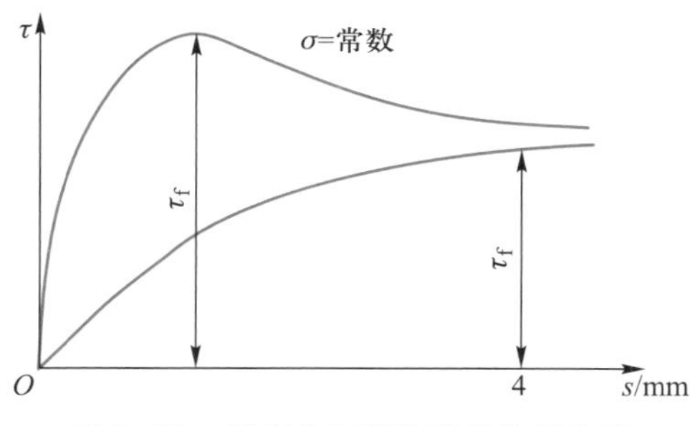

图 5-10 剪应力与剪位移的关系曲线

为了确定土的抗剪强度指标,通常至少需要 3~4 个试样在不同法向压力下进行剪切试验,测出它们相应的抗剪强度。然后把试验结果绘在以抗剪强度 τ_f 为纵坐标、法向压力 σ 为横坐标的平面图上。通过图上各试验点可绘一直线,此即抗剪强度线,如图 5-11 所示。直线的倾角即为所求土的内摩擦角 φ,直线与坐标纵轴的截距即为土的黏聚力 c。

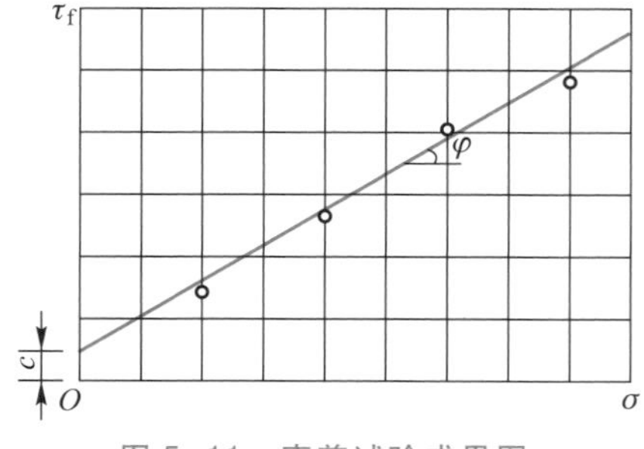

图 5-11 直剪试验成果图

直接剪切试验有快剪、固结快剪和慢剪试验之分。试验时,先使试样在竖向压力 σ_c(对于填土,σ_c 可取零;对于地基土,其大小取稍小于试样在原位的自重应力 p_0)下固结稳定。若进行快剪试验,再施加竖向压力增量 $\Delta\sigma$,不待固结,立即快速施加水平剪切力使试样剪破。固结快剪试验则允许试样在竖向压力增量 $\Delta\sigma$ 下排水,待固结稳定后,再快速施加水平剪切力使试样剪破。慢剪试验仍允许试样在竖向压力增量 $\Delta\sigma$ 下排水,待固结稳定后,以缓慢的速率施加水平剪切力使试样剪破。

(一)快剪(Q)

《土工试验方法标准》(GB/T 50123—2019)规定,快剪试验适用于渗透系数小于 10^{-6} cm/s 的细粒土,试验时在试样上施加垂直压力后,拔去固定销钉,立即以 0.8 mm/min 的剪切速度进行剪切,使试样在 3~5 min 内剪破。试样每产生剪切位移 0.2~0.4 mm 测记测力计和位移读数,直至测力计读数出现峰值,继续剪切至剪切位移为 4 mm 时停机,记下破坏值;当剪切过程中测力计读数无峰值时,应剪切至剪切位移为 6 mm 时停机,该试验所得的强度称为快剪强度,相应的指标称为快剪强度指标,以 c_q、φ_q 表示。

(二)固结快剪(CQ)

固结快剪试验也适用于渗透系数小于 10^{-6} cm/s 的细粒土。试验时对试样施加垂直压力后,每小时测读垂直变形一次,直至固结变形稳定。变形稳定标准为变形量每小时不大于 0.005 mm。之后拔去固定销,剪切过程同快剪试验。所得强度称为固结快剪强度,相应指标称为固结快剪强度指标,以 c_{cq}、φ_{cq}表示。

(三)慢剪(S)

慢剪试验是对试样施加垂直压力,待固结稳定后,再拔去固定销,以小于 0.02 mm/min 的剪切速度使试样在充分排水的条件下进行剪切,这样得到的强度称为慢剪强度,其相应的指标称为慢剪强度指标,以 c_s、φ_s 表示。

上述三种方法的试验结果如图 5-12 所示。从图中可以看出,$c_q>c_{cq}>c_s$,而 $\varphi_q<\varphi_{cq}<\varphi_s$。

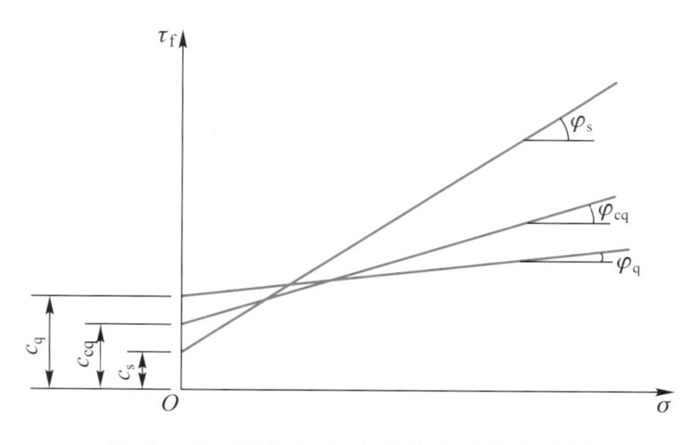

图 5-12 三种直剪试验方法成果的比较

由于直接剪切试验设备简单,安装方便,易于操作,至今仍为工程单位广泛采用。但是,必须指出,在直剪试验中试样的排水程度是靠试验速度的“快”“慢”来控制的,所以,严格的不排水是难以做到的,特别是对于透水性强的土。所以,渗透系数大的土不能采用快剪或固结快剪试验。另一方面,在直接剪切试验中也不能进行孔隙水压力的测量。虽然如此,如用它进行慢剪试验,由于试样排水距离短,可使试验历时缩短,故仍有其可取之处。

直剪试验存在的缺点有以下几点:

(1) 剪切破坏面固定为上下盒之间的水平面不符合实际情况,因为该面不一定是土样最薄弱的面;

(2) 试验中试样的排水程度靠试验速度的“快”“慢”来控制,做不到严格的排水或不排水,这一点对透水性强的土来说尤为突出;

(3) 由于上下盒的错动,剪切过程中试样的有效面积逐渐减小,使试样中的应力分布不均匀,主应力方向发生变化等,在剪切变形较大时更为突出。

为了克服直剪试验存在的不足,对重大工程及一些科学研究,应采用更为完善的三轴压缩试验。

二、三轴压缩试验

三轴压缩试验直接量测的是试样在不同恒定周围压力下的抗压强度,然后利用莫尔-库仑强度理论间接推求土的抗剪强度。

三轴压缩仪是目前测定土抗剪强度的较为完善的仪器,图 5-13 为其压力室示意图,它是一个由金属上盖、底座和透明有机玻璃圆筒组成的密闭容器。试样为圆柱形,高度与直径之比一般采用 2~2.5。试样用橡胶膜封裹,橡胶膜扎紧在试样帽和底座上,以免压力室的水进入试样。试样上、下两端可根据试验要求放置透水石或不透水板。试验中试样的排水情况可由排水阀控制。试样底部与孔隙水压力量测系统相接,必要时借以测定试验过程中试样内的孔隙水压力变化。试样的加载分阶段进行:首先,用空压机或其他稳压装置对试样施加各向相等的周围压力 σ_r,这时,试样不受剪切;然后,通

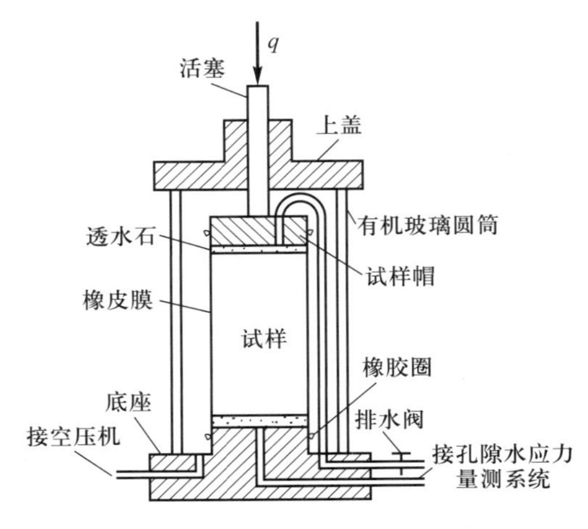

图 5-13 三轴压缩仪压力室示意图

过传压活塞在试样顶上逐渐施加轴向力（对应变控制式三轴仪，轴向力的大小可由经过率定的量力环测定，轴向力除以试样的横断面面积后可得附加轴向压力 q），使试样受剪，直至剪破。在受剪过程中同时要测读试样的轴向压缩量，以便计算轴向应变 ε_a。

在常规三轴压缩试验中，试样的小主应力 σ_3 为径向应力，并在整个试验过程中保持不变，其大小等于周围压力，即 σ_3 都等于 σ_r。试样的大主应力为轴向应力，其大小等于周围压力与附加轴向压力之和，即 $\sigma_1=\sigma_3+q$。

于是，可根据三轴压缩试验结果绘制某一 σ_3 作用下的主应力差（$\sigma_1-\sigma_3$）与轴向应变 ε 的关系曲线，如图 5-14 所示。以曲线峰值（$\sigma_1-\sigma_3$）$_f$（该级 σ_3 下的抗压强度）作为该级 σ_3 的极限应力圆的直径。如果曲线不出现峰值，则取与某一轴向应变（如 15%）对应的主应力差作为极限应力圆的直径。

为了确定土的强度包线，通常至少需要 3~4 个试样，在不同 σ_3 的作用下进行剪切，测得它们相应的极限应力圆。然后作这些圆的公切线，即为以总应力表示的土的总强度包线（如图 5-15 中实线）。总强度包线的倾角为内摩擦角 φ，它与坐标纵轴的截距为黏聚力 c。

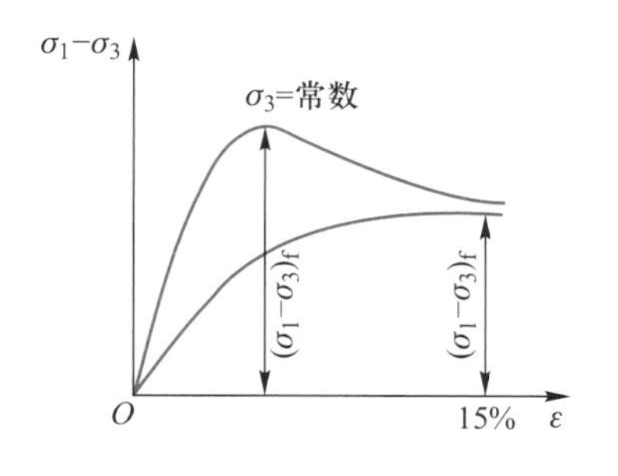

图 5-14　主应力差与轴向应变的关系曲线

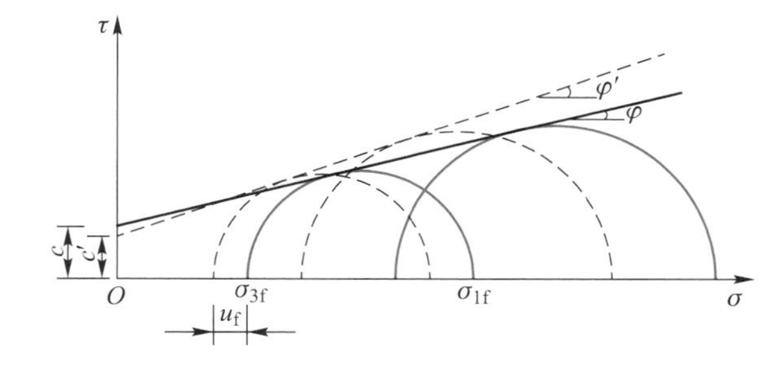

图 5-15　总强度包线和有效强度包线

三轴压缩试验有不固结不排水剪、固结不排水剪和固结排水剪试验之分。它们分别近似于直剪试验的快剪、固结快剪和慢剪试验。试验时，先使试样在周围压力 σ_c（对于填土，可取零。对于地基土，当正常固结时，σ_c 的大小可取试样自重应力 p_0 的 80% 左右；当超固结时，取 p_0）作用下固结稳定，若进行不固结不排水剪试验，则在不排水条件下施加周围压力增量 $\Delta\sigma_3$，然后，在不允许水有进出的条件下，逐渐施加附加轴向压力 q，直至试样剪破。因此，试验中，径向应力 $\sigma_3=\sigma_c+\Delta\sigma_3$，轴向应力 $\sigma_1=\sigma_3+q$。固结不排水剪试验允许试样在周围压力增量下排水，待固结稳定，再在不允许水有进出的条件下逐渐施加附加轴向压力，至试样剪破。固结排水剪试验同样允许试样在周围压力增量下排水，待固结稳定，在允许水有进出的条件下以极慢的速率（保证剪切过程基本不产生孔压）对试样逐渐施加附加轴向压力，至试样剪破。显然，这里所说的不固结或固结是对周围压力增量而言的，不排水或排水是对附加轴向压力而言的。

由于在三轴不排水剪试验中可测得孔隙水压力，且各向是相等的，于是就可算出试验过程中的有效大主应力 σ_1' 和有效小主应力 σ_3'。剪破时的有效主应力，可按下式计算：

$$\sigma_{1f}'=\sigma_{1f}-u_f \tag{5-13}$$

$$\sigma_{3f}'=\sigma_{3f}-u_f \tag{5-14}$$

式中：σ_{1f}'——试样剪破时的有效大主应力（kPa）；

σ_{3f}'——试样剪破时的有效小主应力（kPa）；

u_f——试样剪破时的孔隙水压力（kPa）。

根据 σ_{1f}' 和 σ_{3f}'，可绘制试样剪破时的有效应力圆。显然，有效应力圆的直径 $(\sigma_1'-\sigma_3')_f=(\sigma_1-\sigma_3)_f$。这意味着有效应力圆与总应力圆的大小相同，只是当剪破时的孔隙水压力为正值时，有效应力圆在总应力圆的左边；而当剪破时的孔隙水压力为负值时，有效应力圆在总应力圆的右边。根据一组剪破时的有效应力圆作公切线，即得以有效应力表示的强度包线。有效强度包线的倾角为有效内摩擦角 φ'，它与坐标纵轴的截距为有效黏聚力 c'。图 5-15 中的虚线是 u_f 为正值时的有效强度包线。

三、无侧限抗压强度试验

无侧限抗压强度试验实际上是三轴压缩试验的一种特殊情况。试验中，径向应力 σ_3 保持为零，因而，大主应力 σ_1 就等于轴向压力 q。剪破时的轴向压力以 q_u 表示，称为无侧限抗压强度。显然，由这种试验只能求得一个通过坐标原点的极限总应力圆（图 5-16），得不到强度包线。

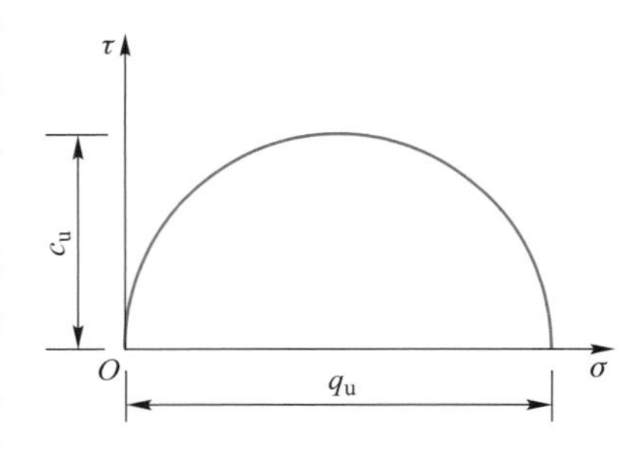

图 5-16　无侧限抗压强度试验的极限总应力圆

然而，将在下面看到：在饱和黏土的不固结不排水剪试验中，强度包线为一水平线，即 φ_u 等于零（φ_u 表示不固结不排水剪试验测得的内摩擦角）。于是，就可根据无侧限抗压强度试验测得的抗压强度推求饱和土的不固结不排水剪黏聚力 c_u（通常简称为不排水强度），即

$$\tau_f=c_u=\frac{q_u}{2} \tag{5-15}$$

由无侧限抗压强度试验测得的强度并不代表土的原位不排水强度，在本章最后一节将进一步讨论这个问题。

四、十字板剪切试验

十字板剪切仪主要由板头、扭力装置和量测设备三部分组成。板头是两片正交的金属板，金属板的高度与宽度之比一般为 2，如图 5-17a 所示。十字板剪切试验可在现场钻孔内进行。试验时，先将十字板插到要进行试验的深度，如图 5-17b 所示，再在地面上以一定的转速对它施加扭力矩，使板内的土体与其周围土体发生剪切，直至剪破，测出其相应的最大扭力矩。然后通过力矩平衡条件，推算圆柱形剪破面上土的抗剪强度。

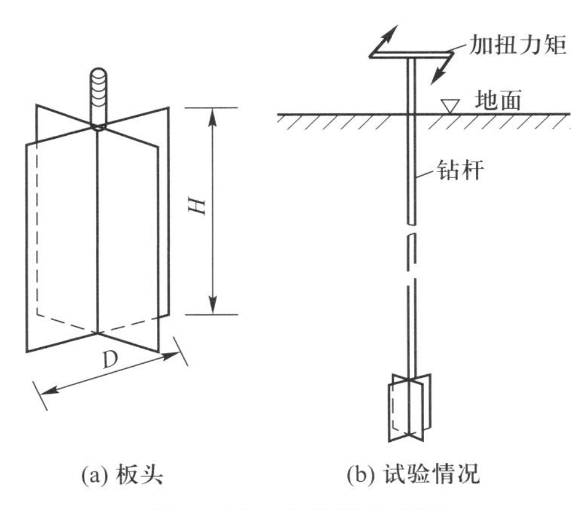

图 5-17 十字板示意图

十字板剪切仪是一种使用方便的原位测试仪器，通常用来测定饱和黏土的原位不排水强度，特别适用于均匀的饱和软黏土，这种土常因取样操作和试样制备中不可避免的扰动而使其强度降低。但是，若黏土中夹带薄层细、粉砂或贝壳，则由这种试验测得的强度往往偏高。

在强度推算中一般假定：

（1）剪破面为一圆柱面，圆柱的直径和高度等于十字板的宽度 D 和高度 H；

（2）圆柱侧面和上、下端面上的抗剪强度为均匀分布并相等，如图 5-18 所示。

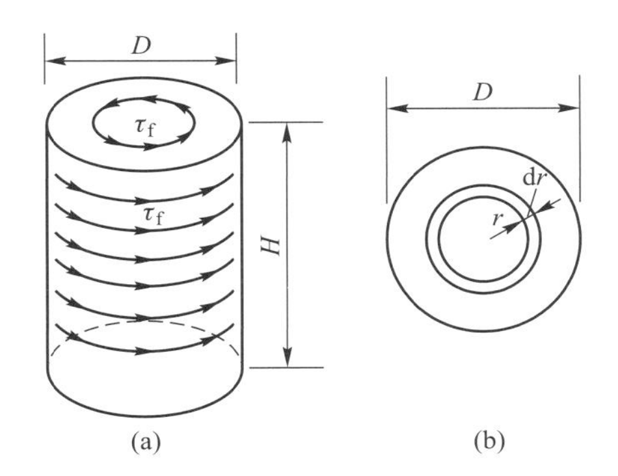

图 5-18 圆柱形破坏面上强度的分布

于是，根据外力施加于十字板剪切仪上的最大扭力矩 M_{max} 应等于圆柱侧面上的抗剪力对轴心的抵抗力矩 M_1 和上下两端面上的抗剪力对轴心的抵抗力矩 M_2 之和来推求土的抗剪强度，即

$$M_{max}=M_1+M_2 \tag{a}$$

侧面的抵抗力矩为

$$M_1=\tau_f\pi DH\frac{D}{2} \tag{b}$$

上下两端面上的抵抗力矩为

$$M_2=2\int_0^{\frac{D}{2}}\tau_f 2\pi r\mathrm{d}r\cdot r=\tau_f\frac{\pi D^2}{2}\frac{D}{3} \tag{c}$$

将式(b)和式(c)代入式(a)可得

$$M_{max}=\tau_f\frac{\pi D^2}{2}H+\tau_f\frac{\pi D^2}{2}\frac{D}{3}$$

于是,土的抗剪强度为

$$\tau_f=\frac{M_{max}}{\frac{\pi D^2}{2}\left(H+\frac{D}{3}\right)} \tag{5-16}$$

式中:M_{max}——施加的最大扭力矩(kN·m);

D、H——十字板的宽度和高度(m);

$\mathrm{d}r$——离十字板轴心为 r 的微分环带的宽度。

由于饱和黏土在不固结不排水剪中 $\varphi_u=0$,故 $\tau_f=c_u$。

第四节 三轴压缩试验中的孔隙应力系数

一、三轴压缩试验中的孔隙水压力

教学课件 5-4

1954 年,英国帝国理工学院斯开普顿(Skempton)教授通过三轴压缩试验,对非饱和土体在不排水和不排气条件下三向压缩时所产生的孔隙应力进行了研究,并提出了孔隙应力系数 A、B 的概念。

在非饱和土的孔隙中,通常既有气,又有水。在这种情况下,由于水、气界面上的表面张力和弯液面的存在,孔隙气应力 u_a 和孔隙水压力 u_w 是不相等的,且 $u_a>u_w$。当土的饱和度较高时,可不考虑表面张力的影响,则 $u_a\approx u_w$。于是,为简单起见,在下面的讨论中就不再区分 u_a 和 u_w。而孔隙水压力也就以 u 表示。

在常规三轴压缩试验中,试样先承受周围压力 σ_c 固结稳定,意图是模拟试样的原位应力状态。这时,超静孔隙水压力 u_0 为零。如果由于建筑物荷载的作用使试样在原位受到的大、小主应力增量为 $\Delta\sigma_1$ 和 $\Delta\sigma_3$ 的话,在常规三轴压缩试验中,这是分两个加载阶段来实现的,即先使试样承受周围压力增量 $\Delta\sigma_3$,然后在周围压力不变的条件下施加大、小主应力增量之差($\Delta\sigma_1-\Delta\sigma_3$)(即附加轴向压力 q)。若试验在不排水条件下进行,则 $\Delta\sigma_3$ 和($\Delta\sigma_1-\Delta\sigma_3$)的施加必将分别引起超静孔隙水压力增量 Δu_1 和 Δu_2,如图 5-19 所示。

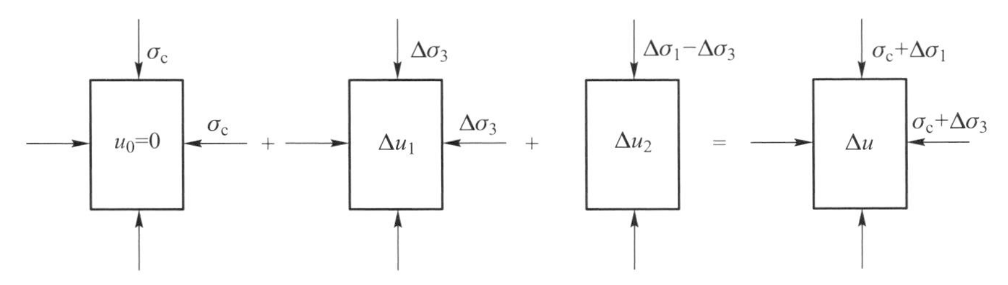

图 5-19　不排水剪试验中的孔隙水压力

于是，超静孔隙水压力的总增量为

$$\Delta u=\Delta u_1+\Delta u_2 \tag{5-17}$$

总的超静孔隙水压力为

$$u=u_0+\Delta u=\Delta u \tag{5-18}$$

现在，把 Δu_1 与 $\Delta\sigma_3$ 之比定义为孔隙应力系数 B，即

$$B=\frac{\Delta u_1}{\Delta\sigma_3} \tag{5-19}$$

而把 Δu_2 与 $(\Delta\sigma_1-\Delta\sigma_3)$ 之比定义为孔隙应力系数 $\bar{A}$，即

$$\bar{A}=\frac{\Delta u_2}{\Delta\sigma_1-\Delta\sigma_3} \tag{5-20}$$

把式(5-19)和式(5-20)代入式(5-17)，得

$$\Delta u=B\Delta\sigma_3+\bar{A}(\Delta\sigma_1-\Delta\sigma_3)=B\left[\Delta\sigma_3+\frac{\bar{A}}{B}(\Delta\sigma_1-\Delta\sigma_3)\right]$$

定义另一孔隙应力系数 A，令 $A=\dfrac{\bar{A}}{B}$，则

$$\Delta u=B[\Delta\sigma_3+A(\Delta\sigma_1-\Delta\sigma_3)] \tag{5-21}$$

孔隙应力系数 B 反映试样在周围均等压力增量下的孔隙水压力变化。由于孔隙水和土粒都被认为是不可压缩的，因此在饱和土的不固结不排水剪试验中，试样在周围压力增量下将不发生竖向和侧向变形，这与饱和土在固结试验中加载瞬间（$t=0$ 时）的情况是相当的，所以周围压力增量将完全由孔隙水承担，于是 $B=1$。反之，对于干土，孔隙气的压缩性要比土骨架的压缩性高得多，周围压力增量将完全由土骨架承担，于是 $B=0$。在非饱和土中，B 介于 0 与 1 之间。孔隙应力系数 $\bar{A}$ 反映试样在 $(\Delta\sigma_1-\Delta\sigma_3)$ 作用下受剪时的孔隙水压力变化。

现在，把式(5-21)改写成

$$\Delta u=B\Delta\sigma_1\left[\frac{\Delta\sigma_3}{\Delta\sigma_1}+A\left(1-\frac{\Delta\sigma_3}{\Delta\sigma_1}\right)\right]=B\Delta\sigma_1\left[A+(1-A)\frac{\Delta\sigma_3}{\Delta\sigma_1}\right]$$

两边除 $\Delta\sigma_1$ 后，得

$$\frac{\Delta u}{\Delta\sigma_1}=B\left[A+(1-A)\frac{\Delta\sigma_3}{\Delta\sigma_1}\right]$$

令

$$\frac{\Delta u}{\Delta\sigma_1}=\overline{B} \tag{5-22}$$

则

$$\overline{B}=B\left[A+(1-A)\frac{\Delta\sigma_3}{\Delta\sigma_1}\right] \tag{5-23}$$

于是,可得另一个孔隙应力系数$\overline{B}$,它是某一 $\Delta\sigma_3/\Delta\sigma_1$ 下超静孔隙水压力总增量与大主应力增量之比值。在堤坝稳定分析中,它将是一个有用的参数,可由三轴压缩试验测定。

对于饱和土,由于 $B=1$,则有 $A=\overline{A}$。于是,由式(5-19)和式(5-20)可得

$$\Delta u_1=\Delta\sigma_3$$

$$\Delta u_2=A(\Delta\sigma_1-\Delta\sigma_3)$$

因而,在饱和土的不固结不排水剪试验中,超静孔隙水压力的总增量为

$$\Delta u=\Delta\sigma_3+A(\Delta\sigma_1-\Delta\sigma_3) \tag{5-24}$$

在固结不排水剪试验中,由于允许试样在 $\Delta\sigma_3$ 下固结稳定,所以,试样受剪前 Δu_1 已消散为零。于是有

$$\Delta u=\Delta u_2=A(\Delta\sigma_1-\Delta\sigma_3) \tag{5-25}$$

在固结排水剪试验中,试样受剪前 $\Delta u_1=0$,受剪过程中 Δu_2 始终要求保持为零,所以有

$$\Delta u=0$$

二、孔隙应力系数的测定

在三轴不排水剪试验中,各加载阶段的超静孔隙水压力增量 Δu_1 和 Δu_2 可实测,因而孔隙应力系数 B 和$\overline{A}$或 $A(=\overline{A}/B)$按式(5-19)和式(5-20)很容易求得。在常规三轴压缩试验中,$\Delta\sigma_3$ 保持不变,所以在不固结阶段,Δu_1 亦不变,因而 B 为定值。在固结不排水剪试验中,尽管允许试样在 $\Delta\sigma_3$ 下固结稳定,使试样在受剪前的超静孔隙水压力 Δu_1 逐渐消散为零,但在允许消散之前,仍能量得 Δu_1,算出 B 值。它是判断试样是否完全饱和的有用指标,特别是当测定土的有效应力强度指标时,通常要求 B 接近 1。另一方面,试样受剪过程中,$(\Delta\sigma_1-\Delta\sigma_3)$是不断变化的,故 Δu_2 是变化的,因而孔隙应力系数$\overline{A}$或 A 也是变化的。在饱和土的固结不排水剪试验中,剪破时的孔隙应力系数 A_f 将随试样超固结比的增加从正值减小到负值。

至于 $\overline{B}$ 值,如果土体内某点的大、小主应力增量 $\Delta\sigma_1$ 和 $\Delta\sigma_3$ 为已知,就可以通过不固结不排水剪试验对试样直接施加已知的 $\Delta\sigma_1$ 和 $\Delta\sigma_3$ 值,测得超静孔隙水压力的总增

量后，按式(5-22)或式(5-23)计算。但是，土体内各点的 $\Delta\sigma_1$ 和 $\Delta\sigma_3$ 是不同的，而且，它的含水率和应力状态有时也可能发生变化。因此，要在试验中真正做到模拟现场条件变化，试验方法是很烦琐的。

第五节
剪切试验中土的性状

教学课件 5-5

前面介绍了测定土抗剪强度的试验仪器及其试验的一般原理和方法，并讨论了土的抗剪强度的一般规律。但对土在剪切试验中的某些性状、影响土抗剪强度的某些因素，如密度、应力历史等都未涉及。本节将就土在剪切试验中表现出的抗剪强度特性进行深入分析。

一、砂土的性状

(一) 砂土的内摩擦角

砂土的透水性强，它在现场的受剪过程大多相当于固结排水剪情况。由固结排水剪试验求得的强度包线一般为通过坐标原点的直线，可表达为

$$\tau_f = \sigma \tan \varphi_d \tag{5-26}$$

式中：φ_d——固结排水剪试验求得的内摩擦角。

影响砂土抗剪强度的主要因素是其初始孔隙比(或初始干密度)，同时，在一定程度上还受土粒形状和土的级配的影响。同一种砂土在相同的初始孔隙比下饱和时的内摩擦角比干燥时稍小(一般小 2°左右)。几种砂土的内摩擦角典型值见表 5-1。

表 5-1 砂土的内摩擦角

土类	内摩擦角/(°)		
	松(休止角)	峰值强度	
		中密	密
无塑性粉土	26~30	28~32	30~34
均匀细砂到中砂	26~30	30~34	32~36
级配良好的砂	30~34	34~40	38~46
砾砂	32~36	36~42	40~48

(二) 砂土的应力-轴向应变-体变

砂土的初始孔隙比不同，在受剪过程中将显示出非常不同的性状。排水剪试验中

松砂受剪体积缩小(剪缩),如图 5-20a 所示;反之,紧砂受剪,由于土粒间的咬合作用,体积可以增加(剪胀),如图 5-20b 所示。然而,紧砂的这种剪胀趋势随周围应力的增大、土粒的挤碎而逐渐消失。在高周围压力下,不论砂土的松紧如何,受剪都将剪缩。

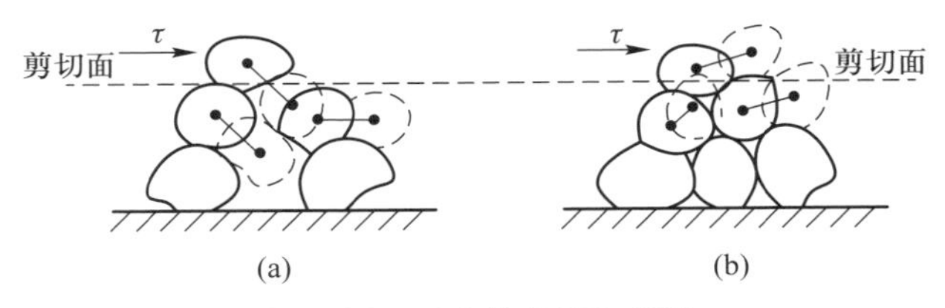

图 5-20 砂土的剪缩和剪胀

图 5-21 为三轴排水剪试验下不同初始孔隙比的同一种砂土在相同周围压力 σ_3 下受剪时应力-轴向应变-体变的全过程。由图可见,随着轴向应变的增加,松砂的强度逐渐增大,应力-轴向应变关系呈随应变硬化型,它的体积则逐渐减小。但是,紧砂的强度达一定值后,随着轴向应变的增加反而减小,应力-轴向应变关系最后呈随应变软化型,它的体积开始稍有减小,继而增加,超过了它的初始体积。

既然砂土在低周围压力下由于初始孔隙比不同,剪破时的体积可能缩小,也可能增大,那么,可以想象,砂土在某一初始孔隙比下受剪,它剪破时的体积当然也可等于其初始体积,这一初始孔隙比称为临界孔隙比。图 5-22 为不同周围压力三轴排水剪切条件下砂土的初始孔隙比与剪破时的体变关系曲线。由图可见,砂土的临界孔隙比 e_{cr} 将随周围压力的增加而减小。

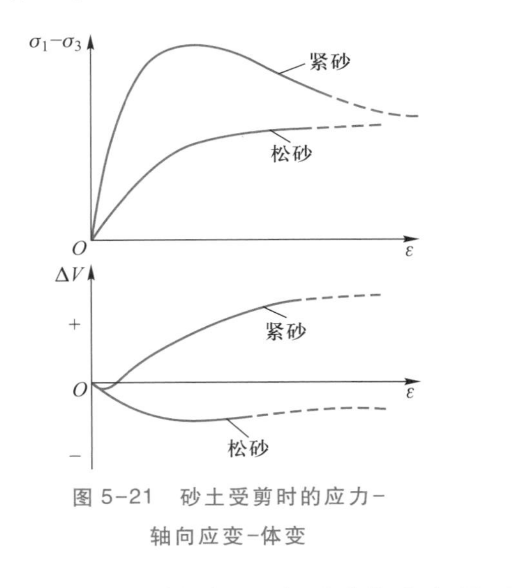

图 5-21 砂土受剪时的应力-轴向应变-体变

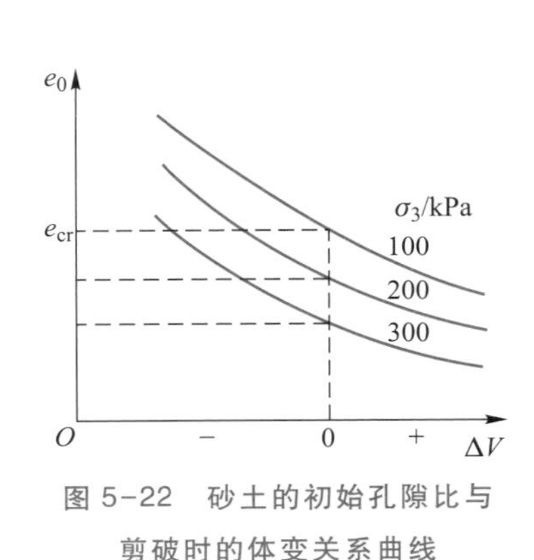

图 5-22 砂土的初始孔隙比与剪破时的体变关系曲线

饱和砂土在低周围压力下受剪时,如果不允许它的体积发生变化,即进行固结不排水剪试验,则紧砂为了抵消受剪时的剪胀趋势,将通过土样内部的应力调整产生负孔隙水压力,使有效周围压力增加,以保持试样在受剪阶段体积不变。所以,在相同的初始周围压力下,由固结不排水剪试验测得的强度要比固结排水剪试验的高。反之,松砂为了抵消受剪时的体积缩小趋势,将产生正孔隙水压力,使有效周围压力减小,以保持试样在受剪阶段体积不变,所以,在相同初始周围压力下,由固结不排水剪试验测得的强度要比固结排水剪试验的低。

（三）砂土的残余强度

如前所述,土的抗剪强度是指土抵抗剪切破坏的最大剪阻应力。在剪切试验中,土的抗剪强度一般是以峰值强度代表的。然而,紧砂在达到峰值强度之后,如果剪位移继续增加,强度将减小,最后保持不变,并趋于松砂的强度,如图 5-23 所示。这一不变的强度称为残余强度,以 τ_r 表示。紧砂的这种强度减小被认为是剪位移克服了土粒之间的咬合作用之后,砂土结构崩解变松的结果。

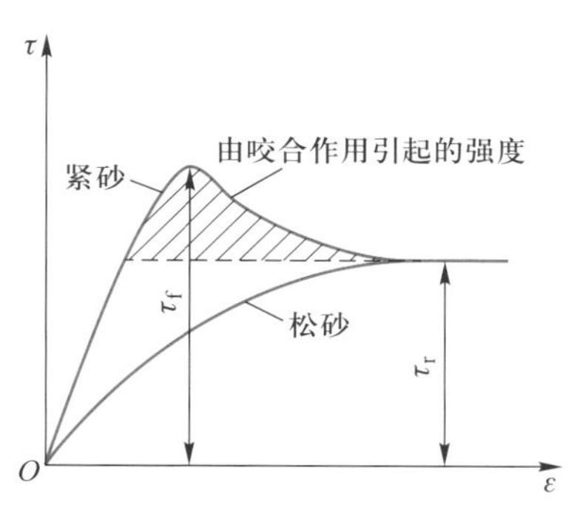

图 5-23　砂土的剪应力与剪位移关系曲线

（四）砂土的液化

液化定义为任何物质转化为液体的行为或过程。就无黏性土而言,从固体状态变为液体状态的这种转化是孔隙水压力增加、有效应力减小的结果。显然,在这一定义中并没有涉及孔隙水压力的起因和变形量的大小。这样,在第二章中提到的流土也可看作液化的一种形式。如前所述,饱和松砂在不排水条件下受剪将产生正孔隙水压力。那么,当饱和疏松的无黏性土,特别是粉、细砂受到突发的动力荷载或周期荷载时,一时来不及排水,便可导致孔隙水压力的急剧上升。按有效应力观点,无黏性土的抗剪强度应表达为

$$\tau_f=\sigma'\tan\varphi'=(\sigma-u)\tan\varphi'$$

由上式可知,一旦震动引起的超静孔隙水压力 u 趋于 σ,则 σ'将趋于零,抗剪强度亦趋于零。这时,无黏性土地基将丧失其承载能力,土坡将流动塌方,这是土液化的又一形式。图 5-24 所示为地震引起地基土体液化导致的建筑物倾斜或下沉、路面破坏实图。

(a) 地基液化引起建筑物下沉

(b) 路基液化引起路面破坏

图 5-24　土体液化引起的常见危害

案例拓展 5-2 日本浦安市抗液化工程

顺带指出,在这里虽然仅提到无黏性土的液化,但并不意味着液化只发生在无黏性土中。震害的现场调查表明,稍具有黏性的土对震动同样是极为敏感的。因此,在强震

区,亦应给予这种土足够的重视。土的动力特性是土力学中一个专门的研究课题,读者将来遇到这类问题时,可参阅有关著作。

二、黏性土的性状

天然沉积黏土的强度特性本来就十分复杂,加之沉积土极不均匀,各个试样之间存在着差异,以致对原状土强度特性的正确了解,也就更加困难。所以,对土的强度研究,大多采用经彻底拌和的重塑土。当然,原状土和重塑土试样之间在结构上和应力历史上存在着重大差异,如图5-25所示。但掌握了重塑土的强度特性,也就有可能阐明原状土的许多强度特性。因此,有关土体强度的某些结论,大多是根据饱和重塑黏土的资料得到的。

(a) 结构性原状试样具有一定承载力

(b) 重塑试样处于流动状态

图5-25 相同含水率的结构性海洋原状黏土与重塑黏土

饱和黏土的抗剪强度除受固结程度、排水条件影响外,在一定程度上还受其应力历史的影响。上一章曾提到,如果黏土层的现有有效应力就是它的先期固结应力,那么它是正常固结的;而如果黏土层的先期固结应力大于现有有效应力,那么它是超固结的。同时,先期固结应力与现有有效应力之比定义为超固结比。现在,把这一概念具体应用到三轴压缩试验中。如果试样现有固结压力就是它曾受到过的最大固结压力,试样是正常固结的;如果试样曾受到过的固结压力大于现有固结压力,则试样就是超固结的。

正常固结试样和弱超固结试样在三轴剪切过程中,如果允许排水,则类似于松砂的性状——应力-轴向应变关系曲线呈随应变硬化型或略有峰值,同时,产生剪缩。因此,在不排水条件下受剪时为保持试样体积不变,孔隙水压力将增加。强超固结试样在三轴剪切过程中如果允许水有进出,则类似于紧砂的性状——应力-轴向应变关系曲线最后呈随应变软化型,体积开始稍有剪缩,继而有剪胀。因此,在不排水条件下受剪时为保持试样体积不变,孔隙水压力先增加后减小。图5-26为上述两类试样在不固结不排水剪试验中的主应力差、孔隙水压力与轴向应变的关系曲线。在固结不排水剪试验中,曲线具有类似形状,只是图中 Δu_1 为零,且强超固结试样剪破时的超静孔隙水压力为负值。

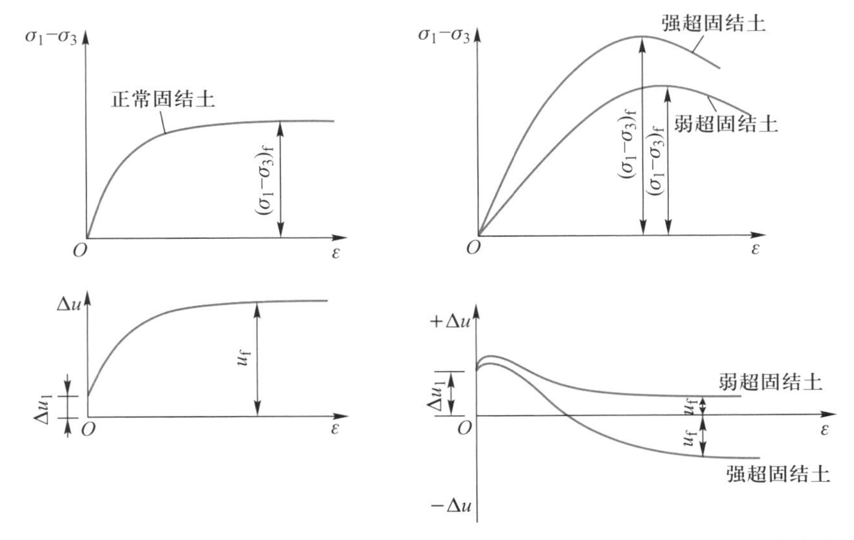

图 5-26 饱和黏土在不固结不排水剪试验中的主应力差、孔隙水压力与轴向应变的关系曲线

（一）不固结不排水强度（不排水强度）

如前所述，不固结不排水剪试验过程是指在 $\Delta\sigma_3$ 下不固结，在附加轴向压力 q 下不排水。现在，如果让一组饱和黏土试样先承受同一周围压力 σ_c，待超静孔隙水压力 u_0 消散为零，试样固结稳定。这时，莫尔有效应力圆为一点圆，落在图 5-27a 中坐标横轴上 σ_c 处，试样没有受剪。其后的加载方法为：

（1）在不允许水有进出的条件下仅在其中一个试样轴向逐渐施加附加压力，使试样受剪。在这种情况下，试样承受的周围压力增量 $\Delta\sigma_3=0$，小主应力等于 σ_c，大主应力等于（σ_3+q），引起的孔隙水压力等于 Δu_2。剪破时的极限总应力圆如图 5-27a 中 A 圆。

（2）其余试样在不排水条件下承受不同的周围压力增量 $\Delta\sigma_3$，引起的孔隙水压力为 Δu_1。莫尔总应力圆仍为一点圆，位于坐标横轴上距 σ_c 为 $\Delta\sigma_3$ 处，这时试样仍没有受剪。现在，在不允许水有进出的条件下逐渐施加附加轴向压力使试样受剪。在这种情况下，试样承受的小主应力等于（$\sigma_c+\Delta\sigma_3$），大主应力等于（σ_3+q），孔隙水压力等于（$\Delta u_1+\Delta u_2$）。剪破时的莫尔总应力圆如图 5-27a 中 B 圆。

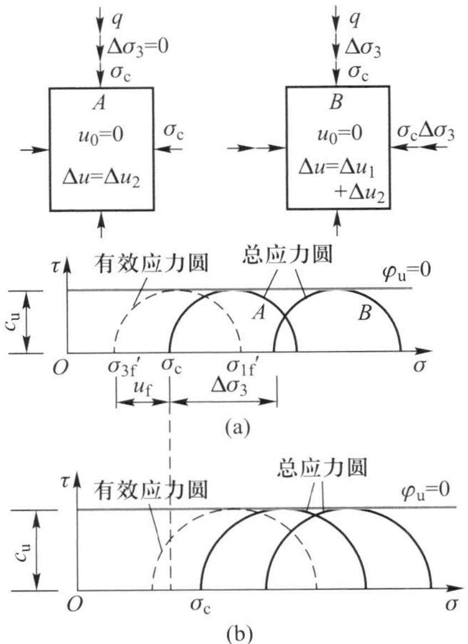

图 5-27 不固结不排水剪强度包线

由于所有试样都在不排水条件下承受周围压力增量 $\Delta\sigma_3$，且饱和土的孔隙水压力系数 $B=1$，因而，$\Delta\sigma_3$ 的施加仅引起孔隙水压力的等量增加，即 $\Delta u_1=\Delta\sigma_3$。因此，所有试样的剪前固

结压力都没有改变，均为 σ_c，并都有相同的剪前孔隙比，且在不排水剪试验中始终保持不变。具有相同应力历史的试样的强度取决于剪前固结压力和剪破时的孔隙比（在不排水剪试验中等于剪前孔隙比）。因而，上述所有试样将具有相同的强度，即都有同样大小的极限总应力圆。于是，在饱和土的不固结不排水剪试验中，总强度包线为一水平线。所以，有

$$\varphi_u = 0$$

$$\tau_f = c_u = \frac{(\sigma_1 - \sigma_3)_f}{2} \tag{5-27}$$

式中：c_u——某一 σ_c 下的不排水强度。

如果在较高的剪前固结压力下进行不固结不排水剪试验，那么，由于固结压力增大，剪前孔隙比减小，也就能得到较高的不排水强度，如图 5-27b 所示。

鉴于饱和土在不固结不排水剪试验中 φ_u 等于零（实际试验中可能不等于零，但只要土质均匀、试验方法得当，一般不超过 3°，因此，在饱和土坡的稳定分析中通常不考虑 φ_u 值），因此，只需做一个不固结不排水剪试验就能测得它的不排水强度。这也就是为什么无侧限抗压强度试验也能得到土的不排水强度的理由，不过在后一种试验中试样的剪前固结压力一般是不知道的。同时，必须强调，图 5-27a 中的 *A* 圆在这里是作为在周围压力增量为零时的不固结不排水剪试验结果来对待的，其实它也是 $\sigma_3 = \sigma_c$ 下的固结不排水剪试验结果。于是，试样在某固结压力下的不排水强度也可由该固结压力下的一个固结不排水剪试验测得，即不排水强度等于该试验的极限总应力圆的半径。

下面，将利用上述结果来讨论试样的应力历史和剪前固结压力对不排水强度的影响。图 5-28a 表示剪前固结压力与剪前孔隙比的关系曲线。图中 $a \to b \to c \to d$ 线表示正常固结过程，相当于图 4-15 中的现场压缩曲线，区别在于前者的固结压力为周围压力 σ_c，后者的固结压力为竖向压力 p。当试样落在该线上，它的现有固结压力就是它曾受到过的最大固结压力，属正常固结试样。图中 $c \to e$ 线表示卸载回弹或膨胀过程，相当于图 4-15 中的现场回弹曲线。当试样落在该线上，它的现有固结压力，如 σ_{ce}，小于先期固结压力 σ_{cc} 时，属超固结试样。

图 5-28b 绘出了不同固结压力下由固结不排水剪试验求得的极限总应力圆，其半径就是该固结压力下的不排水强度。例如，图 5-28a 中 a 点的剪前固结压力为 σ_{ca}，该

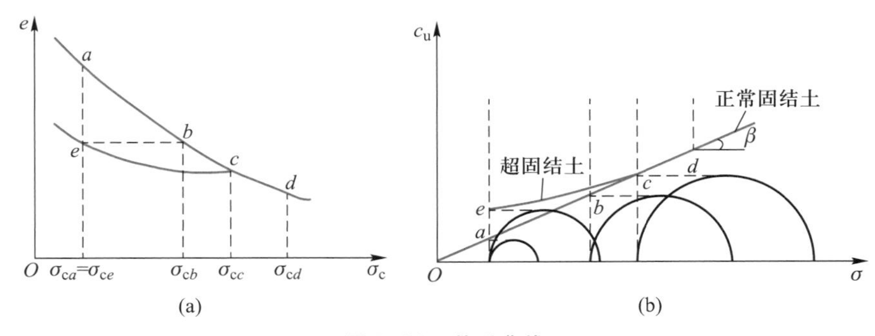

图 5-28　关系曲线

固结压力的不排水强度等于图 5-28b 中 a 点的纵坐标。其他剪前固结压力（σ_{cb}、σ_{cc}和σ_{cd}）的不排水强度亦一一对应示于图 5-28b。由图可见，正常固结土的不排水强度随剪前固结压力的增加（剪前孔隙比的减小）而增大，它们之间的关系为通过坐标原点的直线。设直线的倾角为β，则 $\tan\beta=c_u/\sigma_c$（称作不排水强度比）。直线通过坐标原点可这样理解：一个从未受到过固结压力（即 $\sigma_c=0$）的试样，它就会像液体泥浆一样，不具备强度。超固结土的不排水强度与剪前固结压力的关系是一条不通过坐标原点的曲线。在相同剪前固结压力下，如图 5-28a 中 a 点和 e 点，由于超固结土比正常固结土有较小的剪前孔隙比，因此，剪破时的孔隙水压力比正常固结土的小，甚至可能出现负值，则有效周围压力就大，不排水强度也大。因此，在图 5-28b 中 e 点比 a 点高。

在不固结不排水剪试验中，如果量测孔隙水压力，试验结果就可根据有效应力整理。如图 5-27a 中试样 A 和试样 B，由于它们具有同样大小的极限总应力圆，那么它们无疑将有同样大小的极限有效应力圆。其极限有效应力圆的位置参照图示分析如下：

试样 A：

$$\sigma_{3f}=\sigma_c$$

$$u_f=\Delta u_2=A_f(\Delta\sigma_1-\Delta\sigma_3)_{fA}=A_f q_{fA}$$

所以，有

$$\sigma'_{3f}=\sigma_{3f}-u_f=\sigma_c-A_f q_{fA} \tag{5-28}$$

试样 B：

$$\sigma_{3f}=\sigma_c+\Delta\sigma_3$$

$$u_f=\Delta u_1+\Delta u_2=\Delta\sigma_3+A_f(\Delta\sigma_1-\Delta\sigma_3)_{fB}=\Delta\sigma_3+A_f q_{fB}$$

所以，有

$$\sigma'_{3f}=\sigma_c+\Delta\sigma_3-\Delta\sigma_3-A_f q_{fB}=\sigma_c-A_f q_{fB} \tag{5-29}$$

式中：q_{fA}、q_{fB}——试样 A 和试样 B 的极限总应力圆的直径。

如上所述，两个试样具有同样大小的极限总应力圆，那么，由式（5-28）和式（5-29）可知，它们剪破时也有同样大小的有效小主应力。由此得出结论：在相同的剪前固结压力下，由一组饱和土的不固结不排水剪试验求得的极限有效应力圆只有一个，即图 5-27a 中的虚线圆。因此，用这种试验得不到有效强度包线和 c'、φ'值。

非饱和土孔隙中存在着空气，在不排气不排水剪试验中，在周围压力增量 $\Delta\sigma_3$ 作用下孔隙中的气会被压缩，试样的体积会减小，因而，它的强度将随 $\Delta\sigma_3$ 的增加而增大。然而，强度的这种增长趋势因孔隙气的进一步压缩并溶解于水，以及试样饱和度的逐渐提高而越来越缓慢。最后，当试样饱和后，总强度包线就成为水平线。在一定应力范围内，非饱和土的不排气不排水剪试验的总强度包线可近似用直线代替，如图 5-29 所示。

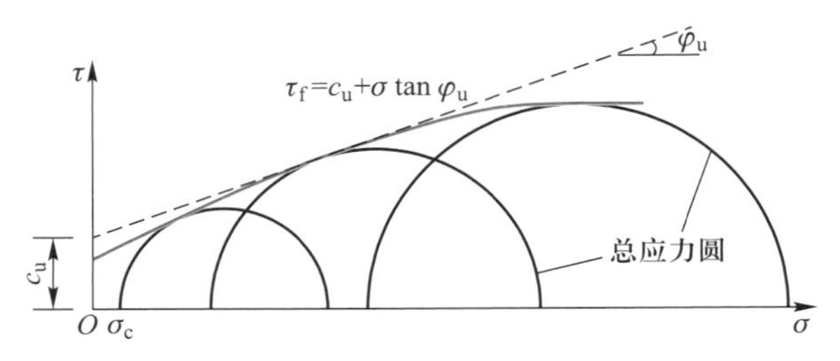

图 5-29　非饱和土的不排气不排水剪试验的总强度包线

（二）固结不排水强度

在固结不排水剪试验中，一组饱和试样先在不同周围压力 $\sigma_3(=\sigma_c+\Delta\sigma_3)$ 下固结稳定，处在正常固结状态。然后，在不允许水有进出的条件下逐渐施加附加轴向压力直至试样剪破。由于在试验中试样的剪前固结压力将随 $\Delta\sigma_3$ 的增加而增大，剪前孔隙比则相应减小，因此，强度和极限总应力圆亦将相应增大。作这些圆的包线即得正常固结土的固结不排水剪强度线，这是一条通过坐标原点的直线，倾角为 φ_{cu}，如图 5-30a 所示。若一组试样先承受同一周围压力固结稳定，然后分别卸载膨胀至不同周围压力，再在不允许水有进出的条件下受剪至破坏，即可得到超固结土的极限总应力圆和强度包线，这是一条不通过坐标原点的微弯曲线，通常用直线近似代替，直线的倾角 $\varphi_{cu(超)}$、与坐标纵轴的截距 $c_{cu(超)}$ 如图 5-30b 虚线所示。$\varphi_{cu(超)}$ 的确定与先期固结应力大小有关，先期固结应力越大，倾角越小；反之，倾角越大。在相同的剪前固结压力下，超固结土比正常固结土有较小的剪前孔隙比，剪破时就有较小的孔隙水压力，甚至产生负孔隙水压力，因此也就有较大的极限总应力圆。所以，超固结土的强度线高于正常固结土的强度线。

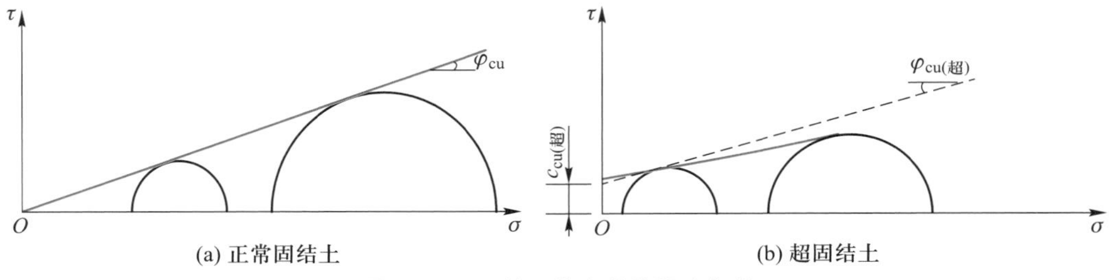

图 5-30　固结不排水剪总强度包线

在固结不排水剪试验中若量测孔隙水压力，则试验结果可用有效应力整理。由于正常固结土剪破时的孔隙水压力为正值，剪破时的有效应力圆就在总应力圆的左边，有效强度包线亦为通过坐标原点的直线，直线的倾角 $\varphi'>\varphi_{cu}$，如图 5-31a 所示。弱超固结土剪破时的孔隙水压力为正值，剪破时的有效应力圆在总应力圆的左边；强超固结土剪破时的孔隙水压力为负值，剪破时的有效应力圆在总应力圆的右边。有效强度包线为一条不通过坐标原点的微弯曲线，在一定的应力范围内可用直线近似代替，直线的倾角为 φ'，大于 φ_{cu}，与坐标纵轴的截距为 c'，小于 c_{cu}，如图 5-31b 所示。

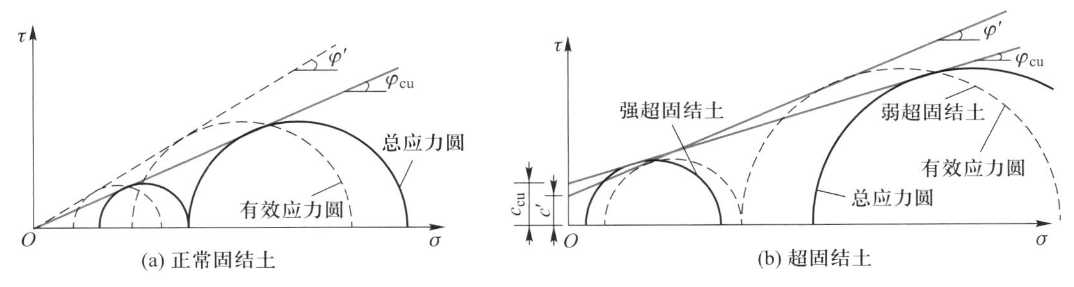

图 5-31 固结不排水剪有效强度包线

于是,固结不排水剪试验的总强度线可表达为

$$\tau_f = c_{cu} + \sigma \tan \varphi_{cu} \tag{5-30}$$

式中:c_{cu}——固结不排水剪试验求得的黏聚力;

φ_{cu}——固结不排水剪试验求得的内摩擦角。

有效强度线可表达为

$$\tau_f = c' + \sigma' \tan \varphi' \tag{5-31}$$

对于正常固结土,c'和 c_{cu}都等于零。

由于取样过程中引起的应力释放,当在室内试验时的固结压力较小时,即使原来是正常固结土也将是超固结的。因此,要求正常固结土的固结不排水剪切强度,在试验中的固结压力原则上至少应大于该试样的自重应力。

（三）固结排水强度

固结排水剪试验与固结不排水剪试验的差别在于施加附加轴向压力时允许试样充分排水。排水剪试验既可以在饱和试样上进行,也可以在非饱和试样上进行。饱和黏土在固结排水剪试验中的强度变化趋势与固结不排水剪试验相似。如图 5-32 所示,正常固结土的强度包线亦为通过坐标原点的直线;超固结土为微弯的曲线,通常用直线近似代替,直线倾角为 $\varphi_{d(超)}$,与坐标纵轴的截距为 $c_{d(超)}$。$\varphi_{d(超)}$与前文 $\varphi_{cu(超)}$一样,与先期固结应力大小有关,先期固结应力越大,倾角越小;反之,倾角越大。由于试验中孔隙水压力始终保持为零,外加总应力就等于有效应力,极限总应力圆就是极限有效应力圆,总强度线即为有效强度线。故在固结排水剪试验中有效应力强度指标 c'和 φ'常可标记为 c_d 和 φ_d。

于是,固结排水剪试验的抗剪强度线可表达为

$$\tau_f = c_d + \sigma \tan \varphi_d \tag{5-32}$$

式中:c_d——固结排水剪试验求得的黏聚力,对于正常固结土,$c_d = 0$;

φ_d——固结排水剪试验求得的内摩擦角。

可是,在黏土的固结排水剪试验中,为了保持孔隙水压力始终保持为零,试验时要选择极慢的剪切速率。这样,试验历时往往要长达数天,甚至数星期。因此,在一般情况下,黏土的有效应力强度指标通常借助量测孔隙水压力的固结不排水试验测定。

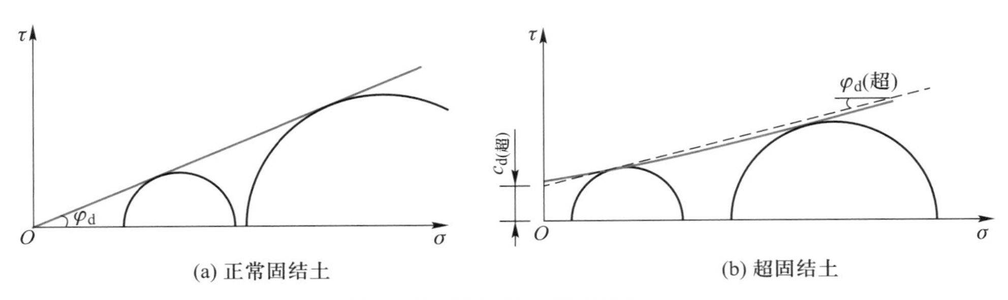

图 5-32 固结排水剪强度包线

现将饱和黏土三种类型的三轴压缩试验的结果汇总于图 5-33。由图可见,对同一种黏土,当以总应力表示试验结果时,将得到显著不同的总应力强度指标。按式(5-6),剪破面与大主应力面的理论夹角为($45°+\varphi/2$),这就意味着同一种黏土在三种剪切试验中将沿不同平面剪破。然而,当以有效应力表示试验结果时,三种剪切试验将得到十分接近的有效应力强度指标,这又意味着黏土在三种试验中将沿同一平面剪破。同时,实测资料表明,θ_f 通常约为 60°,而黏性土的 φ'一般在 30°左右。由此看来,实测的 θ_f 角接近于($45°+\varphi'/2$)。

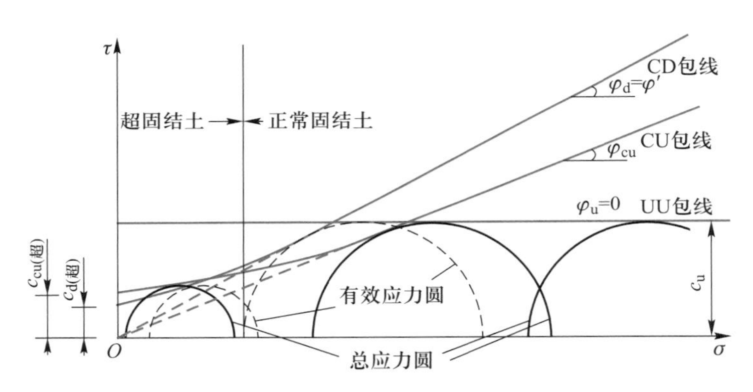

图 5-33 饱和黏土三种类型的三轴压缩试验结果示意图

[例题 5-3] 从某一饱和黏土样中切取三个试样进行固结不排水剪试验。三个试样分别在周围压力 σ_3 为 100 kPa、200 kPa 和 300 kPa 下正常固结,剪破时的大主应力 σ_1 分别为 205 kPa、385 kPa 和 570 kPa,同时测得剪破时的孔隙水压力依次为 63 kPa、110 kPa 和 150 kPa。试求总应力强度指标 c_{cu}和 φ_{cu},以及有效应力强度指标 c'和 φ'。

[解]

(1) 根据试样剪破时三组相应的 σ_1 和 σ_3 值,在 $\tau-\sigma$ 坐标平面内的 σ 轴上按$(\sigma_1+\sigma_3)/2$ 值定出极限应力圆的圆心,再以$(\sigma_1-\sigma_3)/2$ 值为半径分别作圆,此即剪破时的总应力圆,如图 5-34 中的三个实线圆。作这些圆的近似公切线,量得 $c_{cu}=12$ kPa,$\varphi_{cu}=16.5°$。

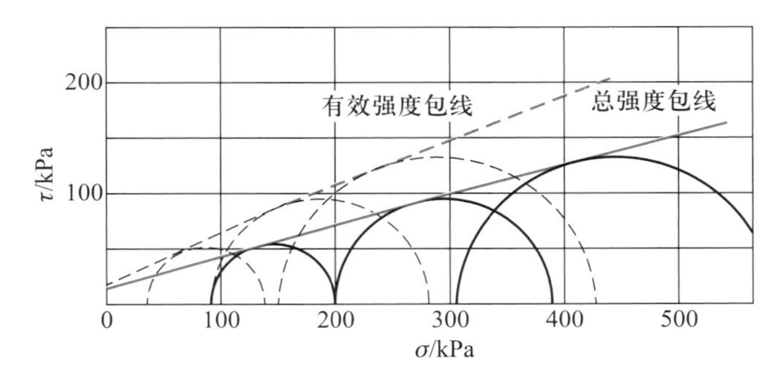

图 5-34 固结不排水剪试验成果图

(2) 按剪破时的孔隙水压力值,把三个总应力圆分别左移一相应距离,即得剪破时的有效应力圆,如图中虚线圆。作这些圆的近似公切线,得 $c'=15$ kPa,$\varphi'=20°$。

[例题 5-4] 某饱和黏土曾受到的先期固结应力为 800 kPa。在固结不排水剪试验中测得的结果列于表 5-2。试求不同超固结比下,试样剪破时的孔隙应力系数 A_f 值。

[解] 在固结不排水剪试验中,孔隙水压力仅由主应力差产生,于是,按式(5-25),剪破时的孔隙应力系数 $A_f=\Delta u/(\Delta\sigma_1-\Delta\sigma_3)=u_f/(\sigma_1-\sigma_3)_f$,计算结果见表 5-3。

表 5-2 例题 5-4 试验结果

σ_3/kPa	$(\sigma_1-\sigma_3)$/kPa	u_f/kPa
100	42	-66
200	530	-10
400	730	+82
600	1 000	+183

表 5-3 例题 5-4 计算结果

σ_3/kPa	超固结比	A_f
100	8	-1.57
200	4	-0.02
400	2	+0.11
600	1.33	+0.18

(四) 黏土的残余强度

超固结黏土在剪切试验中具有与紧砂相似的应力-应变特性,即当强度随剪位移达到峰值后,如果剪切继续进行,则强度显著降低,最后达到某一定值,该值就称为黏土的残余强度。针对地基而言,正常固结黏土一般亦有此现象,只是降低的幅度较超固结黏土小而已。图 5-35 为应力历史不同的同一种黏土在相同竖向压力 σ 下进行直剪试验的慢剪结果。图 5-36 为不同竖向压力下的峰值强度线和残余强度线。由图可见:

(1) 黏土的残余强度与它的应力历史无关;

(2) 在大剪位移下超固结黏土的强度降低幅度比正常固结黏土的大;

(3) 残余强度线为通过坐标原点的直线,即

$$\tau_r=\sigma\tan\varphi_r \tag{5-33}$$

式中:τ_r——黏土的残余强度;

σ——剪破面上的法向压力;

φ_r——残余内摩擦角。

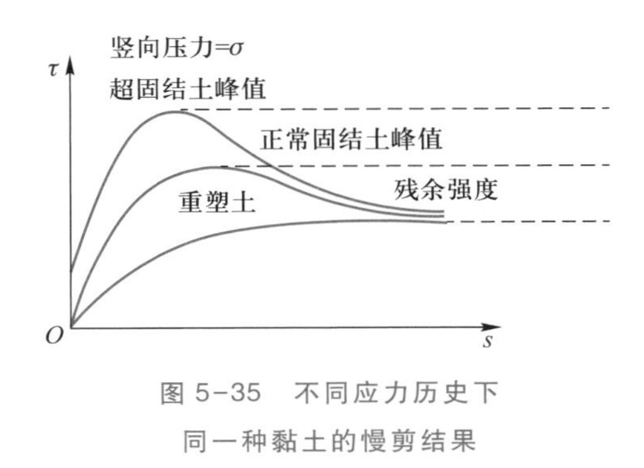

图 5-35　不同应力历史下同一种黏土的慢剪结果

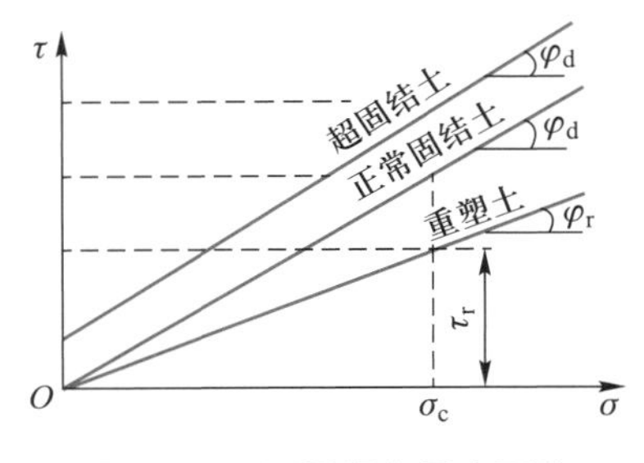

图 5-36　不同竖向压力下的峰值强度线和残余强度线

必须指出，在大剪位移下黏土强度降低的机理与紧砂不同。如前所述，紧砂强度的降低是土粒间咬合作用被克服、结构崩解变松的结果，而黏土强度的降低则被认为是由于：

（1）在受剪过程中原来絮凝排列的土粒在剪切面附近形成分散排列，即片状土粒与剪切面平行排列，粒间引力减小；

（2）吸着水层中水分子的定向排列和阳离子的分布因受剪而遭到破坏。

（五）黏土的灵敏度

某些黏土在含水率不变的条件下因扰动导致其原有结构被彻底破坏，它的强度将显著降低。这种扰动过程通常称为重塑。实际上，对所有原状土的扰动都会对其强度产生不同程度的影响，但对黏土的影响特别显著。常用灵敏度来表示黏土对结构扰动的敏感程度。灵敏度定义为原状试样的不排水强度与相同含水率下重塑试样的不排水强度之比。而饱和黏土的不排水强度又可以用无侧限抗压强度来度量。于是，有

$$S_t=\frac{q_u}{q_u'} \tag{5-34}$$

式中：S_t——黏土的灵敏度；

q_u——原状试样的无侧限抗压强度；

q_u'——重塑试样的无侧限抗压强度。

黏土按灵敏度的分类见表 5-4。

表 5-4　黏土按灵敏度的分类

S_t	黏土类别
$2<S_t\leqslant 4$	中灵敏性
$4<S_t\leqslant 8$	高灵敏性
$8<S_t\leqslant 16$	极灵敏性
$S_t>16$	流性

注：上述分类参考《软土地区岩土工程勘察规程》（JGJ 83—2011）。

正如在讨论黏土的残余强度时所提到的那样,搓捏作用同样能够使局部的片状土粒形成较平行的排列,以及吸着水层中水分子的定向排列和阳离子的分布遭到破坏,从而引起强度的降低。但一旦搓捏作用停止,吸着水层中水分子和阳离子又将恢复定向排列和重新分布,以便达到新的平衡。同时,土粒在一定程度上也将随时间的增长而逐渐调整到较为絮凝的排列。这些变化的结果使重塑土的抗剪强度可随静置时间的延长而增长。尽管这样,也绝不会恢复到它原有的强度。在含水率不变的条件下黏土因重塑而软化(强度降低)、软化后又随静置时间的延长而硬化(强度增长)的这种性质称为黏土的触变性。

（六）黏土的蠕变

在剪切试验中土的蠕变是指在恒定剪应力作用下应变随时间而改变的现象。图 5-37 为三轴不排水剪试验中在不同的恒定主应力差作用下轴向应变随时间变化的过程线,即蠕变曲线。

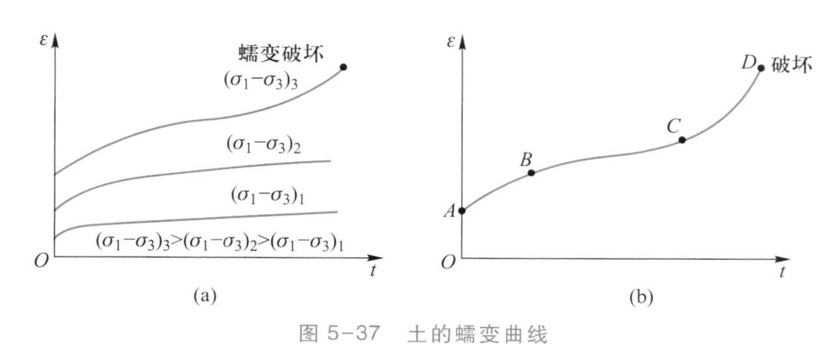

图 5-37 土的蠕变曲线

由图 5-37a 可见,当主应力差很小时,轴向应变几乎在瞬时发生,之后,蠕变缓慢发展,轴向应变-时间关系曲线最后呈水平线,土不会发生剪切破坏。随着主应力差的增加,蠕变速率亦相应增长。当主应力差达某一值后,轴向应变不断发展,最终可导致蠕变破坏。

蠕变破坏的过程包括以下几个阶段:如图 5-37b 所示,OA 段为瞬时弹性应变阶段,对土而言,其值很小;AB 段为初期蠕变阶段,在这一阶段,蠕变速率由大变小,如果这时卸除主应力差,则先恢复瞬时弹性应变,继而恢复初期蠕变;BC 段为稳定蠕变阶段,这一阶段的蠕变速率为常数,这时若卸除主应力差,土将发生永久变形;CD 段为加速蠕变阶段,在这一阶段,蠕变速率迅速增长,最后达到破坏。

图 5-38 比萨斜塔

图 5-38 为著名的意大利比萨斜塔,其倾斜除了地基不均匀和土层松软等原因,钟塔地基中厚近 30 m 的饱和黏土层,在长期重荷载作用下

发生的蠕变也是导致钟塔继续缓慢倾斜的原因之一。

易于蠕变的土，只要剪应力超过某一定值，它的长期强度可大大低于室内测定的强度。有些挡土结构的逐渐侧向移动及土坡的破坏，土的蠕变是重要原因。在工程设计中如何合理地考虑蠕变的影响需进一步研究。

*第六节 三轴剪切试验中的应力路径

试样或土单元体在受剪过程中的应力状态变化可用一组莫尔应力圆完整地表示。但是，这种表示方法过于烦琐，并不实用，因此一般不作莫尔应力圆，而用试样在受剪过程中某个特定平面上的应力状态的轨迹即应力路径来反映这种变化。常用的平面有：剪破面或最大剪应力面（在三轴试验中与大主应力面成45°的平面）。既然土的强度有总应力表示和有效应力表示之分，那么应力路径也就有总应力路径（TSP）和有效应力路径（ESP）两类。它们分别用来表示试样在受剪过程中某个特定平面上的总应力变化和有效应力变化。图5-39为三轴剪切试验中两种不同加载方式剪破面上和最大剪应力面上的总应力路径。图5-39a代表常规三轴压缩试验中径向压力 σ_3 保持不变，增加轴向压力 σ_1 使试样受剪的情况。试验中剪破面上的总应力路径从 A 点开始沿直线至 B 点试样剪破；最大剪应力面上的总应力路径从 A 点开始沿与坐标横轴逆时针成45°的直线至 C 点试样剪破。图5-39b代表三轴伸长试验中径向压力 σ_1 保持不变，减小轴向压力使试样受剪的情况。试验中剪破面上的总应力路径从 D 点开始沿直线至 E 点试样剪破；最大剪应力面上的总应力路径从 D 点开始沿与坐标横轴顺时针成45°的直线至 F 点试样剪破。

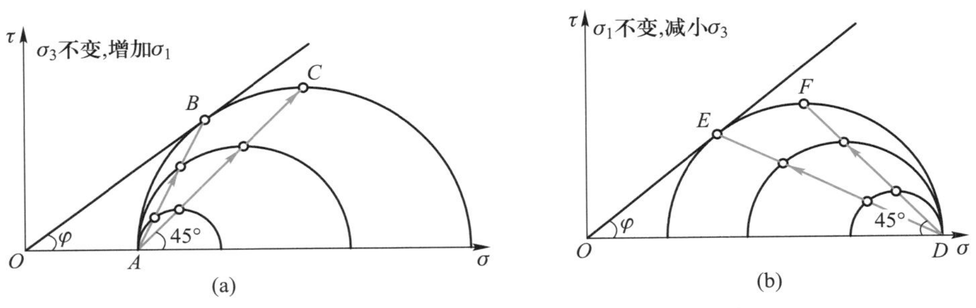

图5-39 剪破面和最大剪应力面上的总应力路径

可是，为了绘制剪破面上的应力路径，必须先要知道剪破面与大主应力面的夹角 θ_f。按理论分析，这个夹角可通过实测或根据内摩擦角按式(5-6)算得，但实际上，即使在试验中出现剪破面，要精确测量它，目前仍有技术上的困难。而通过内摩擦角换算，只能在 φ 角为已知的情况下才能办到。因此，为方便计，目前常绘制最大剪应力面上的应力路径。

式(5-9)曾给出以总应力表示的极限平衡条件为

$$\frac{(\sigma_1-\sigma_3)_f}{2}=\frac{(\sigma_1+\sigma_3)_f}{2}\sin\varphi+c\cdot\cos\varphi$$

当以有效应力表示时,极限平衡条件可写成

$$\frac{(\sigma_1'-\sigma_3')_f}{2}=\frac{(\sigma_1'+\sigma_3')_f}{2}\sin\varphi'+c'\cdot\cos\varphi' \tag{5-35}$$

式中$(\sigma_1-\sigma_3)_f/2=(\sigma_1'-\sigma_3')_f/2$为试样剪破时最大剪应力面上的剪应力,即极限总应力圆和极限有效应力圆顶点的纵坐标;$(\sigma_1+\sigma_3)_f/2$或$(\sigma_1'+\sigma_3')_f/2$为最大剪应力面上的法向总应力或法向有效应力,即极限总应力圆或极限有效应力圆顶点的横坐标。

由于土的强度线一般以直线表示,则对一组极限应力圆而言,强度指标为常数。因此,由上式可知,一组极限应力圆顶点的连线也应是一条直线。极限总应力圆顶点的连线称为K_f线;极限有效应力圆顶点的连线称为K_f'线。图5-40给出的是K_f线。若设它的倾角为α,它与坐标纵轴的截距为d,那么对照直线方程式(5-9)或式(5-35)可知,K_f线或K_f'线的倾角和纵轴的截距与强度指标存在下列关系:

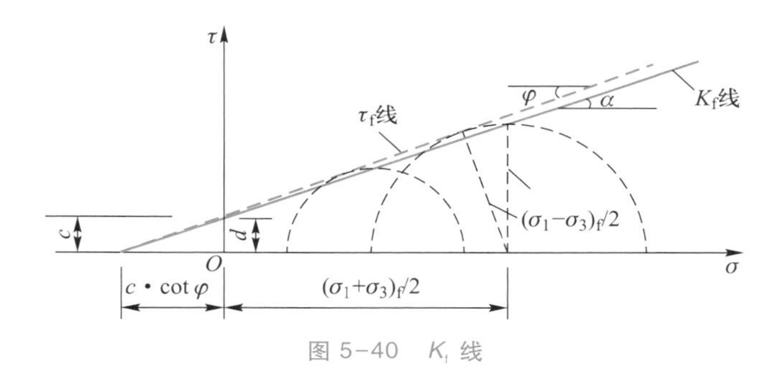

图5-40 K_f线

当以总应力表示时

$$\sin\varphi=\tan\alpha \tag{5-36}$$

$$c\cdot\cos\varphi=d \tag{5-37}$$

当以有效应力表示时

$$\sin\varphi'=\tan\alpha' \tag{5-38}$$

$$c'\cdot\cos\varphi'=d' \tag{5-39}$$

这样,一旦试验求得K_f线或K_f'线,就可根据它的倾角和它与坐标纵轴的截距按式(5-36)和式(5-37)或式(5-38)和式(5-39)反算土的强度指标。

此外,强度线与坐标横轴的交点代表一个点圆,而K_f线或K_f'线为应力圆顶点的连线,故K_f线或K_f'线与强度线在坐标横轴上必交于一点。

为简便起见,下面将在p或p'[$(\sigma_1+\sigma_3)/2$或$(\sigma_1'+\sigma_3')/2$]与q[$(\sigma_1-\sigma_3)/2$]坐标平面内来研究三轴试验中的应力路径问题。

三轴固结排水剪试验中的应力路径比较简单，因为试验中孔隙水压力始终要保持为零，所以，总应力路径也就是有效应力路径。图5-41为正常固结土的应力路径。由于正常固结土的c'为零，故K_f'线通过坐标原点。若设试样首先在某一周围压力下固结稳定，在图中以A点代表，则在三轴压缩试验中它的应力路径将从A点开始，随着附加轴向压力的逐渐增加，沿着与坐标横轴逆时针成45°的直线至B点试样剪破。在三轴伸长试验中，则从A点开始，沿着与坐标横轴顺时针成45°的直线至C点试样剪破。超固结土在固结排水剪试验中的应力路径与正常固结土完全一样，只是K_f'线不通过坐标原点而已。

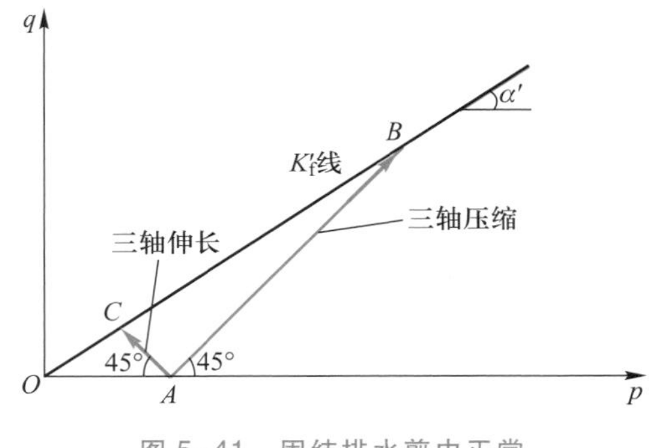

图5-41　固结排水剪中正常固结土的应力路径

在三轴压缩固结不排水剪试验中，正常固结土的应力路径示于图5-42a。设试样首先在某一周围压力下固结稳定，在图中以A点表示。随着附加轴向压力的逐渐增加，试样的总应力路径将从A点开始，沿着与坐标横轴逆时针成45°的直线至B点试样剪破。由于正常固结土在受剪过程中产生正孔隙水压力，有效应力路径将在总应力路径的左边，从A点开始，沿着曲线至B'点试样剪破。因极限总应力圆和极限有效应力圆具有同样大小，所以B点和B'点同高。直线AB与曲线AB'之间的水平距离表示试样受剪过程中的孔隙水压力变化。图中u_f表示剪破时的孔隙水压力。图5-42b为超固结土的应力路径。图中p_c表示试样曾受过的先期固结压力。现在把一个试样的固结压力由p_c减小，而处在图中A点的位置。由于固结压力减小不多，这个试样就成为弱超固结试样。这时，如果逐渐增加附加轴向压力，试样的总应力路径将从A点开始沿着与坐标横轴逆时针成45°的直线至B点试样剪破。又因弱超固结试样在受剪过程中产生正孔隙水压力，所以有效应力路径始终在总应力路径的左边，从A点开始沿着曲线至B'点试样剪破。若把另一个试样的固结压力由p_c减少，而处在图中C点的位置。因固结压力减小很多，这个试样就成为强超固结试样。试样在受剪过程中的总应力路径将

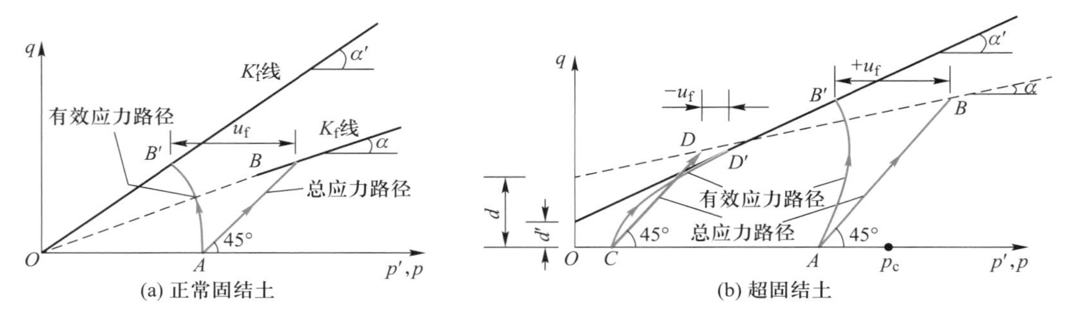

图5-42　三轴压缩固结不排水剪中的应力路径

从 C 点开始,沿着与坐标横轴逆时针成 45°的直线至 D 点试样剪破。由于强超固结试样在受剪过程中开始出现正孔隙水压力,后来逐渐转变为负值,所以有效应力路径开始在总应力路径的左边,后来逐渐移到右边,至 D' 点试样剪破。

*第七节 关于不排水强度的讨论

当分析软土地基上填方和挖方边坡在施工期的稳定性和确定软基的承载力时,通常采用的强度指标为土的不排水强度。本章介绍了四种直接测定地基土不排水强度的方法,即现场十字板剪切试验、无侧限抗压强度试验、三轴不固结不排水剪试验和固结不排水剪试验。不同试验方法测得的不排水强度是不同的,下面就来讨论这个问题。

土的原位不排水强度取决于它的结构、孔隙比、初始应力状态、应力历史和剪破面的方向。但就结构上各向同性的正常固结土而言,不排水强度主要取决于土的剪前孔隙比及剪破面上的剪前法向有效应力。

具有水平地面的地基土通常处在 K_0 固结状态,大主应力面为水平面,小主应力面为竖直面。大主应力为自重应力 p_0,小主应力为 K_0p_0(K_0 为静止侧压力系数)。正常固结土的 K_0 小于 1。

现场十字板剪切试验大体上是在原位应力下进行的。对于高宽比为 2∶1 的通用十字板,由式(5-16)算得的不排水强度中竖直面上的强度占了 6/7,两个端面上的强度仅占 1/7。因此,对于均质土,十字板剪切试验测得的强度主要反映竖直面上的强度,除高塑性土外,它是土的原位不排水强度中的小值。

无侧限抗压强度试验和三轴不固结不排水剪试验本质上并无差别,只是后者在试验中试样受橡皮膜的约束而有较高的强度。已测到的强度差异可高达 6 kPa,这对极软的黏土而言是可观的。两种试验测得的不排水强度取决于试样的原位应力和应力释放后试样内部储存的负孔隙水压力的大小。由于孔隙水压力是各向相等的,因而亦可把它们视作一种各向等压固结的常规三轴不排水剪试验,所以由这些试验测得的不排水强度代表着与大主应力面成 45°的平面上的强度。由于取样、储存和试验操作将不可避免地引起土的结构扰动,致使试样内储存的负孔隙水压力一般小于它的原位平均应力 $K_0(1+p_0)/2$,因而使测得的不排水强度偏小,甚至常小于十字板的强度。因此,它们不代表土的原位不排水强度。

试样在直接剪切仪中的固结状态属于 K_0 固结,但试验中的剪破面为水平面。如果直剪仪能控制排水条件,那么试样在自重应力 p_0 下由固结快剪试验测得的强度将是土的原位不排水强度中的大值。

前面在介绍饱和土的不固结不排水剪试验时曾经提到，某一固结压力 σ_c 下的不排水强度可直接由该固结压力下的固结不排水剪试验测定。对于正常固结土，不排水强度比 c_u/σ_3 为常数（等于 $\tan\beta$，见图 5-28b）。然而，由于取样引起应力释放和试样的结构扰动，即使试样在原位是正常固结的，取出后也会变成超固结的。要在室内测定土的原位不排水强度而使试样在原位应力状态下再固结，这不是常规三轴试验所能办到的。同时，再固结将引起试样的孔隙比小于原位值，而使测得的强度偏高。较合理而实用的测定正常固结土原位不排水强度的方法是在一组三轴固结不排水剪试验中，固结压力至少应大于试样自重应力的 1.5 倍，使试样处在正常固结压缩曲线上，再进行不排水剪试验，建立剪前固结压力与不排水强度关系线或不排水强度比，然后按试样的原位应力插算或计算。这种方法的明显优点是，在较大的固结压力下进行试验可减轻试样扰动的影响。同时，利用正常固结土的 σ_3-c_u 关系曲线必通过坐标原点的特性，使得在绘制 σ_3-c_u 关系曲线时可避免一些误差，从而提高测试精度。

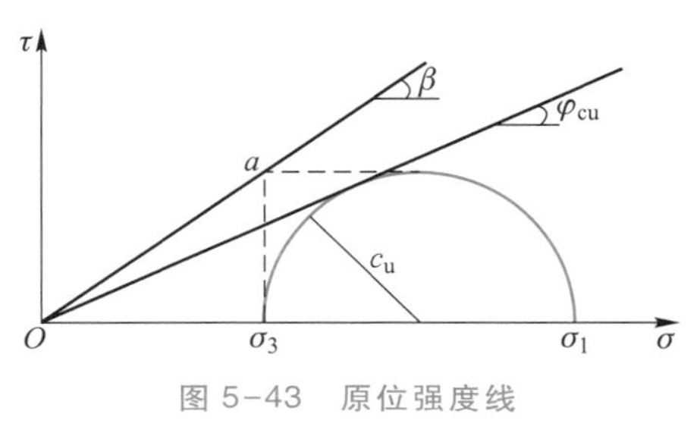

图 5-43 原位强度线

用上述方法测得的极限总应力圆如图 5-43 所示。从坐标原点作极限总应力圆的切线即为正常固结土的固结不排水强度线，倾角为 φ_{cu}。该剪前固结压力下的不排水强度为图中 a 点的纵坐标。作坐标原点与 a 点的连线，即为正常固结土的 σ_c-c_u 关系曲线，倾角为 β。定义不排水强度比为

$$\tan\beta=\frac{c_u}{\sigma_3}=\frac{c_u}{(\sigma_1+\sigma_3)_f/2-c_u}=\frac{(\sigma_1-\sigma_3)_f/2}{(\sigma_1+\sigma_3)_f/2-(\sigma_1-\sigma_3)_f/2} \tag{5-40}$$

将上式右边分子、分母除以 $(\sigma_1+\sigma_3)_f/2$，并由式（5-5）可知

$$\sin\varphi_{cu}=\frac{(\sigma_1-\sigma_3)_f}{(\sigma_1+\sigma_3)_f}$$

于是，得

$$\tan\beta=\frac{\sin\varphi_{cu}}{1-\sin\varphi_{cu}} \tag{5-41}$$

即不排水强度比也可根据内摩擦角 φ_{cu} 计算。然而，式（5-40）中的剪前固结压力 σ_3 在试验中是各向相等的，而地基土通常处在 K_0 固结状态，因此，土的原位不排水强度可用土的原位平均压力 $p_0(1+K_0)/2$ 近似计算，即

$$c_u=\frac{(1+K_0)p_0}{2}\tan\beta$$

由上式得到的强度代表与大主应力面成 45°平面上的原位不排水强度。

进行建筑物地基稳定验算时，有时要考虑地基土因固结而引起的强度增长问题，同样可按上式估算，而不必进行费时的不同固结度的三轴不排水剪试验，即

$$\Delta c_u = \frac{(1+K_0)U\Delta\sigma_z}{2}\tan\beta \tag{5-42}$$

式中：Δc_u——不排水强度增量；

$\Delta\sigma_z$——由建筑物荷载引起的附加应力；

U——固结度。

其余符号意义同前。

显然，这里做了地基土在建筑物荷载下没有侧向变形的假定。

从上面的讨论可知，由上述试验测得的强度仅代表某一特定面上的不排水强度。因此，当把某种试验的强度引申到整个滑动面时，了解不同试验方法的强度差异，对评估稳定计算结果将是有益的。

习 题

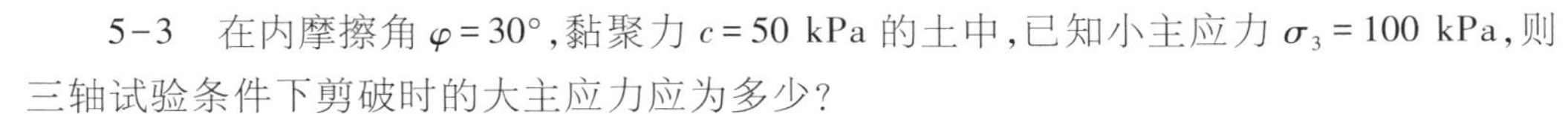

5-1 设地基内某点土所受的大主应力 $\sigma_1=450$ kPa，小主应力 $\sigma_3=200$ kPa，土的内摩擦角 $\varphi=20°$，黏聚力 $c=50$ kPa。则该点处在什么状态？

5-2 设地基内某点土所受的大主应力 $\sigma_1=450$ kPa，小主应力 $\sigma_3=150$ kPa，孔隙水压力 $u=50$ kPa，土的有效应力强度指标 $\varphi'=30°$，$c'=0$。则该点处在什么状态？

5-3 在内摩擦角 $\varphi=30°$，黏聚力 $c=50$ kPa 的土中，已知小主应力 $\sigma_3=100$ kPa，则三轴试验条件下剪破时的大主应力应为多少？

5-4 某试样在三轴试验剪破时的大主应力 $\sigma_1=290$ kPa，小主应力 $\sigma_3=100$ kPa，如果同一种土保持 $\sigma_3=200$ kPa 不变，增加附加轴向压力使试样受剪，当 $\varphi=0$ 或 $c=0$ 时，试求剪破时的大主应力。

5-5 某正常固结土的三轴固结不排水剪试验结果见表 5-5。图解求总应力强度指标 c_{cu} 和 φ_{cu} 及有效应力强度指标 c' 和 φ'。

5-6 在某地基土的不同深度进行十字板剪切试验，测得的最大扭力矩见表 5-6。求不同深度上土的抗剪强度，设十字板的高度为 10 cm，宽为 5 cm。

表 5-5 习题 5-5 附表

σ_3/kPa	$(\sigma_1-\sigma_3)_f$/kPa	u_f/kPa
100	200	35
200	320	70
300	460	75

表 5-6 习题 5-6 附表

深度/m	扭力矩/(kN·m)
5	120
10	160
15	190

5-7 某饱和正常固结试样，在周围压力 $\sigma_3=150$ kPa 下固结稳定，然后在三轴不排水条件下承受附加轴向压力至剪破。测得其不排水强度 $c_u=60$ kPa，剪破面与大主应力面的实测夹角 $\theta_f=57°$，求内摩擦角 φ_{cu} 和剪破时的孔隙应力系数 A_f。

5-8 设某饱和正常固结黏土的 $c'=0$，$\varphi'=30°$，试计算固结压力 $\sigma_3=100$ kPa 时的不排水强度 c_u 和内摩擦角 φ_{cu}（假定 $A_f=1$）。

5-9　某饱和正常固结黏土，由固结不排水剪试验测得其 K_f 线的倾角 $\alpha=30°$。则在常规三轴压缩试验中，固结压力为 300 kPa 时的不排水强度 c_u 为多少？若试样剪破时的孔隙水压力 $u_f=100$ kPa，则土的有效内摩擦角和有效黏聚力为多少？

5-10　设一圆形基础，承受中心荷载，如图 5-44 所示。地基为深厚的黏土层，湿重度 $\gamma=18.0$ kN/m³，饱和重度 $\gamma_{sat}=21.0$ kN/m³，地下水位在地面以下 3 m 处。在加载前，基础中心以下离地面 5 m 处 M 点的测压管中水位与地下水位齐平；在加载瞬间，即 $t=0$ 时，测压管中的水位高出地面 7 m。设 M 点的竖向附加应力 $\Delta\sigma_1=150$ kPa，水平向附加应力 $\Delta\sigma_3=70$ kPa。试求：(1) 加载瞬间 M 点的竖向有效应力和孔隙应力系数 A、B；(2) 若加载前地基土为正常固结土，有效内摩擦角 $\varphi'=30°$，静止侧压力系数 $K_0=0.7$，则 M 点是否会发生剪切破坏？

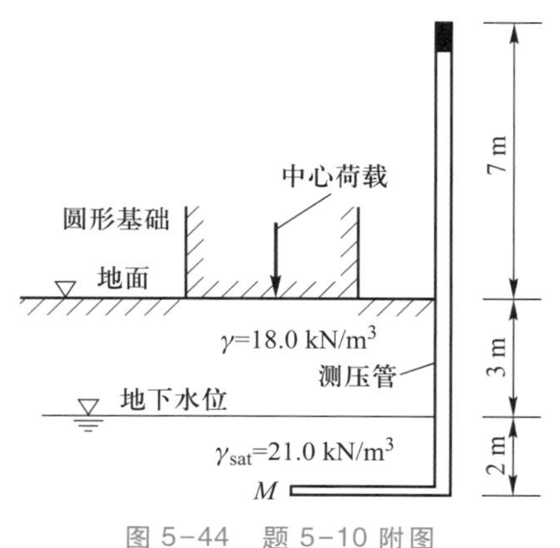

图 5-44　题 5-10 附图

★ 研讨题

老子《道德经》有云：“九层之台，起于累土；千里之行，始于足下。”交通运输工程是城乡之间、地区之间及国家之间进行社会、经济、文化等联系的重要桥梁，也给人民生活带来了巨大便利。高速公路和铁路的建设都需从打好路基开始。下面是关于高速公路和铁路路基的两个工程案例：

案例 1：某高速公路位于我国长江三角洲冲积平原，主要土层为饱和粉土，采用桩基对公路下方土层进行加固处理。在桩基施工前后，通过静力触探试验测量桩周土的强度，发现桩基施工 7 d 后的桩周土强度比施工前的强度小，而 14 d 和 28 d 后的桩周土强度又明显大于施工前的强度。

案例 2：日本东海道新干线是日本第一条高速铁路，在运营初期出现了因降雨引起的路堤沉降、路基翻浆冒泥等问题。所谓翻浆冒泥是路基土受地面水或地下水浸湿软化或液化后形成的泥浆，在列车动荷载作用下沿道床道砟的空隙向地面涌出的一种路基病害现象。

请同学们结合本章所学的知识内容，针对上述工程案例查阅相关资料，尝试思考并探讨以下几个方面问题：

(1) 案例 1 中静力触探试验测量的是土的什么强度？该工程中土的抗剪强度指标还可以通过什么室内试验测定？取土样时应注意什么？

(2) 案例 1 中桩周土的强度变化反映了黏性土的什么特性？为什么会出现这种特性？这种特性对该工程中的公路路基会产生什么影响？

(3) 案例 2 中路基土遇水软化或液化的机理是什么？在设计路基时，路基土应选用什么强度指标?

(4) 针对路基翻浆冒泥病害,可采取什么措施进行预防和治理?

文献拓展

[1] BISHOP A W. The strength of soils as engineering materials[J]. Geotechnique, 1966, 16(2): 91-130.

附注:该文为英国帝国理工学院毕肖普教授所作1966年朗肯讲座的文稿,探讨了土的破坏准则、高应力下土的性状、土原位不排水强度的确定及时间对土排水强度的影响等问题,对于系统深入理解土的强度问题有指导帮助作用。

[2] ROSCOE K H. The influence of strains in soil mechanics[J]. Geotechnique, 1970, 20(2): 129-170.

附注:该文为英国剑桥大学罗斯科教授所作1970年朗肯讲座的文稿,介绍了可测试土大范围应力-应变特性的剪切试验仪器,提出了对莫尔-库仑破坏准则的修正,讨论了应力与速度特性的关系,有助于学习者深入了解土的应力应变测试仪器和现代土力学视角下的强度理论。

[3] 俞茂宏.强度理论百年总结[J].力学进展,2004,34(4):529-560.

附注:该文为西安交通大学俞茂宏教授撰写,文章系统总结了不同材料(包括岩石、土、金属等)在复杂应力状态下强度理论(屈服准则、破坏准则等)的百年发展,并讨论了各种准则之间的关系,为工程设计合理选择强度理论提供参考依据。想要系统了解岩土等材料强度理论差异与演变的学习者可学习该文。

[4] 黄茂松,姚仰平,尹振宇,等.土的基本特性及本构关系与强度理论[J].土木工程学报,2016,49(7):9-35.

附注:该文是同济大学黄茂松教授、北京航空航天大学姚仰平教授、香港理工大学尹振宇教授(文章发表时尹振宇教授在同济大学任职)等学者共同完成的综述性文章,最早作为2015年7月第十二届全国土力学及岩土工程学术大会上的大会主题报告发布,文章针对饱和黏土、砂土及堆石料等粗粒土这三类土在基本力学特性及本构强度理论方面的研究现状和发展趋势进行总结,重点展现了中国岩土工程学界特别是21世纪以来在土的本构和强度理论方面所做出的系统贡献。

知识图谱

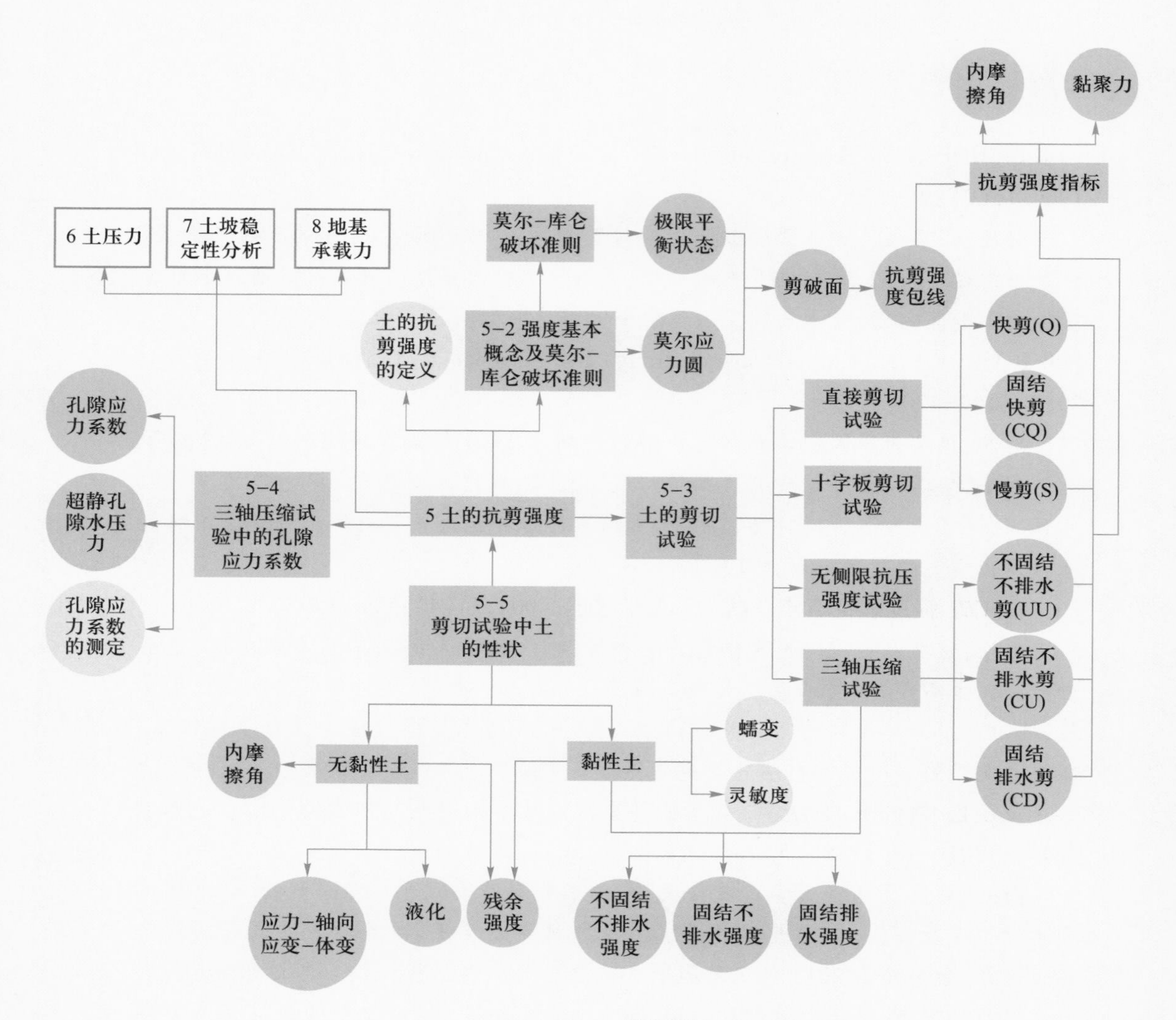

图例说明：

矩形表示可分割的知识点集，圆形表示不可分割的知识点；

实心表示本章节内容，空心表示其他章节内容；

深色表示本科教学重难点，浅色表示一般知识点；

箭头表示先后关系。

先贤故事
Rankine：全能天才

威廉·约翰·麦夸恩·朗肯(William John Macquorn Rankine),1820年出生于英国爱丁堡一个生活富足的家庭,他的初等教育是在父亲和家庭教师的指导下完成的。朗肯于1836年进入爱丁堡大学学习,并在两年后离校成为一名土木工程师。

朗肯是那个时代公认的全能天才,他在数学、热力学、流体力学、土力学方面都有颇深的造诣。朗肯在爱丁堡大学学习期间,曾因两篇物理学方面的研究文章受到关注。1838年,朗肯离开大学,成为土木工程师约翰·本杰明·麦克尼尔(John Benjamin MacNeill)的弟子。从1839年到1841年,朗肯与麦克尼尔一同参与了许多项目,包括治理河流,建设水厂、铁路和港口,丰富的工作经验也成为后期朗肯理论研究的重要基础。他在19世纪50年代基于挡土墙压力和稳定问题的分析,形成了后来的朗肯土压力理论,该理论一直被沿用至今。同时,朗肯还提出用$mv^2/2$表示物体的动能以代替当时流行的mv^2;研究了流体力学中流线的数学理论;提出船舶的水线理论。他出版的著作《应用力学手册》《蒸汽机和其他动力机手册》和《土木工程手册》都成为后世工程师和建筑师的重要参考用书。除了传统工科以外,朗肯在文化艺术领域也有着不俗的建树:在音乐领域,他热衷于大提琴、钢琴和声乐,发表过一首名为《铁马》的钢琴伴奏曲;在文学领域,他写下了《恋爱中的数学家》和《三英尺规则》(对公制的抗议)等幽默的诗歌。

朗肯于1853年当选为英国皇家学会会员,并于两年后出任格拉斯哥大学土木工程及力学教授,1857年创立了苏格兰新土木工程师协会。1872年,朗肯于英国格拉斯哥去世。国际岩土工程学界有两大最著名的土力学讲座,一为美国土木工程师学会(ASCE)岩土分会主办,以土力学创始人太沙基教授命名的太沙基讲座,另一个就是由英国岩土工程协会主办,以朗肯命名的朗肯讲座(Rankine Lecture)。朗肯讲座于每年3月召开,自1961年卡萨格兰德作为首位主讲人开始,至今已举办61届。

第六章

土压力

章节导图

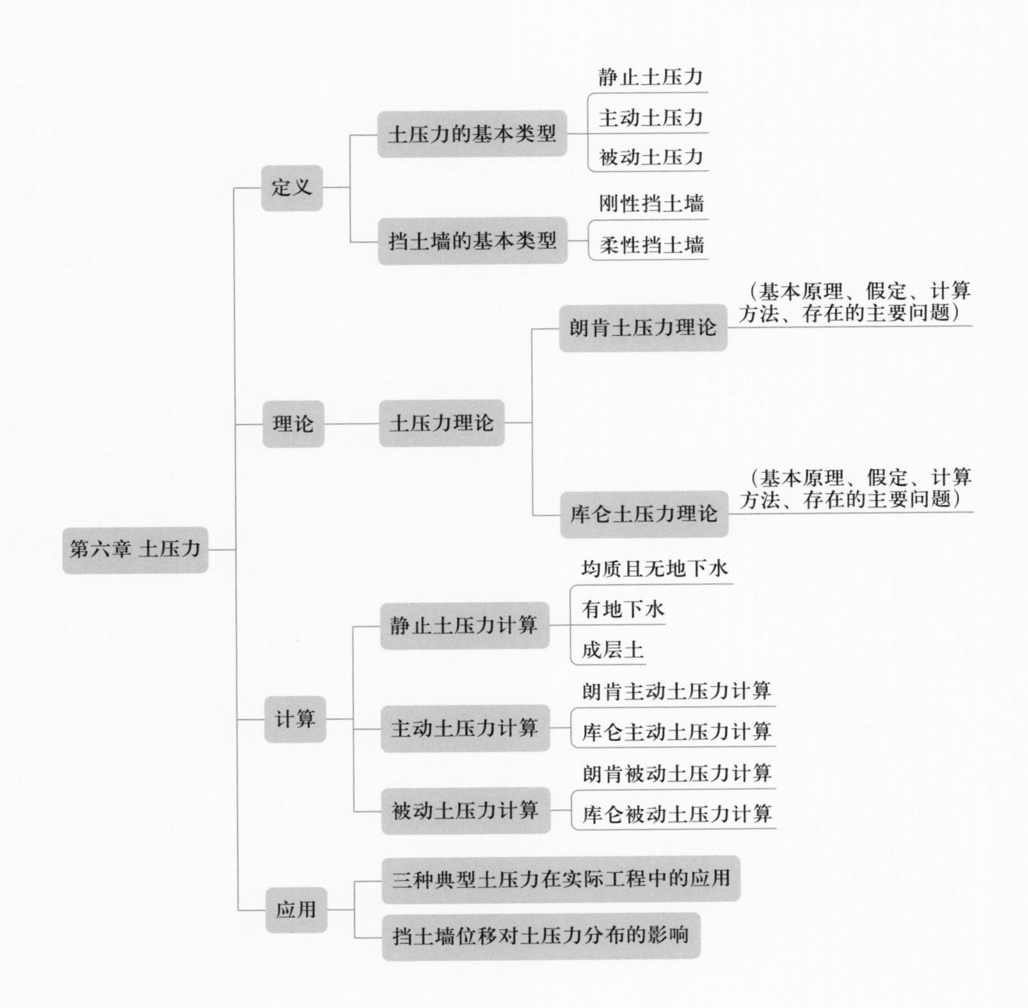

第六章 土压力
定义
土压力的基本类型
静止土压力
主动土压力
被动土压力
挡土墙的基本类型
刚性挡土墙
柔性挡土墙
理论
土压力理论
朗肯土压力理论
（基本原理、假定、计算方法、存在的主要问题）
库仑土压力理论
（基本原理、假定、计算方法、存在的主要问题）
计算
静止土压力计算
均质且无地下水
有地下水
成层土
主动土压力计算
朗肯主动土压力计算
库仑主动土压力计算
被动土压力计算
朗肯被动土压力计算
库仑被动土压力计算
应用
三种典型土压力在实际工程中的应用
挡土墙位移对土压力分布的影响

目标导入

- ◇ 了解影响土压力的因素，掌握静止、主动和被动三种土压力的定义；
- ◇ 掌握静止土压力的计算公式；
- ◇ 掌握朗肯土压力理论的基本假设、原理和计算公式；
- ◇ 掌握库仑土压力理论的基本假设、原理和计算公式；
- ◇ 理解基于库仑土压力理论的库尔曼图解法步骤；
- ◇ 理解库仑与朗肯土压力理论的区别；
- ◇ 培养根据实际挡土墙形式，合理选择土压力分析方法，计算不同条件下墙后典型土压力的能力；
- ◇ 了解挡土墙在现实工程中的重要作用，关注和分析因挡土墙问题引发的工程事故，培养综合考虑工程安全控制、法律及环境等因素进行岩土工程设计的能力，增强责任意识；
- ◇ 通过分析大国工程中的挡土墙运用案例开展创新型挡土墙研讨与动手实训，坚持目标导向，培养理论实践相融通、追求卓越的创新品质。

第一节 概述

教学课件 6-1

本书第三章已经讨论了土体内由于外荷载和土体自重产生的附加应力和自重应力，本章将介绍土体作用在挡土结构物侧面上的压力，这种压力称为土压力。在水利、电力、港口、航道及房屋建筑等土木工程中，挡土结构物（常称为挡土墙）是一种常见的构筑物，其结构示意如图 6-1a、b、c 所示，实物如图 6-1d、e、f 所示，它的作用主要是维持墙后填土的稳定或给外部结构提供反力。同时，挡土墙侧面要承受来自填土的压力。

在设计挡土墙的断面尺寸和验算其稳定性时，首先要计算作用在墙上的土压力。土压力的大小不仅与挡土墙高度和填土性质有关，还与挡土墙的刚度和位移有关。当挡土墙离开填土移动，墙后填土达到极限平衡状态或破坏时，作用在墙上的土压力称为主动土压力，它是保持墙后填土处于稳定状态的土压力中的最小值；当外力作用使挡土墙产生向填土挤压的位移，墙后填土达到极限平衡状态时，作用在挡土墙上的土压力称为被动土压力，它是保持墙后填土处于稳定状态的土压力中的最大值。作用在挡土墙上的土压力可能是主动土压力与被动土压力之间的任一数值，这取决于墙的移动方向和位移量大小。挡土墙与墙后填土间完全没有侧向移动时的土压力，称为静止土压力。土压力随挡土墙移动而变化的情况如图 6-2 所示。

设地表水平的均质土如图 6-3a 所示，土的重度为 γ，则在地面以下 z 深度处的土

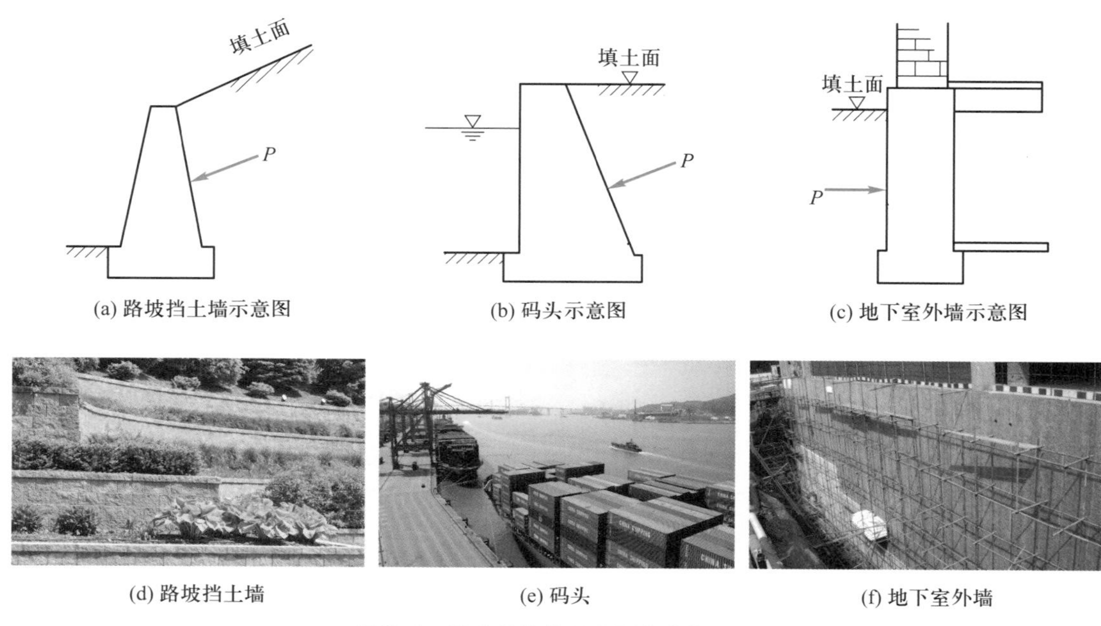

图 6-1 挡土结构物示意图和实物图

单元体上受到的竖向应力为 γz。根据对称原理,在竖直面上和水平面上没有剪应力,这个竖向压力就是大主应力 σ_1,而作用在竖直面上的侧向压力就是小主应力 σ_3。在静止状态,该单元土体不发生任何侧向位移,大小主应力之比 σ_3/σ_1 用 K_0 表示,K_0 称为静止土压力(或静止侧压力)系数。所以,在地面下深度 z 处单元体的侧向压力(也就是静止土压力)等于 $\gamma z K_0$。若用一刚性的竖直光滑墙面代替一侧的土体,如图 6-3b 所示,则作用在墙上的土压力也是静止土压力:

$$p_0 = K_0 \gamma z \tag{6-1}$$

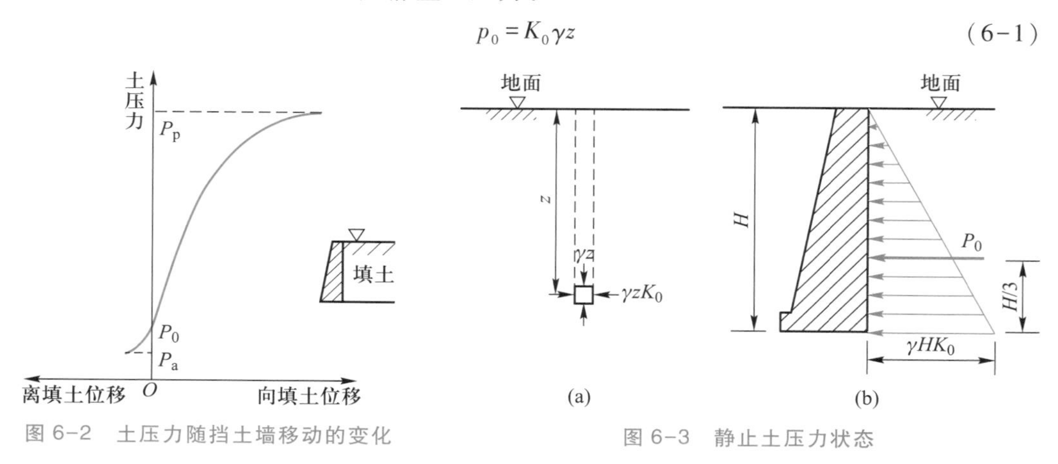

图 6-2 土压力随挡土墙移动的变化

图 6-3 静止土压力状态

由式(6-1)可见,静止土压力大小与深度成正比,沿墙高呈三角形分布。作用在单位长度挡土墙侧面上总的静止土压力为该三角形分布图的面积,即

$$P_0 = \frac{1}{2}\gamma H^2 K_0 \tag{6-2}$$

式中：H——挡土墙的高度。

P_0 的作用点位于墙底面以上 $H/3$ 处。

静止土压力系数 K_0 的数值可通过室内或原位试验测定。在设计中若墙后填土为松砂，静止土压力系数一般采用 0.4，密砂采用 0.7，黏土采用 0.5。对于正常固结黏土，也可以用下式近似地计算：

$$K_0 = 1-\sin\varphi' \tag{6-3}$$

式中：φ'——填土的有效内摩擦角。

K_0 的数值受土的应力历史影响很大，超固结土的 K_0 值比正常固结土的大，当超固结比较大时，K_0 值可能大于 1，即静止土压力大于竖向压力。在压实填土中，也有可能发生这种情况。

作用在刚性挡土墙上的主动土压力和被动土压力常用朗肯土压力理论和库仑土压力理论计算。这两种方法分别是库仑在 18 世纪和朗肯在 19 世纪提出来的。他们都假设墙后填土是干的无黏性土，在实际工程中很少遇到这种填料，所以这些方法后来都得到发展，被推广应用到各种填料的计算中。下面两节分别介绍这两种土压力理论。

第二节
朗肯土压力理论

一、无黏性土的土压力

朗肯土压力理论是英国科学家朗肯在 1857 年提出来的。朗肯土压力理论的基本假设为：

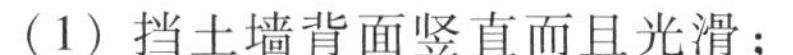

（1）挡土墙背面竖直而且光滑；

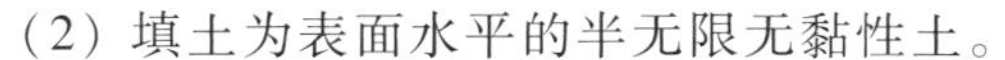

（2）填土为表面水平的半无限无黏性土。

若挡土墙后的土体发生侧向向外移动达到主动极限平衡状态时，侧向应力 σ_x 小于竖向应力 σ_z，这时土的自重应力是大主应力，即 $\sigma_1=\sigma_z$，而侧向压力为小主应力，即 $\sigma_3=\sigma_x$，如图 6-4 所示。

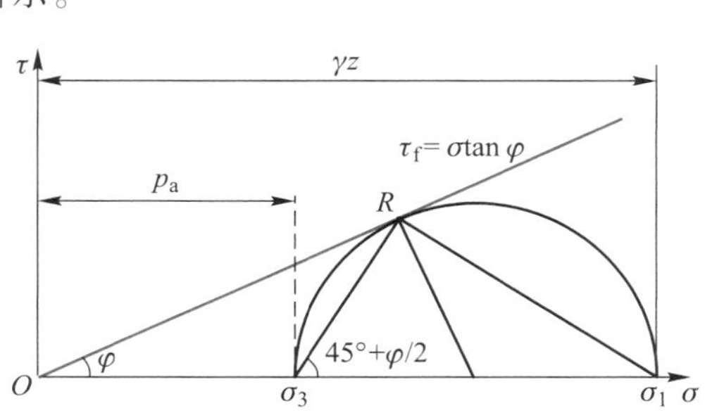

图 6-4　主动极限平衡状态

把竖直面换成图 6-5b 所示的挡土墙时，若挡土墙发生离开填土方向的移动，直到墙后填土达到极限平衡状态时，作用在挡土墙上的土压力即为主动土压力，它是小主应力，因此必须满足极限平衡条件式(5-11)，即

$$\sigma_3 = p_a = \gamma z \tan^2\left(45° - \frac{\varphi}{2}\right) = \gamma z K_a \tag{6-4}$$

式中：K_a——朗肯土压力理论的主动土压力系数，$K_a = \tan^2\left(45° - \frac{\varphi}{2}\right)$。在主动极限平衡状态时，滑动面与大主应力面（此时为水平面）的夹角为 $45° + \frac{\varphi}{2}$。

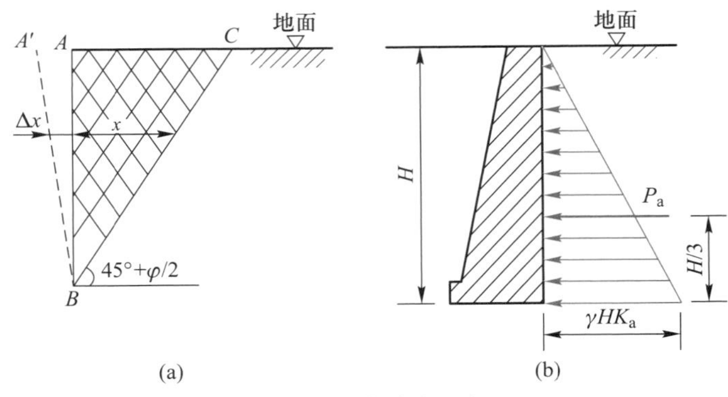

图 6-5 主动土压力

对于挡土墙离开填土移动的情况，设墙背面竖直光滑，但是由于墙底以下的土有摩擦作用，不可能在整个填土中都达到极限平衡状态。如图 6-5a 所示，当墙背面 AB 向前倾斜至 $A'B$ 时，若墙后形成滑动面 BC，在三角形 ABC 范围内的土体就达到了朗肯主动状态。这时，设沿墙高任一点的位移为 Δx，则应变 $\Delta x/x$ 必达到了朗肯主动极限平衡状态所要求的应变数值。BC 以外的土体仍处于弹性平衡状态。

由式(6-4)可知，主动土压力的大小与深度成正比，沿墙高为三角形分布，如图 6-5b 所示。因此，作用在高度为 H 的挡土墙单位长度上总的主动土压力的大小为三角形分布图的面积，即

$$P_a = \frac{1}{2} K_a \gamma H^2 \tag{6-5}$$

P_a 作用在墙底面以上 $H/3$ 处。

当填土表面作用有均布荷载 q 时，如图 6-6 所示，则

$$\sigma_1 = \gamma z + q$$

作用在地面下深度 z 处墙背上的主动土压力为

$$p_a = \sigma_3 = (\gamma z + q)\tan^2\left(45° - \frac{\varphi}{2}\right) = (\gamma z + q) K_a \tag{6-6}$$

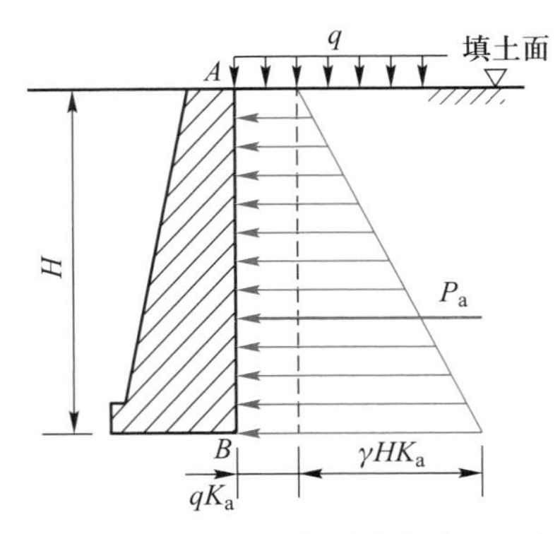

图 6-6 有均布荷载时的主动土压力

可见，这时的主动土压力由两部分组成：一是由均布荷载引起的，与深度无关，沿墙高呈矩形分布；一是由土自重引起的，与深度成正比，沿墙高呈三角形分布。于是，作用在墙背上的总的主动土压力大小可按梯形分布的面积计算，即

$$P_a=\frac{1}{2}\gamma H^2 K_a+qHK_a \tag{6-7}$$

P_a 作用在梯形的形心处。

若整个土体发生侧向挤压达到被动极限平衡状态，如图 6-7 所示。这时，侧向压力 σ_x 大于竖向压力 σ_z，土的自重应力 γz 是小主应力，而被动土压力 p_p 是大主应力，它们必须满足极限平衡条件式(5-10)，即

$$\sigma_1=p_p=\gamma z\tan^2\left(45°+\frac{\varphi}{2}\right)=\gamma zK_p \tag{6-8}$$

式中：K_p——朗肯土压力理论的被动土压力系数，$K_p=\tan^2\left(45°+\frac{\varphi}{2}\right)$。在被动极限平衡状态时，滑动面方向与大主应力面（此时为竖直面）的夹角为 $45°+\frac{\varphi}{2}$。

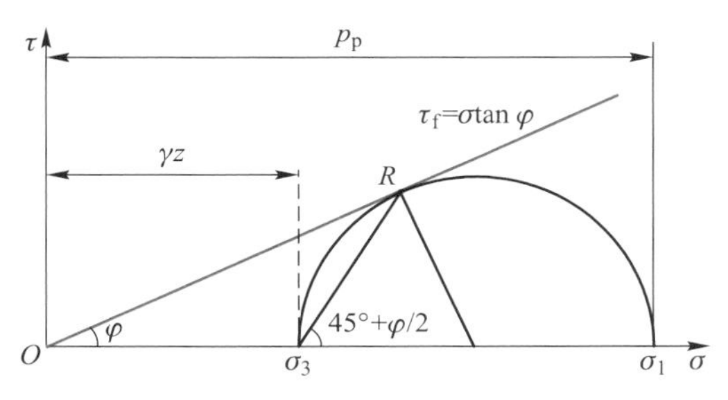

图 6-7 被动极限平衡状态

对于挡土墙向填土挤压的情况，设墙背面竖直光滑，但是由于墙底以下土的摩擦作用，不可能使整个填土中都达到极限平衡状态，如图 6-8a 所示。当墙背 AB 向后倾斜移动至 $A'B$ 时，若墙后填土中形成滑动面 BC，在三角形 ABC 范围内的土体就达到了被动极限平衡状态。这时，设沿墙高任一点的位移为 Δx，则应变 $\Delta x/x$ 必达到了被动极限平衡状态所要求的应变数值。BC 面以外的土体仍处于弹性平衡状态。

由式(6-8)可知，被动土压力的大小也与深度成正比，沿墙高呈三角形分布，如图 6-8b 所示。因此，作用在高度为 H 的挡土墙单位长度上总的被动土压力大小为三角形分布图的面积，即

$$P_p=\frac{1}{2}\gamma H^2 K_p \tag{6-9}$$

P_p 也作用在墙底面以上 $H/3$ 处。

当填土表面作用着均布荷载 q 时，如图 6-9 所示，则被动土压力为

$$p_p=\sigma_1=(\gamma z+q)K_p \tag{6-10}$$

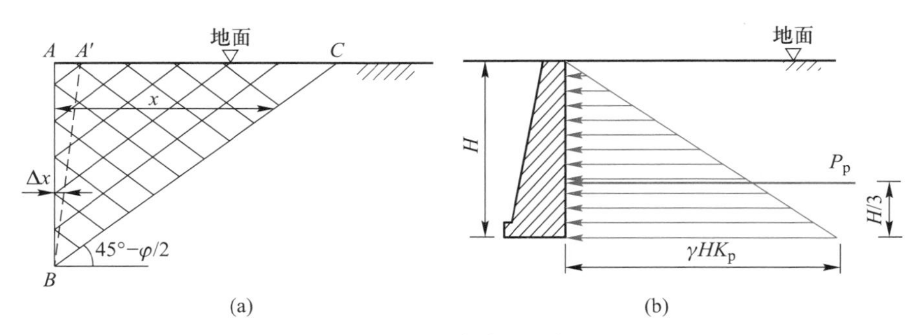

图 6-8　被动土压力

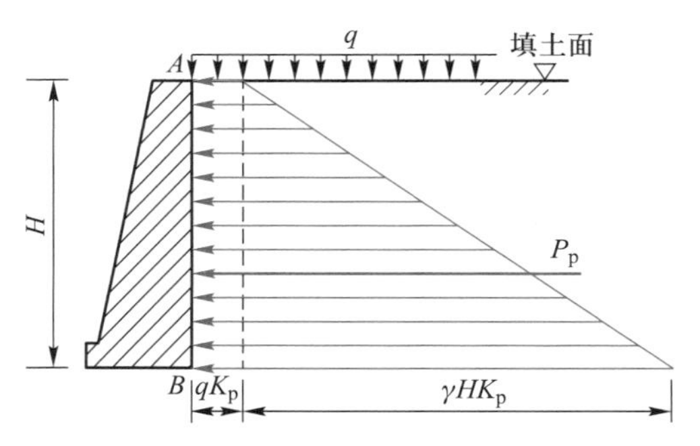

图 6-9　有均布荷载时的被动土压力

二、黏性土的土压力

朗肯土压力理论推广到黏性土填料，要考虑抗剪强度中有与法向应力无关的黏聚力，以及土不能承受拉力，因而墙后填土的上层将出现拉裂缝对土压力的影响。将朗肯理论推广到黏性填土，是贝尔(Bell)和瑞沙尔(Resal)分别提出来的。

一般情况下，当黏性土具有黏聚力 c 和内摩擦角 φ，在表面水平的半无限黏性土体中，若挡土墙向外移动而使墙后土体达到主动极限平衡状态，如图 6-10a 所示，则主动土压力是小主应力，所以黏性填土挡土墙侧面受到的土压力为

$$p_a=\sigma_3=\gamma z\tan^2\left(45°-\frac{\varphi}{2}\right)-2c\cdot\tan\left(45°-\frac{\varphi}{2}\right)=\gamma zK_a-2c\sqrt{K_a}\tag{6-11}$$

可见，这时的主动土压力由两部分组成：一是由土自重引起的压力，沿墙高呈三角形分布；一是由黏聚力引起的拉力，与深度无关，沿墙高呈均匀矩形分布。由于土体不能承受拉力，令 $p_a=0$，就可得到填土受拉区的最大深度 z_0，如图 6-10b 所示，即

$$z_0=\frac{2c}{\gamma\sqrt{K_a}}\tag{6-12}$$

若填土表面上有均布荷载 q，则主动土压力为

$$p_a=\gamma zK_a+qK_a-2c\sqrt{K_a}\tag{6-13}$$

令 $P_a=0$，得

$$\gamma z_0+q=\frac{2c}{\sqrt{K_a}}$$

$$z_0=\frac{2c}{\gamma\sqrt{K_a}}-\frac{q}{\gamma} \tag{6-14}$$

当式(6-14)中 $z_0>0$ 时,在 z_0 深度内填土中将产生拉裂缝而使土压力为0。于是,作用在墙背面上的主动土压力为三角形分布,如图6-10c中三角形 ABC 所示。单位长度挡土墙上总的主动土压力大小可按该阴影三角形的面积计算,即

$$P_a=\frac{1}{2}\gamma(H-z_0)^2K_a \tag{6-15}$$

P_a 的作用点位于墙底面以上 $(H-z_0)/3$ 处。

当式(6-14)中 $z_0<0$ 时,填土中不会出现拉应力区,则主动土压力为梯形分布,如图6-10d所示。总的主动土压力大小可按梯形 $DEGF$ 的面积计算,即

$$P_a=\frac{1}{2}\gamma H^2K_a+qHK_a-2cH\sqrt{K_a} \tag{6-16}$$

P_a 的作用点在梯形的形心处。

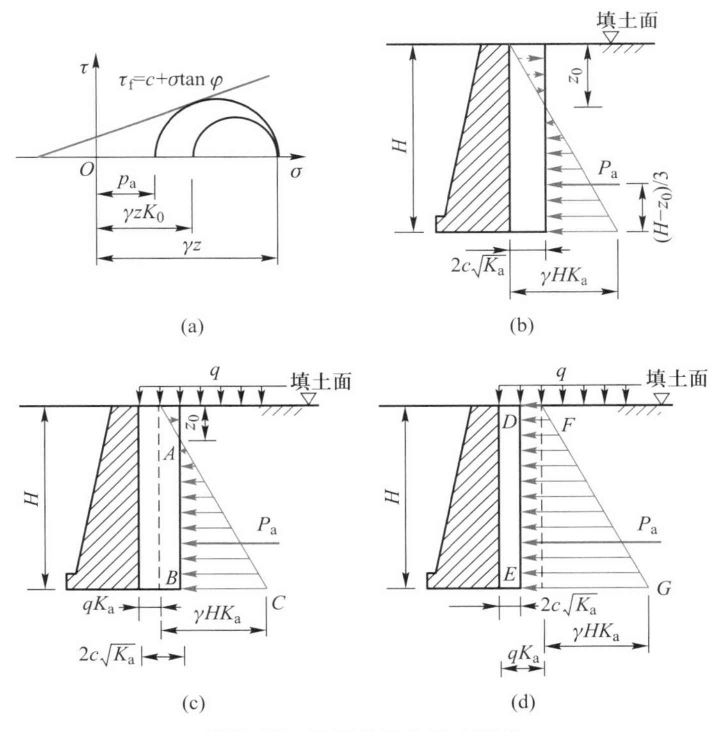

图6-10 黏性土的主动土压力

墙后填土为黏性土时的被动土压力为

$$p_p=\sigma_1=\gamma z\tan^2\left(45°+\frac{\varphi}{2}\right)+2c\cdot\tan\left(45°+\frac{\varphi}{2}\right)=\gamma zK_p+2c\sqrt{K_p} \tag{6-17}$$

作用在单位长度挡土墙上总的被动土压力的大小为梯形 $ABDC$ 的面积,如图 6-11a 所示,即

$$P_p=\frac{1}{2}\gamma H^2K_p+2cH\sqrt{K_p} \tag{6-18}$$

P_p 的作用点位于梯形的形心处。

当填土表面作用有均布荷载 q 时,被动土压力为

$$p_p=\sigma_1=(\gamma z+q)\tan^2\left(45^\circ+\frac{\varphi}{2}\right)+2c\cdot\tan\left(45^\circ+\frac{\varphi}{2}\right)=(\gamma z+q)K_p+2c\sqrt{K_p} \tag{6-19}$$

作用在单位长度挡土墙上总的被动土压力大小为梯形 $A'B'D'C'$的面积,如图 6-11b 所示,即

$$P_p=\frac{1}{2}\gamma H^2K_p+qHK_p+2cH\sqrt{K_p} \tag{6-20}$$

P_p 的作用点在梯形的形心处。

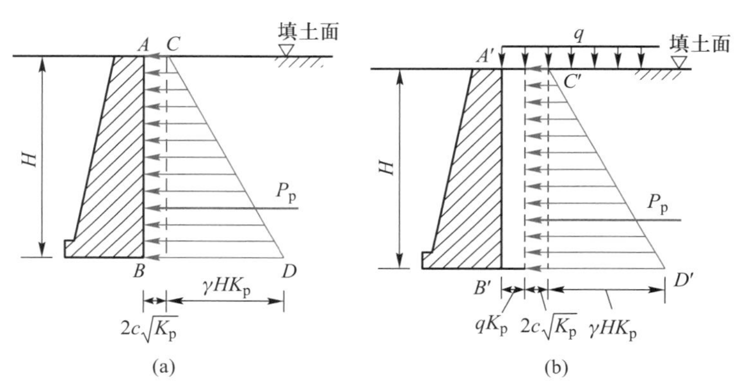

图 6-11 黏性土的被动土压力

三、填土中有稳定地下水位时的土压力

如图 6-12 所示,当墙后填土中地下水位位于挡土墙中 B 点时,要考虑地下水位以下的填土由于浮力作用有效重量减轻引起的土压力的减小,还要考虑地下水对墙背的水压力作用。以无黏性填土为例,地下水位以上(图 6-12 中 AB 段)的计算与无水时相同,即 B 点的土压力为

$$p_{aB}=\gamma H_1K_a \tag{6-21}$$

式中:H_1——地下水位以上填土的高度。

在地下水位以下(图 6-12 中 BC 段)土的重度取浮重度 γ'。若地下水位以下的填土的内摩擦角 φ 不变,则 C 点的土压力为

$$p_{aC}=\gamma H_1K_a+\gamma' H_2K_a \tag{6-22}$$

式中:H_2——地下水位以下填土的高度。

作用在单位长度挡土墙上总的主动土压力的大小由图 6-12 中压力分布图的面积求得,即

$$P_a=\frac{1}{2}\gamma H_1^2K_a+\gamma H_1H_2K_a+\frac{1}{2}\gamma' H_2^2K_a \tag{6-23}$$

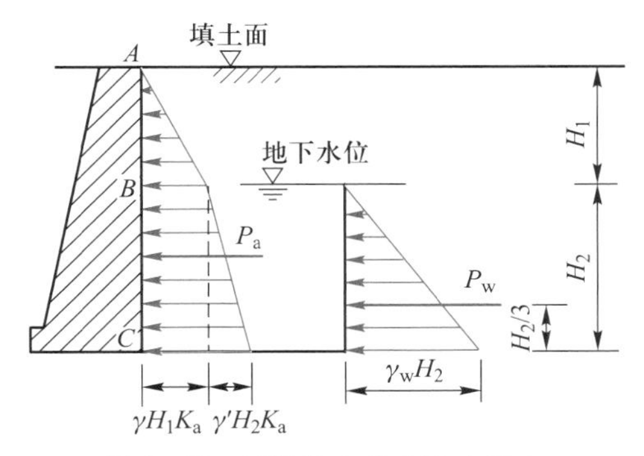

图 6-12 无黏性土的主动土压力

注意，这时挡土墙除了承受土压力作用以外，地下水位以下的挡土墙还要承受水压力作用，其大小为

$$P_w=\frac{1}{2}\gamma_wH_2^2 \tag{6-24}$$

式中：γ_w——水的重度。

由于土压力和水压力的作用方向相同，均垂直于墙背，故单位长度挡土墙上受到的总的压力为土压力与水压力之和，即

$$P=P_a+P_w=\frac{1}{2}\gamma H_1^2K_a+\gamma H_1H_2K_a+\frac{1}{2}\gamma' H_2^2K_a+\frac{1}{2}\gamma_wH_2^2 \tag{6-25}$$

由式(6-25)可见，地下水的浮力作用减小了土压力，但这时在挡土墙上增加了水压力作用。由于主动土压力系数 $K_a<1$，所以，有地下水作用时，挡土墙上承受的压力增加了。工程上通常不允许挡土墙后地下水位高于墙踵点 C，为此，需要在挡土墙设计中考虑排水措施。

四、填土由不同土层组成时的土压力

若墙后填土是由不同土层组成的，如图 6-13 所示，应考虑填土性质不同对土压力的影响。现以图中两层无黏性填土的主动土压力为例。

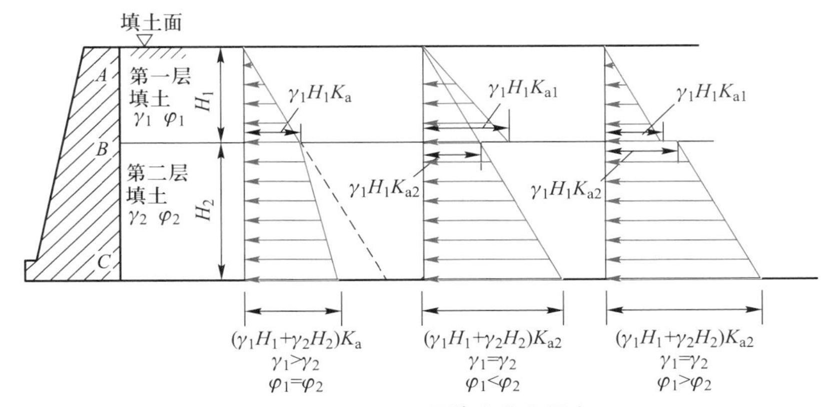

图 6-13 两层不同填土的土压力

如果两层填土的内摩擦角 φ 不同，则土压力分布图在两层填土的交界面处发生突变，在交界面 B 以上的土压力为

$$p_{aB上}=\gamma_1H_1K_{a1} \tag{6-26}$$

在交界面 B 以下的土压力为

$$p_{aB下}=\gamma_1H_1K_{a2} \tag{6-27}$$

式中：K_{a1}、K_{a2}——第一层与第二层填土的主动土压力系数。

［**例题 6-1**］图 6-14 所示的挡土墙，高 5 m，墙后填土由两层组成，填土表面有 31.36 kPa 的均布荷载。试计算作用在墙上总的主动土压力和作用点的位置。

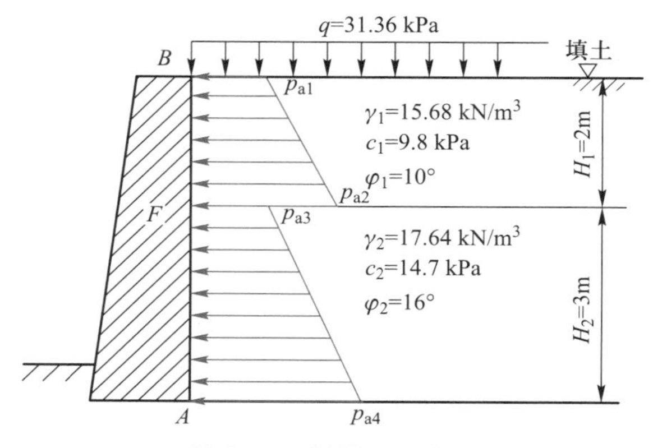

图 6-14　例题 6-1 附图

［解］因为 $c_1>0$，先由式(6-15)计算在第一层填土中土压力强度为零的深度为

$$z_0=\frac{2c_1}{\gamma_1\sqrt{K_{a1}}}-\frac{q}{\gamma_1}=\frac{2\times 9.8}{15.68\tan 40^\circ}\ \text{m}-\frac{31.36}{15.68}\ \text{m}=-0.51\ \text{m}$$

$z_0<0$，所以在第一层中没有拉力区。

在第二层填土中土压力强度为零的深度为

$$z_0'=\frac{2c_2}{\gamma_2\sqrt{K_{a2}}}-\frac{q+\gamma_1 H_1}{\gamma_2}=\frac{2\times 14.7}{17.64\tan 37^\circ}\ \text{m}-\frac{31.36+15.68\times 2}{17.64}\ \text{m}=-1.34\ \text{m}$$

$z_0'<0$，所以在第二层中也没有拉力区。

第一层与第二层的主动土压力都可以用式(6-14)计算，即 B 点的主动土压力为

$$\begin{aligned}p_{a1}&=qK_{a1}-2c_1\sqrt{K_{a1}}\\&=31.36\tan^2 40^\circ\ \text{kPa}-2\times 9.8\times\tan 40^\circ\ \text{kPa}=5.63\ \text{kPa}\end{aligned}$$

F 点交界面以上的主动土压力为

$$\begin{aligned}p_{a2}&=\gamma_1 H_1 K_{a1}+qK_{a1}-2c_1\sqrt{K_{a1}}\\&=15.68\times 2\tan^2 40^\circ\ \text{kPa}+31.36\tan^2 40^\circ\ \text{kPa}-2\times 9.8\times\tan 40^\circ\ \text{kPa}\\&=27.7\ \text{kPa}\end{aligned}$$

F 点交界面以下的主动土压力为

$$\begin{aligned}p_{a3}&=\gamma_1 H_1 K_{a2}+qK_{a2}-2c_2\sqrt{K_{a2}}\\&=15.68\times 2\tan^2 37^\circ\ \text{kPa}+31.36\tan^2 37^\circ\ \text{kPa}-2\times 14.7\times\tan 37^\circ\ \text{kPa}\\&=13.5\ \text{kPa}\end{aligned}$$

A 点的主动土压力为

$$p_{a4}=(\gamma_1 H_1+\gamma_2 H_2)K_{a2}+qK_{a2}-2c_2\sqrt{K_{a2}}$$

$$=(15.68\times2+17.64\times3)\tan^2 37^\circ\ \text{kPa}+31.36\tan^2 37^\circ\ \text{kPa}-2\times14.7\times\tan 37^\circ\ \text{kPa}$$
$$=43.5\ \text{kPa}$$

于是,单位长度挡土墙承受第一层土的主动土压力为

$$P_{a1}=\frac{5.63+27.7}{2}\times2\ \text{kN/m}=33.33\ \text{kN/m}$$

单位长度挡土墙承受第二层土的主动土压力为

$$P_{a2}=\frac{13.5+43.5}{2}\times3\ \text{kN/m}=85.5\ \text{kN/m}$$

整个挡土墙单位长度上承受的主动土压力为

$$P_a=33.33\ \text{kN/m}+85.5\ \text{kN/m}=118.83\ \text{kN/m}$$

P_a 的作用点在 A 点以上的距离为

$$y=\frac{33.33\times(3.0+0.78)+85.5\times1.24}{118.83}\ \text{m}=1.95\ \text{m}$$

第三节 库仑土压力理论

本节介绍的是另一种以极限平衡理论为基础的土压力计算方法——库仑土压力理论。该理论最早由法国科学家库仑于 1773 年提出,后来的研究者在此基础上不断发展。这种理论确定挡土墙上的土压力,不是考虑土单元体的平衡,而是考虑整个滑动土体上力的平衡。如果挡土墙墙后的填土是无黏性土,当墙突然移去时,填土将沿一平面滑动,如图 6-15 中 AC 面,AC 面与水平面的倾角等于内摩擦角 φ。若墙仅向前发生有限位移,在墙背面 AB 与 AC 面之间将产生一个接近平面的主动破坏面 AD。只要确定出该破坏面的形状和位置,就可以根据滑动土体 ABD 的静力平衡条件确定出填土作用在墙上的主动土压力。相反,若墙向填土挤压,在 AC 面与水平面之间将产生被动破坏面 AE。根据滑动土体 ABE 的平衡条件也可以确定出填土作用在墙上的被动土压力。库仑土压力理论能够考虑墙背面与填土之间存在的摩擦力及墙背倾斜的影响,可以用数值解法也可以用图解法。用图解法时,填土表面可以是任意形状,可以有任意分布的荷载,并且也可以推广用于黏性土填料。

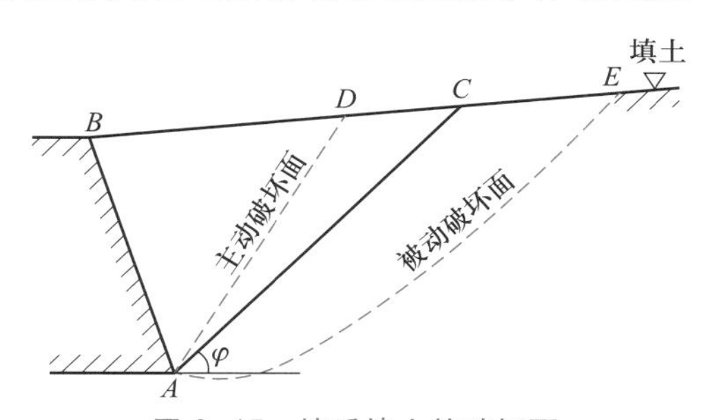

图 6-15　墙后填土的破坏面

库仑土压力理论假设破坏面为平面,这样可以使计算工作大大简化,但计算精度却受到影响,尤其对于被动土压力的情况,假

定平面破坏与实际发生的破坏面相差甚远，由此引起的误差往往是不能允许的，使用时必须注意。

一、无黏性土的土压力

图 6-16a 表示一墙背倾斜的挡土墙，墙背面 AB 与竖直线的夹角为 ε，填土表面与水平面的夹角为 α，设墙背与填土之间的摩擦角为 φ_0。当墙向前移动时，假定产生的破坏面为 AC，它与水平面的夹角为 θ，则作用在滑动棱体 ABC 上的力有：(1) 滑动棱体 ABC 的重力 W；(2) 破坏面 AC 上的反力 R，R 的方向与破坏面法线的夹角为 φ；(3) 墙背面 AB 对滑动棱体的反力 P(大小等于土压力)，P 的方向与墙背面的法线夹角为 φ_0。根据静力平衡条件，W、R、P 作用线应相交于一点并构成封闭的力矢三角形，如图 6-16b 所示。根据正弦定律可写出土压力 P 的表达式为

$$P=\frac{W\sin(\theta-\varphi)}{\sin(90^\circ+\varphi+\varphi_0+\varepsilon-\theta)} \tag{6-28}$$

由式(6-28)可知，当墙的倾角 ε、填土表面的倾角 α 及填土的性质(内摩擦角 φ)都已知时，土压力 P 是假定的破坏面倾角 θ 的函数，P 的大小随假定的破坏面倾角 θ 变化。而主动土压力应是假定一系列破坏面计算出的土压力中的最大值。因此，将式(6-28)对 θ 求导数，并令其等于零，就可求出破坏面的倾角及 P 的极大值，即令

$$\frac{\mathrm{d}P}{\mathrm{d}\theta}=0$$

解出 θ，代入式(6-28)，可得单位长度挡土墙的墙背上总的主动土压力的计算公式为

$$P_a=\frac{1}{2}\gamma H^2K_a \tag{6-29}$$

式中：K_a——库仑土压力理论的主动土压力系数，是 ε、α、φ、φ_0 的函数，即

$$K_a=\frac{\cos^2(\varphi-\varepsilon)}{\cos^2\varepsilon\cos(\varepsilon+\varphi_0)\left[1+\sqrt{\dfrac{\sin(\varphi+\varphi_0)\sin(\varphi-\alpha)}{\cos(\varepsilon+\varphi_0)\cos(\varepsilon-\alpha)}}\right]^2} \tag{6-30}$$

其数值可由式(6-30)计算或由有关手册查得；

ε——墙背面与竖直线的夹角，如图 6-16a 所示的俯斜墙背为正，仰斜墙背为负；

α——填土表面与水平面的夹角，填土面在水平面以上为正(如图 6-16 所示)，在水平面以下为负；

φ_0——墙背面与填土之间的摩擦角，取决于墙背面倾斜形状、粗糙程度和填土内摩擦角，可参考下列数据：

砌体砌筑的阶梯形墙背　　$\varphi_0=\left(\frac{2}{3}\sim1\right)\varphi$

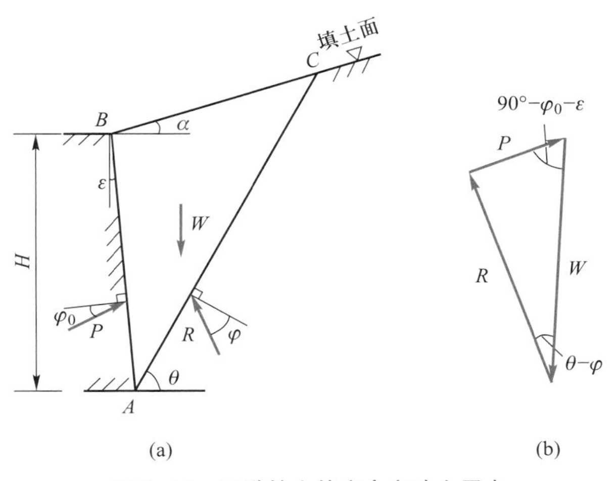

图 6-16 无黏性土的库仑主动土压力

俯斜的混凝土墙或砌体墙背 $\varphi_0=\left(\frac{1}{2}\sim\frac{2}{3}\right)\varphi$

竖直的混凝土或砌体墙背 $\varphi_0=\left(\frac{1}{3}\sim\frac{1}{2}\right)\varphi$

仰斜的混凝土或砌体墙背 $\varphi_0=\frac{1}{3}\varphi$

墙背光滑而排水不良 $\varphi_0=\left(0\sim\frac{1}{3}\right)\varphi$

由式(6-29)可知,P_a 的大小与墙高 H 的平方成正比,因此土压力沿墙高为三角形分布,沿墙高的压力为 γzK_a,如图 6-17b 所示。沿墙背面的压力则为 $\gamma zK_a\cos\varepsilon$,如 6-17a 所示。图中的压力分布图只表示土压力的大小,不表示土压力的作用方向。总的主动土压力的大小等于压力分布图的面积,其方向与墙背面法线的夹角为 φ_0。

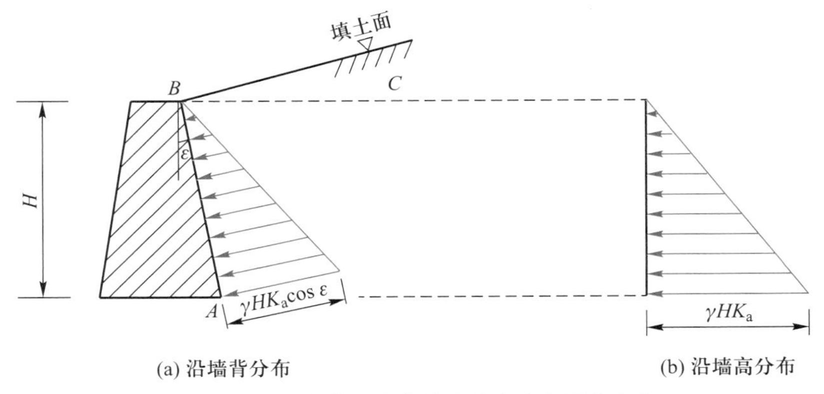

图 6-17 沿墙背及墙高的库仑主动土压力分布

当填土表面作用有连续均布荷载 q 时,如图 6-18 所示,按库仑理论推导的土压力公式中还应计入作用在滑动棱体上的荷载。最后得到总的主动土压力为

$$P_{a}=\frac{\cos \varepsilon}{\cos (\varepsilon-\alpha)} q H K_{a}+\frac{1}{2} \gamma H^{2} K_{a} \tag{6-31}$$

式中：q——填土表面上的均布荷载，当表面倾斜时按单位倾斜面积上的重量计算。

其余符号意义同前。

式(6-31)中，第一项是填土表面上均布荷载引起的土压力，沿墙高均匀分布；第二项是土自重引起的土压力，压力分布图为三角形，这两项之和是梯形分布。图6-18a是沿墙背面的压力分布；图6-18b是沿墙高的压力分布。梯形面积相当于总的主动土压力 P_a 的大小。P_a 的作用点在梯形形心处，其方向与墙背面法线的夹角为 φ_0。

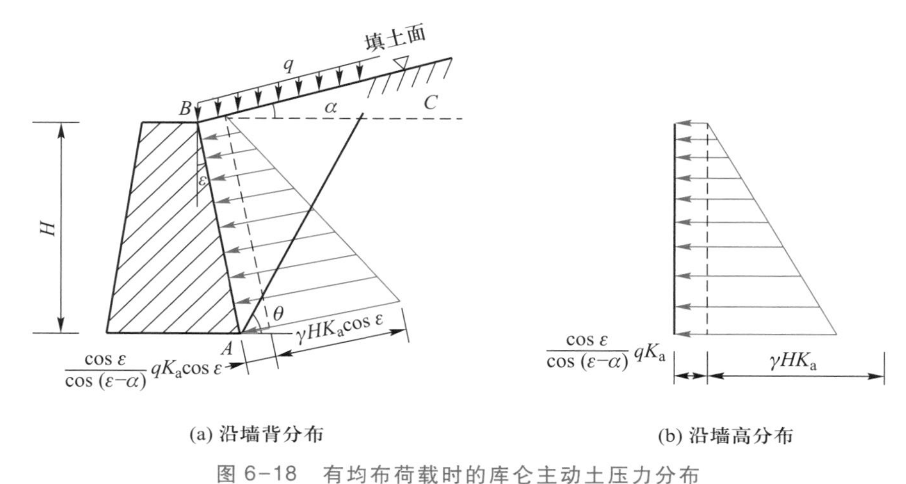

图 6-18 有均布荷载时的库仑主动土压力分布

当挡土墙向着填土方向移动而使填土达到极限平衡状态时，填土将出现被动破坏面，如图6-19所示。

采用与上述求解库仑主动土压力同样的方法，可以得到墙背上总的库仑被动土压力的计算公式如下：

$$P_{p}=\frac{1}{2} \gamma H^{2} K_{p} \tag{6-32}$$

式中：K_p——库仑被动土压力系数，是 ε、α、φ、φ_0 等的函数，即

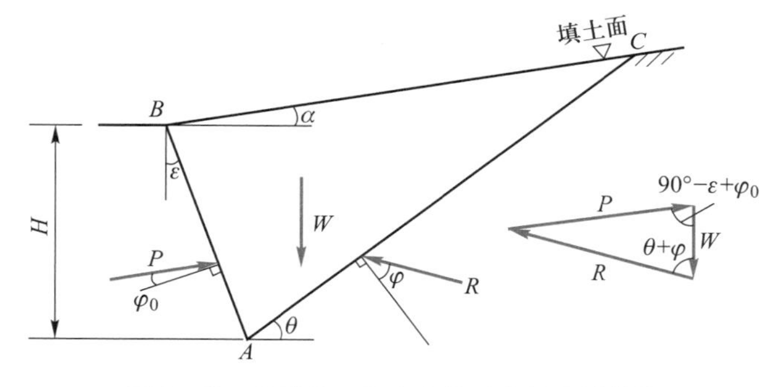

图 6-19 无黏性土的库仑被动土压力计算图

$$K_{\mathrm{p}}=\frac{\cos^{2}(\varphi+\varepsilon)}{\cos^{2}\varepsilon\cos(\varepsilon-\varphi_{0})\left[1-\sqrt{\dfrac{\sin(\varphi+\varphi_{0})\sin(\varphi+\alpha)}{\cos(\varepsilon-\varphi_{0})\cos(\varepsilon-\alpha)}}\right]^{2}} \tag{6-33}$$

其数值可由式(6-33)计算或从有关设计手册查得。

二、库仑土压力的库尔曼图解法

当填土表面不是平面，而是折线或曲线形状，或者在填土表面分布非均匀荷载时，则不能应用上述库仑主动土压力计算公式，这时可以用图解法求解库仑理论的主动土压力或被动土压力。迄今已有数种用于确定库仑土压力的图解法，其中比较常见的是库尔曼(Culmann)图解法。

根据库仑土压力理论，当墙后填土达到极限平衡状态时将沿着某一平面滑动。作用在滑动棱体上的三个力中，墙背面反力 P(大小等于土压力)的方向，假定的破坏面下部土体对滑动体的支撑力 R 的方向，以及滑动棱体的重力 W 的大小和方向是已知的。滑动棱体处于极限平衡状态，因此作用在棱体上的三个力会形成封闭的力矢三角形。库尔曼图解法就是假定一系列的破坏面，分别作出相应的力矢三角形，在所有的力矢三角形中找到最大墙背面反力 P，即为该挡土墙所承受的主动土压力 P_{a}。

按照上述思路，库尔曼图解法求解主动土压力过程如图 6-20 所示。

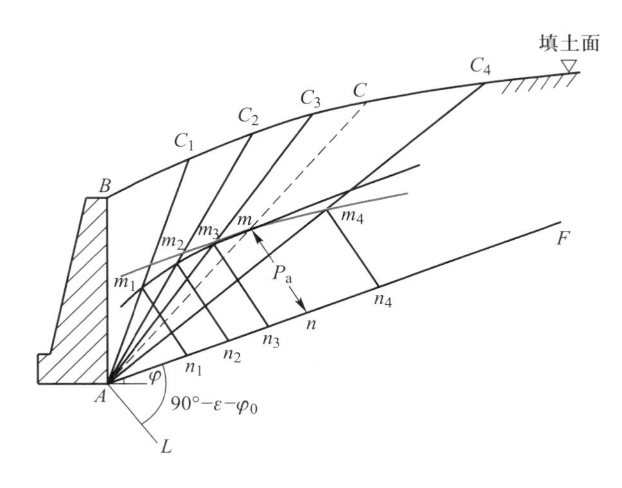

图 6-20 库尔曼图解法

具体步骤如下：

(1) 过 A 点作辅助线 AF 与水平线的夹角为 φ，再引辅助线 AL，与 AF 的夹角为 $(90°-\varepsilon-\varphi_0)$；

(2) 假定一破坏面 AC_1，计算滑动棱体 ABC_1 的重力 W_1，并按一定的比例在 AF 线上截取线段 An_1，令其等于 W_1，自 n_1 点引 AL 的平行线交破坏面 AC_1 线于 m_1 点，则 m_1n_1 的长度就等于假定破坏面为 AC_1 时，作用于墙背 AB 上的土压力 P_1；

（3）同理，假定另外若干个破坏面 AC_2、AC_3、…重复以上步骤，得到 n_2、n_3、…及 m_2、m_3、…点；

（4）将 m_1、m_2、m_3、…各点连成曲线，作该曲线与 AF 平行的切线，得到切点 m，再过 m 点作与 AL 平行的直线交 AF 线于 n 点，则 mn 的长度就等于作用在该挡土墙墙背 AB 上的主动土压力 P_a。

（5）连 Am 线并延长交填土面于 C 点，则 AC 面就是库仑土压力理论的主动破坏面。

库尔曼图解法只能确定出总的主动土压力的大小和方向，不能得到主动土压力的作用点位置。使用时，作用点位置可用下列近似方法确定。如图 6-21 所示，设 AC 为按照库尔曼图解法确定的破坏面，找出滑动棱体 ABC 的重心 O 点（若填土表面有荷载，则 O 点应为滑动棱体 ABC 的重量加上荷载的重心），自 O 点引 AC 的平行线交墙背于 O' 点，O' 点就可作为土压力的作用点。

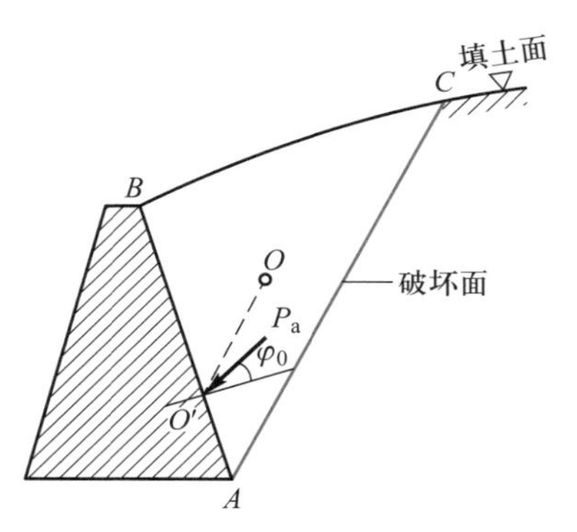

图 6-21　确定总的库仑主动土压力作用点的近似方法

三、黏性土的库仑土压力

库仑土压力理论原来没有考虑有黏聚力的黏性土填料，因此，在应用上受到限制。在这种情况下，可以用图解法求解，以考虑滑动棱体破坏面及墙背与填土接触面上的黏聚力。填土上部在深度 z_0 内可能发生受拉裂缝，z_0 可按朗肯理论近似确定，即

$$z_0=\frac{2c}{\gamma\sqrt{K_a}} \tag{a}$$

填土表面有均布荷载 q 时，则

$$z_0=\frac{2c}{\gamma\sqrt{K_a}}-\frac{q}{\gamma} \tag{b}$$

在 z_0 范围内的破坏面和墙背面上，既无黏聚力也无摩擦力，如图 6-22 所示。

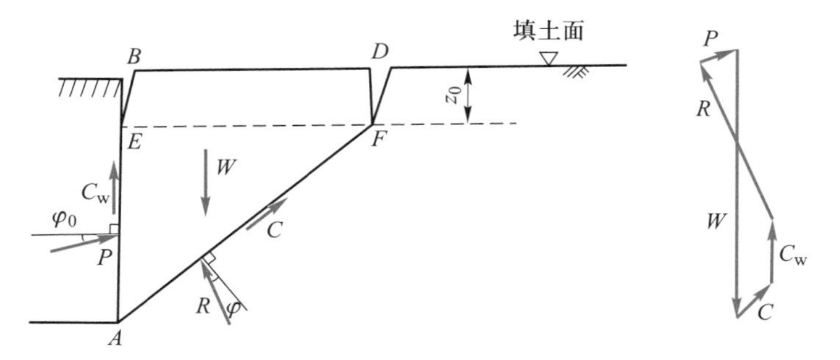

图 6-22　黏性土的库仑主动土压力计算

因此作用在滑动棱体上的力有：

(1) $ABDF$ 的土重力 W；

(2) 沿墙背面 AE 的黏聚力 $C_w(=c_w AE)$，c_w 为墙背与填土接触面单位面积上的黏聚力，其数值小于或等于填土的黏聚力 c；

(3) 破坏面 AF 上的黏聚力 $C(=cAF)$，式中 c 为填土的黏聚力；

(4) 破坏面 AF 上的反力 R；

(5) 墙背面对填土的反力 P。

以上五个力的方向都是已知的，其中 W、C_w、C 的大小也已知，由平衡力矢多边形可以确定 P 的数值。这种方法也要重复试算一系列破坏面，得到 P 的最大值。它与 C_w 的合力即为总的主动土压力 P_a。

四、填土中有水时的土压力

若墙后填土中有地下水时，要用图解法计算作用在墙上的土压力。图解法的步骤与无水时相同，但在计算滑动棱体的重量时，水下的土重力应考虑水的浮力作用，即在地下水位以下的土重力应按浮重度 γ' 计算。此外，地下水对墙背面有水压力 P_w。总压力等于土压力与水压力的向量和。图 6-23 是无黏性土的主动土压力图解，步骤和无水的情况一样。这种方法也要试算一系列滑动面，求得土压力的最大值，即主动土压力。而水压力的大小与破坏面的位置无关，不需要对不同的破坏面进行试算。

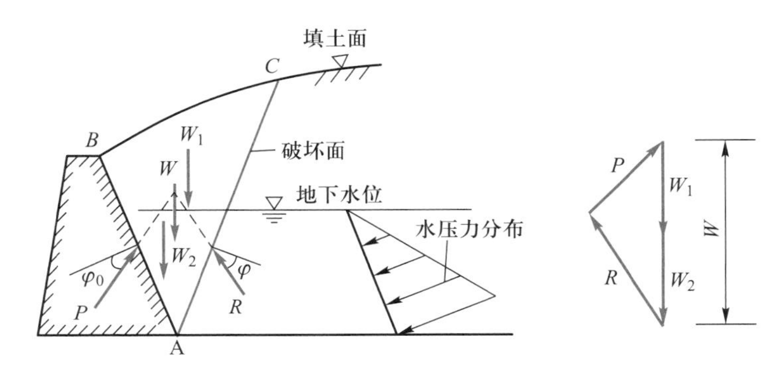

图 6-23　有地下水时无黏性土的库仑主动土压力图解

若墙后填土中有稳定渗流时，要考虑渗流力的作用。图 6-24 是有渗流时的主动土压力图解。水从填土中通过墙背面的反滤层排出，在这种情况下需要绘流网确定作用于滑动土体上的合渗流力 J，然后根据平衡条件画力矢多边形，得到稳定渗流时的土压力 P。试算一系列滑动面，土压力的最大值即为主动土压力 P_a。为简化计算，可近似假设浸润线与填土面平行，单位土体的渗流力 $j=\gamma_w \sin\alpha$，整个滑动土体上的合渗流力 $J=\sum j$。

上述填土中有水时的两种情况，水下土的重度都用浮重度 γ'，土的内摩擦角用排水剪试验的 φ_d 或有效应力强度指标 φ'。

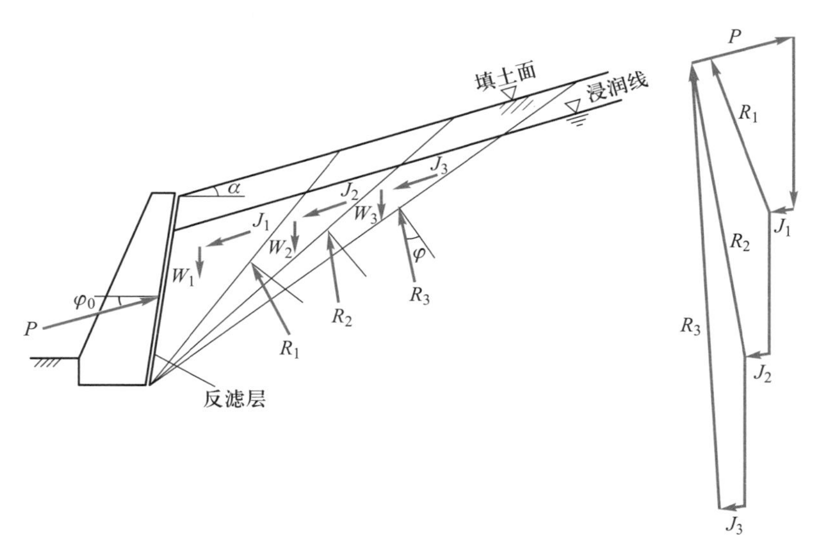

图 6-24 有渗流时的库仑主动土压力图解

[例题 6-2] 图 6-25 所示的挡土墙，墙背面倾角 $\varepsilon=30°$，墙高为 5 m，墙后无黏性土的重度 $\gamma=17.6\ \text{kN/m}^3$，内摩擦角为 30°。试用库仑土压力理论计算总的主动土压力的大小、方向和作用点的位置。设 φ_0 亦为 30°。

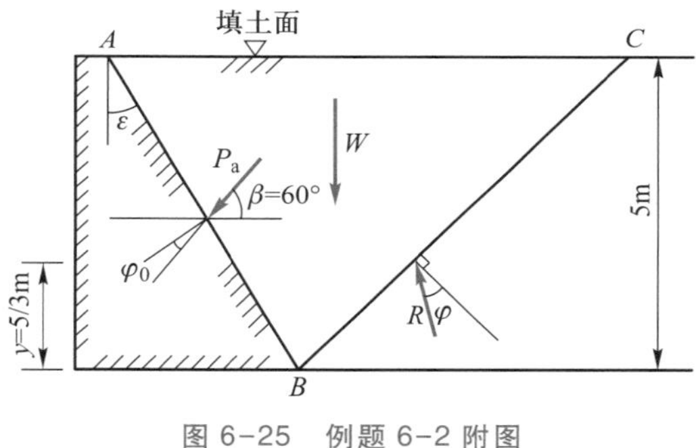

图 6-25 例题 6-2 附图

[解] 由图 6-25 可见，填土表面倾角 $\alpha=0$，由式(6-29)和式(6-30)可以得到

$$P_a=\frac{1}{2}\gamma H^2\frac{\cos^2(\varphi-\varepsilon)}{\cos^2\varepsilon\cos(\varepsilon+\varphi_0)\left[1+\sqrt{\dfrac{\sin(\varphi+\varphi_0)\sin(\varphi-\alpha)}{\cos(\varepsilon+\varphi_0)\cos(\varepsilon-\alpha)}}\right]^2}$$

$$=\frac{1}{2}\times17.6\ \text{kN/m}^3\times(5\ \text{m})^2\times\frac{\cos^2(30-30)}{\cos^2(30)\cos(30+30)\left[1+\sqrt{\dfrac{\sin(30-30)\sin 30}{\cos(30+30)\sin 30}}\right]^2}$$

$$=\frac{1}{2}\times17.6\ \text{kN/m}^3\times(5\ \text{m})^2\times0.67=147\ \text{kN/m}$$

P_a的作用点在墙底面以上的高度为

$$y=\frac{5\ \text{m}}{3}=1.67\ \text{m}$$

P_a的作用方向与水平面的夹角为

$$\beta=\varepsilon+\varphi_0=30°+30°=60°$$

［例题 6-3］例题 6-2 的挡土墙，试用朗肯土压力理论计算主动土压力及其作用点的位置和方向。

［解］如图 6-26 所示，从 A 点作竖直线 AC。由式(6-5)计算作用在墙后 AC 面上的主动土压力为

$$P_a'=\frac{1}{2}\gamma H^2 K_a$$

$$=\frac{1}{2}\times17.6\ \text{kN/m}^3\times(5\ \text{m})^2\times\tan^2 30°$$

$$=73.5\ \text{kN/m}$$

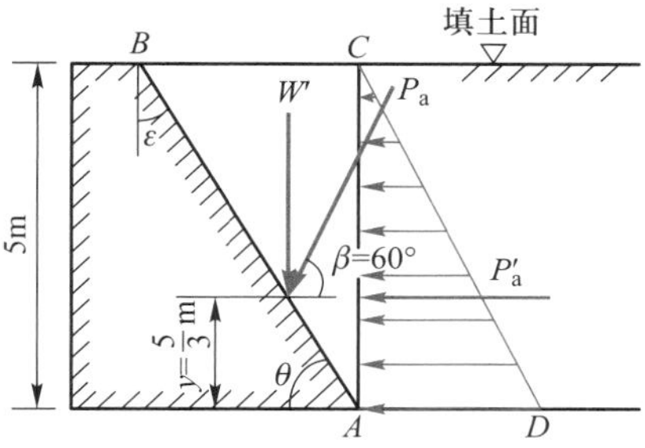

图 6-26　例题 6-3 附图

墙背 AB 与竖线 AC 之间的填土重量为

$$W'=\frac{1}{2}\gamma H^2\tan\ \varepsilon=\frac{1}{2}\times1.76\ \text{kN/m}^3\times(5\ \text{m})^2\times\tan 30°$$

$$=127.3\ \text{kN/m}$$

作用在墙背 AB 上的总的主动土压力为

$$P_a=\sqrt{73.5^2+127.3^2}\ \text{kN/m}=147\ \text{kN/m}$$

P_a 作用在墙底面以上的高度为

$$y=\frac{5}{3}\ \text{m}=1.67\ \text{m}$$

P_a 作用方向与水平面的夹角为

$$\beta=\arctan\frac{W'}{P_a'}=\arctan\frac{127.3}{73.5}=60°$$

由例题 6-2 和例题 6-3 的计算结果可以看出，用朗肯理论与库仑理论计算的主动土压力 P_a、作用点高度 y 和作用方向都是一样的。

［例题 6-4］图 6-27 所示挡土墙，无黏性填土的内摩擦角 $\varphi=30°$，重度 $\gamma=15.68\ \text{kN/m}^3$，墙背与填土的摩擦角 $\varphi_0=2\varphi/3$。试求作用在墙上的总的主动土压力大小、方向及作用点的位置。

［解］由式(6-30)算得 $\varphi_0=2\varphi/3$、$\alpha=15°$、$\varepsilon=10°$ 时的库仑主动土压力系数为 0.48。按式(6-31)计算作用在墙背上的总的主动土压力为

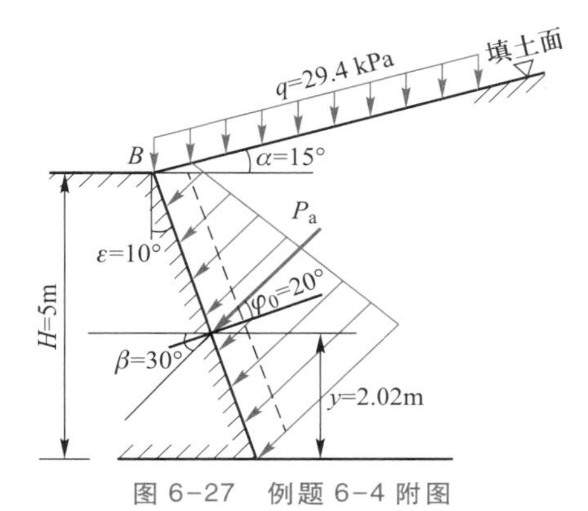

图 6-27　例题 6-4 附图

$$P_a=\frac{\cos\varepsilon}{\cos(\varepsilon-\alpha)}qHK_a+\frac{1}{2}\gamma H^2K_a=\frac{\cos 10°}{\cos(10°-15°)}\times 29.4\ \text{kN/m}^2\times 5\ \text{m}\times 0.48+$$

$$\frac{1}{2}\times 15.68\ \text{kN/m}^3\times(5\ \text{m})^2\times 0.48$$

$$=69.8\ \text{kN/m}+94.1\ \text{kN/m}=163.9\ \text{kN/m}$$

P_a 的方向与墙背面法线的夹角 $\varphi_0=20°$，即与水平面的夹角 $\beta=30°$。

P_a 的作用点位置距墙底面的距离 y 由以上计算的两项土压力及其作用点的位置求得，即

$$y=\frac{69.8\times 2.5+94.8\times 5/3}{163.9}\ \text{m}=2.03\ \text{m}$$

第四节
土压力计算的讨论

教学课件 6-4

朗肯土压力理论与库仑土压力理论都是计算填土达到极限平衡状态时的土压力，发生这种状态的土压力要求挡土墙的位移量足以使墙后填土的剪应力达到抗剪强度。实际上，挡土墙移动的位移量和方式不同，影响着墙背面上土压力的大小与分布。

日本土力学家松冈元教授在其著作《土力学》中，对挡土墙发生各种形式位移时对应的土压力分布规律进行了定性描述（图 6-28），通过对比挡土墙不同形式的位移与朗肯极限状态位移之间的关系，得出了不同位移形式下的挡土墙土压力分布近似预测形式。

图 6-28a 中挡土墙上下两端不移动，中间向外凸出，这种变形在板桩工程施工中比较常见。其顶部无位移，中部位移大于静止土压力相应的位移，底部位移接近主动土压力相应的位移，因此，相应的土压力分布形式如图 6-28a 中预测土压力分布线所示，顶端土压力接近静止土压力，中间段土压力小于静止土压力，底端土压力接近主动土压力。图 6-28b 中挡土墙上端不移动，下端位移很大，故上端土压力接近静止土压力，下端土压力比主动土压力小得多。图 6-28c 中挡土墙背向填土方向平移，可以判断出，上端土压力位于静止土压力和主动土压力之间，下端土压力小于主动土压力。图 6-28d 中挡土墙上端挤压土体，下端外移，故上端土压力接近被动土压力，下端土压力小于主动土压力，不过这种状态在实际工程中发生的可能性很小。

在挡土墙土压力计算中，很少按静止土压力计算，这是因为大部分挡土结构物都有不同程度的位移或变形，可能产生达到主动土压力的条件。根据实验研究，当挡土墙的位移达到墙高的 0.1%~0.3%时，就可能达到主动极限平衡状态，这是一般的挡土墙都可以达到的。因此，挡土墙的土压力通常都可按主动土压力计算。直接浇筑在岩基上的挡土墙，墙的变形不足以达到主动破坏状态，按静止土压力计算比较符合实际的受力情况。但是，

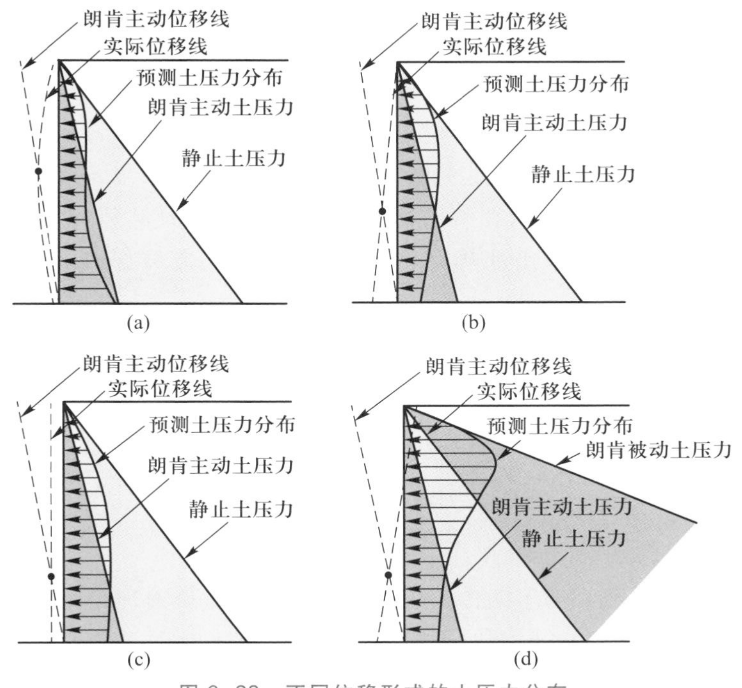

图 6-28 不同位移形式的土压力分布

由于静止土压力系数难以精确确定，所以在设计中常将主动土压力增大 25% 作为计算的土压力，如图 6-29 所示。若在工程建设中先修建挡土墙，再在墙后填土并对填土进行压实，这时作用在挡土墙上的土压力将增大，甚至可能超过静止土压力。

当挡土墙向填土方向发生比较大的位移时，才可能使墙后填土达到被动极限平衡状态。试验研究表明，要求挡土墙位移量达到墙高的 2%～5% 才能使墙后填土达到被动极限平衡状态，这样大的位移在大多数情况下是不允许的。因此，在验算挡土墙的稳定性时，不能采用被动土压力的数值来设计，一般仅取被动土压力计算值的 30%。

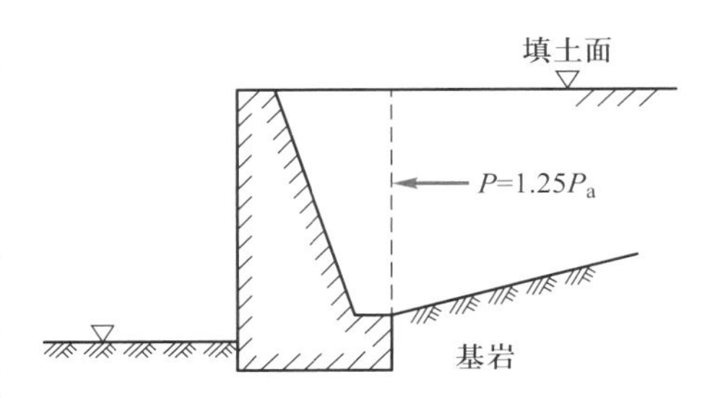

图 6-29 挡土墙在基岩面上的土压力

关于朗肯与库仑两种土压力理论的比较：对于无黏性土，朗肯理论忽略了墙背面的摩擦影响，计算的主动土压力偏大，用库仑理论则比较符合实际。但是，在工程设计中常用朗肯理论计算，这是因为朗肯理论的计算公式简便，误差偏于安全方面。对于有黏聚力的黏性填土，用朗肯土压力公式可以直接计算，用库仑理论却不能计算，往往用等效内摩擦角的办法考虑黏聚力的影响，误差可能较大。计算被动土压力用假定平面破坏面的库仑理论，误差太大，用朗肯理论计算，误差相对小一些，但也是偏大的。另外，库仑理论在建立滑动块体平衡条件时，假定滑动块体是沿着墙背和破坏面产生滑动的，而实际工程中,当墙背倾斜角度较大,超过一定范围后,滑动块体不会沿墙背滑动,而是沿土中某一面滑动,即产生了所谓第二滑动面。此时采用的计算方法是,首先将第二滑动面看作墙背计算土压力,并将其与土体的重力进行叠加,最后再求得作用在墙背上的总的土压力。

若墙后填土中有水时,设计挡土墙还应考虑墙背面水压力的作用。为了降低墙后的水压力,应设置排水孔,在滑动面以外的填土中设置倾斜的反滤层或用粗砂作填料,这样降低墙后水位比准确计算土压力和水压力对保证挡土结构安全更重要。

第五节 工程中的挡土墙土压力计算

教学课件 6-5

本章第二、三节分别介绍了朗肯土压力理论与库仑土压力理论。实际工程中所遇到的土压力计算往往比较复杂,有时不能用这些理论直接求解,需要用近似的简化方法加以补充。本节将介绍一些常用的近似方法。

一、填土表面上有局部荷载时的土压力

若填土表面上的均布荷载不是连续分布的,而是从墙背后某一距离开始的,如图 6-30 所示,这种情况下的土压力计算可按以下步骤进行。

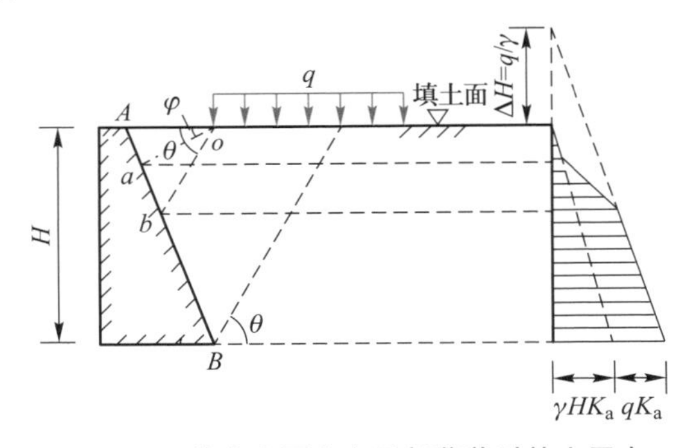

图 6-30 填土表面上有局部荷载时的土压力

自均布荷载的起点 o 作两条辅助线 oa、ob,oa 与水平面的夹角为 φ,ob 与水平面的夹角 $\theta=45°+\varphi/2$。oa、ob 分别交墙背于 a 点和 b 点。可以认为,a 点以上的土压力不受表面均布荷载的影响,按无荷载情况计算,b 点以下的土压力则按连续均布荷载的情况计算,a 点与 b 点间的土压力以直线连接,沿墙背面 AB 上的土压力分布如图 6-30 中阴影所示。阴影部分的面积就是总的主动土压力 P_a 的大小,P_a 作用点在阴影部分的形心处。土压力系数 K_a 值可按朗肯理论或库仑理论计算。

若填土表面的均布荷载分布在较小范围内,如图 6-31 所示。可从荷载首尾 o 及 o' 点作两条辅助线 oa 及 $o'b$,均与破坏面平行,且交墙背于 a、b 两点。认为 a 点以上及 b 点以下墙背面的土压力不受均布荷载影响,a、b 之间可按有均布荷载情况计算。图中阴影部分的面积就是总的主动土压力 P_a 的大小,P_a 作用在阴影面积形心处。K_a 值同样可根据不同情况采用朗肯理论或库仑理论计算。图 6-31 中的 θ 可取为 $45°+\varphi/2$。

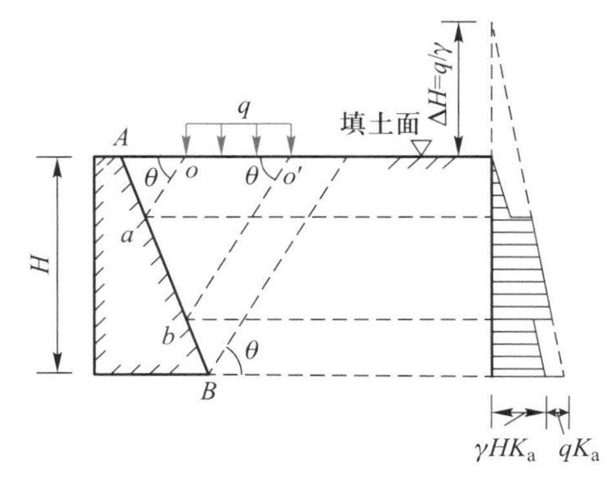

图 6-31 填土表面上局部荷载宽度较小时的土压力

二、填土表面上有线荷载时的土压力

若填土表面上有线荷载 $\overline{Q}$,$\overline{Q}$ 距墙背面有一定距离,如图 6-32 所示。在这种情况下主动土压力计算可按以下步骤进行。

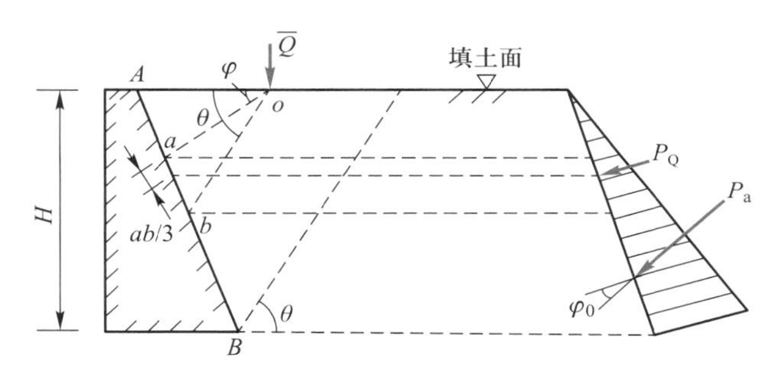

图 6-32 填土表面上有线荷载时的土压力

自线荷载作用点 o 引辅助线 oa 和 ob,oa 与水平面的夹角为 φ,ob 与破坏面平行,两线分别交墙背于 a、b 两点,则由于 $\overline{Q}$ 的作用,在墙背上增加了一个附加的土压力 P_Q。P_Q 可按下式计算:

$$P_Q=K_a\overline{Q} \tag{6-34}$$

P_Q 作用在墙背面 a 点以下 $ab/3$ 处,方向与墙背法线成 φ_0 角。

于是,作用在墙背面上的总的主动土压力为

$$P_a=P'_a+P_Q=\frac{1}{2}\gamma H^2K_a+K_a\overline{Q} \tag{6-35}$$

三、折线墙背面的土压力

若墙背是折线形状,可以分别计算作用在墙背面各段上的土压力。如图 6-33 所示,墙背面由两个不同倾角的平面组成,对每一个平面都用库仑理论计算主动土压力,见图 6-33a 中的 P_1、P_2,两段墙背上的土压力分布如图 6-33b 所示。

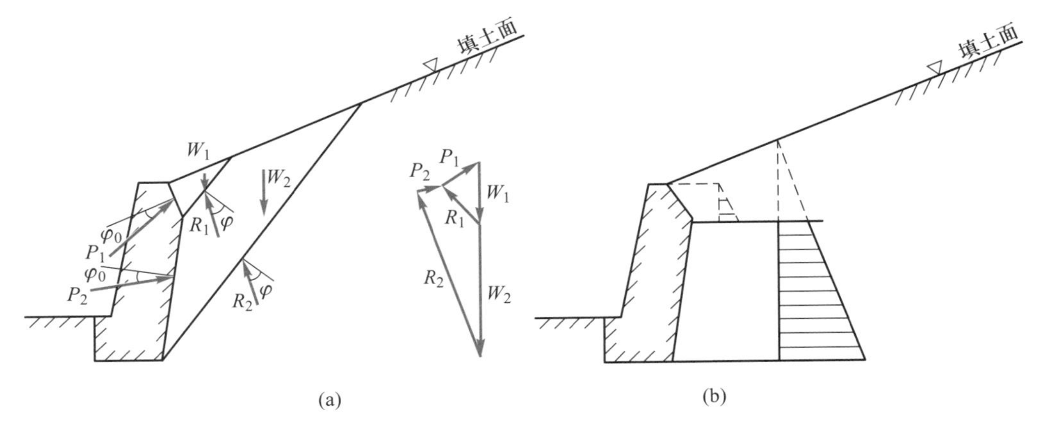

图 6-33 折线墙背面的土压力

四、用朗肯理论计算倾斜墙背上的土压力

墙背面倾斜时的主动土压力可用库仑理论按式(6-29)计算,但在工程设计中常用计算简便的朗肯理论,尤其是填土表面水平、墙背倾角较大的土亘墙和 L 形墙(图 6-34a 和 b),以及填土为黏性土时,用朗肯土压力公式较简便,计算方法如图 6-34c 所示。

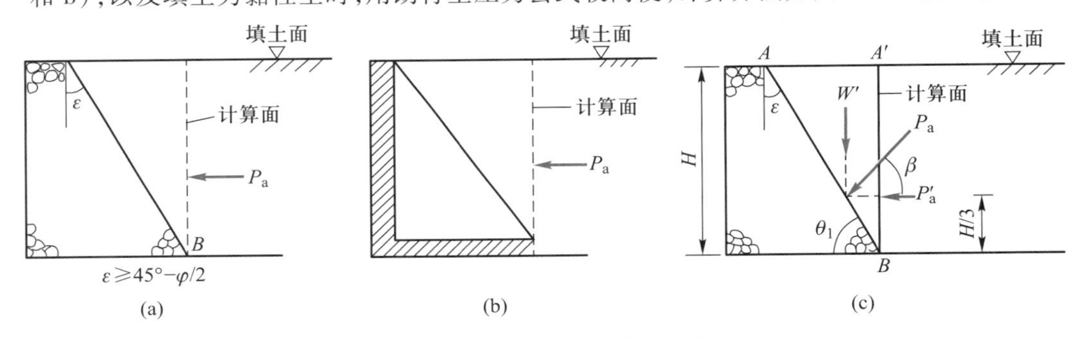

图 6-34 朗肯理论计算倾斜墙背上的土压力

首先从墙踵 B 点作竖直线 $A'B$,交填土表面于 A'点。假设 $A'B$ 为光滑面,按朗肯土压力理论公式(6-5)或式(6-15)计算作用在 $A'B$ 面上的主动土压力 P'_a,对于无黏性土则为

$$P'_a=\frac{1}{2}\gamma H^2 K_a$$

式中:$K_a=\tan^2\left(45°-\dfrac{\varphi}{2}\right)$,$P'_a$ 的方向水平,作用在墙底以上 $H/3$ 处。

然后再计算 $A'B$ 与墙背面 AB 之间的土重,即

$$W'=\frac{1}{2}\gamma H\,\overline{AA'}=\frac{1}{2}\gamma H^2\cot\,\theta_1 \tag{6-36}$$

W' 的方向竖直,也作用在墙底以上 $H/3$ 处。

由 P'_a 和 W' 可以得到作用在 AB 面上的主动土压力 P_a，即

$$P_a=\sqrt{P_a'^2+W'^2}=\frac{1}{2}\gamma H^2\sqrt{\tan^2\left(45°-\frac{\varphi}{2}\right)+\cot^2\theta_1} \tag{6-37}$$

若设 P_a 的作用线与水平面的夹角为 β，则

$$\tan\beta=\frac{W'}{P'_a}=\frac{\cot\theta_1}{K_a} \tag{6-38}$$

P_a 也作用在墙底以上 $H/3$ 处。

用这种方法计算土压力、验算挡土墙的抗倾与抗滑稳定性，与用库仑公式计算的土压力，验算的结果会略有不同。

对于 L 形挡土墙，也可用这种方法计算，只是计算 W' 时要考虑底板以上的填土重。

五、开挖情况的挡土墙土压力

在天然地基、天然土坡及老填土中开挖，然后建造挡土墙，若开挖面较陡，墙后填土受到限制而不可能出现库仑理论的破坏面时，则不能用前述公式计算作用在墙背上的土压力。如图 6-35 所示，应当考虑开挖线内滑动土体的平衡条件，用力矢三角形图解法求解作用在墙背上的土压力。还要再假定填土性质与开挖线以下的老土性质相同，用前述公式计算作用在墙背上的土压力。取这两种计算结果中数值较大的一个。如果开挖面较缓，未限制填土中出现库仑理论的破坏面，就按填土的性质计算土压力。

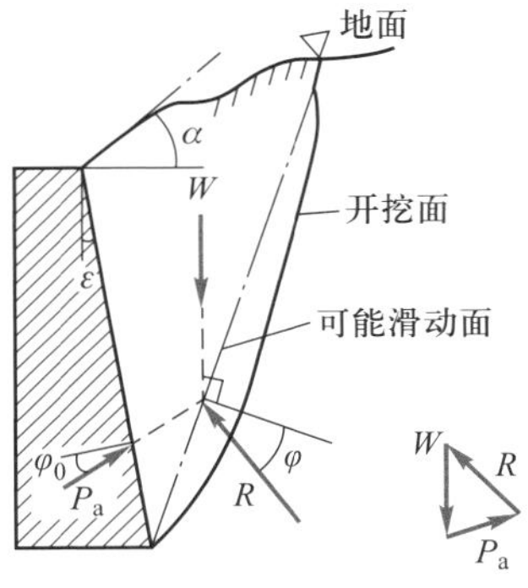

图 6-35 局部开挖回填挡土墙的土压力

六、地震时的土压力

地震时因土压力增大而造成挡土结构物破坏的事例在国内外都有不少，因此，在地震区建造挡土墙时应考虑地震力对土压力的影响。地震时土压力的计算公式最常用的是物部-冈部公式，该公式用地震系数把静力土压力计算扩大到动力土压力，虽然这样计算有缺点，不符合地震时土的真实性状，但在目前还没有更好的实用的计算方法，所以常被采用。

地震时的惯性力作用计算如图 6-36 所示。设地震时水平向地震系数为 k_h，竖向地震系数为 k_v，则相应的地震水平加速度为 $k_h g$，地震竖向加速度为 $k_v g$。当同时考虑水平向和向上的竖向加速度时，则合成的加速度为 $(1-k_v)g\sec\theta$。它与竖直线的夹角为

$$\theta=\arctan\left(\frac{k_h}{1-k_v}\right) \tag{6-39}$$

物部-冈部公式可根据地震时墙后填土同时受到水平向与向上的竖向惯性力的假定，将图 6-36 所示的挡土墙连同墙后填土逆时针方向转动 θ 角，然后再利用库仑理论按推导静力土压力公式的方法求解地震时的土压力公式。即：土体上的力是将库仑公式中的墙高 H 换为 $H\cos(\varepsilon+\theta)/\cos\varepsilon$，填土重度 γ 换为 $\gamma(1-k_v)\sec\theta$，填土表面的坡角 α 换为$(\alpha+\theta)$，墙背面的倾角 ε 换成$(\varepsilon+\theta)$，填土表面上的均布荷载 q 换为 $q(l-k_v)\sec\theta$，最后得到地震时总的主动土压力公式为

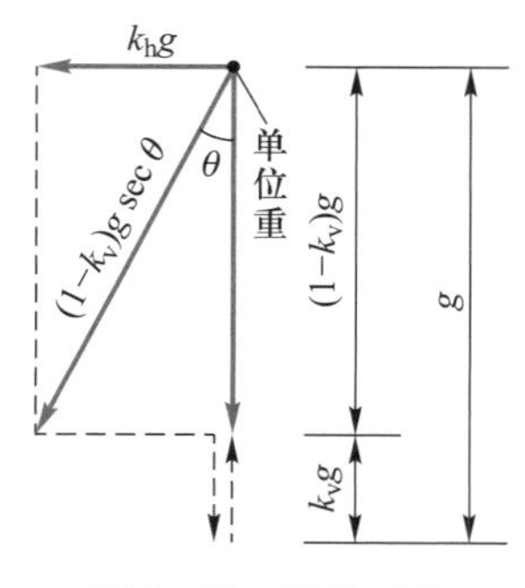

图 6-36 地震时的惯性力作用计算

$$P_{ae}=(1-k_v)\left[\frac{\gamma H^2}{2}+qH\frac{\cos\varepsilon}{\cos(\varepsilon-\alpha)}\right]K_{ae}$$

$$K_{ae}=\frac{\cos^2(\varphi-\varepsilon-\theta)}{\cos\theta\cos^2\varepsilon\cos(\varepsilon+\varphi_0+\theta)\left[1+\sqrt{\frac{\sin(\varphi+\varphi_0)\sin(\varphi-\alpha-\theta)}{\cos(\varepsilon-\alpha)\cos(\varepsilon+\varphi_0+\theta)}}\right]^2} \tag{6-40}$$

式中：K_{ae}——地震时的主动土压力系数，其数值可由设计手册查得。

式(6-40)适用的范围是 $\varepsilon+\varphi_0+\theta<90°$，$\alpha+\theta\leqslant\varphi$。若 $\alpha+\theta>\varphi$ 时，按 $\varphi-\alpha-\theta=0$ 计算。

填土中有地下水时，土压力的计算较复杂。实用中对水面以下由土自重引起的土压力作下列两点修正：

（1）计算用的填土重度 γ 在水下用浮重度 γ'；

（2）水下的地震系数乘以 $\gamma_{sat}/(\gamma_{sat}-\gamma_w)$，即水平向地震系数 $k_h'=k_h\gamma_{sat}/(\gamma_{sat}-\gamma_w)$，竖向地震系数 $k_v'=k_v\gamma_{sat}/(\gamma_{sat}-\gamma_w)$，$\gamma_{sat}$ 为土的饱和重度。

被动土压力的计算与上述推导同理，但地震水平加速度的方向则相反，合成的加速度仍为$(1-k_v)g\sec\theta$，它与竖直线的夹角也为

$$\theta=\arctan\left(\frac{k_h}{1-k_v}\right)$$

把图 6-37 所示的挡土墙连同墙后填土逆时针转动 θ 角，用库仑理论像推导静力土压力公式那样，最后得到地震时总的被动土压力公式为

$$P_{pe}=(1-k_v)\left[\frac{\gamma H^2}{2}+qH\frac{\cos\varepsilon}{\cos(\varepsilon-\alpha)}\right]K_{pe}$$

$$K_{pe}=\frac{\cos^2(\varphi+\varepsilon-\theta)}{\cos\theta\cos^2\varepsilon\cos(\varphi_0+\theta-\varepsilon)\left[1-\sqrt{\frac{\sin(\varphi+\varphi_0)\sin(\varphi+\alpha-\theta)}{\cos(\varepsilon-\alpha)\cos(\theta+\varphi_0-\varepsilon)}}\right]^2} \tag{6-41}$$

式中：K_{pe}——地震时的被动土压力系数，其数值也可由设计手册查得。

从式(6-40)和式(6-41)可见，地震时的土压力为梯形分布，合力的作用点在梯形的形心处。

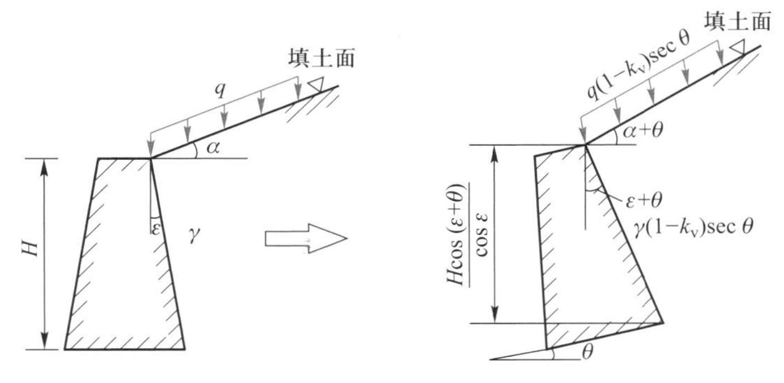

图 6-37 地震时的主动土压力

七、工程案例分析

在挡土墙设计与施工过程中,由于存在墙后填土强度指标取值不符合实际、压实方法不合理致使压实度不够、地下水排水不畅导致水位上升而使挡土墙承受水压力等原因,挡土墙在施工阶段或运行初期发生过大位移甚至倒塌的情况时有发生。接下来简要介绍一个实际工程设计中土压力计算不合理的实例。

案例拓展 6-1 三峡库岸

图 6-38 为某船闸下游引航道挡土墙状况及施工阶段局部倒塌情况照片。从图 6-38 可见,引航道挡土墙较高(设计挡土墙高度为 12 m),墙后填土还没有达到设计高程时,在墙前航道开挖期间发生了挡土墙局部倒塌事故,另有多段挡土墙发生过大的向墙前位移(如图 6-39 所示),墙后填土出现多道沉降裂缝(如图 6-40 所示)。修复引航道前,必须整体拆除重建挡土墙。该工程事故造成了很大的经济损失。

图 6-38 某船闸引航道挡土墙局部倒塌

图 6-39 某船闸引航道挡土墙局部墙段发生过大位移

图 6-40 某船闸引航道挡土墙墙后填土中的纵向沉降裂缝

该工程事故发生以后,现场专家分析事故原因为:(1) 挡土墙设计高度大,墙后回填土碾压施工期间土压力过大;(2) 墙后回填土为粉土,渗透性低,回填期间由于降雨引起墙后水位抬升,填土含水率升高引起填土内摩擦角降低而使土压力系数增加;(3) 挡土墙基础与其下土体接触面的摩擦系数低于设计值。

挡土墙修复措施:针对挡土墙事故原因,将垮塌段和位移过大段进行整体拆除。对于位移量在容许范围内段,仅拆除挡土墙顶部部分高度,将挡土墙设计高度降低,从原设计高 12 m 的一级挡土墙,变为两级挡土墙,第一级挡土墙高 9 m,第二级挡土墙高 3 m。在墙后填土中分层铺设土工格栅,降低填土的土压力。挡土墙修复设计图如图 6-41 所示。该工程在修复设计后顺利建设完成。

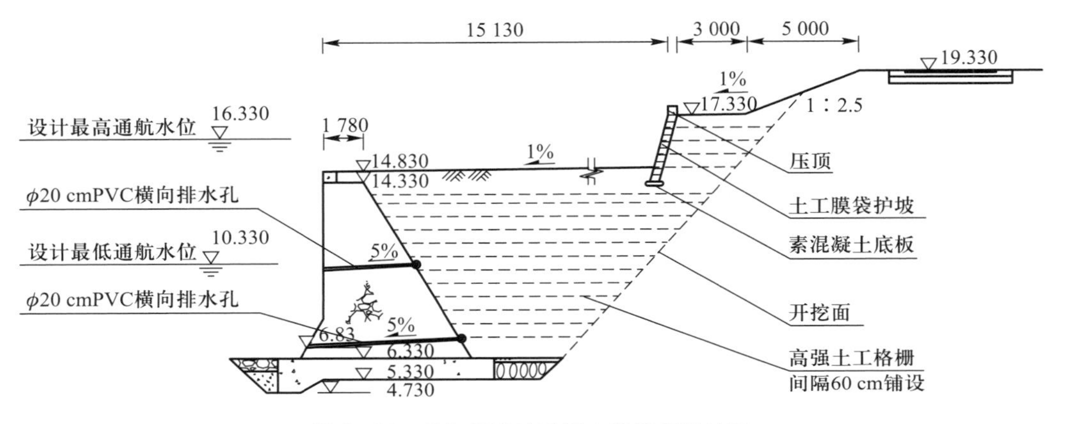

图 6-41 某船闸引航道挡土墙修复设计图

*第 六 节 板桩墙及支撑板上的土压力

板桩墙在工程中的作用与前述刚性挡土墙相同,但是它的受力、变形与稳定状况有不同之处。首先,它是由一排重量不大的板桩打入土中所组成的,墙身自重小,与作用在其上的土压力相比可以忽略不计;其次,板桩墙是柔性的,在土压力作用下能产生侧向弯曲变形,其变形量常常足以使墙后及墙前的填土达到主动极限平衡和被动极限平衡状态;最后,板桩墙的弯曲变形量和变形曲线随板桩墙的入土深度和结构形式而异。由于这些特点,板桩墙上的土压力分布与刚性墙不同。通常,柔性板桩墙上的土压力分布很复杂,实用中没有简单的理论公式可以应用,目前仍用朗肯理论加以修正进行计算。

按其受力情况,板桩墙可分为悬臂式板桩墙、锚固式板桩墙和支撑式板桩墙三类:若板桩只靠埋入土中的部分来维持稳定,称为悬臂式板桩墙,如图 6-42a 所示;若板桩上端设置一组或多组锚固拉杆,由拉杆与埋入土中的部分板桩共同维持稳定,则称为锚固式板桩墙，如图 6-42b 所示；若基坑开挖较深时，常采用板桩维护的支护方式，用以减小板桩的位移，即在两板桩之间设置多层横撑，这种形式的板桩墙称为支撑式板桩墙，如图 6-42c 所示。

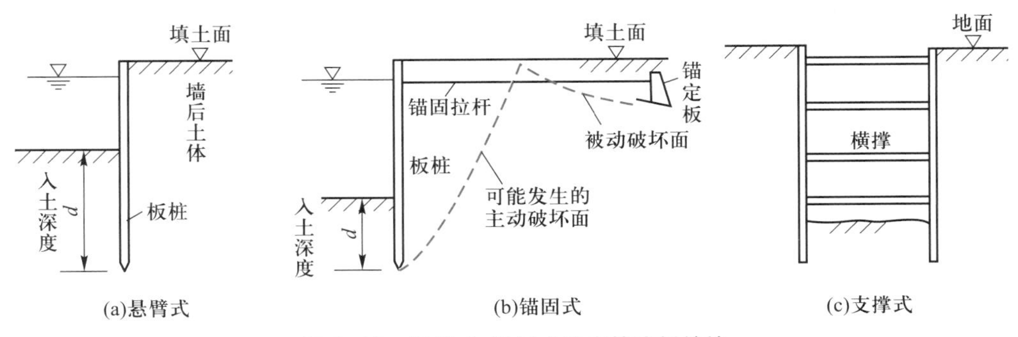

图 6-42 悬臂式、锚固式和支撑式板桩墙

在设计板桩时，除了选择板桩的形式和材料，主要应解决下列问题：(1) 为了保证板桩墙的入土部分有足够的侧向支撑力，板桩的入土深度 d 应为多少；(2) 锚固拉杆上承受了多少拉力；(3) 板桩中最大弯矩为多少；(4) 将板桩墙看作边坡，验算整体滑动稳定性。解决上述问题，关键在于确定作用在板桩墙上的土压力大小及其分布情况，本节只讨论这两个问题。

一、悬臂式板桩墙上的土压力计算

当悬臂式板桩有足够的入土深度时，将产生如图 6-43a 所示的弯曲变形。从图中可以看出，在反弯点 C 以上发生向前弯曲，而在 C 点以下则发生向后弯曲。

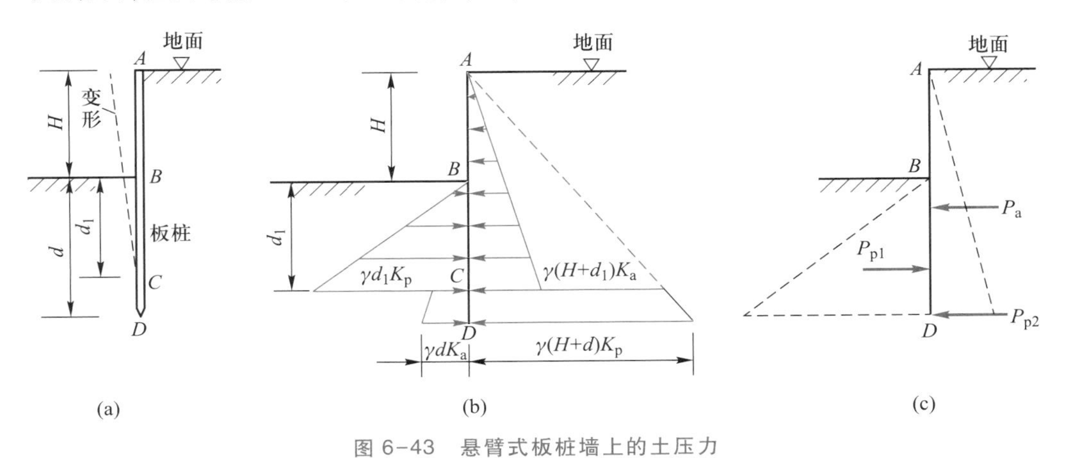

图 6-43 悬臂式板桩墙上的土压力

根据图示的变形情况，悬臂式板桩墙上 AC 段墙后的土压力按主动状态计算；BC 段墙前按被动状态计算，墙后按主动状态计算；CD 段墙后按被动状态计算，墙前则按主动状态计算。土压力分布如图 6-43b 所示。但是，对于这种变形情况，墙后填土达到主动极限平衡状态时未必能使墙前达到被动极限平衡状态，为安全起见，常将被动土压力按计算值

折减一半,即取安全系数为 2。同时,为了进一步简化计算,目前常将 CD 段的两侧土压力相减后以集中力 P_{p2} 作用在 D 点,因此,板桩的最后受力状态如图 6-43c 所示。有了土压力的分布,即可根据力矩平衡条件确定板桩的反弯点 C 及最大弯矩和相应的断面。实用中,常将计算得到的 d_1 值增大 20%作为板桩实际的入土深度 d。

二、锚固式板桩墙上的土压力计算

锚固式板桩是靠设置在板桩顶部附近的拉杆和墙前入土部分土的抗力共同作用来维持板桩墙系统稳定的。锚固式板桩根据其入土深度的大小而产生不同的变形,又可分为自由端板桩和固定端板桩两种计算形式。

自由端板桩——当板桩入土深度较浅,板桩墙的弯曲变形与上端未固定的简支梁相似,这种板桩称为自由端板桩,如图 6-44a 所示,图中虚线为板桩的变形曲线。

根据自由端板桩的变形特点,墙后填土足以达到主动极限平衡状态,因此墙后的 AD 段按主动土压力计算。而墙前(即入土深度部分,BD 段)的侧向土压力,过去一般采用被动土压力计算值的一半,即取安全系数为 2。现在一般认为,由于自由端板桩的入土深度较浅,在墙后主动土压力作用下有可能产生向前踢脚(即移动)并绕锚固点转动的趋势,其变形量可以达到被动极限平衡状态,因此,可以按被动土压力计算。综上所述,自由端锚固式板桩墙上的土压力分布如图 6-44b 所示。

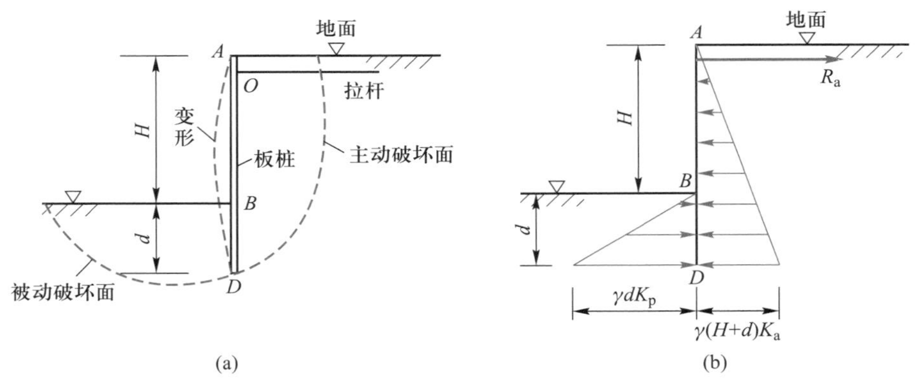

图 6-44　自由端锚固式板桩墙上的土压力

板桩墙上的土压力分布图确定以后,即可将板桩视作支承在锚固点 O 和底端 D 上的简支梁进行计算,以求得板桩的入土深度、最大弯矩和锚杆拉力等。

固定端板桩——若板桩的入土深度较大,足以使板桩下端产生如图 6-45a 所示的弯曲变形。从变形曲线可以看出,C 点相当于变形为零的反弯点,而在 D 点以下某一深度处板桩不发生弯曲变形,如同嵌固点,因此称这种板桩为固定端板桩。

根据固定端板桩变形的特点,在墙后 C 点以上填土按主动土压力计算,在 C 点以下按被动土压力计算。而在墙前 C 点以上按被动土压力计算,C 点以下按主动土压力计算。墙上土压力的实际分布如图 6-45a 所示。为了简化计算,将板桩两侧的土压力相抵消后，取两个大小相等方向相反的压力 ΔP 加在板桩下部的两侧，如图 6-45b 的阴影面积所示，并且将下部右侧的两部分土压力用一个集中力 P_{pd} 作用在 D_1 点来代替，最后成为图 6-45c 所示的实用土压力计算图形。

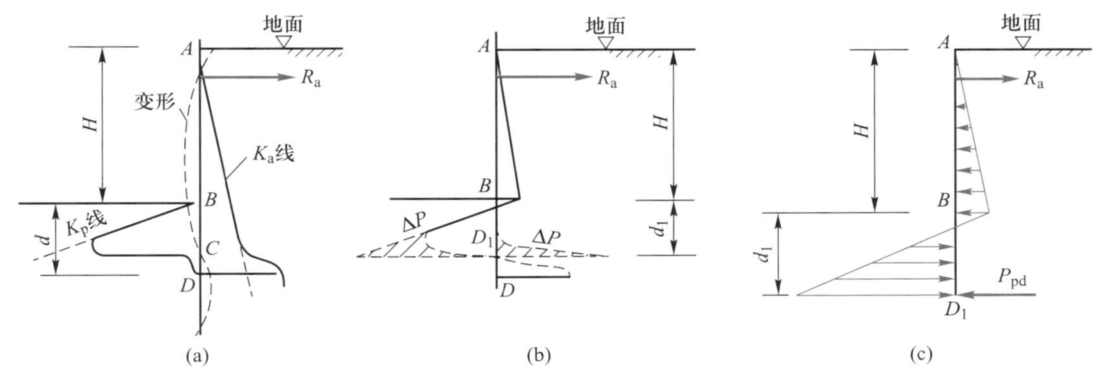

图 6-45 固定端锚固式板桩墙上的土压力分布及其简化

三、开挖支撑上的土压力计算

在工程建设中常需要开挖土方，挖方的边坡要保持稳定，有时要做成有暂时支撑的直立基坑。深开挖情况的支护结构形式如图 6-46 所示，图 6-46a 使用了挡土板和横撑，图 6-46b 使用了板桩和横撑。

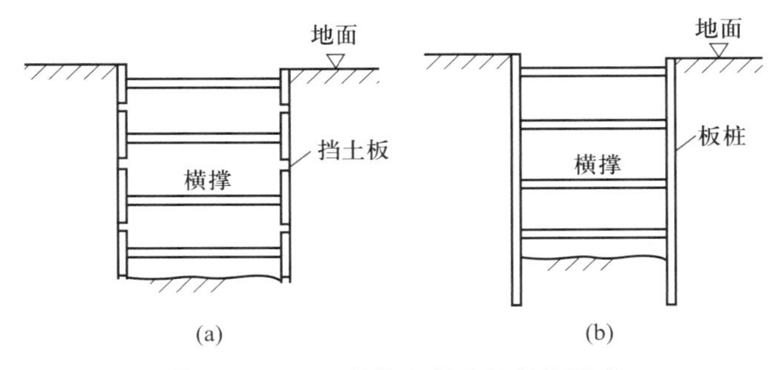

图 6-46 深开挖情况的支护结构形式

随着开挖深度增大，横撑可分多层设置。在设置最上一个横撑时，开挖引起的地面移动很小，但在设置以下的横撑时，由于开挖深度大，土体发生的位移增大，这种移动使挡土板或板桩上的土压力接近为抛物线分布，其最大压力强度约在挖方的半高处。在这种情况下，若按挡土墙后土压力理论计算，土压力随深度直线增大，与实际情况相差很大。此外，由于挖方支撑的任何一根横撑可能在土压力作用下单独破坏，由此引起邻近横撑所承受的压力增大，使整个支撑逐渐破坏，不同于挡土墙整体丧失稳定。因此，各个横撑必须根据可能作用的最大压力设计。实测的支撑上的土压力分布形状随土的性质和支撑施工方法而异，横撑上可能的最大压力是根据所有实测土压力分布曲线所绘的包线确定的。

图 6-47 是太沙基和派克根据开挖支撑实测和模型试验结果给出的支撑上的土压力分布包线图。对于砂土，如图 6-47b 所示，土压力为均匀分布，压力为 $0.65\gamma HK_a$。对于 $\gamma H/c_u>6$ 的黏性土，如图 6-47c 所示，在接近极限平衡时土压力的最大值为（$\gamma H-4mc_u$），m 通常为 1。但是在软黏土中深开挖时，坑底的软土可流入坑内，m 值要小得多，建议用 0.4。对于 $\gamma H/c_u<4$ 的黏性土，如图 6-47d 所示，土压力的最大值为 $(0.2\sim0.4)\gamma H$。对于 $\gamma H/c_u$ 为 4~6 的情况，可取图 6-47c、d 之间的数值。

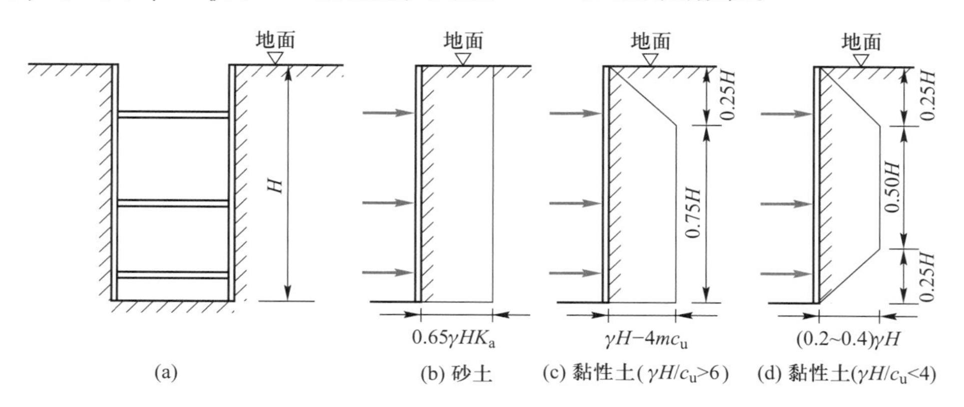

图 6-47　深开挖情况支护结构上的土压力

*第七节 涵洞上的土压力

涵洞及其他地下管道上的土压力，因埋设方式不同而应采用不同的计算方法。埋设的方式有沟埋式和上埋式两种，如图 6-48 所示。沟埋式是在天然地基或老填土中挖沟，将涵洞放至沟底，在其上填土。上埋式是将涵洞放在天然地基上再填土。但是，若在软土地基上用沟埋式建造涵洞，为防止不均匀沉降而采用桩基础时，也要按上埋式计算作用在涵洞上的土压力。

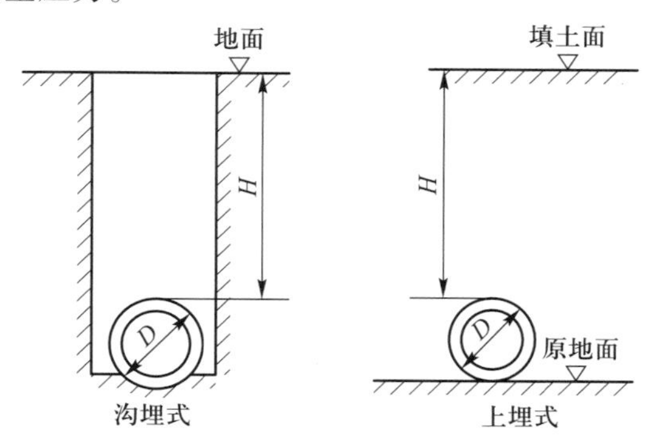

图 6-48　涵洞埋设的方式

一、沟埋式涵洞上的土压力

图 6-49 表示在地基中开挖的一条宽度为 $2B$ 的沟，在沟中填土，填土表面上有均布荷载 q。由于填土压缩下沉与沟壁发生摩擦，一部分填土和荷载的重量将传至两侧的沟壁上，使填土及荷载的重量减轻，这种现象称为填土中的拱作用。为了计算有拱作用时涵洞上的土压力，假设滑动面是竖直的，在填土表面以下深度 z 处取一厚度为 $\mathrm{d}z$ 的土层，根据竖向力的平衡条件得到

$$2\gamma B\mathrm{d}z+2B\sigma_z-2B(\sigma_z+\mathrm{d}\sigma_z)-2c\mathrm{d}z-2K\sigma_z\tan\varphi\mathrm{d}z=0$$

简化后改写为

$$\gamma B\mathrm{d}z-B\mathrm{d}\sigma_z-c\mathrm{d}z-K\sigma_z\tan\varphi\mathrm{d}z=0 \tag{6-42}$$

式中：K——土压力系数，一般采用静止土压力系数 K_0；

γ——沟中填土的重度；

c、φ——填土与沟壁之间的黏聚力与内摩擦角。

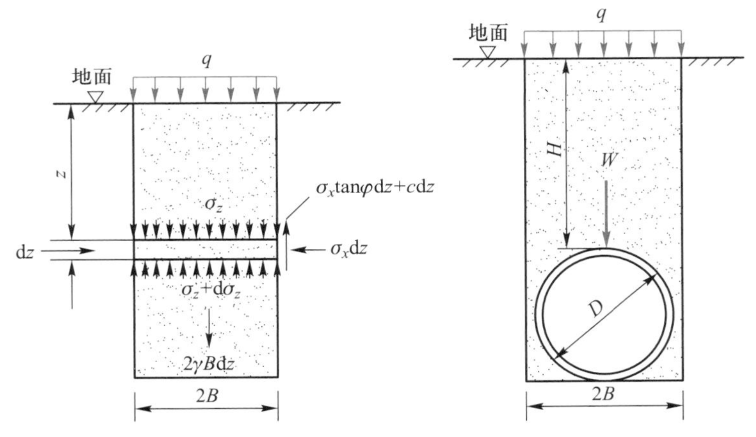

图 6-49 沟埋式涵洞上的土压力

由式(6-42)得到

$$\frac{\mathrm{d}\sigma_z}{\mathrm{d}z}=\gamma-\frac{c}{B}-K\sigma_z\frac{\tan\varphi}{B} \tag{6-43}$$

这是一个一阶常微分方程，其边界条件为：$z=0$ 时，$\sigma_z=q$，可以解得

$$\sigma_z=\frac{B\left(\gamma-\dfrac{c}{B}\right)}{K\tan\varphi}\left(1-\mathrm{e}^{-K\frac{z}{B}\tan\varphi}\right)+q\mathrm{e}^{-K\frac{z}{B}\tan\varphi} \tag{6-44}$$

作用在涵洞顶上的总压力为

$$W=\sigma_z D \tag{6-45}$$

式中：D——涵洞的直径。

但是，填土经过长时间的压缩以后，沟壁摩擦作用将消失，涵洞顶上所受到的由土

重引起的总压力将增大为

$$W=\gamma HD \tag{6-46}$$

根据式(6-44)可以得到作用在涵洞侧壁的水平向压力为

$$\sigma_x=K\sigma_z=\frac{B\left(\gamma-\frac{c}{B}\right)}{\tan\varphi}\left(1-e^{-K\frac{z}{B}\tan\varphi}\right)+Kqe^{-K\frac{z}{B}\tan\varphi} \tag{6-47}$$

涵洞侧壁的水平向压力与竖向压力成正比,为曲线分布。

二、上埋式涵洞上的土压力

在天然地基上埋设涵洞,由于涵洞顶上的填土与两侧填土之间的沉降不同,涵洞上的填土受到向下的剪切力,因此,作用在涵洞上的土压力为土重与剪切力之和。按上述分析可以求得

$$\sigma_z=\frac{D\left(\gamma+\frac{2c}{D}\right)}{2K\tan\varphi}\left(e^{2K\frac{H}{D}\tan\varphi}-1\right)+qe^{2K\frac{H}{D}\tan\varphi} \tag{6-48}$$

根据式(6-48)计算作用在涵洞顶上的总压力为

$$W=\sigma_z D$$

根据式(6-48)可以得到作用在涵洞侧壁的水平向压力为

$$\sigma_x=\frac{D\left(\gamma+\frac{2c}{D}\right)}{2\tan\varphi}\left(e^{2K\frac{z}{D}\tan\varphi}-1\right)+Kqe^{2K\frac{z}{D}\tan\varphi} \tag{6-49}$$

涵洞侧壁的水平向压力与竖向压力成正比,也是曲线分布。

式(6-47)和式(6-49)适用于涵洞顶上填土厚度小的情况。若填土厚度较大,在上层某一深度内涵洞顶上的填土与周围的填土相对沉降很小,可以忽略不计。该深度处称为等沉降面。在等沉降面以下的填土才有相对沉降,发生剪切力。设发生相对沉降的土层厚度为 H_e。

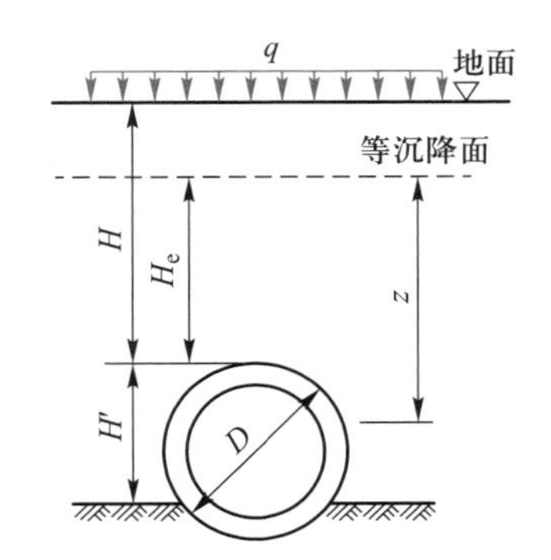

图 6-50 上埋式涵洞的土压力

如图 6-50 所示,则作用在涵洞上的竖向压力与水平向压力分别为

$$\sigma_z=\frac{D\left(\gamma+\frac{2c}{D}\right)}{2K\tan\varphi}\left(e^{2K\frac{H_e}{D}\tan\varphi}-1\right)+\left[q+\gamma(H-H_e)\right]e^{2K\frac{H_e}{D}\tan\varphi} \tag{6-50}$$

$$\sigma_x=\frac{D\left(\gamma+\frac{2c}{D}\right)}{2\tan\varphi}\left(e^{2K\frac{z}{D}\tan\varphi}-1\right)+K\left[q+\gamma(H-H_e)\right]e^{2K\frac{z}{D}\tan\varphi} \tag{6-51}$$

式中 H_e 可按下式计算:

$$e^{2K\frac{H_e}{D}}-2K\frac{H_e}{D}\tan\varphi=(2K\rho\tan\varphi)\gamma_{sd}+1 \tag{6-52}$$

式中：γ_{sd}——实验系数，称为沉降比，一般的土取 0.75，压缩性大的土取 0.5；

ρ——突出比，等于放涵洞的地面至涵洞顶的距离 H' 除以涵洞的外径 D。

［例题 6-5］图 6-48 所示涵洞，外径为 1 m，填土为砂土，重度 $\gamma=17.6\ \text{kN/m}^3$，内摩擦角 $\varphi=30°$，涵洞顶上的填土厚度 $H=3$ m。(1) 计算沟埋式施工时作用在涵洞顶上的土压力，设沟宽 $2B=1.6$ m；(2) 计算上埋式施工时作用在涵洞顶上的土压力。

［解］

(1) 沟埋式涵洞上的竖向压力按式(6-44)计算：

$$\sigma_z=\frac{B\gamma}{K\tan\varphi}(1-e^{-K\frac{H}{B}\tan\varphi})=\frac{0.8\ \text{m}\times17.6\ \text{kN/m}^3}{0.33\times\tan30°}(1-e^{-0.33\times\frac{3}{0.8}\tan30°})$$

$$=\frac{0.8\ \text{m}\times17.6\ \text{kN/m}^3\times(1-2.72^{-0.72})}{0.192}=37.8\ \text{kPa}$$

作用在涵洞顶上的总压力按式(6-45)计算，即

$$W=\sigma_zD=37.8\ \text{kPa}\times1\ \text{m}=37.8\ \text{kN/m}$$

(2) 上埋式涵洞上的竖向压力按式(6-48)计算：

$$\sigma_z=\frac{D\gamma}{2K\tan\varphi}(e^{2K\frac{H}{D}\tan\varphi}-1)=\frac{1.0\ \text{m}\times17.6\ \text{kN/m}^3}{2\times0.192}\times(e^{2\times0.33\times\frac{3}{1}\tan30°}-1)$$

$$=\frac{1.0\ \text{m}\times17.6\ \text{kN/m}^3}{2\times0.192}\times(2.72^{1.14}-1)=97.8\ \text{kPa}$$

作用在涵洞顶上的总压力同样按下式计算，即

$$W=\sigma_zD=97.8\ \text{kPa}\times1\ \text{m}=97.8\ \text{kN/m}$$

由以上计算可见，上埋式涵洞上的土压力远大于沟埋式涵洞上的土压力，在这种情况下，若都不计填土沉降不等所引起的侧壁摩擦力影响，则作用在涵洞顶上的总压力按式(6-46)计算为

$$W=\gamma HD=17.6\ \text{kN/m}^3\times3\ \text{m}\times1\ \text{m}=52.8\ \text{kN/m}$$

习题

6-1　图 6-51 所示挡土墙，墙背竖直光滑，墙后填土为均质砂土，墙高 5 m，墙后地下水位距地表 2 m。已知砂土的湿重度 $\gamma=16\ \text{kN/m}^3$，饱和重度 $\gamma_{sat}=18\ \text{kN/m}^3$，内摩擦角 $\varphi=30°$。试求作用在挡土墙上的静止土压力和水压力，并绘制静止土压力和水压力的分布图。

第六章习题参考答案

6-2　图 6-52 所示挡土墙，墙背竖直光滑，墙后填土表面水平，其上作用着连续均布的荷载 $q=20.0$ kPa。挡土墙高度、填土分层和地下水位等如图 6-52 所示，墙后填土由两层无黏性土所组成，第一层土的重度 $\gamma_1=18.5\ \text{kN/m}^3$，内摩擦角 $\varphi=30°$，第二层土重度 $\gamma_2=18.5\ \text{kN/m}^3$，饱和重度 $\gamma_{sat}=20\ \text{kN/m}^3$，内摩擦角 $\varphi_2=35°$。试求：

（1）挡土墙所受的主动土压力和水压力，并绘制土压力和水压力分布图；

（2）单位长度挡土墙承受的总压力（土压力和水压力之和）的大小和作用点位置。

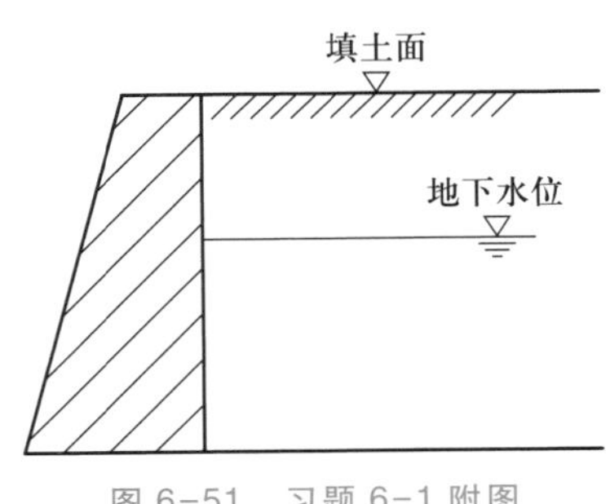

图 6-51　习题 6-1 附图

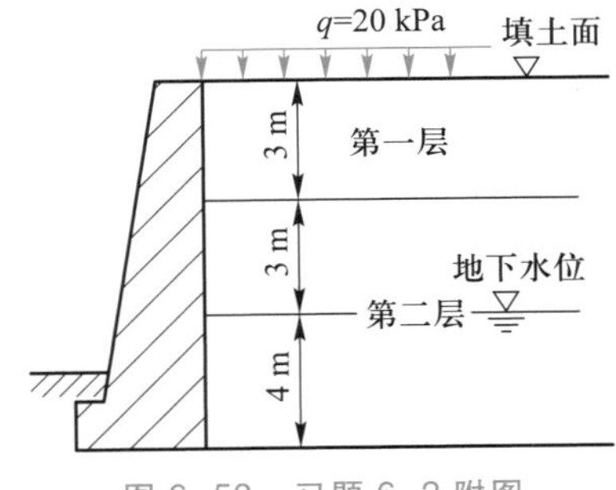

图 6-52　习题 6-2 附图

6-3　用朗肯土压力理论计算图 6-53 所示挡土墙所受的主动土压力和被动土压力，并绘制压力分布图。

6-4　分别使用库仑土压力理论的公式法和库尔曼图解法，求解图 6-54 所示挡土墙上的主动土压力的大小和作用点位置。

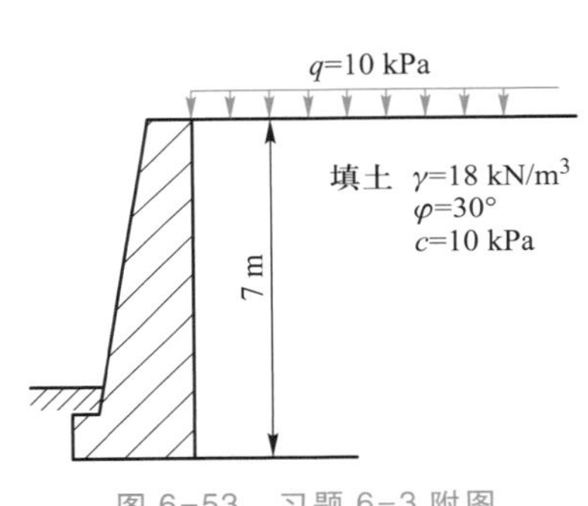

图 6-53　习题 6-3 附图

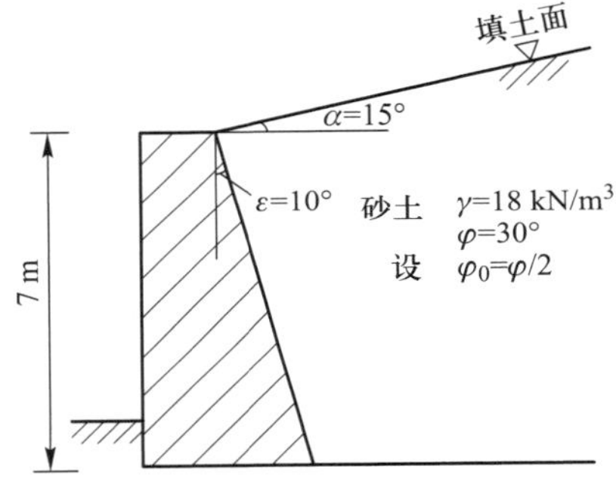

图 6-54　习题 6-4 附图

6-5　设墙背竖直光滑，试计算作用在图 6-55 所示挡土墙墙背上的主动土压力和被动土压力，并绘出土压力分布图。

6-6　图 6-56 所示为一重力式挡土墙，填土表面作用有局部堆载，如何考虑局部堆载对墙背土压力的影响？当堆载离开墙背距离 d 至少多远时，堆载对墙背无土压力作用？

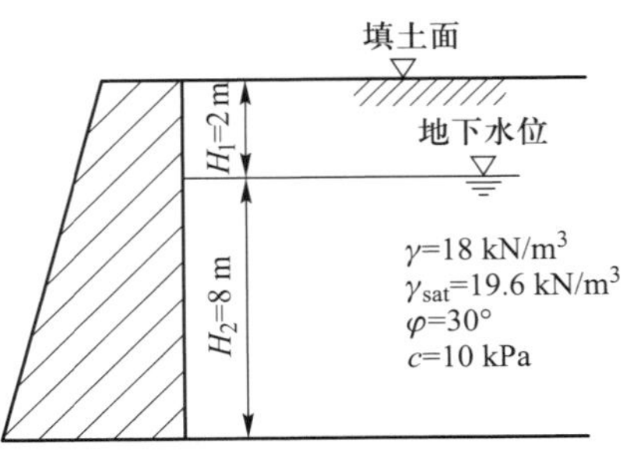

图 6-55　习题 6-5 附图

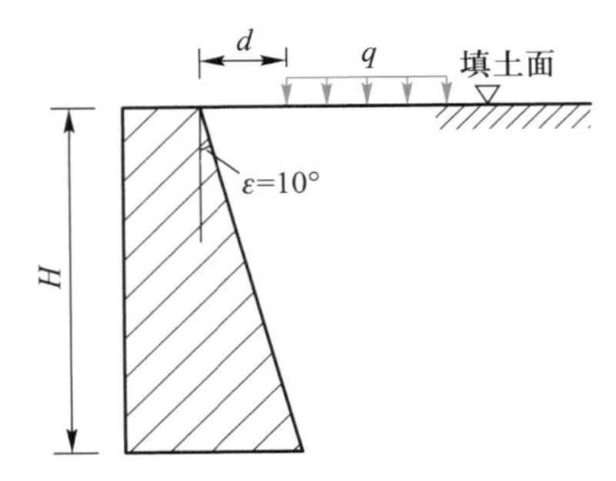

图 6-56　习题 6-6 附图

6-7 图 6-57 所示挡土墙，设墙背光滑，试分别采用朗肯土压力理论和库仑土压力理论计算墙背所受主动土压力的大小、方向和作用点。

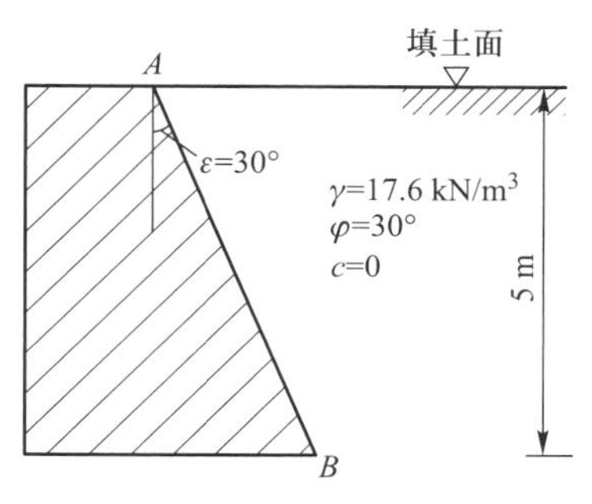

图 6-57 习题 6-7 附图

★ 研讨题

明代内家拳名家王宗岳著有名为《太极拳谱》的著名拳谱，里面有一句流传后世的经典名句——“四两拨千斤”，寓意是以小力胜大力。这既是武术技法，也彰显了道家哲学。而在工程建设中也充满着利用科技知识实现“四两拨千斤”的生动案例。例如被誉为全球土木工程大学生奥林匹克竞赛的美国大学生土木工程竞赛中，有一类挡土墙（Geo Wall）竞赛，旨在为学生提供创新设计和建造加筋挡土墙（图 6-58a）的机会。竞赛要求的加筋挡土墙仅由普通海报纸和加固牛皮纸筋条组成，其承受的负荷来自纸墙后的各种加载形式的填砂，而稳定承受附加荷载的纸墙（含纸筋）所消耗的最小材料用量将是胜负的重要评判标准。本章的研讨题以简化的挡土墙竞赛为例（图 6-58b），请同学们结合本章所学的土压力理论和文献资料等探讨并尝试解决以下问题（鼓励动手实践）：

(a) 加筋挡土墙实例

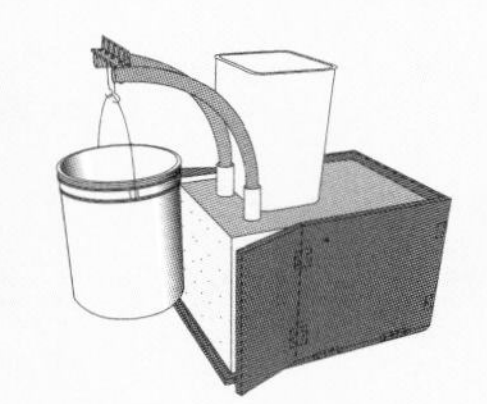
(b) 模拟加筋挡土墙

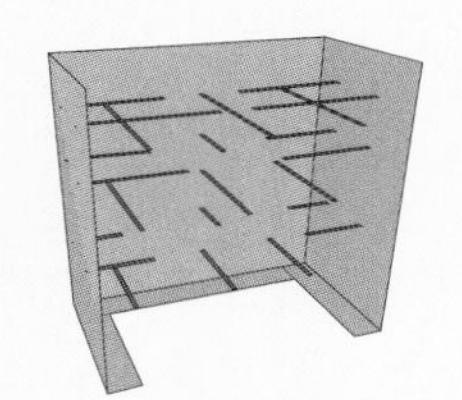
(c) 模拟加筋挡墙示意图

图 6-58 研讨题附图

（1）了解加筋挡土墙的基本工作原理，讨论本章所学的朗肯土压力理论和库仑土压力理论哪个更加适用于本案例，并说明理由。

（2）筋条排布方式参考图 6-58c，在不考虑外部荷载的情况下，为了达到节约加筋纸条的目的，筋条在排布方式上有哪些优化的方案（何处多，何处少；何处长，何处短）？请简要说明优化的理由。（以下数据供参考：木制箱子外部尺寸为长 65 cm,宽高均为 45 cm,板厚 1 cm;填充砂土重度 $\gamma=20\ \mathrm{kN/m^3}$,砂土内摩擦角 $\varphi=30°$;纸、木板界面摩擦系数均取 $\mu=0.5$。墙面纸为普通海报纸,筋条纸为普通牛皮纸,牛皮纸抗拉强度为 4 $\mathrm{N/mm^2}$。其余数据可自行根据需要拟定。)

(3) 外部荷载如图 6-58b 所示,其中方桶质量为 25 kg,底边尺寸为 40 cm×30 cm;圆桶质量为 9 kg,圆桶直径为 40 cm,圆桶中心距墙前表面 30 cm;加载用的支架伸至箱底,距离前表面 10 cm。此两项荷载会对墙体产生怎样的影响?荷载位置又是怎样影响墙体安全的?相较本题第(2)问,筋条布置方面可以进行哪些优化?

(4) 在加筋挡土墙施工过程中,为了保证加筋挡土墙中的挡板和筋条能够充分发挥作用,在施工过程中应注意哪些操作?

文献拓展

[1] CLAYTON C R I,MILITITSKY J,WOODS R I.Earth pressure and earth-retaining structures[M]. 2nd ed. Taylor & Francis,1993.

附注:该书为英国萨里大学克莱顿教授(第 50 届朗肯讲座主讲人)等学者所著,为国外土压力和挡土结构物的经典专著,系统详细地介绍了土压力相关理论和挡土结构物的设计方法。

[2] 顾慰慈.挡土墙土压力计算[M]. 北京:中国建材工业出版社,2001.

附注:该书为华北电力大学顾慰慈教授所著,是国内比较经典的一部用于指导挡土墙土压力计算分析的工程手册,较全面系统地介绍了各种土压力的计算原理与方法。

[3] 蔡正银.板桩结构土压力理论的创新发展[J]. 岩土工程学报,2020,42(02):201-220.

附注:该文是南京水利科学研究院蔡正银教授所作 2020 年黄文熙讲座的文稿,研究了板桩码头新结构开发过程中的土压力问题,详细介绍了板桩结构土压力理论的发展历程。本教材主要介绍刚性挡土结构后土压力的计算问题,对工程实际问题中柔性挡土结构的土压力问题感兴趣的学习者,可以学习该文。

知识图谱

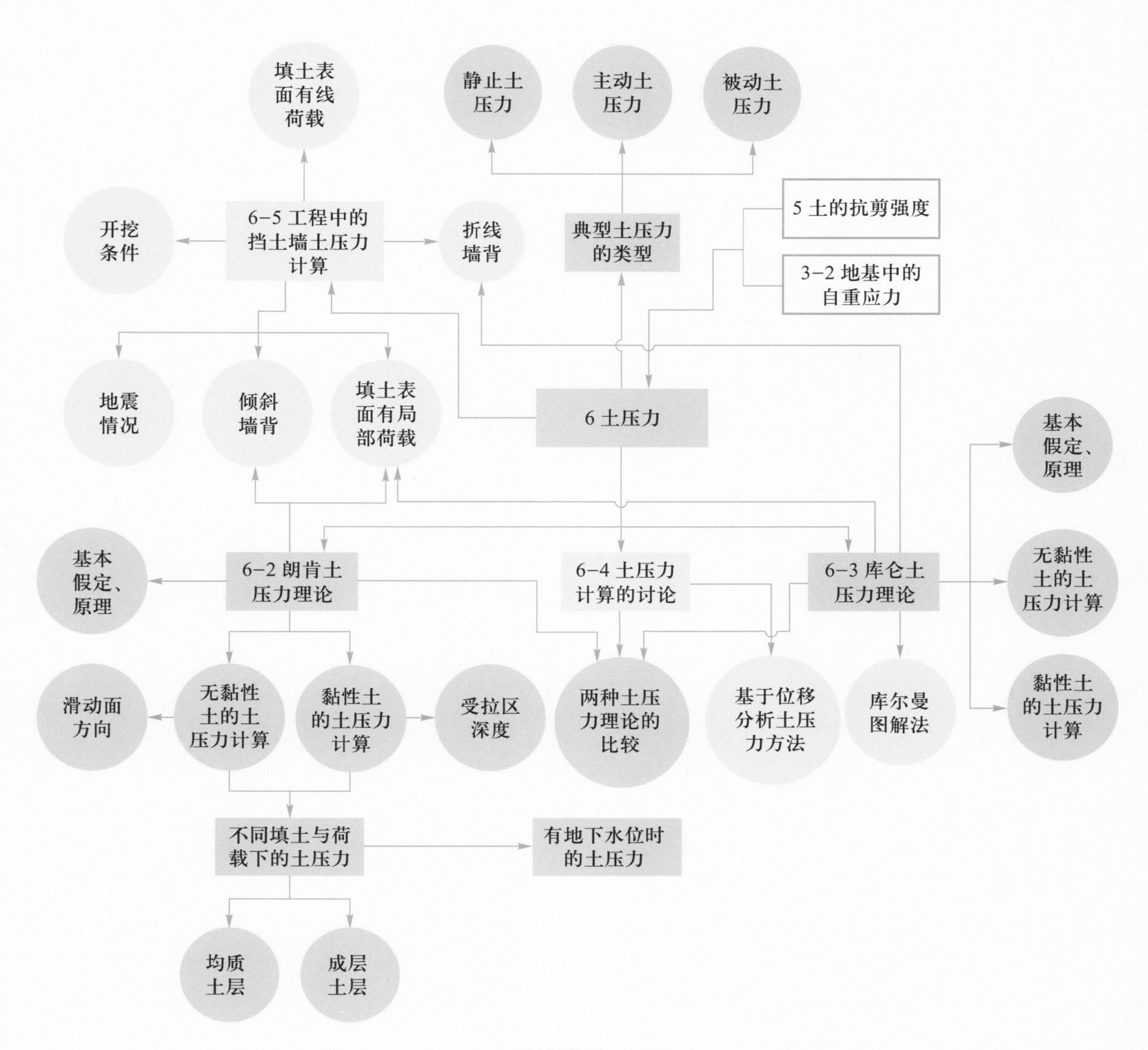

图例说明：

矩形表示可分割的知识点集，圆形表示不可分割的知识点；

实心表示本章节内容，空心表示其他章节内容；

深色表示本科教学重难点，浅色表示一般知识点；

箭头表示先后关系。

先贤故事

Bjerrum：团队领袖

劳里茨·比耶鲁姆(Laurits Bjerrum),1918年出生于丹麦小镇法瑟,1941年毕业于当时的哥本哈根技术大学土木工程专业,毕业后留校进行科学研究,并于1947年前往苏黎世联邦理工学院接受研究生教育,于1952年获得博士学位。1951年比耶鲁姆来到挪威,作为主要负责人之一主导建立了挪威岩土工程研究所(NGI)并担任第一任所长。

比耶鲁姆在人员引进方面坚持选贤任能,让来自世界各地的人才凭借其才干而前来任职。研究所的人员也会前往世界各地的研究机构学习顶尖的理论和技术。在研究所发展策略初定期间,比耶鲁姆前往各地交流经验,尤其是20世纪50年代在英国的经历对他影响巨大。这一时期,比耶鲁姆结识了斯开普顿教授,在广泛深入的交流讨论后,两位学者得出了高度一致的结论,也建立起深厚的友谊,在此后20年里保持着密切的来往。他们深刻地认识到,坚持项目咨询与研究齐头并进能够始终保持高效的研究产出。基于这个认识,挪威岩土工程研究所与帝国理工学院的研究团队秉持着相同的发展理念,从一个仅有三位员工的办公室发展成为世界上最好的岩土工程研究所之一。

比耶鲁姆不仅是一位出色的领导,还在学术研究上同样成果斐然,尤其在边坡研究领域。比耶鲁姆和毕肖普于1960年共同发表论文,将三轴试验引入边坡稳定性问题分析,让三轴试验成为边坡稳定问题分析的全新手段。与此同时,比耶鲁姆深入研究挪威实际情况,挪威的海相黏土是引起边坡滑动问题的重要因素,大规模的过敏性黏土让挪威成为滑坡灾害高发地区,比耶鲁姆通过广泛的考察深入分析挪威特殊的黏土结构及其对边坡稳定的影响,成为过敏性黏土边坡稳定研究的开山之祖。由于在边坡稳定问题方面做出的杰出贡献，比耶鲁姆受邀于1966年2月举办的第三次太沙基讲座上，作题为《超固结的塑性黏土和黏土页岩斜坡的渐进式破坏》主题报告，进一步奠定了他在边坡稳定问题研究领域的重要地位。比耶鲁姆于1965年接替卡萨格兰德成为国际土力学与岩土工程学会第四任主席，并于1971年获得ASCE颁发的太沙基奖。1973年2月，比耶鲁姆于英国伦敦去世。

第七章

土坡稳定分析

章节导图

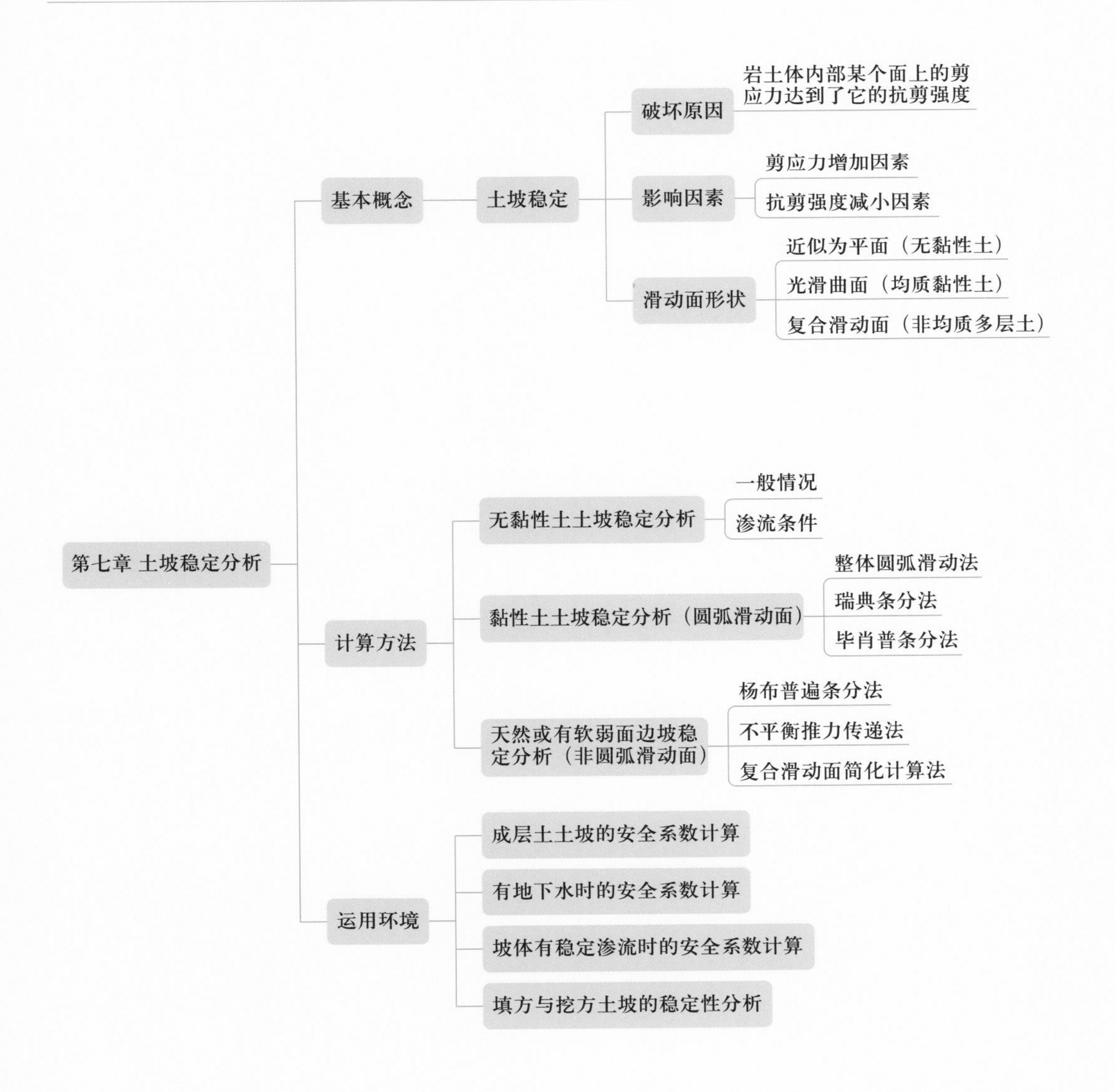

目标导入

◇ 了解滑坡的起因、特征和类型；
◇ 了解土坡稳定安全系数的基本定义；
◇ 掌握均质无黏性土土坡稳定分析的基本方法；
◇ 了解黏性土土坡圆弧滑动的基本假设和条分法求解安全系数的基本思路；
◇ 掌握瑞典条分法、毕肖普条分法计算黏性土土坡安全系数的基本思路；
◇ 了解非圆弧滑动面土坡稳定分析方法的不同类型和基本假定；
◇ 理解地下静水及稳定渗流对土坡稳定的影响，掌握考虑地下水作用时土坡稳定计算方法；
◇ 培养针对不同的工程问题选择相应边坡稳定分析方法、计算工具和加固措施的能力；
◇ 通过了解生态护坡工程案例和开展边坡稳定案例分析研讨，加深对边坡问题的认识，理解工程建设与国家可持续发展战略的有机融合，提升职业素养和社会责任感。

第一节 概述

教学课件 7-1

土坡就是具有倾斜坡面的土体。由地质作用自然形成的土坡，如山坡、江河的岸坡等称为天然土坡，其稳定性由工程地质、水文地质条件决定。本章讨论的土坡是指经过人工挖、填的土工建筑，如基坑、渠道、土坝、路堤等的土坡，称为人工土坡，其简单外形和各部分名称见图 7-1。

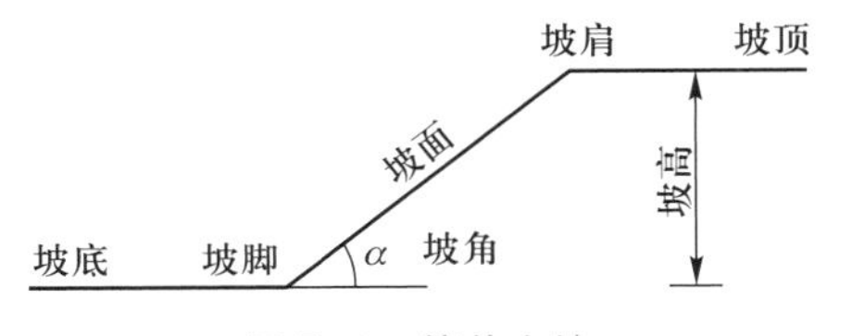

图 7-1 简单土坡

由于土坡表面倾斜，在土体自重及其他外力作用下，整个土体都有从高处向低处滑动的趋势。土坡丧失原有稳定性，一部分土体相对于另一部分土体滑动的现象称为滑坡。土坡在发生滑动之前，一般在坡顶首先开始明显下沉并出现裂缝，坡脚附近的地面则有较大的侧向位移并微微隆起。随着坡顶裂缝的开展和坡脚侧向位移的增加，部分土体会突然沿着某一个滑动面急剧下滑，造成滑坡事故。某些软淤土上的土坡，例如沿海淤泥上堆筑的码头岸坡，则会由于软淤土的蠕变作用，变形长期缓慢发展并最终发生滑坡事故。如图 7-2 所示，2015 年 12 月 20 日，深圳某渣土收纳场发生滑坡事故。此次滑坡灾害覆盖面积约 38 万 m^2，造成 73 人死亡、33 栋建筑物被掩埋或有不同程度受损，直接经济损失为 8.81 亿元人民币。经调查，事故发生的直接原因有二：一是有效导排水系统的缺失使得堆填的渣土含水过饱和,形成了底部软弱滑动带;二是严重超量超高堆填加载,致使下滑推力逐渐增大、稳定性降低,造成渣土失稳滑出,体积庞大的高势能滑坡体形成了巨大的冲击力,最终引发了此起滑坡事故。

图 7-2 深圳某渣土收纳场滑坡事故图

引起滑坡的根本原因在于土体内部某个面上的剪应力达到了它的抗剪强度,稳定平衡遭到了破坏。而剪应力达到抗剪强度的起因有二:一是剪应力的增加,例如堤坝施工中上部填土荷重的增加,降雨使土体饱和增加重度,水库蓄水或水位降落产生渗透力,还有在土坡上施加过量荷载或由于地震、打桩等引起动力荷载等,这些都会使土体内部剪应力增大;二是土体本身抗剪强度的减小,例如孔隙水压力的升高,气候变化产生的干裂、冻融,黏土夹层因浸水而软化,以及黏性土的蠕变等,都会引起土体的强度降低。由此可见,为了有效地防止滑坡,除了在设计时要经过仔细的稳定分析,得出一个合理的土坡断面外,还应采取相应的工程措施,加强工程管理,以消除某些不利因素的影响。

案例拓展 7-1 陕北高速公路生态护坡

一般的土工建筑物如堤坝、沟渠等,其长度远比高度和宽度大得多,而滑坡体沿长度方向的范围是不确定的,滑坡体两端对土体的滑动虽有阻力,但这种阻力对土体稳定性的影响目前还很难准确地确定。为此,通常在分析土坡的稳定性时,不考虑滑动土体两端阻力的影响,这样就使土坡的稳定分析简化为平面应变问题。

土坡滑动面的形状一般有三种类型。由砂、卵石、风化砾石等粗粒料筑成的无黏性土土坡,其滑动面常近似为一平面。而对均质黏性土土坡来说,滑动面通常是一光滑的曲面,顶部曲率半径较小,常垂直于坡顶,底部则比较平缓。根据经验,在土坡稳定计算时滑动面的形状假定得稍有出入,对安全系数影响不大。因此,为方便起见,常将均质黏性土土坡破坏时的滑动面假定为一圆柱面,其在平面上的投影就是一个圆弧,称为滑弧。对于非均质的黏性土土坡,例如土石坝坝身或坝基中存在有软弱夹层时,土坡往往沿着软弱夹层的层面发生滑动,此时的滑动面常常是直线和曲线组成的复合滑动面,如图 7-3 所示。

除非土体中存在有明显的薄弱环节(如裂缝、软弱夹层、老滑坡体等),一般情况下土坡滑动面的位置是不知道的。因此,在进行稳定计算时,首先要假定若干可能的滑动面,分别求出它们的抗滑安全系数,从中找出最小值,以此来代表土坡的稳定安全系数,而与此相应的滑动面也就是最危险的滑动面。对均质土坡来说,其位置与土的性质、土坡坡度及硬土层的埋藏深度有关。实际土坡的稳定验算表明,只要土的强度指标选择

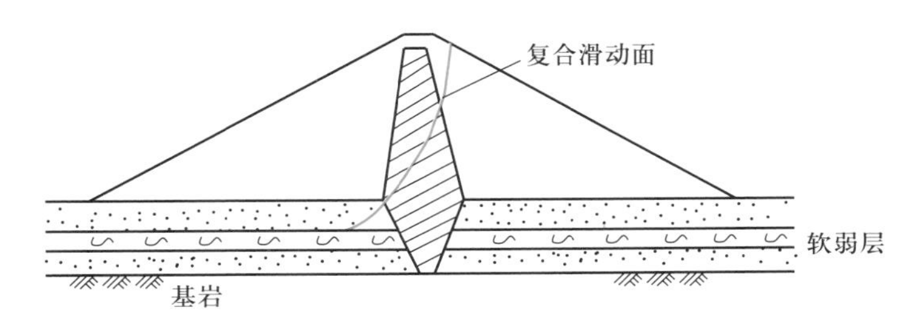

图 7-3 复合滑动面

得当，算出的最小抗滑安全系数还是能反映实际土坡的稳定程度的，但计算的最危险滑动面却往往与实际观察到的相差较远。

第二节 无黏性土土坡稳定分析

一、一般情况下的无黏性土土坡

对于均质的无黏性土土坡，无论是干坡还是在完全浸水条件下，由于无黏性土土粒间缺少黏结力，因此，只要位于坡面上的土单元体能够保持稳定，则整个土坡就是稳定的。图 7-4 为一均质无黏性土土坡，坡角为 α。现从坡面上任取一侧面竖直、底面与坡面平行的土单元体，假定不考虑该单元体两侧应力对稳定性的影响。设单元体的自重为 W，则使它下滑的剪切力就只有 W 在顺坡方向的分力：

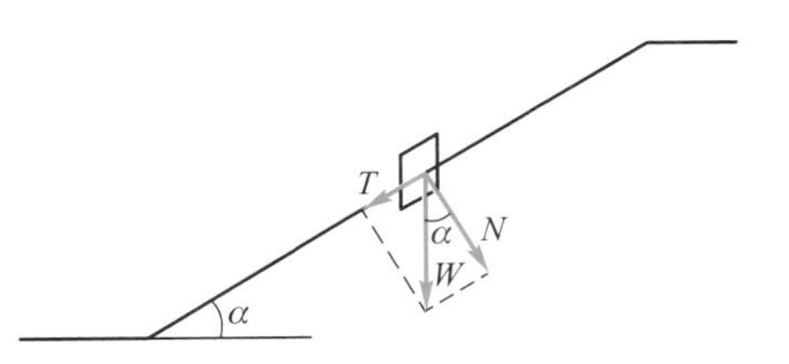

图 7-4 一般的均质无黏性土土坡

$$T=W\sin\alpha$$

阻止土体下滑的力是此单元体与下面土体之间的抗剪力，其所能发挥的最大值为

$$T_{\mathrm{f}}=N\tan\varphi=W\cos\alpha\tan\varphi$$

式中：N——单元体自重在坡面法线方向的分力；

φ——土的内摩擦角。

定义无黏性土土坡稳定安全系数为最大抗剪力与剪切力之比，则

$$F_{\mathrm{s}}=\frac{T_{\mathrm{f}}}{T}=\frac{W\cos\alpha\tan\varphi}{W\sin\alpha}=\frac{\tan\varphi}{\tan\alpha} \tag{7-1}$$

由此可见，对于均质无黏性土土坡，理论上只要坡角小于土的内摩擦角，土体就是稳定的。$F_{\mathrm{s}}=1$ 时，土体处于极限平衡状态，此时的坡角就等于无黏性土的内摩擦角。

二、有渗流作用时的无黏性土土坡

水库蓄水或水库水位突然下降,都会使坝体砂壳受到一定的渗流力作用,这会给坝体稳定性带来不利影响。此时在坡面上渗流逸出处取一单元土体。土体中土颗粒除了受本身重量外,还受到合渗流力 J(渗流力与土体体积乘积)的作用,如图 7-5 所示。若渗流为顺坡出流,则逸出处渗流方向与坡面平行,合渗流力的方向也与坡面平行,此时使土体下滑的剪切力为

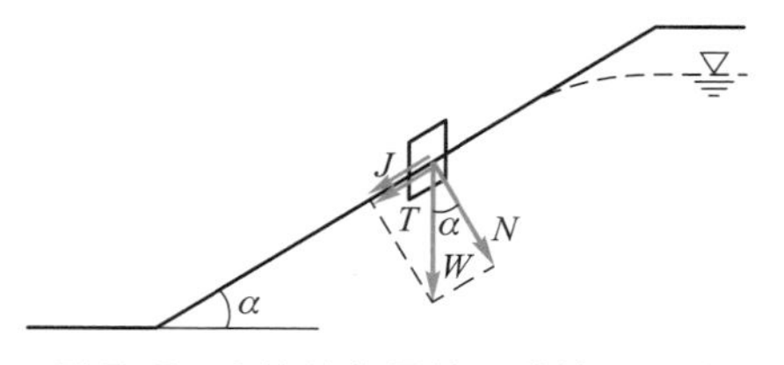

图 7-5 有渗流作用的无黏性土土坡

$$T+J=W\sin\alpha+J$$

而单元体所能发挥的最大抗剪力仍为 T_f,于是安全系数就成为

$$F_s=\frac{T_f}{T+J}=\frac{W\cos\alpha\tan\varphi}{W\sin\alpha+J}$$

对单位土体来说,当直接用合渗流力来考虑渗流影响时,如第二章第五节所述,土体自重就是浮重度 γ',而合渗流力 $J=\gamma_w i$,式中 γ_w 为水的重度,i 则是渗流逸出处的水力梯度,单元土体体积为 1。因为是顺坡出流,$i=\sin\alpha$,于是上式即可写为

$$F_s=\frac{\gamma'\cos\alpha\tan\varphi}{(\gamma'+\gamma_w)\sin\alpha}=\frac{\gamma'\tan\varphi}{\gamma_{sat}\tan\alpha} \tag{7-2}$$

式中:γ_{sat}——土的饱和重度。

上式和没有渗流作用的式(7-1)相比,相差 γ'/γ_{sat} 倍,此值接近 1/2。因此,当坡面有顺坡渗流作用时,无黏性土土坡的稳定安全系数近乎降低一半。

[例题 7-1] 一均质无黏性土土坡,其饱和重度 $\gamma_{sat}=19.5\ \text{kN/m}^3$,内摩擦角 $\varphi=30°$,若要求这个土坡的稳定安全系数为 1.25,试求在干坡或完全浸水情况下及坡面有顺坡渗流时其坡角应为多少度。

[解] 干坡或完全浸水时,由式(7-1)得

$$\tan\alpha=\frac{\tan\varphi}{F_s}=\frac{0.577}{1.25}=0.462$$

$$\alpha=24.8°$$

有顺坡渗流时,由式(7-2)得

$$\tan\alpha=\frac{\gamma'\tan\varphi}{\gamma_{sat}F_s}=\frac{9.5\times0.577}{19.5\times1.25}=0.225$$

$$\alpha=12.7°$$

第二种情况的坡角几乎只有第一种情况的一半。

第三节
黏性土土坡的整体圆弧滑动

教学课件 7-3

黏性土由于其颗粒之间存在黏结力，发生滑坡时是整块土体向下滑动的，坡面上任一单元体的稳定条件不能用来代表整个土坡的稳定条件。若按平面应变问题考虑，将滑动面以上土体看作刚体，并以它为脱离体，分析在极限平衡条件下其上的各种作用力，同时以整个滑动面上的平均抗剪强度与平均剪应力之比来定义土坡的安全系数，即

$$F_s=\frac{\tau_f}{\tau} \tag{7-3}$$

对于均质的黏性土土坡，其滑动面常可假定为一圆柱面，其安全系数也可用滑动面上的最大抗滑力矩与滑动力矩之比来定义，其结果完全相同。

图 7-6a 为一均质黏性土土坡，AC 为假定的滑动面，圆心为 O，半径为 R。当土体 ABC 保持稳定时必须满足力矩平衡条件（滑弧上的法向反力 N 通过圆心），即

$$\frac{\tau_f\hat{L}}{F_s}R=Wd$$

故安全系数为

$$F_s=\frac{\tau_f\hat{L}R}{Wd} \tag{7-4}$$

式中：$\hat{L}$——滑弧弧长；

d——土体重心离滑弧圆心的水平距离。

一般情况下，土的抗剪强度由黏聚力 c 和摩擦力 $\sigma\tan\varphi$ 两部分组成，因此，它是随着滑动面上法向应力的改变而变化的，沿整个滑动面并非一个常数。但对饱和黏土来说，在不排水剪条件下，$\varphi_u=0$，$\tau_f=c_u$。于是，式(7-4)就可写成

$$F_s=\frac{c_u\hat{L}R}{Wd} \tag{7-5}$$

这种稳定分析方法通常称为 φ_u 等于零分析法。

黏性土土坡在发生滑坡前，坡顶常出现竖向裂缝，如图 7-6b 所示，其深度 z_0 可近似按第六章式(6-12)计算，即 $z_0=2c/(\gamma\sqrt{K_a})$。当 $\varphi_u=0$ 时，$K_a=1$，故 $z_0=2c_u/\gamma$。裂缝的出现将使滑弧长度由 AC 减小到 $A'C$，如果裂缝中有可能积水，还要考虑静水压力对土坡稳定的不利影响。

以上求出的 F_s 是任意假定的某个滑动面的抗滑安全系数，而所要求的是与最危险滑动面相对应的最小安全系数。为此，通常需要假定一系列滑动面，进行多次试算，计

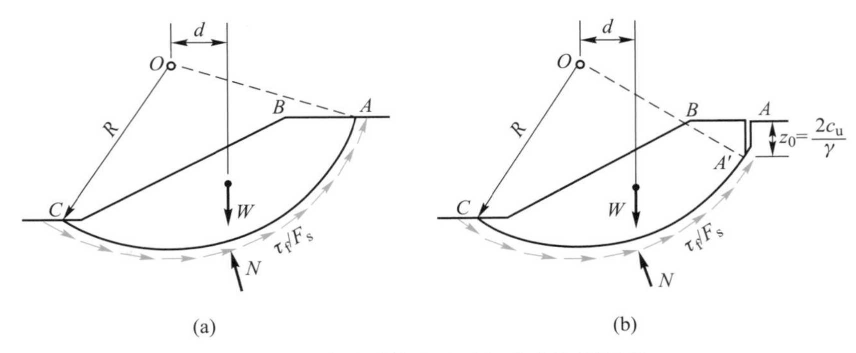

图 7-6 均质黏性土土坡的整体圆弧滑动

算工作量很大。瑞典科学家费伦纽斯(Fellenius)通过大量计算,曾提出确定最危险滑动面圆心的经验方法,迄今仍被使用。

费伦纽斯认为:对于均质黏性土土坡,其最危险滑动面常通过坡脚。当 $\varphi=0$ 时,其圆心位置可由图 7-7a 中 AO 与 BO 两线的交点确定,图中 β_1 及 β_2 的值可依据坡角与坡比由表 7-1 查出。当 $\varphi>0$ 时,最危险滑动面的圆心位置可能在图 7-7b 中 EO 的延长线上,自 O 点向外取圆心 O_1、O_2、…分别作滑弧,并求出相应的抗滑安全系数 F_{s1}、F_{s2}、…,然后绘曲线找出最小值,即可求得最危险滑动面的圆心 O_m 和土坡的稳定安全系数 $(F_s)_{min}$。对于非均质黏性土土坡,或比较复杂的坡面形状及荷载情况,这样确定的 O_m 还不够可靠,尚需自 O_m 作 OE 线的垂直线,在其上再取若干点作为圆心进行计算比较,才能找出最危险滑动面的圆心和土坡的稳定安全系数。

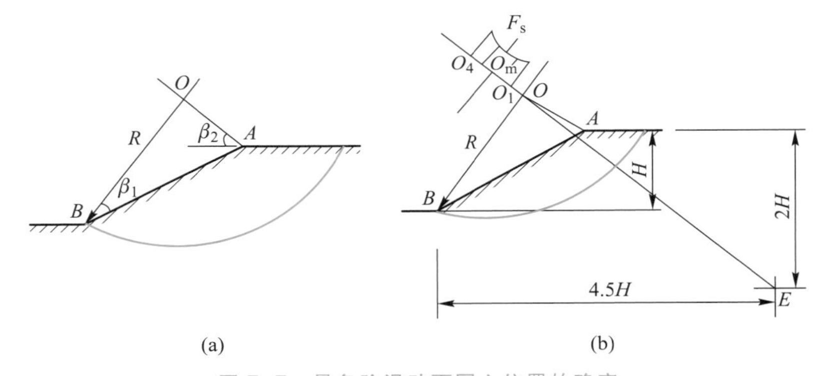

图 7-7 最危险滑动面圆心位置的确定

表 7-1 不同土坡的 β_1、β_2 值

坡比	坡角	β_1	β_2
1 : 0.58	60°	29°	40°
1 : 1	45°	28°	37°
1 : 1.5	33.79°	26°	35°
1 : 2	26.57°	25°	35°
1 : 3	18.43°	25°	35°
1 : 5	11.32°	25°	37°

当土坡外形和土层分布都比较复杂时,最危险滑动面不一定通过坡脚,其位置要由圆心坐标和滑弧弧脚两个因素来确定,用费伦纽斯法不是十分可靠。研究人员根据数值计算结果进行分析发现,无论多么复杂的土坡,其最危险滑弧圆心的轨迹都是一条类似于双曲线的曲线,它位于土坡坡面中心竖直线与法线之间。如果使用数值计算,可在此范围内有规律地选取若干圆心坐标,结合不同的滑弧弧脚,再求出相应滑弧的安全系数,通过比较求得最小值。或根据各圆心对应的 F_s 值,画出 F_s 等值线图,从而求出 $(F_s)_{min}$。但需注意,对于成层土土坡,其低值区不止一个,需分别进行计算。

土坡的稳定分析大都需要经过试算,计算工作量很大,因此,曾有不少人寻求简化的图表法。

图 7-8 是最简单的一种,根据计算资料整理得到极限状态时均质土坡内摩擦角 φ、坡角 α 与系数 $N=c/\gamma H$ 之间的关系曲线,式中 c 是黏聚力,γ 是重度,H 是土坡高度。从图中可直接由已知的 c、φ、γ、α 确定土坡极限高度 H,也可由已知的 c、φ、γ、H 及安全系数 F_s 确定土坡的坡角 α。此法在进行高度小于 10 m 的小型堤坝设计时可作初步估算堤坝断面之用。

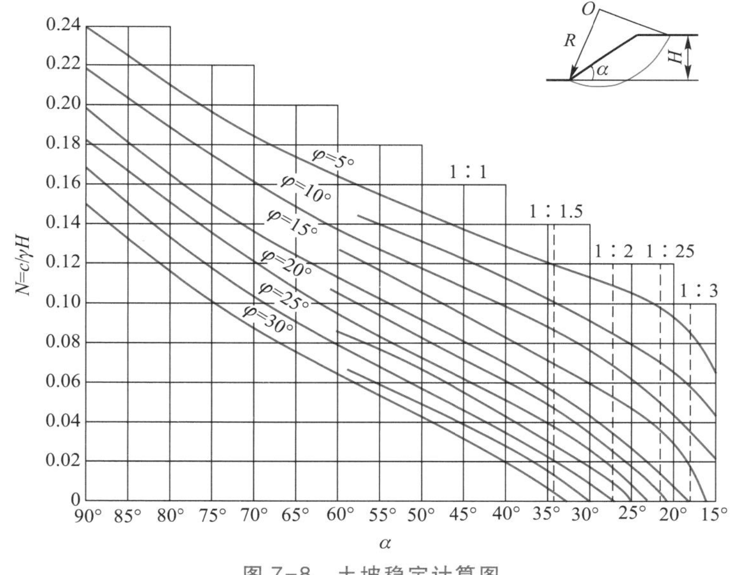

图 7-8 土坡稳定计算图

[**例题 7-2**] 已知土的内摩擦角 $\varphi=20°$,黏聚力 $c=5$ kPa,重度 $\gamma=16.0$ kN/m^3。若边坡坡比为 1∶1.5($\alpha=33°41'$),试用图 7-8 确定土坡的极限高度 H。

[**解**] 当 $\alpha=33°41'$、$\varphi=20°$ 时,从图 7-8 查得

$$N=\frac{c}{\gamma H}=0.038$$

所以,土坡的极限高度为

$$H=\frac{c}{\gamma N}=\frac{5\ \text{kPa}}{16\ \text{kN/m}^3\times 0.038}=8.22\ \text{m}$$

［**例题 7-3**］某工地欲挖一基坑，坑深 4 m。土的重度 $\gamma=18\ \text{kN/m}^3$，黏聚力 $c=10\ \text{kPa}$，内摩擦角 $\varphi=10°$。若要求基坑边坡的稳定安全系数为 1.20，则边坡的坡度设计成多少最为合适？

［**解**］先求出

$$c^*=\frac{c}{F_s}=\frac{10\ \text{kPa}}{1.2}=8.33\ \text{kPa}$$

$$\tan\varphi^*=\frac{\tan\varphi}{F_s}=\frac{0.176}{1.2}=0.147$$

$$\varphi^*=8.36°$$

而

$$N^*=\frac{c^*}{\gamma H}=\frac{8.33\ \text{kPa}}{18\ \text{kN/m}^3\times 4\ \text{m}}=0.116$$

由 N^* 及 φ^* 查图 7-8，得坡角 $\alpha=45°$，即基坑边坡坡度可设计为 1∶1。

第四节 瑞典条分法

教学课件 7-4

当黏性土土坡的 $\varphi>0$ 时，滑动面各点的抗剪强度与该点的法向应力有关，在假定整个滑动面各点 F_s 均相同的前提下，首先要设法求出滑动面上法向应力的分布，才能求出 F_s 值。常用的方法是将滑动土体分为若干条块，分析每一块上的作用力，然后利用每一土条上的力和力矩的静力平衡条件求出安全系数表达式。这种方法统称为条分法，可用于圆弧滑动面，也可用于非圆弧滑动面，并可用来考虑各种复杂外形、成层土坡，以及某些特殊外力（如渗流力、地震惯性力）作用等复杂情况的求解。

图 7-9 表示一任意形状的滑动土体，被分为若干土条，每一土条上作用的力有土条的自重 W_i，作用于土条底面的法向反力 $\overline{N_i}$ 和切向反力 $\overline{T_i}$，以及作用于土条两侧的作用力 E_i、X_i 和 E_{i+1}、X_{i+1}。

如果土条分得足够多，即土条宽度足够小，可以足够精确地认为 $\overline{N_i}$ 作用于土条底面的中点，而根据安全系数的定义和莫尔-库仑破坏准则，很容易求出 $\overline{T_i}$ 与 $\overline{N_i}$ 的关系为

$$\overline{T_i}=\frac{\tau_{fi}}{F_s}l_i=\frac{c_il_i+\overline{N_i}\tan\varphi_i}{F_s}$$

式中：l_i——土条底面长度；

c_i、φ_i——土条底面土层的黏聚力和内摩擦角。

如果划分土条数为 n，则此时要求的未知量如表 7-2 所示，总未知数为 $(4n-2)$。

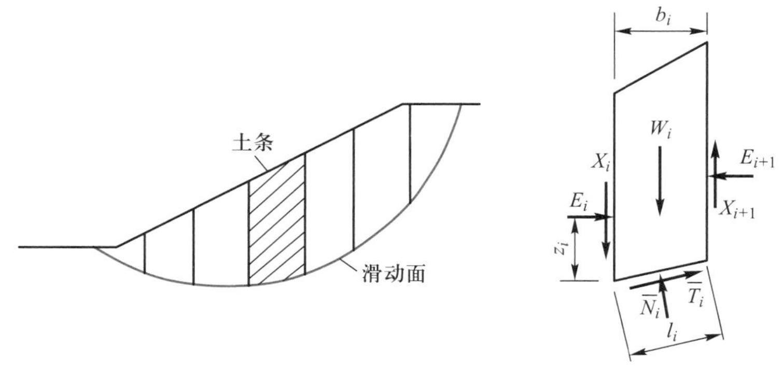

图 7-9 土条及作用于土条上的力

由于每一土条只能有两个关于力的和一个关于力矩的静力平衡方程,可建立的方程总数为 $3n$ 个,还有$(n-2)$个未知数无法求解。因此,一般的土坡稳定分析问题是个超静定问题,要使它转化为静定问题,必须对土条分界面上的作用力做出假定,消除未知数才有可能。

表 7-2 滑动土体未知量

未知量	个数
安全系数 F_s	1
土条底面法向反力$\overline{N_i}$	n
法向条间力 E_i	$n-1$
切向条间力 X_i	$n-1$
条间力作用点位置 z_i	$n-1$
合计	$4n-2$

世界各国的学者尝试了很多假设方法来解决这个问题,其中瑞典条分法是条分法中最古老而又最简单的方法[1916 年由瑞典科学家彼得森(Petterson)提出]。瑞典条分法除假定滑动面为圆柱面及滑动土体为不变形的刚体外,还假定不考虑土条两侧面上的作用力,这样就减少了$(3n-3)$个未知量,还剩$(n+1)$个未知量,然后利用土条底面法向力的平衡和整个滑动土体力矩平衡两个条件求出各土条底面法向力$\overline{N_i}$的大小和 F_s 的表达式。现以均质土坡为例说明其基本原理和公式的推导过程。

图 7-10a 为一均质土坡,AC 为假定的滑动面,圆心为 O,半径为 R。现将滑动土体 ABC 分成若干土条,取其中任一土条(第 i 条)分析其受力情况。

如图 7-10b 所示,若不考虑土条侧面上的作用力,则土条上作用力有:

(1) 土条自重 W_i,方向竖直向下,其值为

$$W_i=\gamma b_i h_i$$

式中:γ——土的重度;

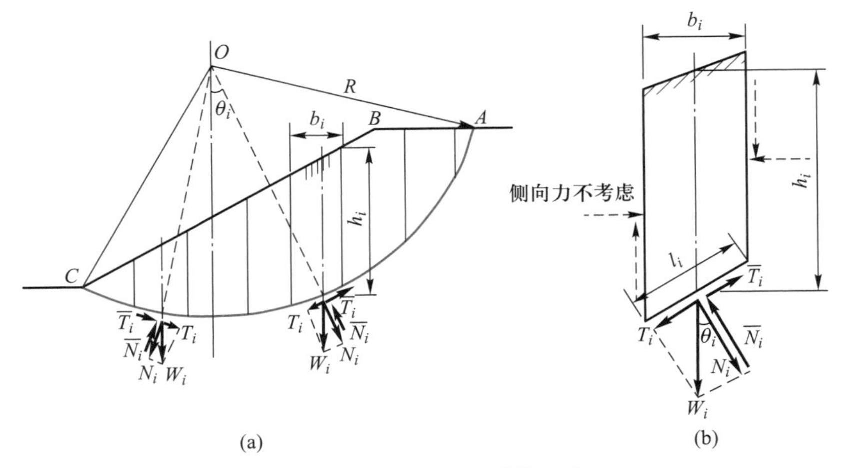

图 7-10　瑞典条分法计算图式

b_i——该土条的宽度；

h_i——该土条的平均高度。

将 W_i 引至分条滑动面上，分解为通过滑弧圆心的法向力 N_i 和与滑弧相切的切向力 T_i。若以 θ_i 表示该土条底面中点的法线与竖直线的夹角，则有

$$N_i = W_i \cos\ \theta_i$$

$$T_i = W_i \sin\ \theta_i$$

（2）作用在土条底面上的法向反力 $\overline{N_i}$，与 N_i 大小相等，方向相反；

（3）作用在土条底面上的抗剪力 $\overline{T_i}$，其可能发挥的最大值等于土条底面上土的抗剪强度与滑弧长度 l_i 的乘积，方向则与滑动方向相反。当土坡处于稳定状态并假定各土条底部滑动面上的安全系数均等于整个滑动面上的安全系数时，实际发挥的抗剪力为

$$\overline{T_i} = \frac{\tau_{fi} l_i}{F_s} = \frac{(c+\sigma_i \tan\ \varphi_i) l_i}{F_s} = \frac{c l_i + \overline{N_i} \tan\ \varphi}{F_s}$$

现将整个滑动土体内各土条对圆心 O 取力矩平衡，可得

$$\sum T_i R = \sum \overline{T_i} R$$

故得

$$F_s = \frac{\sum (c l_i + \overline{N_i} \tan\ \varphi)}{\sum T_i} = \frac{\sum (c l_i + W_i \cos\ \theta_i \tan\ \varphi)}{\sum W_i \sin\ \theta_i} = \frac{\sum (c l_i + \gamma b_i h_i \cos\ \theta_i \tan\ \varphi)}{\sum \gamma b_i h_i \sin\ \theta_i} \tag{7-6}$$

若取各土条宽度均相同，即 $b_i = b$，上式可简化为

$$F_s = \frac{c\widehat{L} + \gamma b \tan\ \varphi \sum h_i \cos\ \theta_i}{\gamma b \sum h_i \sin\ \theta_i} \tag{7-7}$$

式中：$\widehat{L}$——滑弧的弧长。

在计算时要注意土条的位置，如图 7-10a 所示，当土条底面中心在滑弧圆心 O 的垂线右侧时，切向力 T_i 方向与滑动方向相同，起下滑作用，应取正号；而当土条底面中

心在圆心的垂线左侧时，T_i 的方向与滑动方向相反，起抗滑作用，应取负号。$\overline{T}_i$ 则无论何处其方向均与滑动方向相反。

假定不同的滑弧，就能求出不同的 F_s 值，从中可找出最小的 F_s，即为土坡的稳定安全系数。此安全系数若达不到设计要求，应修改原设计，重新进行稳定分析。

瑞典条分法也可用有效应力法进行分析，此时土条底部实际发挥的抗剪力为

$$\overline{T}_i=\frac{\tau_{fi}l_i}{F_s}=\frac{[c'+(\sigma_i-u_i)\tan\varphi']l_i}{F_s}=\frac{c'l_i+(W_i\cos\theta_i-u_il_i)\tan\varphi'}{F_s}$$

故

$$F_s=\frac{\sum[c'l_i+(W_i\cos\theta_i-u_il_i)\tan\varphi']}{\sum W_i\sin\theta_i} \tag{7-8}$$

式中：c'、φ'——土的有效应力强度指标；

u_i——第 i 土条底面中点处的孔隙水压力。

其余符号意义同前。

需要说明的是，式(7-8)由于严格遵循瑞典条分法的假设，所以土条所受水压力仅考虑土条底部水压力的影响，存在较大误差。在一些明确条件的特殊水力条件下，可修正提高安全系数分析精度。如图 7-11 所示，当土坡外水位线已知时，可通过坡外水位对土坡产生的合力矩 M_{top} 来修正式(7-8)安全系数的分母表达；而当土坡所受水力环境为静水条件时，还可通过合力作用(即土条四周水对土作用的浮力)来考虑式(7-8)分子中静水压力对土条底部所受法向应力的影响。因此，在静水条件下，基于瑞典条分法的土坡安全系数表达式可以完善为

$$F_s=\frac{\sum[c'l_i+(W_i-\Delta u_ib_i)\cos\theta_i\tan\varphi']}{\sum W_i\sin\theta_i-M_{top}/R_{top}} \tag{7-9}$$

式中：Δu_ib_i——土条 i 上下面所受水压力沿竖直方向的合力，在静水条件下即为土条 i 所受外部水压力对其作用之合力(浮力)；

M_{top}、R_{top}——坡外水位对土坡产生的合力矩及合力的力臂；

W_i——土条 i 的重量，对于静水位线以上和以下的土条部分，分别取天然重度和饱和重度计算。

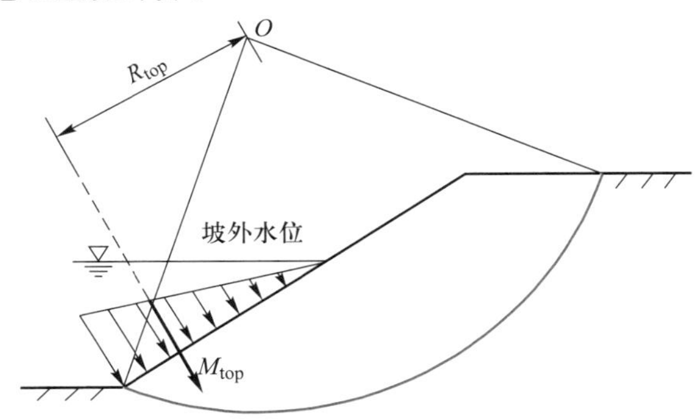

图 7-11 坡外有水时坡外水对土坡作用合力示意图

其余符号意义同前。

也可将式(7-9)表达为

$$F_s=\frac{\sum(c'l_i+W_i\cos\theta_i\tan\varphi')}{\sum W_i\sin\theta_i} \tag{7-10}$$

式中：W_i——土条 i 的重量，对于静水位线以上和以下的土条部分，分别取天然重度和有效重度计算。

其余符号意义同前。

［例题 7-4］ 一均质黏性土土坡，高 20 m，坡比为 1∶2，填土黏聚力 $c=10$ kPa，内摩擦角 $\varphi=20°$，重度 $\gamma=18$ kN/m³。试用瑞典条分法计算土坡的稳定安全系数。

［解］

(1) 选择滑弧圆心，作出相应的滑动圆弧。按一定比例画出土坡剖面，如图 7-12 所示。因为是均质土坡，可由表 7-1 查得 $\beta_1=25°$，$\beta_2=35°$，作 BO 线及 CO 线得交点 O。再根据图 7-12 求出 E 点，作 EO 之延长线，在 EO 延长线上任取一点 O_1 作为第一次试算的滑弧圆心，通过坡脚作相应的滑动圆弧，量得其半径 $R=40$ m。

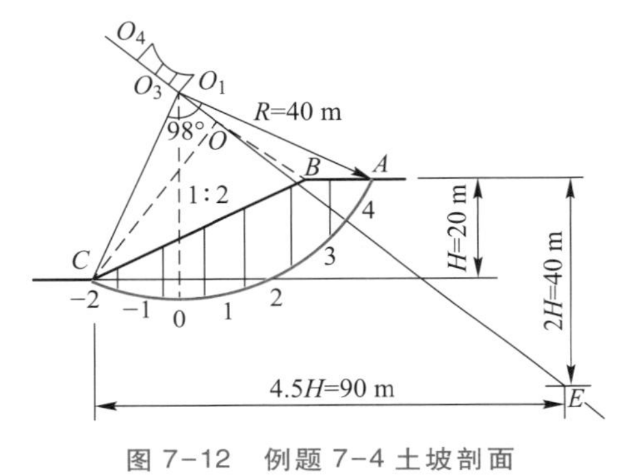

图 7-12　例题 7-4 土坡剖面

(2) 将滑动土体分成若干土条，并对土条进行编号。为计算方便，土条宽度 b 取等宽为 $0.2R=8$ m。土条编号一般从滑弧圆心的垂线开始作为 0，逆滑动方向的土条依次为 1、2、3、…，顺滑动方向的土条依次为 −1、−2、−3、…。

(3) 量出各土条中心高度 h_i，并列表计算 $\sin\theta_i$、$\cos\theta_i$ 及 $\sum h_i\sin\theta_i$、$\sum h_i\cos\theta_i$ 等值，见表 7-3。应当注意：当取等宽时，土体两端土条的宽度不一定恰好等于 b，此时需将土条的实际高度折算成相应于 b 时的高度，对 $\sin\theta$ 亦应按实际宽度计算，见表 7-3 备注栏。

表 7-3　瑞典条分法计算表(圆心编号：O_1，滑弧半径：40 m，土条宽：8 m)

土条编号	h_i/m	$\sin\theta_i$	$\cos\theta_i$	$h_i\sin\theta_i$/m	$h_i\cos\theta_i$/m	备注
−2	3.3	−0.383	0.924	−1.26	3.05	1. 从图上量出“−2”土条的实际宽度为 6.6 m，实际高度为 4.0 m，折算后“−2”土条的高度为
−1	9.5	−0.2	0.980	−1.90	9.31	
0	14.6	0	1	0	14.60	$4.0\times\frac{6.6}{8}$ m = 3.3 m
1	17.5	0.2	0.980	3.50	17.15	
2	19.0	0.4	0.916	7.60	17.40	2. $\sin\theta_{-2}=-\left(\frac{1.5b+0.5b_{-2}}{R}\right)$
3	17.9	0.6	0.800	10.20	13.60	$=-\left(\frac{1.5\times8+0.5\times6.6}{40}\right)$
4	9.0	0.8	0.600	7.20	5.40	
Σ				25.34	80.51	$=-0.383$

(4) 量出滑动圆弧的中心角 $\theta=98°$，计算滑弧弧长为

$$L=\frac{\pi}{180}\times\theta\times R=\frac{\pi}{180}\times98\times40\ \text{m}=68.4\ \text{m}$$

如果考虑裂缝，滑弧长度只能算到裂缝为止。

(5) 计算安全系数，由式(7-7)得

$$F_s=\frac{cL+\gamma b\tan\varphi\sum h_i\cos\theta_i}{\gamma b\sum h_i\sin\theta_i}=\frac{10\times68.4+18\times8\times0.364\times80.51}{18\times8\times25.34}=\frac{4\ 904.0}{3\ 648.96}=1.34$$

(6) 在 EO 延长线上重新选择滑弧圆心 O_2、O_3、…，重复上列计算，从而求出最小的安全系数，即为该土坡的稳定安全系数。

由于瑞典条分法忽略了土条侧面的作用力，并不能满足所有的平衡条件，由此算出的稳定安全系数比其他严格的方法可能偏低 10%～20%，这种误差随着滑弧圆心角和孔隙水压力的增大而增大，严重时可使算出的安全系数比其他较严格的方法小一半。

第五节 毕肖普条分法

毕肖普条分法是条分法中具有里程碑意义的一种方法，由英国科学家毕肖普(Bishop)于 1955 年提出。如图 7-13 所示，毕肖普条分法仍假定滑动面是一圆心为 O、半径为 R 的圆弧，但它考虑了土条侧面的作用力，并假定各土条底部滑动面上的抗滑安全系数均相同，即等于整个滑动面的平均安全系数。毕肖普采用了有效应力方法推导公式，该法也可用总应力分析。

教学课件 7-5

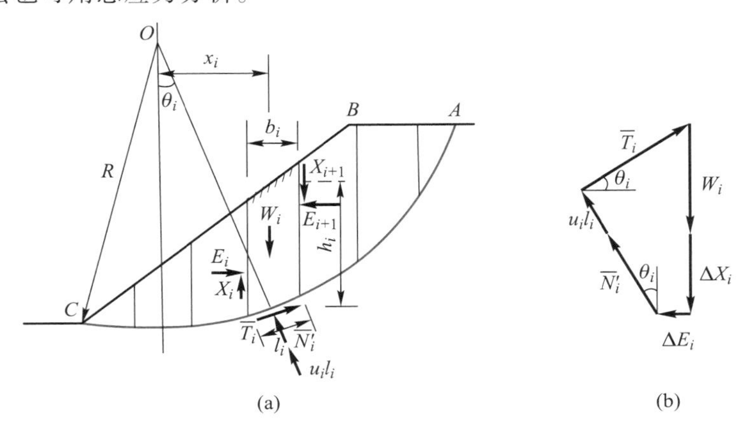

图 7-13 毕肖普条分法计算图式

任取一土条 i,其上的作用力有土条自重 W_i、作用于土条底面的切向抗剪力 $\overline{T}_i$、有效法向反力 $\overline{N_i'}$、孔隙水压力 $u_i l_i$,假定这些力的作用点都在土条底面中点。除此以外,在土条两侧分别作用有法向力 E_i 和 E_{i+1} 及切向力 X_i 和 X_{i+1},$X_{i+1}-X_i=\Delta X_i$。

根据第 i 土条竖直方向力的平衡条件,有

$$W_i+\Delta X_i-\overline{T}_i\sin\theta_i-\overline{N_i'}\cos\theta_i-u_i l_i\cos\theta_i=0$$

$$\overline{N_i'}\cos\theta_i=W_i+\Delta X_i-\overline{T}_i\sin\theta_i-u_i b_i \tag{7-11}$$

当土坡尚未破坏时,土条滑动面上的抗剪强度只发挥了一部分,若以有效应力表示,土条滑动面上的抗剪力为

$$\overline{T}_i=\frac{\tau_{fi} l_i}{F_s}=\frac{c' l_i}{F_s}+\overline{N_i'}\frac{\tan\varphi'}{F_s} \tag{7-12}$$

代入式(7-11),解出 $\overline{N_i'}$,得

$$\overline{N_i'}=\frac{1}{m_{\theta i}}\left(W_i+\Delta X_i-u_i b_i-\frac{c' l_i}{F_s}\sin\theta_i\right) \tag{7-13}$$

式中:

$$m_{\theta i}=\cos\theta_i+\frac{\tan\varphi'}{F_s}\sin\theta_i \tag{7-14}$$

然后就整个滑动土体对圆心 O 求力矩平衡,此时相邻土条之间侧壁作用力的力矩将互相抵消,而各土条的 $\overline{N_i'}$ 及 $u_i l_i$ 的作用线均通过圆心,故有

$$\sum W_i x_i-\sum\overline{T}_i R=0$$

将式(7-13)代入式(7-12)后,再代入上式,并因 $x_i=R\sin\theta_i$,得

$$F_s=\frac{\sum\frac{1}{m_{\theta i}}[c' b_i+(W_i-u_i b_i+\Delta X_i)\tan\varphi']}{\sum W_i\sin\theta_i} \tag{7-15}$$

这是毕肖普求土坡安全系数的普遍公式,式中 ΔX_i 仍是未知的。为了求出 F_s,需估算 ΔX_i 值,这可以通过逐次逼近的方法来解决,而 X_i 及 E_i 的试算值均应满足每个土条的平衡条件,且整个滑动土体的 $\sum\Delta X_i$ 及 $\sum\Delta E_i$ 均等于零。但毕肖普已证明,若令各土条的 ΔX_i 均等于零,所产生的误差仅为 1%,此时式(7-15)可简化为

$$F_s=\frac{\sum\frac{1}{m_{\theta i}}[c' b_i+(W_i-u_i b_i)\tan\varphi']}{\sum W_i\sin\theta_i} \tag{7-16}$$

这就是国内外使用相当普遍的简化毕肖普公式。因为 $m_{\theta i}$ 中也有 F_s 这个因子,所以仍要进行试算。在试算时可先假定 $F_s=1$,由式(7-14)算出 $m_{\theta i}$,再按式(7-16)求 F_s,如果算出的 $F_s\neq 1$,则用此 F_s 求出新的 $m_{\theta i}$ 及 F_s,如此反复迭代,直至前后两次 F_s 非常接近为止。通常只要迭代 3~4 次就可满足工程精度要求,而且迭代通常总是收

敛的。

必须指出：对于 θ_i 为负值的那些土条，要注意会不会使 $m_{\theta i}$ 趋近于零。如果是这样，简化毕肖普条分法就不能使用，因为此时 $\overline{N_i'}$ 会趋近于无限大，这显然是不合理的。根据国外某些学者的建议，当任一土条其 $m_{\theta i}$ 小于或等于 0.2 时，求出的 F_s 会产生较大的误差，此时最好采用别的方法。另外，当坡顶土条的 θ_i 很大时，该土条的 $\overline{N_i'}$ 会出现负值，此时可取 $\overline{N'_i}=0$。

需要说明的是，上述安全系数计算均未考虑坡外有水的情况，当坡外有水时（如图 7-11 所示），可参照式（7-10），将式（7-15）和式（7-16）完善修改为如下表达：

$$F_s=\frac{\sum\frac{1}{m_{\theta i}}[c'b_i+(W_i-\Delta u_ib_i+\Delta X_i)\tan\varphi']}{\sum W_i\sin\theta_i-M_{top}/R_{top}}\tag{7-17}$$

$$F_s=\frac{\sum\frac{1}{m_{\theta i}}[c'b_i+(W_i-\Delta u_ib_i)\tan\varphi']}{\sum W_i\sin\theta_i-M_{top}/R_{top}}\tag{7-18}$$

式中：Δu_ib_i——土条 i 上下面所受水压力沿竖直方向的合力。

其余符号意义同前。

毕肖普条分法同样可用于总应力分析，此时略去孔隙水压力 u_ib_i，即令式（7-15）或式（7-16）中 $u_ib_i=0$，强度指标用总应力强度指标 c、φ，$m_{\theta i}$ 也应按 $\tan\varphi$ 求出。

［例题 7-5］土坡外形及尺寸同例题 7-4，见图 7-12。设土体重度 $\gamma=18\ \text{kN/m}^3$，黏聚力 $c'=10$ kPa，内摩擦角 $\varphi'=36°$，土条底面上的孔隙水压力 u_i 可用 $\gamma h_i\overline{B}$ 求出，h_i 为土条中心高度，孔隙应力系数 $\overline{B}=0.60$。试用简化毕肖普条分法计算土坡的稳定安全系数。

［解］因为 $u_ib=\gamma h_ib\overline{B}=W_i\overline{B}$，代入式（7-16），得

$$F_s=\frac{\sum\frac{1}{m_{\theta i}}[c'b_i+(1-\overline{B})W_i\tan\varphi']}{\sum W_i\sin\theta_i}$$

滑弧位置的确定及土条划分同例题 7-4，计算表格见表 7-4。

第一次试算假定 $F_s=1$，求得

$$F_s=\frac{4\ 057.3}{3\ 648.4}=1.11$$

第二次试算假定 $F_s=1.11$，求得

$$F_s=\frac{4\ 105.2}{3\ 648.4}=1.13$$

第三次试算假定 $F_s=1.13$，求得

$$F_s=\frac{4\ 113.7}{3\ 648.4}=1.13$$

表 7-4 毕肖普条分法计算表(圆心编号:O_1,滑弧半径:40 m,土条宽:8 m)

土条编号	h_i/m	W_i ($=\gamma h_i b$)	$\sin\theta_i$	$\cos\theta_i$	$W_i\times\sin\theta_i$	$(1-\overline{B})\times W_i\mathrm{tg}\,\varphi'$	$c'b$	$m_{\theta i}$ ($F_s=1$)	(6)+(7) / (8)	$m_{\theta i}$ ($F_s=1.11$)	(6)+(7) / (10)	$m_{\theta i}$ ($F_s=1.13$)	(6)+(7) / (12)
No.	1	2	3	4	5	6	7	8	9	10	11	12	13
−2	3. 3	475. 2	−0. 383	0. 924	−182. 0	138. 3	66	0. 646	316. 3	0. 673	303. 6	0. 678	301. 3
−1	9. 5	1 368. 0	−0. 2	0. 980	−273. 6	398. 1	80	0. 835	572. 6	0. 849	563. 1	0. 851	561. 8
0	14. 6	2 102. 4	0	1	0	611. 8	80	1	691. 8	1	691. 8	1	691. 8
1	17. 5	2 525. 0	0. 2	0. 980	504. 0	733. 3	80	1. 125	722. 9	1. 111	732. 0	1. 109	733. 4
2	19. 0	2 736. 0	0. 4	0. 916	1 094. 4	796. 2	80	1. 207	725. 9	1. 178	743. 8	1. 173	747. 0
3	17. 0	2 448. 0	0. 6	0. 800	1 468. 8	712. 4	80	1. 236	641. 1	1. 193	664. 2	1. 186	668. 1
4	9. 0	1 296. 0	0. 8	0. 600	1 036. 8	337. 1	80	1. 182	386. 7	1. 124	406. 7	1. 114	410. 3
Σ					3 648. 4				4 057. 3		4 105. 2		4 113. 7

故取 $F_s=1.13$。这仅是一个滑弧的计算结果，为了求出最小的 F_s 值，同样必须假定若干个滑动面，按前法进行试算。顺便指出：用毕肖普条分法求出的最危险滑动面位置不一定和瑞典条分法求出的完全一致。

简化的毕肖普条分法假定所有的 ΔX_i 均等于零，减少了 $(n-1)$ 个未知量，又先后利用每一土条竖直方向力的平衡及整个滑动土体的力矩平衡条件，避开了 E_i 及其作用点的位置，求出安全系数 F_s，它同样不能满足所有的平衡条件，还不是一个严格的方法，由此产生的误差约为 2%～7%。

瑞典条分法和简化毕肖普条分法是目前一般工程单位常用的土坡稳定分析方法，很多单位均编有数值计算程序，例如河海大学编制的 SLP 程序，曾用于多个土石坝的坝坡稳定安全性分析。图 7-14 为正在建设中的最大坝高为 295 m 的两河口心墙堆石坝，河海大学曾对其坝坡分别采用瑞典条分法和简化毕肖普条分法进行稳定性分析。两种方法计算的竣工期上游坝坡稳定安全系数分别为 2.17 和 2.44，简化毕肖普条分法比瑞典条分法计算的安全系数大 12.4%。

图 7-14 正在建设中的两河口心墙堆石坝

第六节
工程中的土坡稳定计算

一、成层土和超载对土坡稳定的影响

教学课件 7-6

若土坡由不同土层组成，如图 7-15 所示，式(7-6)仍可适用。但应用时要注意：(1) 在计算土条重量时应分层计算，然后叠加；(2) 黏聚力 c 和内摩擦角 φ 应按滑动面所在的土层位置而采用不同的数值。因此，对于成层土坡，安全系数 F_s 的计算公式可写为

$$F_s=\frac{\sum c_i l_i+b\sum(\gamma_1 h_{1i}+\gamma_2 h_{2i}+\cdots+\gamma_n h_{ni})\cos\theta_i\tan\varphi_i}{b\sum(\gamma_1 h_{1i}+\gamma_2 h_{2i}+\cdots+\gamma_n h_{ni})\sin\theta_i} \tag{7-19}$$

如果在土坡的坡顶或坡面上作用着超载 q，如图 7-16 所示，则只要将超载分别加到有关土条的重量中去即可(注意：图中坡面 BC 上没有荷载，则对应土条的 $q=0$)，此时土坡的安全系数为

$$F_s=\frac{c\widehat{L}+\sum(qb+\gamma h_i b)\cos\theta_i\tan\varphi}{\sum(qb+\gamma h_i b)\sin\theta_i} \tag{7-20}$$

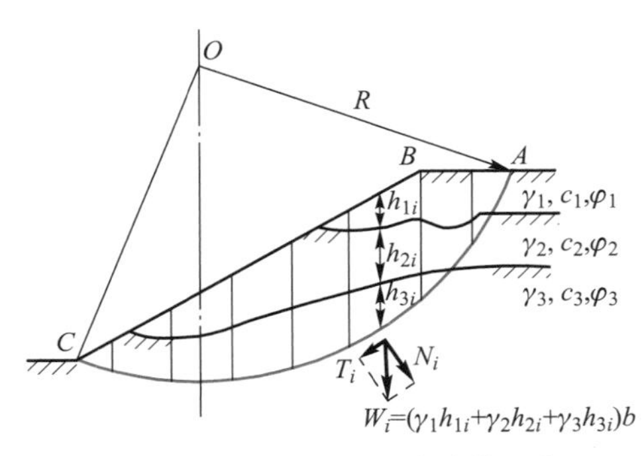

图 7-15　成层土坡稳定计算图式

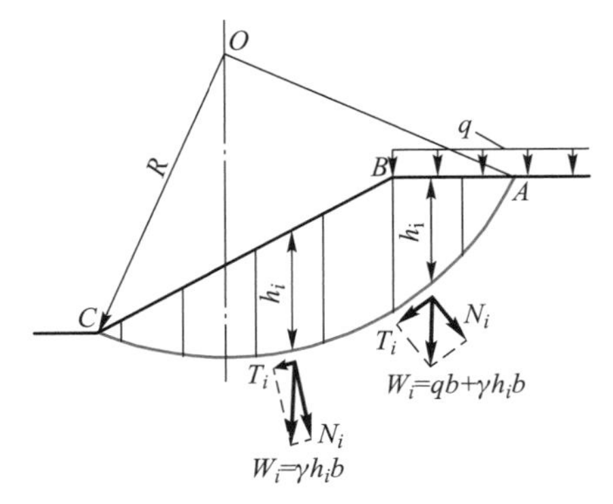

图 7-16　有超载时土坡稳定计算图式

二、 稳定渗流对土坡稳定的影响

如果土坡部分浸水，如图 7-17 所示，此时水下土条的重量都应按饱和重度计算，同时还要考虑滑动面上的孔隙水压力（静水压力）和作用在土坡坡面上的水压力。现以静水面 EF 以下滑动土体内的孔隙水作为脱离体，则其上的作用力除滑动面上的静孔隙水压力（合力为 P_1）、土坡坡面上的水压力（合力为 P_2）以外，在重心位置还作用有孔隙水的重量和土粒浮力的反作用力（其合力大小等于 EF 面以下滑动土体的同体积水重，以 G_{w1} 表示）。因为是静水，这三个力组成一平衡力系。这就是说，滑动土体周界上的水压力 P_1 和 P_2 的合力与 G_{w1} 大小相等，方向相反。因此，在静水条件下周界上的水压力对滑动土体的影响就可用静水面以下滑动土体所受的浮力来代替。这就相当于水下土条重量均按浮重度计算。因此，部分浸水土坡的安全系数，其计算公式与成层土坡完全一样，只要将坡外水位以下土的重度用浮重度 γ' 代替即可。另外，由于 P_1 的作用线通过圆心，根据力矩平衡条件，P_2 对圆心的矩也恰好与 G_{w1} 对圆心的矩相互抵消。

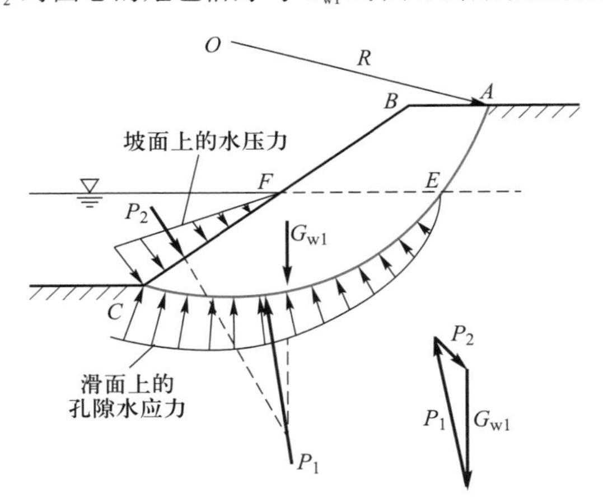

图 7-17　部分浸水土坡的稳定计算

当水库蓄水或库水降落，或码头岸坡处于低潮位而地下水位又比较高，或基坑排水时，土坝坝坡、码头岸坡或基坑边坡都要受到由于渗流而产生的渗流力的作用，在进行土坡稳定分析时必须考虑它的影响。

由第二章第五节可知,当采用土的有效重度(水下用浮重度计算)与渗流力的组合来考虑渗流对土坡稳定的影响时,安全系数的计算与滑动土体边界面上的水压力无关。只要绘出渗流区域内的流网,如图 7-18a 所示,就可分别确定滑动土体内每一网格的平均水力梯度 i_i,然后按 $\gamma_w i_i a_i$ 求出每一网格的渗流力 J_i。这里 γ_w 为水的重度,a_i为该网格的面积。J_i 作用于网格的形心,方向平行于流线方向。若 J_i 对滑动圆心的力臂为 d_i,则第 i 网格的渗流力所产生的滑动力矩 $J_i d_i=\gamma_w i_i a_i d_i$,而整个滑动土体范围内由渗流力产生的滑动力矩为所有网格渗流力力矩之和,即为 $\sum \gamma_w i_i a_i d_i$。通常不考虑渗流力所产生的抗滑作用,只要把它加到安全系数公式的分母中去,即可求出渗流作用下土坡的安全系数,如式(7-21)所示。但须注意,此时在计算土条重量时,浸润线以下土重均应按浮重度计算:

$$F_s=\frac{\sum\left[c_i' l_i+b(\gamma_i h_{1i}+\gamma_i' h_{2i}+\gamma_i' h_{3i})\cos\theta_i\tan\varphi_i'\right]}{\sum b(\gamma_i h_{1i}+\gamma_i' h_{2i}+\gamma_i' h_{3i})\sin\theta_i+\sum J_i d_i/R} \tag{7-21}$$

利用流网计算渗流力,只要流网画得足够准确,其精度是能够保证的,但计算起来却十分烦琐。在某些情况下,绘制流网也有一定困难。因此,直接求解渗流力来计算土坡稳定性的方法并未被工程单位普遍采用。

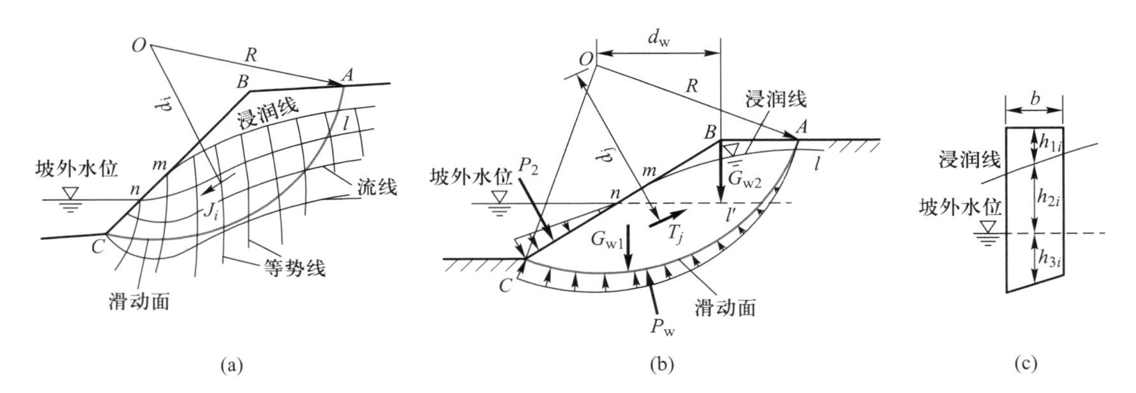

图 7-18 渗流力的求解方法

目前工程单位常用的方法是"代替法"。代替法是一种近似方法,指用浸润线以下坡外水位以上所包围的孔隙水重加土粒所受浮力的反作用力对滑动圆心的力矩来代替渗流力对圆心的滑动力矩。如图 7-18b 所示,若以滑动面以上、浸润线以下的孔隙水作为脱离体,其上的作用力有:

(1) 滑动面上的孔隙水压力,其合力为 P_w,方向指向圆心;

(2) 坡面 nC 上的水压力,其合力为 P_2;

(3) nCl' 范围内孔隙水重与土粒浮力的反作用力的合力 G_{w1},方向竖直向下;

(4) $lmnl'$ 范围内孔隙水重与土粒浮力的反作用力的合力 G_{w2},方向竖直向下,至圆心的力臂为 d_w;

（5）土粒对渗流的阻力 T_j，至圆心的力臂为 d_j。

在稳定渗流条件下，这些力组成一个平衡力系。现将各力对圆心取矩，P_w 通过圆心，其力矩为零，P_2 与 G_{w1} 对圆心取矩后相互抵消，由此可得

$$T_j d_j = G_{w2} d_w$$

因 T_j 与渗流力的合力大小相等、方向相反，因此上式证明了渗流力对滑动圆心的矩可用浸润线以下坡外水位以上滑弧范围内孔隙水重和土粒浮力的反作用力对滑动圆心的矩来代替。

假定不考虑渗流力的抗滑作用，而 G_{w2} 对滑动圆心的滑动力矩可分条后进行叠加，即 $G_{w2}d_w = \sum \gamma_w h_{2i} b\sin\theta_i R$（$\theta_i$ 表示第 i 根土条底面中点的法线与竖直线的夹角）。若将此值加到整个滑动土体的力矩平衡方程式中，即可得到在稳定渗流作用下土坡安全系数的表达式为

$$F_s = \frac{c'\widehat{L} + \sum(\gamma h_{1i} + \gamma' h_{2i} + \gamma' h_{3i}) b\cos\theta_i \tan\varphi'}{\sum(\gamma h_{1i} + \gamma' h_{2i} + \gamma' h_{3i}) b\sin\theta_i + \sum \gamma_w h_{2i} b\sin\theta_i}$$

显然，上式分母中的第二项即为渗流所引起的剪切力。合并分母中的两项，F_s 的最后表达式为

$$F_s = \frac{c'\widehat{L} + \sum(\gamma h_{1i} + \gamma' h_{2i} + \gamma' h_{3i}) b\cos\theta_i \tan\varphi'}{\sum(\gamma h_{1i} + \gamma_{sat} h_{2i} + \gamma' h_{3i}) b\sin\theta_i} \tag{7-22}$$

式中：γ——土的天然重度（湿重度）；

γ_{sat}——土的饱和重度；

γ'——土的浮重度；

h_{1i}、h_{2i}、h_{3i}——表示在图 7-18c 中。

其余符号意义同前。

由此可见，用代替法考虑渗流力对土坡稳定的影响，仅是在安全系数计算公式中，土条重量在浸润线以上用天然重度、在坡外水位以下则用浮重度计算；而对浸润线以下坡外水位以上的土条重量，分子用浮重度、分母则用饱和重度计算。这样可使计算大为简化。

必须指出，代替法是在瑞典条分法的基础上建立起来的，它同样使用了瑞典条分法不考虑土条两侧作用力的不合理假定。在有渗流作用的情况下，用以替代渗流滑动力矩的真实水体重力面积是无法确定的，因此这种等效只能作为近似处理。另外，代替法忽视了渗流力沿着滑动面法线方向的分量对计算土条法向应力的影响，也就是说，通常分析渗流力产生的弯矩时，一般只考虑渗流力沿着滑动面切向直接产生的滑动力矩，而容易忽略渗流力对滑动面有效法向的变化而产生的抗滑力矩。因此，只有在安全系数公式的分子中出现因渗流力而引起抗滑力矩变化的分量才是精确的，而这是无法用代替法来实现的。

由于在考虑渗流作用时，通常都认为土体本身已在自重作用下完全固结稳定，滑动面上的超静孔隙水压力全部是由渗流引起的。因此，由稳定渗流引起的土坡稳定问题

应属于有效应力分析的范畴，也可直接用式(7-8)及式(7-16)求安全系数。图 7-19 为一个受到稳定渗流作用的土坡，由第二章第六节可知，若 a 点为通过土条底面中心 b 点的等势线与浸润线（或地下水面线）的交点，则 b 处的孔隙水压力 u_i 就等于 b 点与 a 点的高差乘水的重度。又因为静孔隙水压力和坡面水压力的影响可通过取静水面以下土条重度为浮重度得到反映，由渗流引起的超静孔隙水压力就等于 $\gamma_w h_{wi}$，以此代入式(7-8)，得

$$F_s=\frac{\sum c'b\sec\theta_i+\sum[W_i\cos\theta_i-(u_i-\gamma_w z_i)b\sec\theta_i]\tan\varphi'}{\sum W_i\sin\theta_i} \tag{7-23}$$

式中：W_i——土条重量，浸润线以上用湿重度，浸润线与坡外水位之间用饱和重度，坡外水位以下用浮重度计算；

z_i——坡外水位高出土条底面中点的距离。

其余符号意义同前。

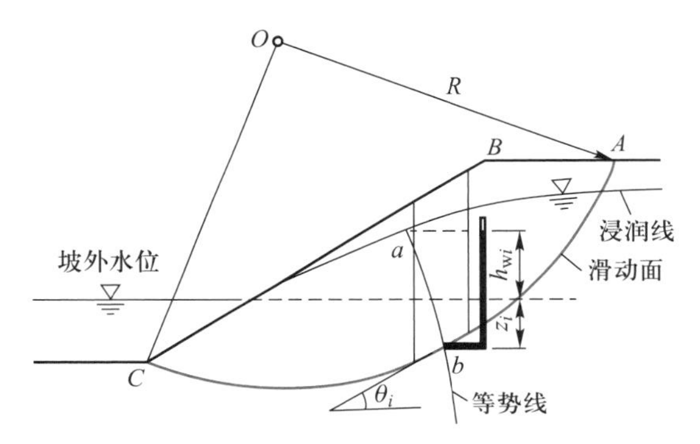

图 7-19 稳定渗流作用时土坡的稳定计算

如果采用毕肖普条分法，则由式(7-16)得

$$F_s=\frac{\sum\frac{1}{m_{\theta i}}\{c'b+[W_i-(u_i-\gamma_w z_i)b]\tan\varphi'\}}{\sum W_i\sin\theta_i} \tag{7-24}$$

顺便指出，在式(7-23)和式(7-24)中虽没有直接出现渗流力，但它的影响是通过土的总重（水下用饱和重度计算）与周界水压力的组合来反映的，如第二章第五节所述。

三、地震对土坡稳定的影响

在地震区，由于地壳的震动而引起的动力作用将影响土坡的稳定性，在分析时必须加以考虑。

地震区土坡稳定性的验算，可采用《水电工程水工建筑物抗震设计规范》（NB 35047—2015）推荐的惯性力法（拟静力法）。该法假定在地震时每一土条重心处作用着一个水平向的地震惯性力，对于抗震设防烈度为 8、9 度的 Ⅰ、Ⅱ 级建筑物，同时还要加上一个竖向的地震惯性力。地震惯性力代表值按式(7-25)计算，竖向设计地震加速度的代表

值一般情况下可取水平向设计地震加速度代表值的 2/3,在近场地震时应取水平向设计地震加速度代表值。考虑两个惯性力的影响和渗流的作用,简化毕肖普条分法和瑞典条分法的土坡稳定系数 K 分别按式(7-26)和式(7-27)估算。

$$E_i=a_{\mathrm{h}}\zeta G_{\mathrm{E}i}\alpha_i/g \tag{7-25}$$

$$K=\frac{\sum\{[cb+(G_{\mathrm{E1}}+G_{\mathrm{E2}}\pm E_{\mathrm{v}})\tan\varphi-(u-\gamma_{\mathrm{w}}z)b\tan\varphi]\sec\theta_{\mathrm{t}}/(1+\tan\varphi\tan\theta_{\mathrm{t}}/K)\}}{\sum[(G_{\mathrm{E1}}+G_{\mathrm{E2}}\pm E_{\mathrm{v}})\sin\theta_{\mathrm{t}}+M_{\mathrm{h}}/r]} \tag{7-26}$$

$$K=\frac{\sum\{[(G_{\mathrm{E1}}+G_{\mathrm{E2}}\pm E_{\mathrm{v}})\cos\theta_{\mathrm{t}}-(u-\gamma_{\mathrm{w}}z)b\sec\theta_{\mathrm{t}}-E_{\mathrm{h}}\sin\theta_{\mathrm{t}}]\tan\varphi+cb\sec\theta\}}{\sum[(G_{\mathrm{E1}}+G_{\mathrm{E2}}\pm E_{\mathrm{v}})\sin\theta_{\mathrm{t}}+M_{\mathrm{h}}/r]} \tag{7-27}$$

式中:G_{E1}——土条在坝坡外水位以上部分的实际重力标准值;

G_{E2}——土条在坝坡外水位以下部分的实际重力标准值;

$G_{\mathrm{E}i}$——集中在质点 i 的重力作用标准值;

E_{h}——作用在土条重心处的水平向地震惯性力代表值,$E_{\mathrm{h}}=E_i$;

E_{v}——作用在土条重心处的竖向地震惯性力代表值,$E_{\mathrm{v}}=1/3E_i$,其作用方向可向上(-)或向下(+),以不利于稳定的方向为准;

a_{h}——水平向设计地震加速度代表值;

ξ——地震作用效应的折减系数,一般取 0.25;

α_i——地震惯性力的动态分布系数,按表 7-5 利用内插法取值;

g——重力加速度,取 9.81 m/s²;

M_{h}——E_{h} 对圆心的力矩;

r——滑动圆弧半径;

θ_{t}——通过土条底面中点的滑弧半径与通过滑动圆弧圆心铅垂线间的夹角,当半径由铅垂线偏向坝轴线时取正号,反之取负号;

b——滑动体土条的宽度;

表 7-5 地震惯性力的动态分布系数 α_i

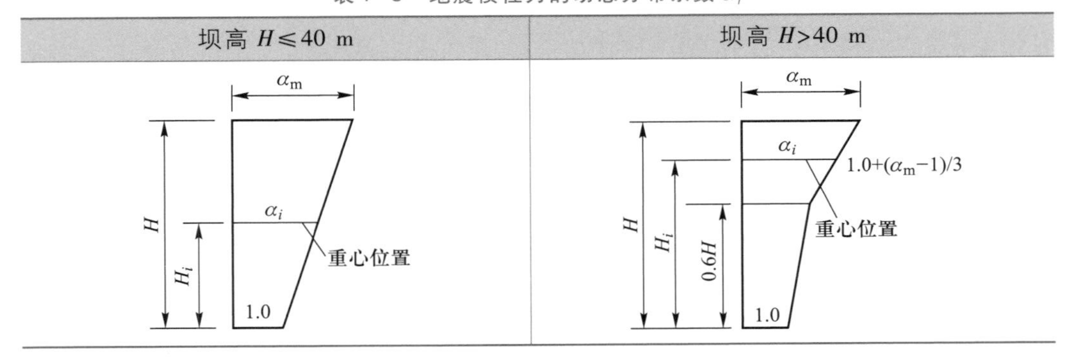

注:1. H 为坝高;

2. 坝基以下部分取 $\alpha_i=1.0$;

3. 表中 α_{m} 在抗震设防烈度为 7、8、9 度时,分别取 3.0、2.5、2.0。

u——土条底面中点的孔隙水压力代表值；

z——坝坡外水位高出土条底面中点的垂直距离；

γ_w——水的重度；

c、φ——土体在地震作用下的黏聚力和内摩擦角。

抗剪强度指标最好能通过动力试验测定。在没有试验条件时，对压实黏性土，可采用三轴饱和固结不排水剪试验，测出总应力强度包线与有效应力强度包线。若前者小于后者，则取由两者的平均强度包线确定的强度指标；反之，则取有效应力强度指标。如用直剪试验，可用饱和固结快剪指标。对紧密的砂、砂砾则采用固结快剪指标再乘以折减系数 0.7~0.8。

* 第七节 孔隙应力的估算

土坝填土和地基土的抗剪强度从填筑一开始就在不断发生变化，同时，作用的剪应力从施工期到运行期也在不断改变。因此，土坝坝坡的安全系数并不是一个固定的数值，它会随着时间而变，不可能也没有必要每天对坝坡的稳定性进行验算，只需要确定几个安全系数有可能达到最小的控制时期，针对这几个时期进行核算即可。根据对土坝各个时期剪应力和抗剪强度变化过程的分析，土坝上游坝坡的最小安全系数可能出现在竣工时（指土坝施工到顶的时刻）或水库水位降落期，而下游坝坡的最小安全系数可能出现在竣工期或稳定渗流期。若用有效应力法来分析这几个时期的坝坡稳定性，除通过试验求出有效应力强度指标 c' 和 φ' 外，还要分别估算出各个时期滑动面上孔隙应力的大小。

关于稳定渗流期下游坝坡滑动面上孔隙水压力的估算已在上节做过讨论，下面将介绍竣工时和水位降落时坝坡滑动面上孔隙应力的估算方法。

一、竣工时填土内孔隙应力的估算

竣工时填土内孔隙应力的估算可用第五章第四节中提到的孔隙应力系数 $\overline{B}$。由前述可知

$$u=u_0+\Delta u=u_0+\Delta\sigma_1\overline{B}$$

式中：u_0——初始孔隙应力；

$\Delta\sigma_1$——大主应力增量。

土坝在整个施工期可以假定黏性土填料内孔隙应力不消散，而且 $\Delta\sigma_1$ 可以用单位宽度土条的土柱重量 γh 来代替。于是，上式即可写成

$$u=u_0+\gamma h\overline{B}$$

定义孔隙应力比 $r_u = u/\gamma h$，则有

$$r_u = \overline{B} + \frac{u_0}{\gamma h} \tag{7-28}$$

在自重应力作用下已压缩稳定的天然土层中，初始孔隙应力 u_0 的大小由地下水位决定，在地下水位以下为正，地下水位以上为负。在碾压填土内，初始值一般为负值。对于填筑含水率比最优含水率高的低塑性填土，$u_0/\gamma h$ 这一项比较小，故 r_u 近似等于 $\overline{B}$。

土坝填土在竣工时是非饱和的，严格地说，要求孔隙应力系数 $\overline{B}$，应分别测定孔隙气应力和孔隙水压力。但是，因为大多数土坝填土的饱和度不会低于 80% ~ 85%，因此，为方便计算，采用三轴不排水试验中测得的孔隙水压力来代表孔隙应力也是可以的。如果没有三轴试验的资料，也可以根据室内单向压缩试验资料求 $\overline{B}$。此时填土试样的孔隙应力与体积变化之间的关系可用希尔夫(Hilf)公式表示：

$$u = \frac{p_a(e_0 - e)}{e - 0.98 w_0 G_s} \tag{7-29}$$

式中：u——孔隙应力；

p_a——大气压力；

e_0——试样的初始孔隙比，即填土的填筑孔隙比；

e——试样在压缩后的孔隙比；

G_s——土粒比重；

w_0——试样的初始含水率，即填土的填筑含水率。

因为 e_0、G_s 及 w_0 都是已知的，根据式(7-29)可以作出 $e-u$ 曲线，如图 7-20a 中曲线②。

图 7-20a 中曲线①是 $e-\sigma'$ 曲线，也就是填土的压缩曲线($e-p$ 曲线)。根据这两条曲线，在同一孔隙比下，将两条曲线的横坐标相加，求出曲线③，这就是孔隙比 e 与大主应力 σ_1 的关系曲线。再根据曲线②及曲线③，在相同孔隙比下，分别求出 u 及 σ_1，画出 $u-\sigma_1$ 曲线，如图 7-20b 所示。此曲线在一定压力范围内的平均坡度，就是所要求的孔隙应力系数 $\overline{B}$。

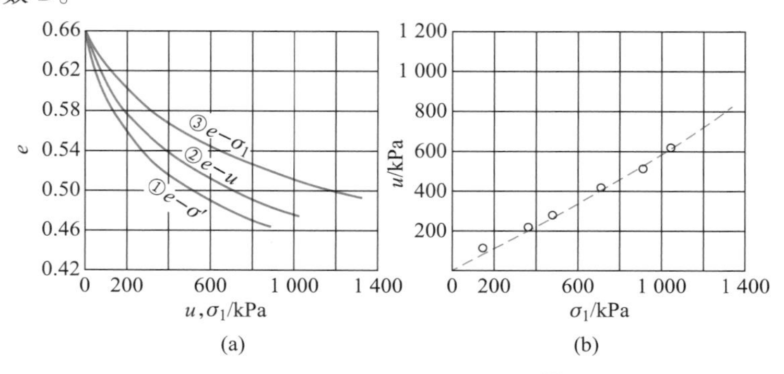

图 7-20 用单向压缩试验求 $\overline{B}$

研究表明，与最优含水率相比，填土的填筑含水率愈高，用式（7-29）算出的孔隙应力将愈偏低。此外，$u-\sigma_1$ 曲线的推求是利用了室内压缩试验的结果，包含着不允许土体产生侧向变形的假定，这和实际情况也是不一致的，因此，最好通过三轴试验确定 $\overline{B}$。

二、水库水位降落时的孔隙应力的估算

图 7-21 为一非均质坝，水库水位降落时，坝身黏性土部分仍处于饱和状态。在水位降落前任意点 A 的孔隙水压力为

$$u_0=\gamma_w(h_1+h_2+h_3-h') \tag{7-30}$$

式中：h_1——A 点以上黏性填土的厚度；

h_2——A 点以上透水坝壳的厚度；

h_3——A 点以上水库水深；

h'——水位降落前渗透水流流至 A 点的水头损失，可由流网求出。

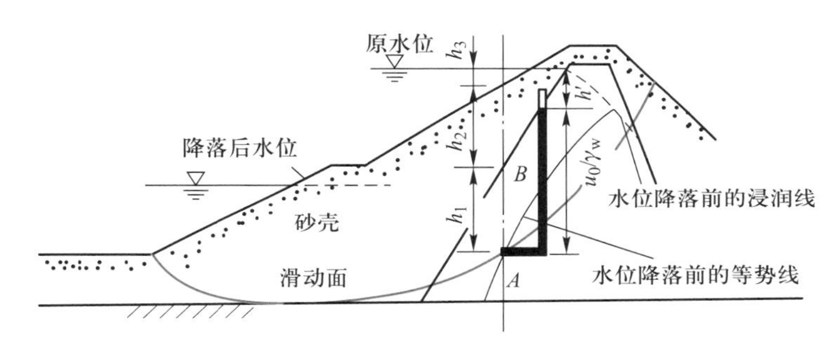

图 7-21　水位降落时坝坡中孔隙水压力的计算

当水库水位降落到 B 点以下时，A 点的孔隙水压力为

$$u=u_0+\Delta u=u_0+\Delta\sigma_1\overline{B} \tag{7-31}$$

若大主应力仍以单位面积上的土柱和水柱重量来代替，则水位降落前的大主应力为

$$(\sigma_1)_0=\gamma_{sat1}h_1+\gamma_{sat2}h_2+\gamma_w h_3$$

式中：γ_{sat1}、γ_{sat2}——黏性土和砂壳的饱和重度。

水位降落以后的大主应力为

$$\sigma_1=\gamma_{sat1}h_1+\gamma_{d2}h_2$$

式中：γ_{d2}——透水坝壳料排水疏干后的干重度，可用下式求得：

$$\gamma_{d2}=\gamma_{sat2}-n\gamma_w$$

式中：n——坝壳料的有效孔隙率。

这样就可以求得水位降落前后的大主应力增量为

$$\Delta\sigma_1=\sigma_1-(\sigma_1)_0=-\gamma_w(nh_2+h_3)$$

将上式及式（7-30）代入式（7-31），得水位降落以后的孔隙水压力为

$$u=\gamma_w[h_1+h_2(1-n\overline{B})+h_3(1-\overline{B})-h'] \tag{7-32}$$

由上式可知，$\overline{B}$ 愈小，孔隙水压力愈大，滑动面上的强度也愈低。对于水库水位降落问题，饱和土的 $\overline{B}$ 可取 1，上式可简化为

$$u=\gamma_w[h_1+h_2(1-n)-h'] \tag{7-33}$$

对于均质坝，水库水位降落时的孔隙水压力仍可用式（7-32）或式（7-33）计算，只要令 $h_2=0$ 即可。但须注意，这时的 u 包括静孔隙水压力和超静孔隙水压力在内。

以上各种情况估算出来的孔隙应力，都经过了一些简化，结果可能与实际情况有出入，所以最好在实际工程相关位置埋设观测仪器，用实测的孔隙应力进行校核。

第八节 非圆柱滑动面土坡稳定分析

教学课件 7-8

在实际工程中常常会遇到滑动面不是圆柱面的情况，如在填方土坡地基中有软弱夹层，或在倾斜的岩层面上填筑土堤，以及在挖方中遇到裂隙比较发育的土层或有老滑坡体等薄弱环节，此时土坡将可能在软弱层中发生破坏，其破坏面可能和圆柱面相差甚远，瑞典条分法和毕肖普条分法不再适用，下面介绍几种常用的非圆柱滑动面的计算方法。

一、杨布条分法

杨布条分法是挪威科学家杨布（Janbu）于 20 世纪 50 年代提出，并在 70 年代完善的一种条分法。图 7-22a 为一任意滑动面的土坡，划分土条后，杨布假定条间力合力作用点位置为已知。分析表明，条间力作用点的位置对土坡稳定安全系数影响不大，一般可假定其作用于土条底面以上 1/3 高度处，这些作用点连线称为推力线。取任一土条，其上作用力如图 7-22b 所示，图中 h_{ti} 为条间力作用点的位置，α_{ti} 为推力线与水平线的夹角，这些都是已知量。因此，杨布法土坡稳定分析的未知量共有 $3n$ 个，具体如表 7-6 所示，可通过每一土条的力和力矩平衡共 $3n$ 个方程来求解。

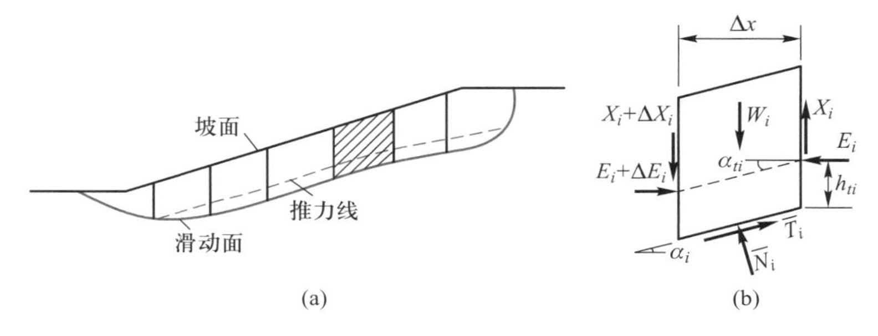

图 7-22 杨布的普遍条分法

表 7-6 杨布法稳定分析的未知量

未知量	未知量符号	未知量数目
土条底部法向反力	$\overline{N}_i$	n 个
法向条间力之差	ΔE_i	n 个
切向条间力	X_i	$n-1$ 个
安全系数	F_s	1 个
合计		$3n$ 个

对每一土条取竖直方向力的平衡，有

$$\overline{N}_i \cos\alpha_i = W_i + \Delta X_i - \overline{T}_i \sin\alpha_i$$

或

$$\overline{N}_i = (W_i + \Delta X_i)\sec\alpha_i - \overline{T}_i \tan\alpha_i \tag{7-34}$$

再取水平方向力的平衡，得

$$\Delta E_i = \overline{N}_i \sin\alpha_i - \overline{T}_i \cos\alpha_i = (W_i + \Delta X_i)\tan\alpha_i - \overline{T}_i \sec\alpha_i \tag{7-35}$$

再对土条中点取力矩平衡，并略去高阶微量，得

$$X_i \Delta x = -E_i \Delta x \tan\alpha_{ti} + h_{ti}\Delta E_i$$

或

$$X_i = -E_i \tan\alpha_{ti} + h_{ti}\frac{\Delta E_i}{\Delta x} \tag{7-36}$$

因整个土坡的 $\sum \Delta E_i$ 应等于零，由式(7-35)可得

$$\sum (W_i + \Delta X_i)\tan\alpha_i - \sum \overline{T}_i \sec\alpha_i = 0 \tag{7-37}$$

利用安全系数的定义和莫尔-库仑破坏准则，有

$$\overline{T}_i = \frac{\tau_{fi} l_i}{F_s} = \frac{c\Delta x \sec\alpha_i + \overline{N}_i \tan\varphi_i}{F_s} \tag{7-38}$$

联合求解式(7-34)及式(7-38)，得

$$\overline{T}_i = \frac{1}{F_s}[c\Delta x + (W_i + \Delta X_i)\tan\varphi_i]\frac{1}{m_{\alpha i}} \tag{7-39}$$

式中：$m_{\alpha i} = \cos\alpha_i + \dfrac{\sin\alpha_i \tan\varphi_i}{F_s}$。

再以式(7-39)代入式(7-37)，得

$$F_s = \frac{\sum [c\Delta x + (W_i + \Delta X_i)\tan\varphi_i]\dfrac{1}{m_{\alpha i}\cos\alpha_i}}{\sum (W_i + \Delta X_i)\tan\alpha_i} \tag{7-40}$$

解以上公式需用迭代法，计算步骤如下：

(1) 假设 $\Delta X_i = 0$（相当于简化的毕肖普条分法），先假定 $F_s = 1$，算出 $m_{\alpha i}$ 代入式(7-40)算出 F_s，与假定值比较，如相差较大，则由新的 F_s 值求出 $m_{\alpha i}$，再算 F_s，如此逐

步逼近求出 F_s 的第一次近似值，并用这个 F_s 算出每一土条的 $\overline{T_i}$。

(2) 用此 $\overline{T_i}$ 值代入式(7-35)，求出每一土条的 ΔE_i，从而求出每一土条侧面的 E_i，再由式(7-36)求出每一土条侧面的 X_i，并求出 ΔX_i 值。

(3) 用新求出的 ΔX_i 重复步骤(1)，求出 F_s 的第二次近似值，并以此重新算出每一土条的 $\overline{T_i}$。

(4) 再重复步骤(2)及(3)，直到 F_s 收敛于一个给定的容许误差值以内。

杨布条分法可以满足所有的静力平衡条件，所以是“严格”方法之一，但其推力线的假定必须符合条间力的合理性要求(即土条间不产生拉力和不产生剪切破坏)。目前国内外有关土坡稳定的数值计算程序，大多包含杨布条分法，但须注意，在某些情况下，其计算结果有可能不收敛。

二、不平衡推力传递法

山区一些土坡往往覆盖在起伏变化的岩基面上，土坡失稳多数沿这些界面发生，形成折线滑动面。对这类土坡的稳定分析可采用不平衡推力传递法。

按折线滑动面将滑动土体分成条块，且假定条间力的合力与上一条土条底面平行，如图 7-23 所示，然后根据力的平衡条件，逐条向下推求，直至最后一条土条的推力为零。

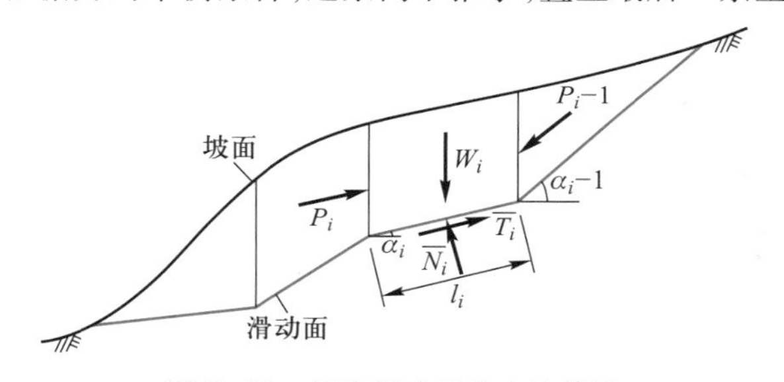

图 7-23 折线滑动面稳定计算图

对任一土条，分别取垂直及平行土条底面方向力的平衡，有

$$\overline{N_i}-W_i\cos\alpha_i-P_{i-1}\sin(\alpha_{i-1}-\alpha_i)=0$$

$$\overline{T_i}+P_i-W_i\sin\alpha_i-P_{i-1}\cos(\alpha_{i-1}-\alpha_i)=0$$

同样根据安全系数定义和莫尔-库仑破坏准则，有

$$\overline{T_i}=\frac{c_il_i+\overline{N_i}\tan\varphi_i}{F_s}$$

联合以上三式并消去 $\overline{T_i}$、$\overline{N_i}$，得

$$P_i=W_i\sin\alpha_i-\left(\frac{c_il_i+W_i\cos\alpha_i\tan\varphi_i}{F_s}\right)+P_{i-1}\psi_i \tag{7-41}$$

式中 ψ_i 称为传递系数，以下式表示：

$$\psi_i=\cos(\alpha_{i-1}-\alpha_i)-\frac{\tan\varphi_i}{F_s}\sin(\alpha_{i-1}-\alpha_i) \tag{7-42}$$

在计算时要先假定 F_s,然后从坡顶第一条土条开始逐条向下推求,直至求出最后一条的推力 P_n,P_n 必须为零,否则要重新假定 F_s,进行试算。

国家标准《建筑地基基础设计规范》(GB 50007—2011)中将式(7-41)简化为

$$P_i=F_sW_i\sin\alpha_i-(c_il_i+W_i\cos\alpha_i\tan\varphi_i)+P_{i-1}\psi_i \tag{7-43}$$

式中传递系数 ψ_i 改用下式计算:

$$\psi_i=\cos(\alpha_{i-1}-\alpha_i)-\tan\varphi_i\sin(\alpha_{i-1}-\alpha_i) \tag{7-44}$$

c、φ 值可根据土的性质及当地经验,采用试验和滑坡反算相结合的方法确定。另外,因为土条之间不能承受拉力,所以任何土条的推力 P_i 如果为负值,此 P_i 不再向下传递,而对下一土条取 $P_{i-1}=0$。本法也常用来按照设定的安全系数,反推各土条和最后一条土条承受的推力大小,以便确定是否需要和如何设置挡土建筑物。

三、复合滑动面的简化计算法

当土坡地基中存在软弱薄土层时,滑动面可能由三种或三种以上的曲线组成,这些曲线并不平滑连接,不同土层滑动面上的强度指标也不相同。在稳定分析时,不能用跨过软弱层的一条连续曲线来代替滑动面,否则将造成过高的安全系数而使土坡处于虚假的安全状态。

图 7-24 是复合滑动面稳定分析中最简单的一种计算方法,过坡肩及坡脚各作竖直线交软土层于 C、D 点,以 $ABDC$ 为脱离体,其上作用力有土体重力 W,作用在软弱层面上的法向反力 $\overline{N}$(大小和 W 相等)和抗剪力 $\overline{T}$,以及作用在 AC、BD 面上的主动土压力 P_a 和被动土压力 P_p。其抗滑安全系数可用下式表示:

$$F_s=\frac{P_p+\overline{T}}{P_a} \tag{7-45}$$

$$\overline{T}=cL+W\tan\varphi \tag{7-46}$$

式(7-45)中的 P_a、P_p 按土层的强度指标用朗肯土压力公式计算,式(7-46)中的 c、φ 则是软土层的抗剪强度指标。

[例题 7-6] 图 7-24 中的土坡坡高 10 m,软土层在坡底以下 2 m 深,$L=16$ m,土坡土的重度为 19 kN/m³,黏聚力 $c=10$ kPa,内摩擦角 $\varphi=30°$,软土层的不排水强度 $c_u=12.5$ kPa,$\varphi_u=0$。试求该土坡沿复合滑动面的稳定安全系数。

[解] 假定复合滑动面的交接点在坡肩和坡脚的竖线下端,如图所示。而 P_a 与 P_p 分别为 AC 与 BD 面上的主动土压力和被动土压力,如按朗肯公式计算则有

$$K_a=\tan^2\left(45°-\frac{\varphi}{2}\right)=\tan^2 30°=0.333$$

$$K_p=\tan^2\left(45°+\frac{\varphi}{2}\right)=\tan^2 60°=3.0$$

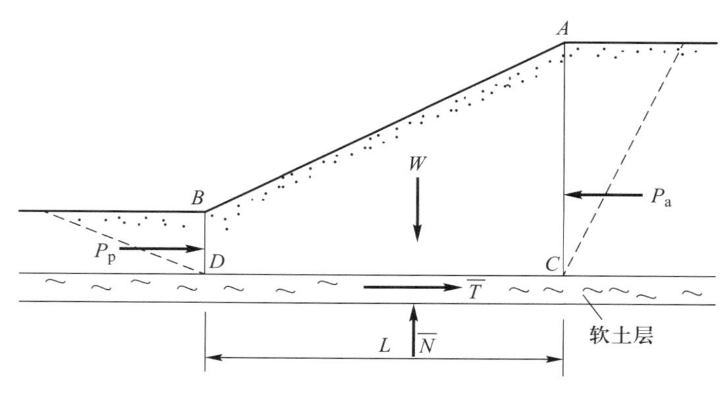

图 7-24 复合滑动面的简化分析

$$z_0=\frac{2c}{\gamma\sqrt{K_a}}=\frac{2\times10\ \text{kPa}}{19\ \text{kN/m}^3\times0.577}=1.82\ \text{m}$$

故

$$P_a=\frac{1}{2}\gamma(H_1-z_0)^2K_a=\frac{1}{2}\times19\ \text{kN/m}^3\times(12-1.82)^2\ \text{m}^2\times0.333=327.8\ \text{kN/m}$$

$$P_p=\frac{1}{2}\gamma H_2^2K_p+2cH_2\sqrt{K_p}=\frac{1}{2}\times19\ \text{kN/m}^3\times2^2\ \text{m}^2\times3+2\times10\ \text{kPa}\times2\ \text{m}\times\sqrt{3}=183.3\ \text{kN/m}$$

而

$$\overline{T}=c_uL+W\tan\varphi_u=12.5\ \text{kPa}\times16\ \text{m}=200\ \text{kN/m}$$

故

$$F_s=\frac{183.3+200}{327.8}=1.17$$

第九节 讨论

一、填方与挖方土坡的稳定性分析

教学课件 7-9

若在饱和黏性土地基上填筑土堤或土坝，如图 7-25a 所示，现以地基中某一点 A 为例来说明稳定性的变化。

首先随着填筑荷载的增加，A 点的剪应力不断增加，在竣工时达到最大值。由于黏性土的透水性较差，可以认为在施工过程中不排水，由上部荷载引起的超静孔隙水压力不消散，直到竣工之前，孔隙应力将随填筑高度的增加而增大。竣工时土的抗剪强度也可以近似认为一直保持与施工开始时的不排水强度相同。竣工以后，总应力保持不变，而超静孔隙水压力则由于地基土的固结而逐渐消散，直至消散为零。土体的固结不仅使孔隙比减小,并使有效应力与抗剪强度增加。因此,当填土结束时,土坡的稳定性可用总应力法和不排水强度来分析,而长期稳定性则用有效应力法和有效强度指标进行计算。显然,土坡稳定的安全系数在施工刚刚结束时是最小的,以后会随着时间而增大。当然,对于蓄水水库的土坝,还必须校核水库运用期稳定渗流对下游坡和水库水位骤降对上游坡稳定性的影响。

如在黏性土中挖方形成如图 7-25b 所示的土坡。仍以 A 点为例,由于开挖使 A 点的平均上覆荷重减小,并引起孔隙水压力下降,出现负孔隙水压力。而且由于在开挖过程中小主应力 σ_3 要比大主应力 σ_1 下降得更厉害,即($\Delta\sigma_1-\Delta\sigma_3$)为负值,所以在大多数情况下 Δu 为负,如果黏土的透水性很低,则和填方一样,A 点的剪应力在施工结束时达到最大,竣工时的抗剪强度仍为不排水强度。竣工后,负孔隙应力逐渐消散,伴随而来的是黏性土的膨胀和抗剪强度下降,直至超静孔隙水压力等于零。挖方土坡竣工时和长期稳定性的分析仍可分别用不排水强度和排水强度来表示,但与填方相反,最不利的条件不在竣工时,而是其长期稳定性。对于水位骤降情况,还应验算形成顺坡渗流工况下的安全系数。

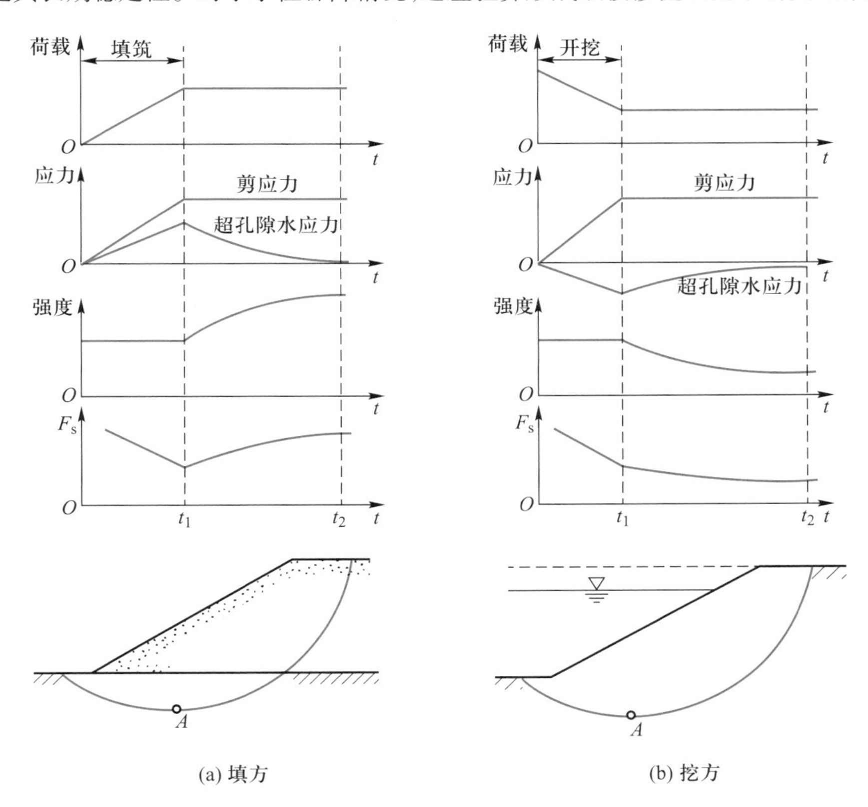

图 7-25 填方与挖方土坡的稳定性分析

二、强度指标的选用

土坡稳定分析成果的可靠性,很大程度上取决于填土和地基土的抗剪强度的准确确定。因为对任一种给定的土来说,抗剪强度变化幅度之大远超过不同静力计算方法之间的差别。所以，在测定土的强度时，原则上应使试验的模拟条件尽量符合土在现场的实际受力和排水条件，使试验指标具有一定的代表性。因此，对于控制土坡稳定的各个时期，应分别采用不同的试验方法和测定结果。例如，表 7-7 列出了《碾压式土石坝设计规范》(SL 274—2020)所规定的土石坝坝坡稳定计算中，不同时期和工况应采用的不同试验方法和相应强度指标。

表 7-7 稳定计算时试验方法和抗剪强度指标的选用

<table>
<tr><th>控制稳定的时期</th><th>强度计算方法</th><th colspan="2">土类</th><th>使用仪器名称</th><th>试验方法</th><th>采用的强度指标</th><th>试样初始状态</th></tr>
<tr><td rowspan="8">施工期</td><td rowspan="6">有效应力法</td><td colspan="2" rowspan="2">无黏性土</td><td>直剪仪</td><td>慢剪</td><td rowspan="6">c'、φ'</td><td rowspan="8">填土用填筑含水率和填筑密度，地基用原状土</td></tr>
<tr><td>三轴仪</td><td>固结排水剪</td></tr>
<tr><td rowspan="4">黏性土</td><td rowspan="2">饱和度小于 80%</td><td>直剪仪</td><td>慢剪</td></tr>
<tr><td>三轴仪</td><td>不固结不排水剪测孔隙应力</td></tr>
<tr><td rowspan="2">饱和度大于 80%</td><td>直剪仪</td><td>慢剪</td></tr>
<tr><td>三轴仪</td><td>固结不排水剪测孔隙应力</td></tr>
<tr><td rowspan="2">总应力法</td><td rowspan="2">黏性土</td><td>渗透系数小于 10^{-7} cm/s</td><td>直剪仪</td><td>快剪</td><td rowspan="2">c_u、φ_u</td></tr>
<tr><td>任何渗透系数</td><td>三轴仪</td><td>不固结不排水剪</td></tr>
<tr><td rowspan="4">稳定渗流期和水库水位降落期</td><td rowspan="4">有效应力法</td><td colspan="2" rowspan="2">无黏性土</td><td>直剪仪</td><td>慢剪</td><td rowspan="4">c'、φ'</td><td rowspan="6">同上，但要预先饱和</td></tr>
<tr><td>三轴仪</td><td>固结排水剪</td></tr>
<tr><td colspan="2" rowspan="2">黏性土</td><td>直剪仪</td><td>慢剪</td></tr>
<tr><td>三轴仪</td><td>固结不排水剪测孔隙压力</td></tr>
<tr><td rowspan="2">水库水位降落期</td><td rowspan="2">总应力法</td><td rowspan="2">黏性土</td><td>渗透系数小于 10^{-7} cm/s</td><td>直剪仪</td><td>固结快剪</td><td rowspan="2">c_{cu}、φ_{cu}</td></tr>
<tr><td>任何渗透系数</td><td>三轴仪</td><td>固结不排水剪</td></tr>
</table>

总体来说，对于总应力分析，土坝施工期应采用不排水剪强度指标；水库水位降落期，应采用“S-R”强度包线。稳定渗流期不管用何种分析方法，实质上均属于有效应力

分析的范畴,应采用有效应力强度指标 c'、φ' 或排水剪强度指标。

由图 7-26 可以看出:"S-R"强度包线(S-R 线)是有效应力强度包线 CD 与固结不排水剪总应力强度包线 CU 的组合。对于软基受压固结或坝体施工期孔隙应力消散的影响,要考虑不同时期的固结度,采用相应的强度指标。需要指出的是,图 7-26 中的不固结不排水剪总应力强度包线 UU 并不是水平的,这是因为在现实工程中,土体并不一定都是饱和土,非饱和土因为吸力的存在,会导致总应力增加时孔隙水压力并不同步增加,进而引起不排水强度随总应力增加而适当增大。

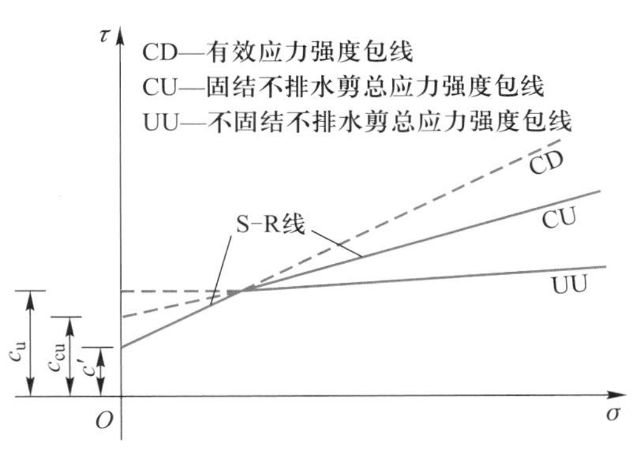

图 7-26 土坝稳定分析可选用的强度包线

如果采用有效应力分析,应用有效应力强度指标,需要对算出的孔隙水压力的正确程度有足够的估计,最好通过现场观测,由实测孔隙水压力资料加以验证。

三、容许安全系数

从理论上讲,处于极限平衡状态时土坡的稳定安全系数应等于 1。因此,若设计土坡的 $F_s>1$,理应能满足稳定要求。但在实际工程中,有些土坡的安全系数虽大于 1,还是发生了滑动,而有些土坡的安全系数小于 1,却是稳定的。发生这些情况的主要原因是影响安全系数的因素很多,如抗剪强度指标的选用、计算方法和计算条件的选择等,不可避免地使得计算的安全系数与实际值有误差。而且,任何工程都必须有一定的安全储备,土坡也不例外。因此,各类规范都规定了土坡稳定安全系数容许值,进行土坡工程设计时,计算的土坡稳定安全系数应大于等于规范规定的容许值。

目前,各部门或行业对于土坡稳定容许安全系数的数值尚无统一标准,考虑的角度也不一样。因此,在实际工程中要注意计算方法、强度指标和容许安全系数必须互相配套,并要根据不同工程情况,参照相应规范并结合当地已有的实践经验来确定容许安全系数。

表 7-8 是水利部颁布的《碾压式土石坝设计规范》(SL 274—2020)规定的采用计及条间力计算方法时的容许安全系数。采用不计条间力的瑞典条分法计算坝坡抗滑稳定安全系数时,对 1 级坝正常运用条件为最小安全系数应不小于 1.3,其他情况应比本规范表规定的数值减小 8%。

近年来,有些规范建议了土坡稳定性验算的另外一种验算方法,即分项系数设计法,读者可参考相关文献自行学习。

表 7-8 碾压式土石坝坝坡抗滑稳定最小安全系数

运用条件	工程等级			
	1	2	3	4、5
正常运用条件	1.50	1.35	1.30	1.25
非常运用条件Ⅰ	1.30	1.25	1.20	1.15
非常运用条件Ⅱ	1.20	1.15	1.15	1.10

注：正常运用条件是指：

(1) 水库水位处于正常蓄水位和设计洪水位与死水位之间的各种水位下的稳定渗流期；

(2) 水库水位在上述范围内的经常性的正常降落；

(3) 抽水蓄能电站的水库水位的经常性变化和降落。

非常运用条件Ⅰ是指：

(1) 施工期；

(2) 校核洪水位下有可能形成稳定渗流的情况；

(3) 水库水位的非常降落，如自校核洪水降落、降落至死水位以下、大流量快速泄空等。

非常运用条件Ⅱ是指正常运用条件遇地震的情况。

习 题

第七章习题参考答案

7-1 一砂砾土坡，其饱和重度 $\gamma_{sat}=19\ \mathrm{kN/m^3}$，内摩擦角 $\varphi=32°$，坡比为 1∶3。试问：(1) 在干坡或完全浸水时，其稳定安全系数为多少？(2) 当有顺坡向渗流时，土坡还能保持稳定吗？(3) 若坡比改成 1∶4，其稳定性又如何？

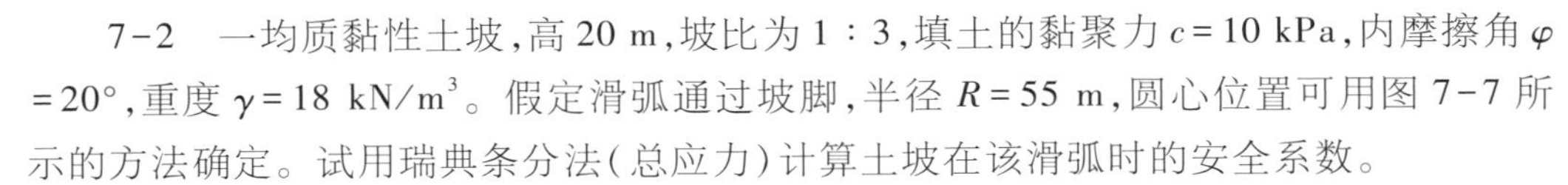

7-2 一均质黏性土坡，高 20 m，坡比为 1∶3，填土的黏聚力 $c=10$ kPa，内摩擦角 $\varphi=20°$，重度 $\gamma=18\ \mathrm{kN/m^3}$。假定滑弧通过坡脚，半径 $R=55$ m，圆心位置可用图 7-7 所示的方法确定。试用瑞典条分法（总应力）计算土坡在该滑弧时的安全系数。

7-3 土坡剖面同题 7-2，若土料的有效强度指标 $c'=5$ kPa，$\varphi'=38°$，并设孔隙应力系数 $\overline{B}=0.55$，滑弧假定同上题。试用简化毕肖普条分法计算土坡施工期该滑弧的安全系数。

7-4 土坡及填土指标同题 7-2，但土体中有稳定渗流作用，其浸润线和坡外水位的位置见图 7-27。设土体的饱和重度 $\gamma_{sat}=19\ \mathrm{kN/m^3}$，滑弧仍同题 7-2，试用代替法求稳定渗流期该滑弧的安全系数。

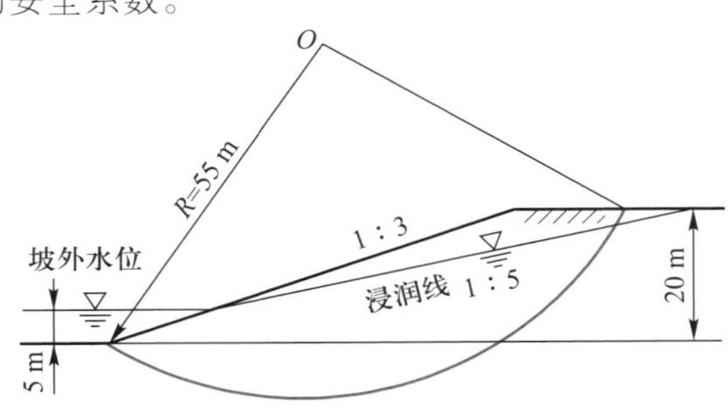

图 7-27 习题 7-4 附图

7-5 某均质挖方土坡，坡高 10 m，坡比 1∶2，填土的重度 $\gamma = 18\ kN/m^3$，内摩擦角 $\varphi = 25°$，黏聚力 $c = 5\ kPa$，在坑底以下 3 m 处有一软土薄层，其黏聚力 $c = 10\ kPa$，内摩擦角 $\varphi = 5°$。试用简化后的复合滑动面估算其稳定安全系数。

★ 研讨题

宋代刘斧在《青琐高议》中的名句“长江后浪推前浪”，千百年来激励着后人赶超向前、奋勇争先。在土力学百年的发展史中，土坡稳定分析理论也经由一代代科学家的接续奋斗，不断完善。今天的中国，无论是实践“交通强国”战略还是进行“美丽中国”建设，都不可避免地会遇到新的土坡稳定问题，理论在与实践的碰撞中不断产生着新的科技进步，为重大工程保驾护航。请同学们查阅文献资料，对以下土坡理论问题进行探讨：

（1）本章介绍的土坡稳定分析方法普遍是竖向划分土条的，这样划分的目的和优势是什么？是否有横向划分土条的方法？如有，请简单对比竖向划分和横向划分的联系与区别。

（2）请查找一个边坡高度在 100 m 以上的国内黏性土坡工程案例，利用已有知识对土坡稳定情况加以理论分析，介绍说明实际工程采用的护坡加固方案，同时也根据自己所学知识，自行建议一种土坡加固方案，并结合所学知识解释对比两种方案背后蕴含的土力学原理的异同。

▲ 文献拓展

[1] 陈祖煜. 土力学经典问题的极限分析上、下限解[J]. 岩土工程学报，2002，24(1)：1-11.

附注：该文为中国科学院院士、中国水利水电科学研究院陈祖煜教授所作 2002 年黄文熙讲座的文稿，探讨了边坡稳定极限分析的下限解——垂直条分法和上限解——斜条分法，其中垂直条分法可以推广到各种支挡结构主动土压力领域，斜条分法可以推广到地基承载力的领域。该文对于延拓边坡稳定分析理论研究和工程应用具有重要指导意义。

[2] 郑颖人，赵尚毅. 有限元强度折减法在土坡与岩坡中的应用[J]. 岩石力学与工程学报，2004，23(19)：3381-3388.

附注：该文为中国工程院院士、解放军后勤工程学院郑颖人教授团队所撰，介绍了有限元强度折减法在土坡与岩坡中的应用，对有限元强度折减法的计算精度和影响因素进行了详细分析，包括屈服准则、流动法则、有限元模型本身及计算参数对安全系数计算精度的影响，并给出了提高计算精度的具体措施，是有限元方法应用于边坡稳定分析的代表性论文。

[3] ALONSO E E. Triggering and motion of landslides[J]. Geotechnique，2021，71

(1):3-59.

附注:该文为西班牙工程院院士、加泰罗尼亚理工大学阿朗索教授所作2017年朗肯讲座的文稿,系统介绍了滑坡的触发和滑坡体的运动及其模拟与预测,有助于读者加深对边坡失稳后发展机理和边坡失稳预测方法的了解和认知。

[4] 吴宏伟.大气-植被-土体相互作用:理论与机理[J]. 岩土工程学报,2017,39(1):1-47.

附注:该文为第17届国际土力学及岩土工程协会主席、香港科技大学吴宏伟教授所作2017年黄文熙讲座的文稿,揭示了植物根系加强非饱和土边坡稳定性的水力作用机理,并提出了可应用于植被边坡分析与设计的新理论计算方法,对于从生物、力学等多维度理解和分析边坡稳定问题有重要意义。

知识图谱

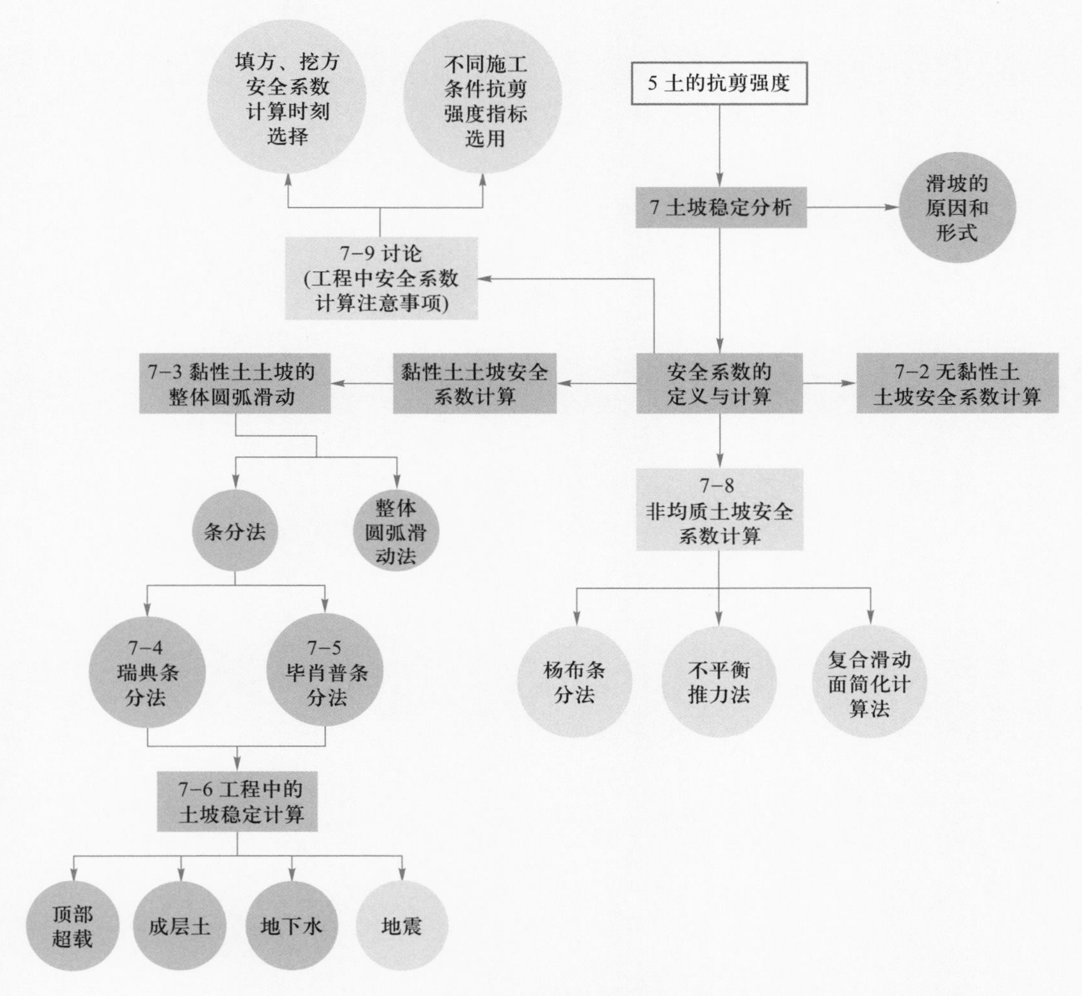

图例说明：

矩形表示可分割的知识点集，圆形表示不可分割的知识点；

实心表示本章节内容，空心表示其他章节内容；

深色表示本科教学重难点，浅色表示一般知识点；

箭头表示先后关系。

先贤故事
Peck：以史为鉴

拉尔夫·布雷泽尔顿·派克(Ralph Brazelton Peck),1912年出生于加拿大,6岁时随父母移居美国。派克的父母都在美国高等学府受过良好教育,从小体弱多病的派克在母亲的教育下完成了极好的初等教育,随后在伦斯勒理工学院和哈佛大学学习。派克最初的志向是成为结构工程师和桥梁工程师,在随后的工作中他将研究重点转为岩土工程,在土力学应用方面做出了重要贡献。芝加哥地铁建设期间,作为太沙基的试验助手,派克主要负责土力学实验室工作和现场试验,让土力学在这一工程建设中发挥了重要作用。派克还善于将土力学运用到建筑设计、施工建造、工程评估中,这也让他成为全球最著名的工程咨询师之一。派克一生出版了200多本著作,在伊利诺伊大学香槟分校任教30余年,为土力学及基础工程的发展做出了重要贡献。派克于1969年接替比耶鲁姆成为国际土力学与岩土工程学会第五任主席。为表彰派克的杰出贡献,1975年美国总统福特为他颁发了美国国家科学奖章。2008年,派克以96岁高龄病逝于美国新墨西哥州阿尔伯克基。

在美国很多重要工程项目的地基建设工程中都能看到派克的身影。芝加哥奥黑尔国际机场作为目前世界上最繁忙的机场之一,其一期工程建设时遇到了严重的地基问题,为改善奥黑尔国际机场所在地区的地基土质情况,派克带领团队进行了严谨的地质论证工作,并针对跑道、滑行道、停机坪等不同区域对于地基的不同要求进行了有针对性的地基处理措施,改善了奥黑尔国际机场地基的承载力,在保证世界博览会期间交通畅通的同时让机场得以沿用至今。派克不仅是一位实践大家,更善于将实践所得记录下来。派克和太沙基共同编写的土力学名著《工程实用土力学》自1948年首次出版以来就受到了广泛好评,其著作《基础工程》一直是很多大学的教科书。派克撰写文章言简意赅，语法隽永，始终保持简洁和清晰的写作风格。派克在潜移默化中影响着身边人，他要求学生在一张纸上分析和学习工程建设历史，他认为，“如果你不能把一个难以解决的工程问题简化表述在一张 8.5 英寸×11 英寸的纸上，你可能永远无法理解它。”美国土木工程师学会（ASCE）为了纪念派克，创立了派克奖（Ralph B. Peck Award），用以奖励每年工程建设历史案例分析的佼佼者。

第 八 章

地基承载力

章节导图

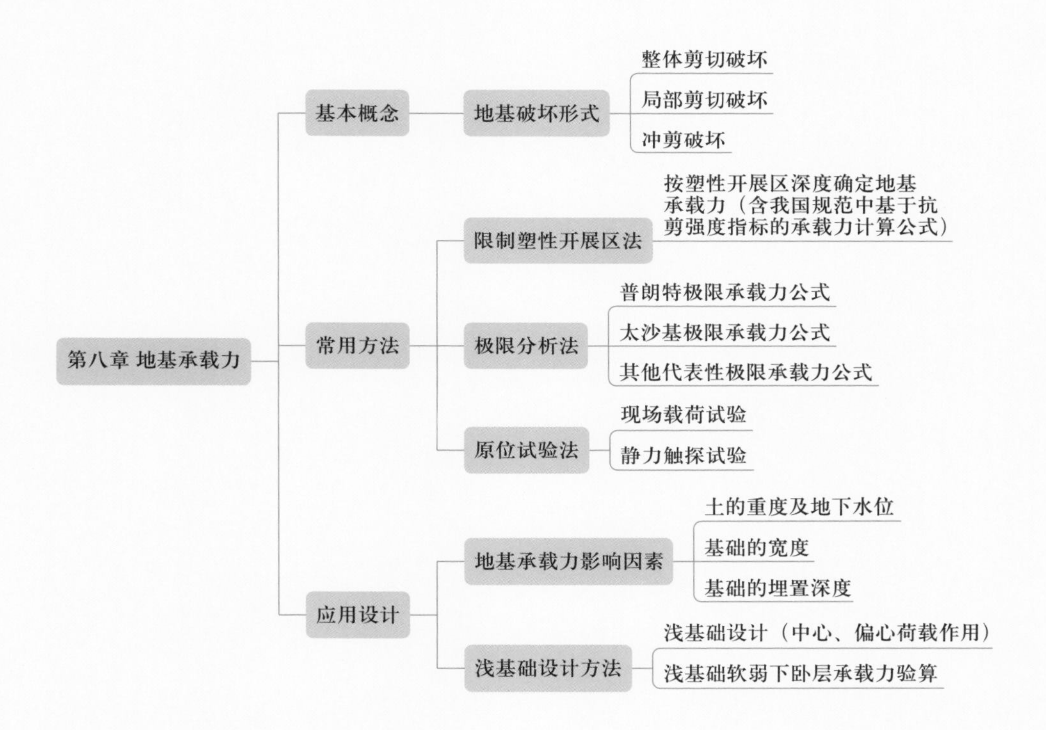

目标导入

◇ 了解地基对于上部结构的重要性、地基破坏典型形式及主要特征,强化工程责任意识;
◇ 了解地基承载力的主要影响因素;
◇ 了解国内外确定地基承载力的主要方法;
◇ 掌握基于限制塑性开展区和极限分析两种理论开展地基承载力计算的理论方法;
◇ 掌握中国规范常用的地基承载力计算方法及其与经典理论方法间的内在关联;
◇ 培养在一般地基条件下,基于规范方法开展浅基础设计的能力;
◇ 通过了解超高层建筑、大面积机场的地基承载力提升创新案例,以及探寻地基建设中成败案例的研讨实训,培养获取、总结、分析、运用信息的终身学习能力。

第一节
概　　述

教学课件 8-1

建筑物因地基问题所引起的破坏一般有两种:一种是由于地基土在建筑物荷载作用下产生压缩变形,引起基础过大的沉降量或沉降差,使上部结构倾斜、开裂以致毁坏或失去使用价值;另一种是由于建筑物的荷载过大,超过了基础下持力层(直接与建筑物基础底面接触并支承荷载的主要土层称为持力层)的承载能力而使地基发生滑动破坏。因此,在设计建筑物基础时,必须满足下列两个条件:(1) 建筑物基础在荷载作用下可能产生的最大沉降量或沉降差,应在该建筑物所容许的范围内;(2) 建筑物的基底压力,应该在地基土所容许的承载能力之内。对于水工建筑物的地基来说,还应该满足抗渗、防冲等特殊要求。另外,设计的基础必须是经济和合理的。关于地基的沉降计算已在第四章中做了介绍,本章主要讨论由于地基承载能力不足而引起的破坏及地基承载力的确定方法。

建筑物因地基承载能力不足而引起破坏,其原因是荷载过大使地基中产生的剪应力达到或超过了土的抗剪强度。图 8-1 所示为加拿大特朗斯康谷仓地基发生破坏现场图。1913 年 9 月该谷仓开始装填谷物,至 31 822 m^3 时,发现谷仓 1 h 内沉降达 30.5 cm,并向西倾斜,24 h 后倾倒,西侧下陷 7.32 m,东侧抬高 1.52 m,倾斜 27°,地基发生显著破坏。该谷仓地基产生如此大的沉降主要是由于设计时未对谷仓地基承载力进行调查研究,而直接采用了邻近建筑地基 352 kPa 的承载力。事后的勘察试验与计算表明，基础下埋藏有厚达 16 m 的软黏土层，该地基的实际承载力为 193.8～276.6 kPa，远小于谷仓地基破坏时 329.4 kPa 的基底压力，最终使得地基因超载而发生破坏。

(a) 谷仓西侧　　(b) 谷仓东侧

图 8-1　加拿大特朗斯康谷仓地基发生破坏

工程实例和试验研究表明，地基的剪切破坏随土的性状而不同，一般可分为整体剪切破坏、局部剪切破坏和冲剪破坏三种形式。

整体剪切破坏的特征是，它随着基础上荷载的逐渐增加，将出现三个阶段：当基础上的荷载较小时，如图 8-2a 所示，地基中的剪应力均小于土的抗剪强度，基底压力与沉降的关系近乎直线变化，此阶段属于弹性变形阶段，如图 8-2d 曲线 A 中的 Oa 段。随着荷载的增大并达到某一数值时，首先基础边缘处的土开始出现剪切破坏(或称塑性破坏)，随着荷载继续增大，剪切破坏区(即塑性区)也相应扩大，如图 8-2b 所示。此时基底压力与沉降关系呈曲线形状，此阶段属于弹塑性变形阶段，如图 8-2d 曲线 A 中的 ab 段。如果基础上的荷载继续增加，剪切破坏区将随之扩展成片，说明此时基础上的荷载已接近地基土的极限承载能力，地基濒临破坏。一旦荷载略增，基础将急剧下沉或突然倾倒、基础两侧地面向上隆起而破坏，此阶段属于塑性破坏阶段，如图 8-2c 所示。地基土开始出现剪切破坏(即弹性变形阶段转变为弹塑性变形阶段)时地基所承受的基底压力称为临塑压力，以 f_{cr} 表示；而地基濒临破坏(即弹塑性变形阶段转变为塑性破坏阶段)时所承受的基底压力称为地基的极限承载力，以 f_u 表示，如图 8-2d 所示。

局部剪切破坏的过程与整体剪切破坏相似，剪切破坏也从基础边缘下开始，随着荷载的增大，剪切破坏区也相应地扩展。但是，当荷载达到某一数值后，虽然基础两侧的地面也微微隆起，呈现出破坏的特征，但剪切破坏区仅仅发生在地基内部的某一区域，而不能形成延伸至地面的连续滑动面，如图 8-3 所示。局部剪切破坏时，其压力与沉降的关系从一开始就呈现出非线性的变化，并且当达到破坏时，均未出现明显的转折现象，如图 8-2d 中的曲线 B 所示。对于这种情况，常常选取压力与沉降曲线上坡度发生显著变化的点所对应的压力，作为相应的地基极限承载力。

冲剪破坏的特征是，它并不是在基础下出现明显的连续滑动面，而是随着荷载的增加，基础将竖直向下移动。当荷载继续增加并达到某一数值后，基础随荷载连续刺入，最后因基础侧面附近土的竖直剪切而破坏，如图 8-4 所示。冲剪破坏的压力与沉降关系曲线类似局部剪切破坏的情况，也不出现明显的转折现象，如图 8-2d 中的曲线 C 所示。

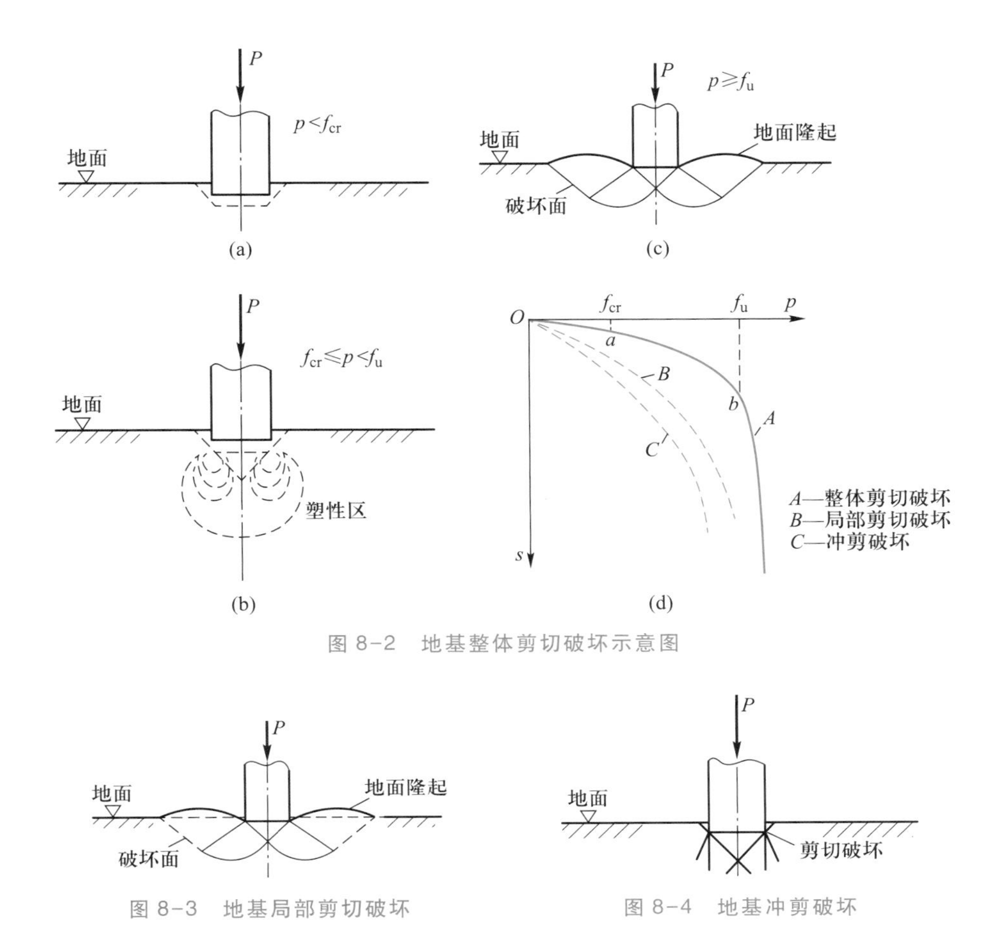

图 8-2 地基整体剪切破坏示意图

图 8-3 地基局部剪切破坏

图 8-4 地基冲剪破坏

地基剪切破坏的形式主要与土的压缩性质有关。一般来说,对于坚硬或紧密的土,将出现整体剪切破坏;对于松软土,将出现局部剪切破坏或冲剪破坏。通常使用的地基承载力公式,均是在整体剪切破坏的条件下得到的,对于局部剪切破坏或冲剪破坏的情况,目前尚无理论公式可循。有些学者建议将整体剪切破坏的计算公式加以适当修正,即可用于局部剪切破坏。

工程上,为了保证建筑物的安全和正常使用,在设计建筑物基础时,常将基础底面的压力限制在某一容许的承载力之内,该容许承载力常以$[f]$表示,它等于地基的极限承载力 f_u 除以安全系数 F_s。现行的《建筑地基基础设计规范》(GB 50007—2011)以地基承载力特征值 f_a 取代了惯用的容许承载力$[f]$,但这两者在使用的含义上是相当的。因此,在进行建筑物基础设计时,本章将按《建筑地基基础设计规范》(GB 50007—2011)的方法来确定地基承载力特征值,基底压力 p 应小于或等于地基承载力特征值 f_a。关于地基承载力特征值的确定,目前常用的方法有两类:理论公式计算方法、规范方法(可由载荷试验或其他原位测试并结合工程实践经验等进行确定)。下面将分别介绍各类方法。

第二节
限制塑性开展区法——按塑性开展区深度确定地基承载力

教学课件 8-2

按塑性开展区深度确定地基承载力的方法就是将地基中的剪切破坏区限制在某一范围时，判断地基土能承受多大的基底压力，该压力即为要求的地基承载力。按塑性开展区深度确定地基承载力的方法是一个弹塑性混合课题，目前尚无精确的解答。本节将介绍条形基础均布压力作用下地基承载力的近似计算方法。

设条形基础的宽度为 B，埋置深度为 D，其底面上作用着竖直均布压力 p，如图 8-5 所示。考虑一般情况，即填土层重度与原地基土层重度不同，现假设填土层重度为 γ_0，原地基土层重度为 γ，根据弹性理论，地基中任意点 M 由条形均布压力所引起的附加大、小主应力为

$$\left.\begin{matrix}\Delta\sigma_1\\ \Delta\sigma_3\end{matrix}\right\}=\frac{p-\gamma_0 D}{\pi}(2\beta\pm\sin 2\beta) \tag{8-1}$$

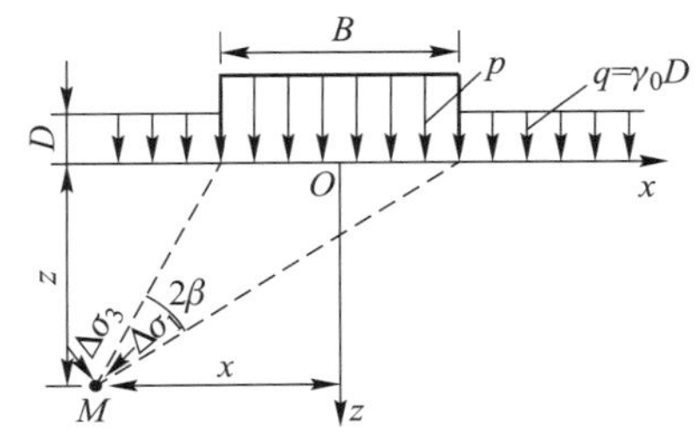

图 8-5 塑性区中的应力状态

式中：2β——M 点与基底两侧连线的夹角，称为视角。

在 M 点上还有地基土本身重量所引起的自重应力。显然，由荷载所引起的附加大、小主应力的方向与自重所引起的大、小主应力的方向是不一致的。为使问题简化，假定在极限平衡区土的静止侧压力系数 $K_0=1$，则由土自重所引起的大、小主应力均为 $\gamma_0 D+\gamma z$，z 为 M 点至基础底面的竖直距离，γ 为地基土的重度，γ_0 为填土层重度。

于是，由基底压力与土自重在 M 点引起的大、小主应力之总和为

$$\left.\begin{matrix}\sigma_1\\ \sigma_3\end{matrix}\right\}=\frac{p-\gamma_0 D}{\pi}(2\beta\pm\sin 2\beta)+\gamma_0 D+\gamma z \tag{8-2}$$

根据第五章式(5-10)，当 M 点达到极限平衡时，其大、小主应力应满足下列关系：

$$\sigma_1=\sigma_3\tan^2\left(45^\circ+\frac{\varphi}{2}\right)+2c\cdot\tan\left(45^\circ+\frac{\varphi}{2}\right)$$

将式(8-2)中的大、小主应力代入上式并经整理后，得到

$$z=\frac{p-\gamma_0 D}{\gamma\pi}\left(\frac{\sin 2\beta}{\sin\varphi}-2\beta\right)-\frac{c}{\gamma\tan\varphi}-\frac{\gamma_0 D}{\gamma} \tag{8-3}$$

式(8-3)表示在某一压力 p 下地基中塑性区的边界方程。当地基土的性质 γ_0、γ、c、φ，基底压力 p 及埋置深度 D 为已知时，z 值随着 β 而变。在实际使用时，并不一定需

要知道整个塑性区的边界,而只要了解在某一基底压力下塑性开展区的最大深度是多少。为了求得塑性开展区的最大深度,将式(8-3)对 β 求导,并令其等于零,即

$$\frac{\mathrm{d}z}{\mathrm{d}\beta}=\frac{(p-\gamma_0 D)}{\gamma\pi}\left(\frac{2\cos 2\beta}{\sin\varphi}-2\right)=0$$

于是

$$\cos 2\beta=\sin\varphi$$

所以

$$2\beta=\frac{\pi}{2}-\varphi$$

将上式 2β 代回式(8-3),即可得到塑性开展区的最大深度为

$$z_{\max}=\frac{p-\gamma_0 D}{\gamma\pi}\left(\cot\varphi-\frac{\pi}{2}+\varphi\right)-\frac{c}{\gamma\tan\varphi}-\frac{\gamma_0 D}{\gamma} \tag{8-4}$$

如果规定了塑性开展区深度的容许值[z],那么,就可按下列关系式判别地基的稳定性:

若 $z_{\max}\leqslant[z]$,地基是稳定的;

若 $z_{\max}>[z]$,地基的稳定是没有保证的。

根据经验,塑性开展区深度的容许值[z]等于(1/4~1/3)B,其中 B 为条形基础的宽度,以 m 计。

实际应用中,常规定容许的塑性开展区深度,视其能承受多大的基底压力,来判别地基的稳定性。为此,将式(8-4)改写成

$$p=\frac{\gamma\pi z_{\max}}{\cot\varphi-\dfrac{\pi}{2}+\varphi}+\gamma_0 D\left(1+\frac{\pi}{\cot\varphi-\dfrac{\pi}{2}+\varphi}\right)+c\left(\frac{\pi\cot\varphi}{\cot\varphi-\dfrac{\pi}{2}+\varphi}\right) \tag{8-5}$$

若使 $z_{\max}=0$,即塑性开区展深度为零,则按前述定义,此时地基所能承受的基底压力即为临塑压力:

$$f_{\mathrm{cr}}=\gamma_0 D\left(1+\frac{\pi}{\cot\varphi-\dfrac{\pi}{2}+\varphi}\right)+c\left(\frac{\pi\cot\varphi}{\cot\varphi-\dfrac{\pi}{2}+\varphi}\right) \tag{8-6}$$

若使 $z_{\max}=B/4$,即塑性区最大开展深度限制在基础宽度的四分之一,此时相应的地基承载力为

$$f_{1/4}=\gamma B\frac{\pi}{4\left(\cot\varphi-\dfrac{\pi}{2}+\varphi\right)}+\gamma_0 D\left(1+\frac{\pi}{\cot\varphi-\dfrac{\pi}{2}+\varphi}\right)+c\left(\frac{\pi\cot\varphi}{\cot\varphi-\dfrac{\pi}{2}+\varphi}\right) \tag{8-7}$$

若使 $z_{\max}=B/3$,即塑性区最大开展深度限制在基础宽度的三分之一,此时相应的地基承载力为

$$f_{1/3}=\gamma B\frac{\pi}{3\left(\cot\varphi-\dfrac{\pi}{2}+\varphi\right)}+\gamma_0 D\left(1+\frac{\pi}{\cot\varphi-\dfrac{\pi}{2}+\varphi}\right)+c\left(\frac{\pi\cot\varphi}{\cot\varphi-\dfrac{\pi}{2}+\varphi}\right) \tag{8-8}$$

式(8-6)、式(8-7)、式(8-8)可以用普遍的形式来表示,即

$$f_p = \frac{1}{2}\gamma B N_\gamma + \gamma_0 D N_q + c N_c \tag{8-9}$$

式中: f_p——地基承载力(kPa);

N_γ、N_q、N_c——承载力系数,是土的内摩擦角 φ 的函数,可查表 8-1。

表 8-1 N_γ、N_q、N_c 与 φ 的关系值

φ/(°)	$N_{1/4}$	$N_{1/3}$	N_q	N_c
0	0	0	1.0	3.14
2	0.06	0.08	1.12	3.32
4	0.12	0.16	1.25	3.51
6	0.20	0.27	1.40	3.71
8	0.28	0.37	1.55	3.93
10	0.36	0.48	1.73	4.17
12	0.46	0.60	1.94	4.42
14	0.60	0.80	2.17	4.70
16	0.72	0.96	2.43	5.00
18	0.86	1.15	2.72	5.31
20	1.00	1.33	3.10	5.66
22	1.20	1.60	3.44	6.04
24	1.40	1.86	3.87	6.45
26	1.60	2.13	4.37	6.90
28	2.00	2.66	4.93	7.40
30	2.40	3.20	5.60	7.95
32	2.80	3.73	6.35	8.55
34	3.20	4.26	7.20	9.22
36	3.60	4.80	8.25	9.97
38	4.20	5.60	9.44	10.80
40	5.00	6.66	10.84	11.73
42	5.80	7.73	12.70	12.80
44	6.40	8.52	14.50	14.00
45	7.40	9.86	15.60	14.60

其中:

$$N_c = \frac{\pi \cot \varphi}{\cot \varphi - \frac{\pi}{2} + \varphi}$$

$$N_q = 1 + N_c \tan \varphi$$

对于 $z_{max}=0$ 时的临塑压力，$N_\gamma=0$；

对于 $z_{max}=\frac{1}{4}B$ 时的地基承载力 $f_{1/4}$：

$$N_\gamma=\frac{\pi}{2\left(\cot\varphi-\frac{\pi}{2}+\varphi\right)}$$

对于 $z_{max}=\frac{1}{3}B$ 时的地基承载力 $f_{1/3}$：

$$N_\gamma=\frac{2\pi}{3\left(\cot\varphi-\frac{\pi}{2}+\varphi\right)}$$

式(8-6)、式(8-7)和式(8-8)是在条形基础均布压力的情况下得到的。对于建筑物竣工期的稳定校核，土的强度指标 c、φ 一般采用不排水强度或快剪试验结果。通常在设计时，地基承载力应采用 $f_{1/4}$ 或 $f_{1/3}$，而不应采用 f_{cr}，否则偏于保守。但是，对于 φ 值很小（如 $\varphi<5°$）的软黏土，采用 f_{cr} 与 $f_{1/4}$ 或 $f_{1/3}$ 相差甚小，可任意使用。应该指出，在验算竣工期的地基稳定时，由于施工期间地基土有一定的排水固结，相应的强度有所提高。所以，实际的塑性区最大开展深度不会达到基础宽度的 1/4 或 1/3，即按 $f_{1/4}$ 或 $f_{1/3}$ 的验算的结果尚有一定的安全储备。

［例题 **8-1**］ 有一条形基础，宽度 $B=3$ m，埋置深度 $D=1$ m，地下水位较深。地基土的湿重度 $\gamma=19\ \text{kN/m}^3$，饱和重度 $\gamma_{sat}=20\ \text{kN/m}^3$，土的快剪强度指标 $c=10$ kPa，$\varphi=10°$。试求：(1) 地基承载力 $f_{1/4}$、$f_{1/3}$ 值；(2) 若地下水位上升至基础底面，承载力有何变化？

［解］

(1) 由 $\varphi=10°$，查表 8-1 得承载力系数为 $N_{1/4}=0.36$，$N_{1/3}=0.48$，$N_q=1.73$，$N_c=4.17$，代入式(8-9)得到

$$f_{1/4}=\frac{1}{2}\gamma BN_{1/4}+\gamma_0DN_q+cN_c$$

$$=\frac{1}{2}\times19\ \text{kN/m}^3\times3\ \text{m}\times0.36+19\ \text{kN/m}^3\times1\ \text{m}\times1.73+10\ \text{kPa}\times4.17=85\ \text{kPa}$$

$$f_{1/3}=\frac{1}{2}\gamma BN_{1/3}+\gamma_0DN_q+cN_c$$

$$=\frac{1}{2}\times19\ \text{kN/m}^3\times3\ \text{m}\times0.48+19\ \text{kN/m}^3\times1\ \text{m}\times1.73+10\ \text{kPa}\times4.17=88\ \text{kPa}$$

(2) 当地下水位上升至基础底面时，若假定土的强度指标 c、φ 值不变，因而承载力系数同上。地下水位以下土的重度采用浮重度 $\gamma'=\gamma_{sat}-\gamma_w=20\ \text{kN/m}^3-9.8\ \text{kN/m}^3=10.2\ \text{kN/m}^3$。将 γ' 及 N 等值代入式(8-9)，可得到地下水位上升时的承载力为

$$f_{1/4}=\frac{1}{2}\gamma'BN_{1/4}+\gamma_0DN_q+cN_c$$

$$=\frac{1}{2}\times 10.2\ \mathrm{kN/m^3}\times 3\ \mathrm{m}\times 0.36+19\ \mathrm{kN/m^3}\times 1\ \mathrm{m}\times 1.73+10\ \mathrm{kPa}\times 4.17=80\ \mathrm{kPa}$$

$$f_{1/3}=\frac{1}{2}\gamma' BN_{1/3}+\gamma_0 DN_\mathrm{q}+cN_\mathrm{c}$$

$$=\frac{1}{2}\times 10.2\ \mathrm{kN/m^3}\times 3\ \mathrm{m}\times 0.48+19\ \mathrm{kN/m^3}\times 1\ \mathrm{m}\times 1.73+10\ \mathrm{kPa}\times 4.17=82\ \mathrm{kPa}$$

从计算结果可知，当地下水位上升时，地基的承载力将降低。

第三节
极限分析法——按极限平衡和滑移线理论确定地基极限承载力

一、普朗特极限承载力公式

教学课件 8-3

1920 年，德国科学家普朗特（Prandtl，图 8-6）根据塑性理论，在研究刚性物体压入均匀、各向同性、较软的无重量介质时，推导出了当介质达到破坏时的滑动面形状及其相应的极限承载力公式。后来，赖斯纳（Reissner）、太沙基、迈耶霍夫（Meyerhof）、汉森（Hansen）及魏锡克（Vesic）等科学家将普朗特的结果推广到求解地基的极限承载力问题中。为了叙述的方便，现将普朗特（其中包括赖斯纳）的研究结果归纳为如下几点：

图 8-6　普朗特教授

（1）地基土是均匀、各向同性的无重量介质，即认为基底下土的重度等于零，是只具有 c、φ 的材料。

（2）基础底面光滑，即基础底面与土之间无摩擦力存在。因此，水平面为大主应力面，竖直面为小主应力面。

（3）当地基处于极限（或塑性）平衡状态时，将出现连续的滑动面，其滑动区域将由朗肯主动区Ⅰ、径向剪切区Ⅱ和朗肯被动区Ⅲ所组成，如图 8-7a 所示。其中滑动区Ⅰ的边界 ad（或 a_1d）为直线，并与水平面的夹角为 $(45°+\varphi/2)$；滑动区Ⅱ的边界 de（或 de_1）为对数螺旋曲线，其曲线方程为 $r=r_0 e^{\theta\tan\varphi}$，$\boldsymbol{r}_0$ 为起始矢径（$\boldsymbol{r}_0=\overrightarrow{ad}=\overrightarrow{a_1d}$）；滑动区Ⅲ的边界 ef（或 e_1f_1）为直线，并与水平面的夹角为 $(45°-\varphi/2)$。

（4）当基础有埋置深度 D 时，将基础底面以上的两侧土体用当量均布超载 $q=\gamma_0 D$ 来代替（赖斯纳提出），如图 8-7b 所示。

根据上述假定，把图 8-7b 所示的滑动土体的一部分 $odeg$ 视为刚体，然后考察 $odeg$ 上的平衡条件，推求地基的极限承载力 f_u，如图 8-7c 所示。在 $odeg$ 上作用着下列诸力：

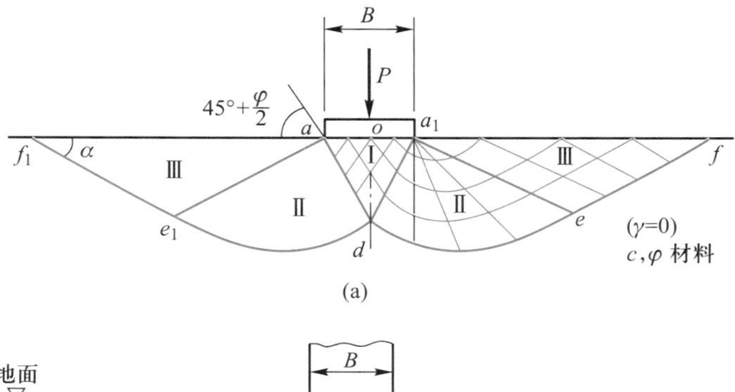

(a)

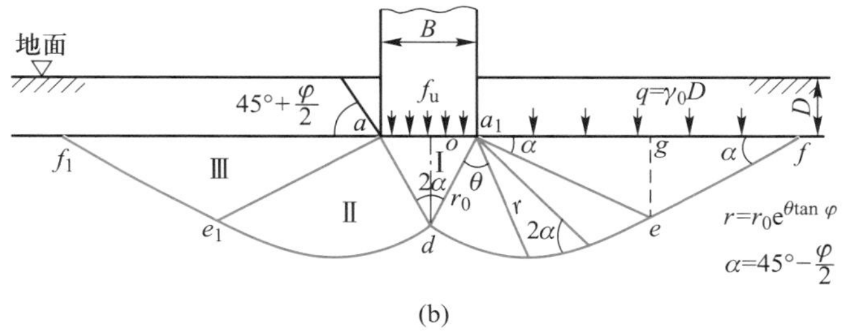

(b)

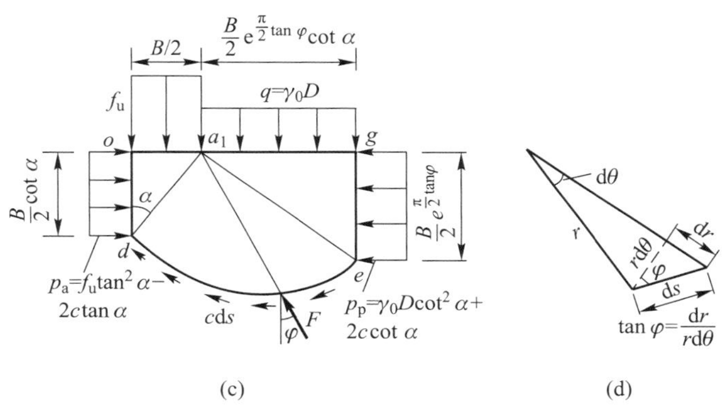

(c) (d)

图 8-7 普朗特承载力课题

（1）oa_1 面（即基底面）上的极限承载力的合力$(B/2)f_u$，它对 a_1 点的力矩为

$$M_1=\frac{B}{2}f_u\left(\frac{B}{4}\right)=\frac{1}{8}B^2f_u$$

（2）od 面上的主动土压力，系均匀分布，其合力 $P_a=(f_u\tan^2\alpha-2c\cdot\tan\alpha)\dfrac{B}{2}\cot\alpha$，它对 a_1 点的力矩为

$$M_2=P_a\left(\frac{B}{4}\cot\alpha\right)=\frac{1}{8}B^2f_u-\frac{1}{4}cB^2\cot\alpha$$

（3）a_1g 面上超载的合力 $q\left(\dfrac{B}{2}e^{\frac{\pi}{2}\tan\varphi}\cot\alpha\right)$，它对 a_1 点的力矩为

$$M_3=q\left(\frac{B}{2}e^{\frac{\pi}{2}\tan\varphi}\cot\alpha\right)\left(\frac{B}{4}e^{\frac{\pi}{2}\tan\varphi}\cot\alpha\right)=\frac{1}{8}B^2\gamma_0De^{\pi\tan\varphi}\cot^2\alpha$$

（4）eg 面上的被动土压力，系均匀分布，其合力为 $P_p=(\gamma_0D\cot^2\alpha+2c\cdot\cot\alpha)$ ·

$\frac{B}{2}e^{\frac{\pi}{2}\tan\varphi}$，它对 a_1 点力矩为

$$M_4=P_p\left(\frac{B}{4}e^{\frac{\pi}{2}\tan\varphi}\right)=\frac{1}{8}B^2\gamma_0 De^{\pi\tan\varphi}\cot^2\alpha+\frac{1}{4}cB^2e^{\pi\tan\varphi}\cot\alpha$$

（5）de 面上黏聚力的合力，它对 a_1 点的力矩为

$$M_5=\int_0^l c\mathrm{d}s(r\cos\varphi)=\int_0^{\frac{\pi}{2}}cr^2\mathrm{d}\theta=\frac{1}{8}cB^2\frac{\csc^2\alpha}{\tan\varphi}(e^{\pi\tan\varphi}-1)$$

（6）de 面上反力的合力 F，其作用线通过对数螺旋曲线的中心点 a_1，所以其力矩为零。

根据力矩的平衡条件，应该有 $\sum M=M_1+M_2-M_3-M_4-M_5=0$，将上列各式代入，可得

$$\frac{1}{8}B^2f_u+\frac{1}{8}B^2f_u-\frac{1}{4}B^2c\cdot\cot\alpha-\frac{1}{8}B^2\gamma_0De^{\pi\tan\varphi}\cot^2\alpha-\frac{1}{8}B^2\gamma_0De^{\pi\tan\varphi}\cot^2\alpha-$$

$$\frac{1}{4}cB^2e^{\pi\tan\varphi}\cot\alpha-\frac{1}{8}cB^2\frac{\csc^2\alpha}{\tan\varphi}e^{\pi\tan\varphi}+\frac{1}{8}cB^2\frac{\csc^2\alpha}{\tan\varphi}=0$$

整理上式并将 $\alpha=45°-\varphi/2$ 代入，最后得到地基极限承载力为

$$f_u=\gamma_0DN_q+cN_c \tag{8-10}$$

式中：γ_0——基础两侧填土的重度；

D——基础的埋置深度；

N_q、N_c——承载力系数，是土的内摩擦角 φ 的函数，可查表 8-2。

其中：

$$N_q=e^{\pi\tan\varphi}\tan^2\left(45°+\frac{\varphi}{2}\right) \tag{8-11}$$

$$N_c=(N_q-1)\cot\varphi \tag{8-12}$$

从式（8-10）可知，当基础放在无黏性土（$c=0$）的表面上（$D=0$）时，地基的承载力将等于零，这显然是不合理的。这种不合理现象的出现主要是将土当作无重量介质所造成的。为了弥补这一缺陷，许多学者在普朗特的基础上做了修正和发展，使承载力公式逐步得到了完善。

二、太沙基极限承载力公式

太沙基在推导均质地基上的条形基础受中心荷载作用下的极限承载力时，把土作为有重量的介质，即 $\gamma\neq0$，并做了如下一些假设：

（1）基础底面粗糙，即它与土之间有摩擦力存在。因此，虽然当地基达到破坏并出现连续滑动面时，其基底下有一部分土体将随着基础一起移动而处于弹性平衡状态，该部分土体称为弹性楔体，如图 8-8a 中的 aba_1 所示。弹性楔体的边界 ab 或 a_1b 为滑动面的一部分，它与水平面的夹角为 ψ，ψ 的具体数值与基底的粗糙程度有关。当把基底看作完全粗糙时，由于弹性楔体内的土只有与基础一起竖直向下移动的可能性，这种移动必然要求通过 b 点的滑动面 bc 的开始段应是一根竖直线，因 ab 或 a_1b 也是滑动

面,而在塑性区域内过每一点的一对滑动面彼此应交成($90°\pm\varphi$)角,所以,由几何关系可知,$\psi=\varphi$,如图 8-8b 所示;当把基底看作完全光滑时,则 $\psi=45°+\varphi/2$,如图 8-8c 所示;一般情况下 ψ 介于 φ 与($45°+\varphi/2$)之间。

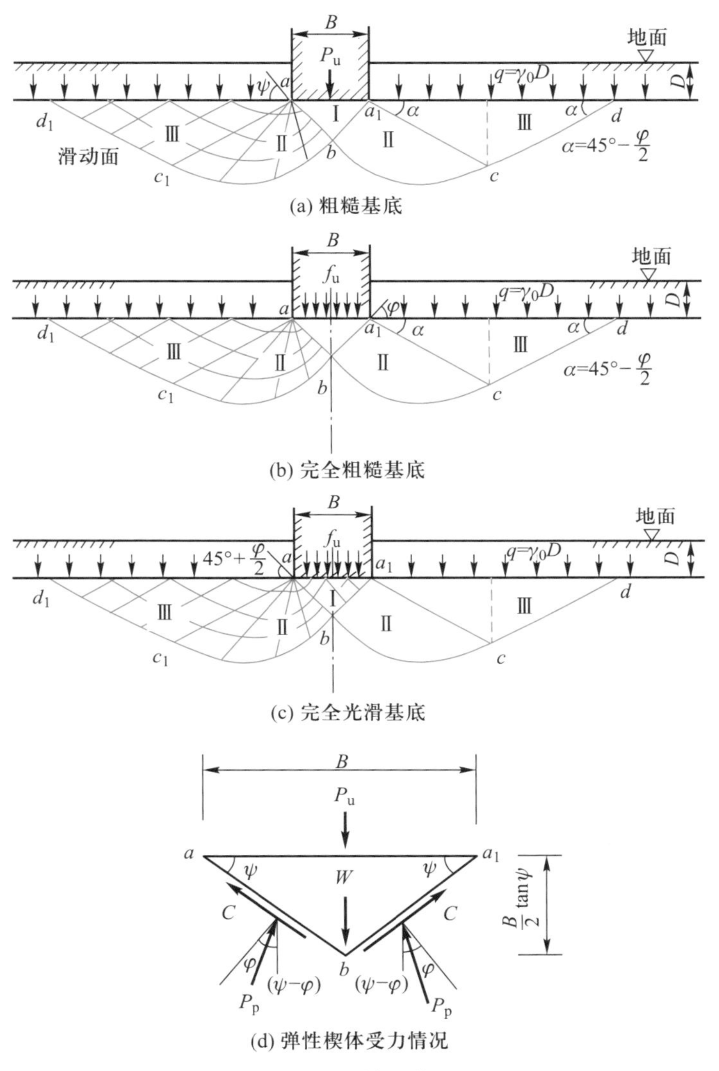

图 8-8 太沙基承载力课题

(2)当把基底看作完全粗糙时,则滑动区域由径向剪切区Ⅱ和朗肯被动区Ⅲ所组成,如图 8-8b 所示。其中滑动区域Ⅱ的边界 bc 为对数螺旋曲线。朗肯被动区Ⅲ的边界 cd 为直线,它与水平面的角度为($45°-\varphi/2$)。

(3)当基础埋置深度为 D 时,则基底以上两侧的土体用当量均布超载 $q=\gamma_0 D$ 来代替。

根据上述假定,并以图 8-8b 中的弹性楔体 aba_1 为脱离体,根据其力的平衡条件来推求地基的极限承载力。如图 8-8d 所示,在弹性楔体上受到下列诸力的作用:

(1) 弹性楔体的自重,竖直向下,其值为

$$W=\frac{1}{4}\gamma B^2\tan\psi$$

(2) aa_1 面(即基底面)上的极限荷载,竖直向下,它等于地基极限承载力 f_u 与基础宽度 B 的乘积,即

$$P_u=f_uB$$

(3) 弹性楔体两斜面 ab(或 a_1b)上总的黏聚力 C,与斜面平行、方向向上,它等于土的黏聚力 c 与 $\overline{ab}$($\overline{a_1b}$)的乘积,即

$$C=c\cdot\overline{ab}=c\frac{B}{2\cos\psi}\quad 或\quad C=c\cdot\overline{a_1b}=c\frac{B}{2\cos\psi}$$

(4) 作用在弹性楔体两面上的反力 P_p,它与 a_1b 面的法线成 φ 角。

现在竖直方向建立上述各力的平衡方程,即可得到

$$P_u=2P_p\cos(\psi-\varphi)+cB\tan\psi-\frac{1}{4}\gamma B^2\tan\psi \tag{8-13}$$

对于完全粗糙的基底,上式就成为

$$P_u=2P_p+cB\tan\varphi-\frac{1}{4}\gamma B^2\tan\varphi \tag{8-14}$$

若反力 P_p 为已知,就可按上式求得极限荷载 P_u。反力 P_p 是由土的黏聚力 c、基础两侧超载 q 和土的重度 γ 所引起的。对于完全粗糙的基底,太沙基把弹性楔体边界 ab(a_1b)视作挡土墙,分三步求反力 P_p,即:(1) 当 γ 与 c 均为零时,求出仅由超载 q 引起的反力 P_{pq};(2) 当 γ 与 q 均为零时,求出仅由黏聚力 c 引起的反力 P_{pc};(3) 当 q 与 c 均为零时,求出仅由土重度 γ 引起的反力 $P_{p\gamma}$。然后利用叠加原理得反力 $P_p=P_{p\gamma}+P_{pq}+P_{pc}$,代入式(8-14),经整理后得到地基的极限荷载为

$$P_u=\frac{1}{2}\gamma B^2N_\gamma+qBN_q+cBN_c \tag{8-15}$$

上式两边除以基础宽度 B,即得地基的极限承载力

$$f_u=\frac{1}{2}\gamma BN_\gamma+qN_q+cN_c \tag{8-16}$$

式中:N_γ、N_q、N_c——承载力系数,是土的内摩擦角 φ 的函数。

其中:

$$\left.\begin{aligned}N_q&=\frac{e^{\left(\frac{3}{2}\pi-\varphi\right)\tan\varphi}}{2\cos^2\left(45^\circ+\frac{\varphi}{2}\right)}\\N_c&=(N_q-1)\cot\varphi\end{aligned}\right\} \tag{8-17}$$

但对 N_γ,太沙基并未给出显式。各系数与 φ 的关系可由图 8-9 查取。

当把基础底面假定为完全光滑时,则基底以下的弹性楔体就不存在,而成为朗肯主动区Ⅰ。此时 ab 面与水平面的夹角 $\psi=45^\circ+\varphi/2$,而整个滑动区域将完全与普朗特的

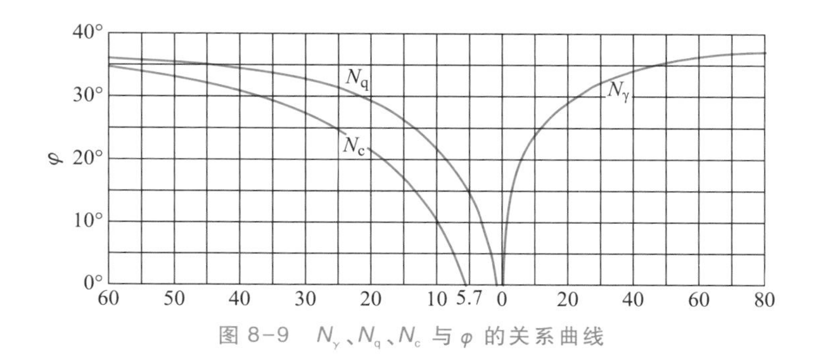

图 8-9 N_γ、N_q、N_c 与 φ 的关系曲线

情况相同，如图 8-8c 所示。因此，由 c 和 q 引起的承载力系数即可直接取用普朗特的结果，见式(8-11)和式(8-12)，而由土重度 γ 引起的承载力系数则采用下列半经验公式来表示，即

$$N_\gamma = 1.8N_c\tan^2\varphi \tag{8-18}$$

于是，将式(8-11)、式(8-12)和式(8-18)中的 N_q、N_c 和 N_γ 的关系式代入式(8-16)，即可求得基础底面完全光滑情况下的地基极限承载力。承载力系数 N_q、N_c、N_γ 均是 φ 的函数，可直接从表 8-2 中查取。

表 8-2 承载力系数 N_γ、N_q、N_c 值

φ/(°)	N_γ	N_q	N_c	φ/(°)	N_γ	N_q	N_c
0	0	1.00	5.14	24	6.90	9.61	19.3
2	0.01	1.20	5.69	26	9.53	11.9	22.3
4	0.05	1.43	6.17	28	13.1	14.7	25.8
6	0.14	1.72	6.82	30	18.1	18.4	30.2
8	0.27	2.06	7.52	32	25.0	23.2	35.5
10	0.47	2.47	8.35	34	34.5	29.5	42.2
12	0.76	2.97	9.29	36	48.1	37.8	50.6
14	1.16	3.58	10.4	38	67.4	48.9	61.4
16	1.72	4.33	11.6	40	95.5	64.2	75.4
18	2.49	5.25	13.1	42	137	85.4	93.7
20	3.54	6.40	14.8	44	199	115	118
22	4.96	7.82	16.9	45	241	134	133

上述太沙基承载力公式都是在整体剪切破坏的条件下得到的。对于局部剪切破坏时的承载力，他建议先把土的强度指标按下列方法进行折减，即

$$c^* = \frac{2}{3}c$$

及

$$\tan\varphi^*=\frac{2}{3}\tan\varphi \quad 或 \quad \varphi^*=\arctan\left(\frac{2}{3}\tan\varphi\right)$$

再用修正后的 c^*、φ^* 计算软土地基局部剪切破坏时的承载力

$$f_u=\frac{1}{2}\gamma BN'_\gamma+\gamma_0DN'_q+c^*N'_c \tag{8-19}$$

式中：N'_γ、N'_q、N'_c——修正后的承载力系数，可以由修正后的内摩擦角 φ^* 直接查图 8-9 中的曲线或表 8-2。

其余符号意义同前。

式(8-16)或式(8-19)仅适用于条形基础。对于方形或圆形基础，太沙基建议按下列修正公式计算地基极限承载力：

圆形基础

$$f_{ur}=0.6\gamma RN_\gamma+\gamma_0DN_q+1.2cN_c \quad （整体破坏） \tag{8-20}$$

$$f_{ur}=0.6\gamma RN'_\gamma+\gamma_0DN'_q+1.2c^*N'_c \quad （局部破坏） \tag{8-21}$$

方形基础

$$f_{us}=0.4\gamma BN_\gamma+\gamma_0DN_q+1.2cN_c \quad （整体破坏） \tag{8-22}$$

$$f_{us}=0.4\gamma BN'_\gamma+\gamma_0DN'_q+1.2c^*N'_c \quad （局部破坏） \tag{8-23}$$

式中：R——圆形基础的半径。

其余符号意义同前。

将上述各公式算出的极限承载力除以安全系数 F_s，即得到地基的承载力特征值：

$$f_a=\frac{f_u}{F_s}$$

F_s 一般取 2~3。

[例题 8-2] 有一条形基础，宽度 $B=6$ m，埋置深度 $D=1.5$ m，其上作用着中心荷载 $\overline{P}=1\ 500$ kN/m。地基土质均匀，重度 $\gamma=19$ kN/m^3，土的抗剪强度指标 $c=20$ kPa、$\varphi=20°$。试验算地基的稳定性（假定基底完全粗糙）。

[解]

(1) 求基底压力

$$p=\frac{\overline{P}}{B}=\frac{1\ 500\ \text{kN/m}}{6\ \text{m}}=250\ \text{kPa}$$

(2) 求地基的承载力特征值。由 $\varphi=20°$，查图 8-9 得 $N_\gamma=3.5$、$N_q=6.5$ 和 $N_c=15$。将上列各值代入式(8-16)，得到地基的极限承载力为

$$f_u=\frac{1}{2}\gamma BN_\gamma+qN_q+cN_c$$

$$=\frac{1}{2}\times19\ \text{kN/m}^3\times6\ \text{m}\times3.5+19\ \text{kN/m}^3\times1.5\ \text{m}\times6.5+20\ \text{kPa}\times15=684.8\ \text{kPa}$$

若取安全系数 $F_s=2.5$，则地基的承载力特征值为

$$f_a=\frac{f_u}{F_s}=\frac{684.8\ \text{kPa}}{2.5}=273.9\ \text{kPa}$$

因为 $p<f_a$，所以地基是稳定的。

三、汉森极限承载力公式

对于均质地基、基础底面完全光滑的情况，在中心倾斜荷载作用下，汉森建议按下式计算竖向地基承载力：

$$f_u=\frac{P_u}{A}=\frac{1}{2}\gamma BN_\gamma S_\gamma d_\gamma i_\gamma g_\gamma b_\gamma+\gamma_0 DN_q S_q d_q i_q g_q b_q+cN_c S_c d_c i_c g_c b_c \tag{8-24}$$

式中：P_u——地基所能承受的竖向极限荷载（kN）；

$A=L\times B$——基础底面积（m^2），L 为基础长度（m），B 为基础宽度（m）；

D——基础的埋置深度（m）；

γ——原地基土的重度，水下用浮重度（kN/m^3）；

γ_0——填土的重度，水下用浮重度（kN/m^3）；

S_γ、S_q、S_c——基础的形状系数；

i_γ、i_q、i_c——荷载倾斜系数；

d_γ、d_q、d_c——深度修正系数；

g_γ、g_q、g_c——地面倾斜系数；

b_γ、b_q、b_c——基底倾斜系数；

N_γ、N_q、N_c——承载力系数。

由式（8-11）、式（8-12）及式（8-18）得

$$\left.\begin{aligned}N_q&=e^{\pi\tan\varphi}\tan^2\left(45°+\frac{\varphi}{2}\right)\\N_c&=(N_q-1)\cot\varphi\\N_\gamma&=1.8N_c\tan^2\varphi\end{aligned}\right\} \tag{8-25}$$

N_γ、N_q、N_c 仅与土的内摩擦角有关，可查表 8-2。

式（8-24）中各种修正系数的表达式如下：

基础的形状系数为

$$\left.\begin{aligned}S_\gamma&=1-0.4\frac{B}{L}i_\gamma\geqslant 0.6\\S_q&=1+\frac{B}{L}i_q\sin\varphi\\S_c&=1+0.2\frac{B}{L}i_c\end{aligned}\right\} \tag{8-26}$$

荷载倾斜系数为

$$
\left.\begin{aligned}
i_\gamma &= \begin{cases} \left(1-\dfrac{0.7H}{P+cA\cot\varphi}\right)^5 > 0\text{（水平基底）} \\ \left[1-\dfrac{(0.7-\eta/450°)H}{P+cA\cot\varphi}\right]^5 > 0\text{（倾斜基底）} \end{cases} \\
i_q &= \left(1-\dfrac{0.5H}{P+cA\cot\varphi}\right)^5 > 0 \\
i_c &= i_q - \dfrac{(1-i_q)}{(N_q-1)}
\end{aligned}\right\} \tag{8-27}
$$

深度修正系数为

$$
\left.\begin{aligned}
d_\gamma &= 1 \\
d_q &= 1+2\tan\varphi(1-\sin\varphi)^2\frac{D}{B} \\
d_c &= 1+0.35\frac{D}{B}
\end{aligned}\right\} \tag{8-28}
$$

地面倾斜系数为

$$
\left.\begin{aligned}
g_\gamma &= g_q = (1-0.5\tan\alpha)^5 \\
g_c &= 1-\frac{\alpha}{147°}
\end{aligned}\right\} \tag{8-29}
$$

基底倾斜系数为

$$
\left.\begin{aligned}
b_\gamma &= \exp(-2.7\eta\tan\varphi) \\
b_q &= \exp(-2\eta\tan\varphi) \\
b_c &= 1-\frac{\eta}{147°}
\end{aligned}\right\} \tag{8-30}
$$

上列式中的 α、η 分别为地面和基底的倾角，如图 8-10 和图 8-11 所示。

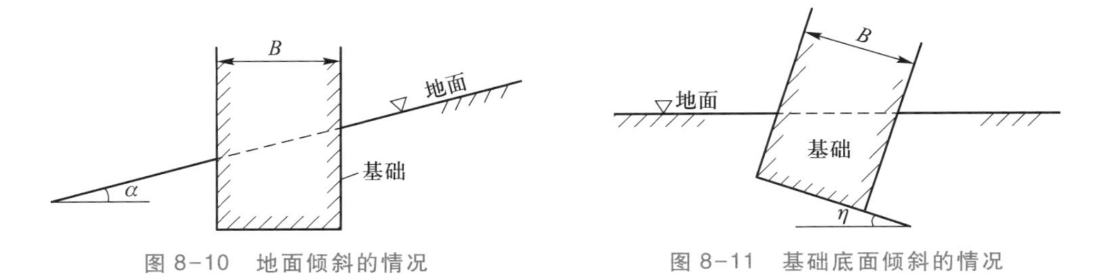

图 8-10 地面倾斜的情况　　图 8-11 基础底面倾斜的情况

对于不排水条件，即 $\varphi_u=0$ 的情况，汉森建议按下列修正公式来计算地基的极限承载力：

$$
f_u = 5.14c_u(1+S'_c+d'_c-i'_c-g'_c-b'_c)+\gamma D \tag{8-31}
$$

式中：c_u——地基土的不排水强度；

S_c'——形状系数，$S_c' = 0.2\dfrac{B}{L}$；

d_c'——深度系数，$d_c' = 0.4\dfrac{D}{B}$；

i_c'——荷载倾斜系数，$i_c' = 0.5+0.5\sqrt{1-\dfrac{H}{cA}}$；

g_c'——地面倾斜系数，$g_c' = \alpha/147°$；

b_c'——基底倾斜系数，$b_c' = \eta/147°$。

其余符号意义同前。

在应用式(8-24)时，必须满足 $H \leqslant c_a A + P\tan\delta$，以保证基础不因水平力过大而产生水平滑动。其中 H 为作用在基底上的水平分力，P 为作用在基底上的垂直分力，如图 8-12 所示。c_a 为基底与土之间的黏聚力，δ 为基底与土之间的摩擦角，Q 为倾斜作用在基底上的力，β 为倾斜作用力与竖直方向的夹角。

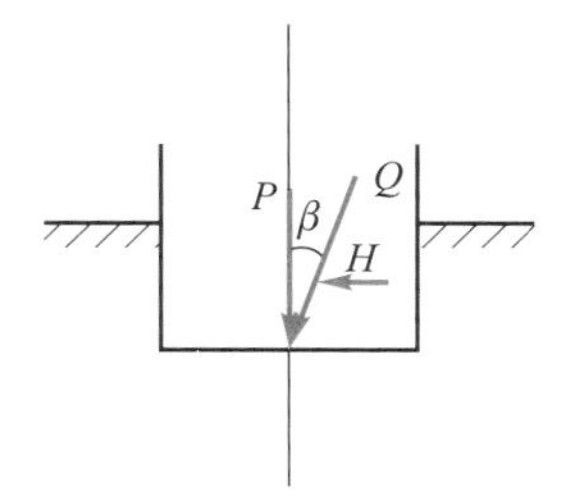

图 8-12 倾斜荷载作用

以上介绍的极限承载力公式都是适用于中心荷载，即竖直向基底压力为均匀分布的情况。当基础受到偏心荷载作用时，先将基底折算成"有效的基底面积"，然后按中心荷载情况下的极限承载力公式来进行计算。如果是条形基础，其荷载的偏心距为 e，则用有效宽度 $B_e = B-2e$ 来代替原来的宽度 B，如图 8-13a 所示；如果是矩形基础，并且在两个方向均有偏心，则用有效面积 $A_e = B_e \times L_e$ 来代替原来的面积 A，其中有效宽度 $B_e = B-2e_B$，有效长度 $L_e = L-2e_L$，如图 8-13b 所示。

对于成层土组成的地基(如图 8-14 所示)，在各土层的强度相差不太悬殊的情况下，汉森建议先按下式近似确定持力层的最大深度：

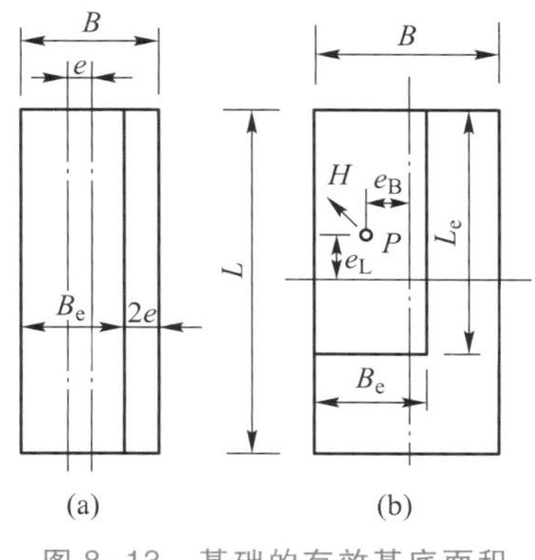

图 8-13 基础的有效基底面积

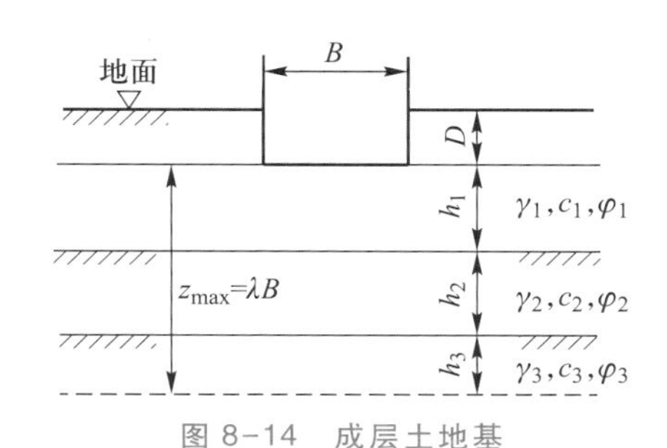

图 8-14 成层土地基

$$z_{max} = \lambda B \tag{8-32}$$

式中：B——基础的原宽度；

λ——系数，根据土层平均内摩擦角和荷载的倾角 β 从表 8-3 中查取。

表 8-3 λ 值

$\tan\beta$	φ		
	≤20°	21°~35°	36°~45°
≤0.2	0.6	1.2	2.0
0.21~0.30	0.4	0.9	1.6
0.31~0.40	0.2	0.6	1.2

其次，将持力层范围内土的重度和强度指标按层厚求出平均值，即

$$\left.\begin{aligned}\bar{\gamma}&=\frac{\sum\gamma_i h_i}{\sum h_i}\\ \bar{c}&=\frac{\sum c_i h_i}{\sum h_i}\\ \bar{\varphi}&=\frac{\sum\varphi_i h_i}{\sum h_i}\end{aligned}\right\} \tag{8-33}$$

式中：γ_i、c_i、φ_i——第 i 土层的重度、黏聚力和内摩擦角；

h_i——第 i 土层的厚度。

在具体应用时，一般先假定土层的平均内摩擦角 $\bar{\varphi}$，从表 8-3 中查得 λ 值，并按式(8-32)求出 z_{max}，然后算出 $\bar{\gamma}$、$\bar{c}$ 及 $\bar{\varphi}$。若计算所得的 $\bar{\varphi}$ 与假定的不符，则应重新试算，直至符合为止。最后，将平均的 $\bar{\gamma}$、$\bar{c}$ 及 $\bar{\varphi}$ 代入极限承载力公式进行计算。

[例题 8-3] 有一宽 4 m 的条形基础，埋置在中砂层下 2 m 深处，其上作用着倾斜的中心荷载（竖直分力 $\bar{P}=900$ kN/m，水平分力 $\bar{H}=150$ kN/m）。中砂层的内摩擦角 $\varphi=32°$，湿重度 $\gamma=18.5$ kN/m³，浮重度 $\gamma'=9.5$ kN/m³。距基底 2 m 处有一黏土层，其固结不排水剪的强度指标 $c=18$ kPa，$\varphi=22°$，浮重度 $\gamma'=9.7$ kN/m³。设地下水位与基底齐平，试按汉森公式确定地基的极限承载力。

[解]

荷载的倾斜率

$$\tan\beta=\frac{\bar{H}}{\bar{P}}=\frac{150}{900}=0.17$$

该地基属层状地基，应先确定持力层的最大深度 z_{max}。为此，根据荷载的倾斜率 $\tan\beta=0.17$，并假定土层的平均内摩擦角 $\bar{\varphi}=21°\sim35°$，从表 8-3 查得 $\lambda=1.2$。于是，由式(8-32)得

$$z_{max}=\lambda B=1.2\times4\ \text{m}=4.8\ \text{m}$$

由式(8-33)求得持力层内土层的平均指标为

$$\bar{\gamma}'=\frac{\gamma_1'h_1+\gamma_2'h_2}{h_1+h_2}=\frac{9.5\ \text{kN/m}^3\times 2\ \text{m}+9.7\ \text{kN/m}^3\times 2.8\ \text{m}}{2\ \text{m}+2.8\ \text{m}}=9.6\ \text{kN/m}^3$$

$$\bar{c}=\frac{c_1h_1+c_2h_2}{h_1+h_2}=\frac{0\times 2\ \text{m}+18\ \text{kN/m}^2\times 2.8\ \text{m}}{4.8\ \text{m}}=10.5\ \text{kPa}$$

$$\bar{\varphi}=\frac{\varphi_1h_1+\varphi_2h_2}{h_1+h_2}=\frac{32°\times 2\ \text{m}+22°\times 2.8\ \text{m}}{4.8\ \text{m}}=26°$$

求得的平均内摩擦角在假定的范围之内，于是由 $\varphi=26°$，查表 8-2 得承载力系数 $N_\gamma=9.53$、$N_q=11.85$、$N_c=22.25$。

由式(8-27)得荷载倾斜系数为

$$i_\gamma=\left(1-\frac{0.7H}{P+cA\cot\varphi}\right)^5=\left(1-\frac{0.7\times 150}{900+10.5\times 4\times\cot 26°}\right)^5=0.57$$

$$i_q=\left(1-\frac{0.5H}{P+cA\cot\varphi}\right)^5=\left(1-\frac{0.5\times 150}{900+10.5\times 4\times\cot 26°}\right)^5=0.67$$

$$i_c=i_q-\frac{(1-i_q)}{(N_q-1)}=0.67-\frac{1-0.67}{11.85-1}=0.64$$

由式(8-28)得深度修正系数为

$$d_\gamma=1$$

$$d_q=1+2\tan\varphi(1-\sin\varphi)^2\frac{D}{B}=1+2\tan 26°(1-\sin 26°)^2\times\frac{2}{4}$$

$$\approx 1+2\times 0.405(1-0.375)^2\times\frac{1}{2}=1.158$$

$$d_c=1+0.35\frac{D}{B}=1+0.35\times\frac{2}{4}=1.175$$

最后由式(8-24)求得地基的极限承载力为

$$f_u=\frac{1}{2}\gamma' BN_\gamma d_\gamma i_\gamma+\gamma_0 DN_q d_q i_q+cN_c d_c i_c$$

$$=\frac{1}{2}\times 9.6\ \text{kN/m}^3\times 4\ \text{m}\times 9.53\times 1\times 0.57+18.5\ \text{kN/m}^3\times 2\ \text{m}\times 11.85\times 1.158\times 0.67+$$

$$10.5\ \text{kPa}\times 22.5\times 1.175\times 0.64=104.3\ \text{kPa}+340\ \text{kPa}+177.7\ \text{kPa}=622\ \text{kPa}$$

本节只代表性地介绍了 3 种基于极限分析理论确定地基承载力的方法，应该说土力学先贤在构建理论的过程中，对前人的成果既有肯定又有质疑，既有继承又有发展，使得承载力公式的构建呈现迂回循环、螺旋式的上升，这才让各类方法有着更有针对性的应用空间。表 8-4 列出了系列经典地基极限承载力公式的特征、优势(部分公式未在本教材中呈现，感兴趣的读者可以自行查找有关文献)，以展现各种方法的承接演变关系、相关系数的发展历程，以及各自的贡献程度。

表 8-4 经典地基极限承载力公式的承载力系数演变比较表

极限分析法	承载力系数 N_γ	承载力系数 N_q	承载力系数 N_c	其他修正
普朗特-赖斯纳法（简称普朗特法）（基底光滑、忽略地基土自重）	贡献度:0	贡献度:★★	贡献度:★★	贡献度:0
	0	$e^{\pi\tan\varphi}\tan^2(45°+\varphi/2)$	$(N_q-1)\cot\varphi$	
太沙基法（基底光滑、考虑地基土自重）	贡献度:★★	贡献度:0	贡献度:0	贡献度:★
	$1.8N_c\tan^2\varphi$	同普朗特法	同普朗特法	基础形状的半经验值修正
太沙基法（基底粗糙、考虑地基土自重）	贡献度:★★	贡献度:★	贡献度:0	贡献度:★
	$\frac{1}{2}\left(\frac{K_{p\gamma}}{\cos^2\varphi}-1\right)\tan\varphi$ （可采用图解法）	$\frac{e^{\left(\frac{3\pi}{2}-\varphi\right)\tan\varphi}}{2\cos^2\left(45°+\frac{\varphi}{2}\right)}$	同普朗特法	基础形状的半经验值修正
斯开普顿法（基底光滑、忽略地基土自重）	贡献度:0	贡献度:0	贡献度:0	贡献度:★
	同太沙基光滑法 （$\varphi=0$） 0	同太沙基光滑法 （$\varphi=0$） 1	同太沙基光滑法 （$\varphi=0$） $\pi+2$（近似取 5）	基础埋深和形状修正
梅耶霍夫法（基底光滑、考虑地基土自重）	贡献度:★★	贡献度:★★	贡献度:0	贡献度:★
	$\frac{4P_{p\gamma}\sin(45°+\varphi/2)}{\gamma b^2}-\frac{1}{2}\tan(45°+\varphi/2)$	$\frac{(1+\sin\varphi)e^{2\theta\tan\varphi}}{1-\sin\varphi\cdot\sin(2\eta+\varphi)}$ （N_q 前还有 K_q，综合反映埋深土强度影响）	同普朗特法	埋深土强度、荷载偏心及倾斜修正
汉森法（基底光滑、考虑地基土自重）	贡献度:0	贡献度:0	贡献度:0	贡献度:★★
	1961 年同太沙基光滑法 1970 年改为 $N_\gamma=1.5(N_q-1)\tan\varphi$	同普朗特法	同普朗特法	荷载偏心和倾斜、基础形状、埋深土强度、地面和基底倾斜，侧重于荷载倾斜修正
魏锡克法（基底光滑、考虑地基土自重）	贡献度:★	贡献度:0	贡献度:0	贡献度:★★
	$2(N_q+1)\tan\varphi$	同普朗特法	同普朗特法	基础形状、埋深土强度、荷载偏心和倾斜、地面和基底倾斜及土的压缩性，侧重于土的压缩性修正

第四节
规范确定地基承载力的方法

不同行业根据本行业的工程特点制定相应的规范。同是地基承载力课题，不同规范之间的差异和相似并存，不同行业有各自行业的工程特点，但是各行业规范所依据的基本方法和基本理论是一致的。本教材仅介绍《建筑地基基础设计规范》(GB 50007—2011)中确定承载力的方法。应该指出的是，随着科学技术的进步、工程经验和资料的积累，规范将随时修订，应用时须依据现行规范。作为教材，学生主要学习规范的应用和相关设计思路。

《建筑地基基础设计规范》(GB 50007—2011)规定地基承载力特征值可由载荷试验或其他原位测试、公式计算并结合工程实践经验等方法综合确定。当基础宽度大于3 m或埋置深度大于0.5 m时，可按式(8-34)进行深度和宽度修正，得到修正后的承载力特征值才作为设计采用值。在初设时因基础底面尺寸未知，可先不做宽度修正。

$$f_a=f_{ak}+\eta_b\gamma(B-3)+\eta_d\gamma_m(D-0.5) \tag{8-34}$$

式中：f_a——修正后的地基承载力特征值(kPa)。

f_{ak}——地基承载力特征值(kPa)，可由载荷试验或其他原位试验、公式计算并结合工程实践经验等方法综合确定。

η_b、η_d——基础宽度和埋深的地基承载力修正系数，按基底下土的类别查表8-5取值。

γ——基础底面以下土的重度(kN/m^3)，地下水位以下取浮重度。

B——基础底面宽度(m)，当基础底面宽度小于3 m时按3 m取值，大于6 m时按6 m取值。

γ_m——基础底面以上土的加权平均重度(kN/m^3)，位于地下水位以下的土层取浮重度。

D——基础埋置深度(m)，宜自室外地面标高算起。在填方整平地区，可自填土地面标高算起，但填土在上部结构施工后完成时，应从天然地面标高算起。对于地下室，如采用箱形基础或筏基时，基础埋置深度自室外地面标高算起；当采用独立基础或条形基础时，应从室内地面标高算起。

当偏心距$e\leqslant 0.033B$时，可根据土的抗剪强度指标按下式确定地基承载力特征值，并应满足变形要求：

$$f_a=M_b\gamma B+M_d\gamma_m D+M_c c_k \tag{8-35}$$

式中：　f_a——由土的抗剪强度指标确定的地基承载力特征值(kPa)。

M_b、M_d、M_c——承载力系数，为φ_k的函数，按表8-6确定。

表 8-5　地基承载力修正系数

土的类别		η_b	η_d
淤泥和淤泥质土		0	1.0
人工填土 e 或 I_L 大于等于 0.85 的黏性土		0	1.0
红黏土	含水比 $\alpha_w>0.8$ 含水比 $\alpha_w\leqslant 0.8$	0 0.15	1.2 1.4
大面积压实填土	压实系数大于 0.95、黏粒含量 $\rho_c\geqslant 10\%$ 的粉土 最大干密度大于 2 100 kg/m^3 的级配砂石	0 0	1.5 2.0
粉土	黏粒含量 $\rho_c\geqslant 10\%$ 的粉土 黏粒含量 $\rho_c<10\%$ 的粉土	0.3 0.5	1.5 2.0
e 及 I_L 均小于 0.85 的黏性土 粉砂、细砂(不包括很湿与饱和时的稍密状态) 中砂、粗砂、砾砂和碎石土		0.3 2.0 3.0	1.6 3.0 4.4

注:1. 强风化和全风化的岩石,可参照所风化成的相应土类取值,其他状态下的岩石不修正;

2. 按《建筑地基基础设计规范》(GB 50007—2011)附录 D 深层平板载荷试验确定地基承载力特征值时,η_d 取 0;

3. 含水比是指土的天然含水率与液限的比值;

4. 大面积压实填土是指填土范围大于 2 倍基础宽度的填土。

表 8-6　承载力系数 M_b、M_d、M_c

土的内摩擦角标准值 φ_k/(°)	M_b	M_d	M_c
0	0	1.00	3.14
2	0.03	1.12	3.32
4	0.06	1.25	3.51
6	0.10	1.39	3.71
8	0.14	1.55	3.93
10	0.18	1.73	4.17
12	0.23	1.94	4.42
14	0.29	2.17	4.69
16	0.36	2.43	5.00
18	0.43	2.72	5.31
20	0.51	3.06	5.66
22	0.61	3.44	6.04
24	0.80	3.87	6.45
26	1.10	4.37	6.90
28	1.40	4.93	7.40

续表

土的内摩擦角标准值 $\varphi_k/(°)$	M_b	M_d	M_c
30	1.90	5.59	7.95
32	2.60	6.35	8.55
34	3.40	7.21	9.22
36	4.20	8.25	9.97
38	5.00	9.44	10.80
40	5.80	10.84	11.73

B——基础底面宽度(m)。大于 6 m 时按 6 m 取值;对于砂土,小于 3 m 时按3 m 取值。

c_k、φ_k——基底下一倍短边宽度的深度范围内土的黏聚力标准值、内摩擦角标准值。对黏性土地基,内摩擦角标准值可采用室内饱和固结快剪试验内摩擦角平均值的 90%,黏聚力标准值可采用室内饱和固结快剪试验黏聚力平均值的 20%~30%;对于砂性土地基,内摩擦角标准值可采用室内饱和固结快剪试验平均值的 85%~90%;对于软土地基,内摩擦角标准值和黏聚力标准值宜采用室内三轴压缩试验指标,原位测试宜采用十字板剪切试验。

规范中在基底荷载小偏心或者对心条件下地基承载力特征值的公式计算方法实际上源于限制塑性开展区法,因此式(8-35)承载力系数 M_b、M_d、M_c 的取值与式(8-16)承载力系数 N_γ、N_q、N_c 的取值整体一致,只是 $\varphi_k \geqslant 24°$时 M_b 比 N_γ要提高,且 φ_k 越大 M_b 值提高的比例越大。这是因为,工程经验表明,当土的强度较高时,地基实际承载力大于理论公式中的计算值,因此规范在应用理论计算公式时做了一定修正。

需要指出,上述地基承载力计算是以均匀地基为条件的。若地基持力层(直接承受基础荷载的土层称为持力层)下部存在软弱土层时(图 8-15),应按下式进行下卧层强度验算:

$$p_z+p_{cz} \leqslant f_{za} \tag{8-36}$$

式中:p_z——相应于作用的标准组合时,软弱下卧层顶面处的附加压力值(kPa);

p_{cz}——软弱下卧层顶面处土的自重压力值(kPa);

f_{za}——软弱下卧层顶面处经深度修正后的地基承载力特征值(kPa)。

对条形基础和矩形基础,式中的 p_z值可按下列公式简化计算(图 8-16):

条形基础

$$p_z=\frac{B(p_k-p_c)}{B+2z\tan\theta}$$

矩形基础

$$p_z=\frac{LB(p_k-p_c)}{(B+2z\tan\theta)(L+2z\tan\theta)}$$

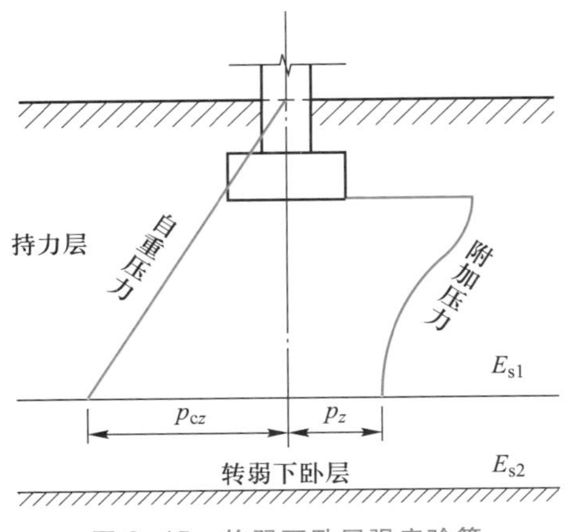

图 8-15 软弱下卧层强度验算

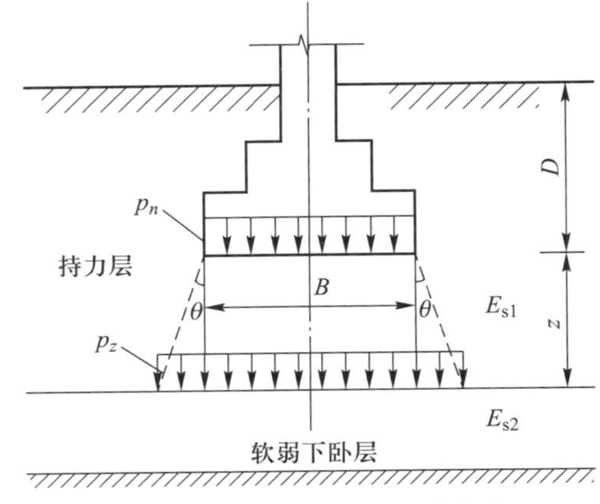

图 8-16 附加压力简化计算图

式中:B——矩形基础或条形基础底边的宽度(m);

L——矩形基础底边的长度(m);

p_k——相应于作用的标准组合时,基础底面处的平均压力值(kPa);

p_c——基础底面处土的自重压力值(kPa);

z——基础底面至软弱下卧层顶面的距离(m);

θ——地基压力扩散线与垂直线的夹角(°),可按表 8-7 采用。

表 8-7 地基压力扩散角θ

E_{s1}/E_{s2}	z/B	
	0.25	0.5
3	6°	23°
5	10°	25°
10	20°	30°

注:1. E_{s1}为上层土压缩模量;E_{s2}为下层土压缩模量。

2. $z/B<0.25$ 时取 $\theta=0°$,必要时,宜用试验确定;$z/B>0.5$ 时 θ 值不变。

3. z/B 在 0.25 与 0.50 之间可插值使用。

第五节
按载荷试验和静力触探试验确定地基承载力

教学课件 8-5

如第四节所述,目前国家规范中确定地基承载力特征值也可由载荷试验或其他原位测试、公式计算,以及结合工程实践经验等方法综合确定。原位试验的主要优点是避免了钻探取样及由此引起的对土样扰动的影响。一般来说,该方法得到的地基承载力比较可靠。因此,有关规范规定,对重要的或一级建筑物均应通过载荷试验来确定地基的承载力。本章主要介绍原位试验中的载荷试验和静力触探试验,以对前节中的试验确定承载力的细节做一个补充。

一、现场载荷试验确定地基承载力

现场载荷试验,就是在建造建筑物的场地上先挖一试坑,再在试坑的底部放一荷载板,并在其上安装加载及量测设备等(如图 8-17a 所示),然后逐级加载并测读相应的沉降值,绘出如图 8-17b 所示的压力与沉降关系曲线。

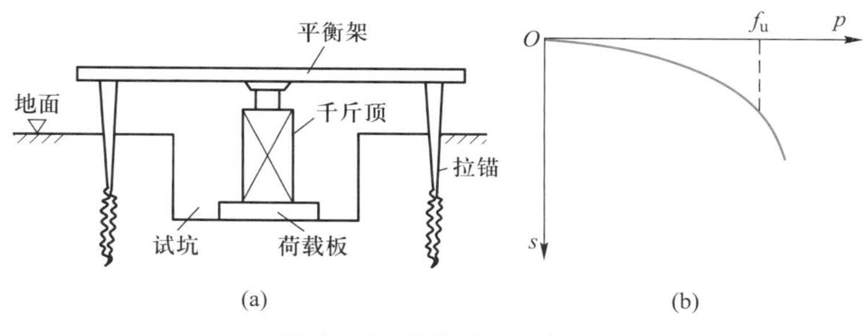

图 8-17 载荷试验示意图

按照本章第一节所述的概念,从压力与沉降关系曲线上的拐点可以得到该建筑场地的地基极限承载力 f_u,除以安全系数 F_s,即可求得地基承载力特征值 f_a。

根据《建筑地基基础设计规范》(GB 50007—2011)的规定,通过载荷试验得出压力(或荷载)与沉降关系曲线后,可按下述方法确定地基承载力特征值:

(1) 当压力与沉降(即 $p-s$)关系曲线有明确的比例界限时,取该比例界限所对应的荷载值(即本章第一节中所述的临塑荷载 f_{cr})。

(2) 当极限荷载能确定,且该值小于对应比例界限的荷载值的 1.5 倍时,取极限荷载值的一半。

(3) 不能按上述两点确定时,如荷载板面积为 0.25~0.50 m^2,对低压缩性土和砂土,可取 $s/B=0.01\sim0.015$ 所对应的荷载值;对中、高压缩性土,可取 $s/B=0.02$ 所对应的荷载值。其中 s 为沉降值,B 为荷载板的宽度。

规范规定,同一土层参加统计的试验点不应少于三点,基本值的极差不得超过平均值的 30%,取此平均值作为地基承载力特征值。再经过实际基础的宽度、深度修正,即可得到修正的地基承载力特征值。

目前,工程上常用的荷载板尺寸为 50 cm×50 cm、70 cm×70 cm 和 100 cm×100 cm。显然,以这样小尺寸的荷载板进行试验所得到的承载力,是不可能完全反映地基土的真实情况的。例如,图 8-18a 表示建筑场地的土层及建筑物基础尺寸的真实情况,而图 8-18b 表示载荷试验的情况,比较两图可以看出,由于荷载板尺寸太小,载荷试验不能反映出软弱夹层对承载力的影响。因此,不能笼统地说,载荷试验是一种非常可靠的方法,特别是对于地基情况复杂、基础尺寸大的水工建筑物来说，不宜采用小尺寸载荷试验来确定地基承载力，否则，将会导致不良的后果。

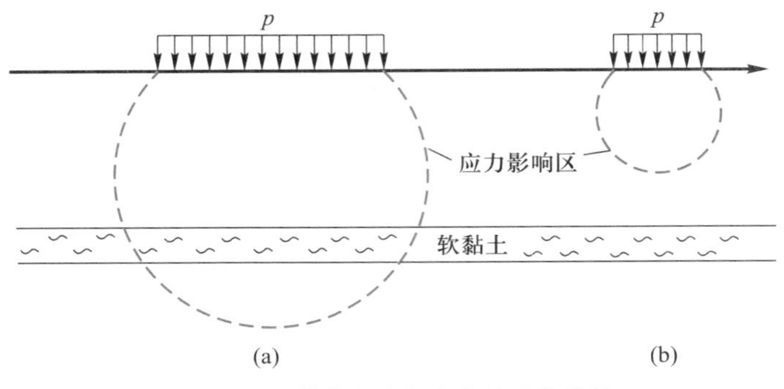

图 8-18 载荷试验与真实情况的比较

二、静力触探试验

静力触探试验就是用静压力将装有探头的触探器压入土中，通过压力传感器及电阻应变仪测出土层对探头的贯入阻力。探头贯入阻力的大小直接反映了土的强度的大小，因而通常把贯入阻力与载荷试验所得到的地基承载力特征值 f_a 建立相关关系，从而可按照实测的贯入阻力确定地基承载力特征值。另外，还可以把土的贯入阻力与土的变形模量 E 及压缩模量 E_s 建立相关关系，从而可以确定 E 和E_s 值。

静力触探试验的探头阻力 Q 可分为两个部分：其一是探头的锥头阻力 Q_c；其二是探头的侧壁摩擦阻力 Q_f，如图 8-19a 所示。探头的形式有单桥探头、双桥探头、孔压探头及其他多功能探头。中国目前较为常用的为单桥探头和双桥探头，前者测得的探头阻力是锥头阻力与侧壁摩擦阻力的综合值；而后者可分别测出锥头阻力和侧壁摩擦阻力。单桥探头结构简单，目前在工程地基勘测中被广泛采用。除上述两种探头外，还有一种孔压探头，它在双桥探头的基础上增加了由过滤片做成的透水滤器和孔压传感器，

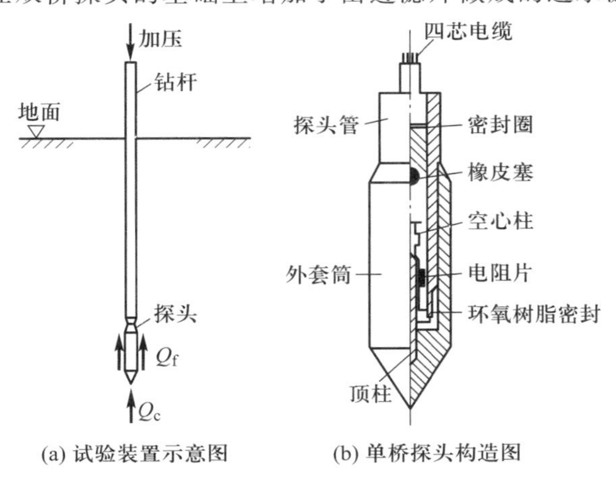

图 8-19 静力触探示意图

能够在测定锥头阻力、侧壁摩擦阻力及孔隙水压力的同时，测定土中的孔隙水压力变化。此外，它还具备测定温度、测斜、测振等功能。

单桥探头单位截面面积的阻力称为比贯入阻力，即

$$p_s=\frac{Q}{A}=\frac{Q_c+Q_f}{A} \tag{8-37}$$

式中：p_s——探头的比贯入阻力（kPa）；

A——探头的截面面积（m^2）。

图 8-19b 为单桥探头的构造图，它由外套筒、顶柱和空心柱三个主要部分组成。外套筒为一具有锥头的圆筒，其尺寸根据选用的锥头底面面积而定。目前常用的锥头底面面积为 10 cm^2、15 cm^2 和 20 cm^2 三种，锥角均为 60°。顶柱为圆柱形零件，一头顶在空心柱的顶端，另一端落在外套筒锥头中心槽内。它的作用是将外套筒的锥头阻力传给空心柱，使空心柱产生拉伸变形，空心柱的外壁贴有组成电桥桥路的电阻片。当探头向下贯入时，外套筒的锥头将所受的阻力通过顶柱使空心柱受到拉力而伸长，贴在空心柱上的电阻片也随之变形而改变阻值，并将此电量的变化通过电阻应变仪反映出来。根据事先做成的率定曲线，从电量的变化求出探头的贯入总阻力 Q，即可按式（8-37）求得比贯入阻力 p_s，然后可从表 8-8 至表 8-11 中查得地基承载力特征值 f_a。

表 8-8 软土和一般黏性土的比贯入阻力与地基承载力特征值的关系 kPa

p_s	f_a	E	E_s
294	49~59	2 254	2 254
588	78~88	3 430	3 430
882	108~118	4 508	6 076
1 176	127~147	5 586	9 016
1 470	157~176	6 664	11 858
1 764	176~206	7 840	14 700
2 058	206~235	8 918	17 640
2 352	235~255	9 996	20 482
2 646	255~284	11 074	23 422
2 940	284~304	12 152	26 264

表 8-9 老黏性土的比贯入阻力与地基承载力特征值的关系 kPa

p_s	f_a	E	E_s
2 940	284~304	12 152	29 988
3 234	314~333	13 230	33 418
3 258	343~372	14 406	36 946
3 822	372~402	15 484	40 376

续表

p_s	f_a	E	E_s
4 116	402～431	16 464	43 806
4 410	431～461	17 640	47 334
4 704	461～490	18 718	50 764
4 998	490～519	19 796	54 194
5 262	519～559		57 624
5 586	559～588		61 152
5 880	588～617		64 582

注:第四纪晚更新世(Q_3)及其以前沉积的为老黏性土。

表 8-10 中、粗砂的比贯入阻力与地基承载力特征值的关系 kPa

p_s	f_a	p_s	f_a
980	39～69	6 860	284～304
1 960	98～118	7 840	314～333
2 640	137～157	8 820	343～363
3 920	176～196	9 800	372～392
4 900	217～235	10 780	402～421
5 880	225～274	11 760	431～451

表 8-11 粉、细砂的比贯入阻力与地基承载力特征值的关系 kPa

p_s	f_a	p_s	f_a
4 900	147～157	10 780	265～274
5 880	167～176	11 760	284～294
6 860	186～196	12 740	304～314
7 840	206～217	13 720	323～333
8 820	225～235	14 700	343～353
9 800	245～255	15 680	363～372

静力触探车(如图 8-20 所示)是近几年出现的一种新技术,其加压方式主要有三种:机械式、液压式和人力式。液压式静力触探车是指触探主机为液压传动式,如拖挂式、落地式、小型液压式,其触探主机都是液压传动式,但反力装置却不尽相同。拖挂式和小型液压式静力触探车反力装置为地锚式,而常规静力触探车则是以压重

图 8-20 静力触探车

式为主，落地式则以压重式和地锚式结合为主。静力触探车在现场进行试验，将静力触探所得比贯入阻力与载荷试验、土工试验有关指标进行回归分析，得到适用于一定地区或一定土性的经验公式，即可通过静力触探所得的计算指标确定土的天然地基承载力。静力触探车的贯入机理与建筑物地基强度和变形机理存在一定差异性，故不经常使用。

第六节
影响地基承载力的因素

教学课件 8-6

前面介绍了确定地基承载力的各种方法。从理论公式（8-9）、式（8-16）和式（8-24）等可知，地基承载力的公式具有相同的形式，均由三项所组成，即

$$f_u=\frac{1}{2}\gamma BN_\gamma+\gamma_0 DN_q+cN_c$$

从式中可以看出，影响地基承载力的因素主要有土的物理力学性质 γ_0、γ、c、φ 及基础的宽度 B 和埋置深度 D 等三个方面。下面将分别讨论各种影响因素。

一、土的重度及地下水位

上式第一项与第二项中均有土的重度，而土的重度除了与土的种类有关外，还将受到地下水位的影响。若地下水位在理论滑动面以下，如图 8-21a 所示，则土的重度一律采用湿重度。若地下水位从理论滑动面以下上升到地面或地面以上，则土的重度由原来的天然湿重度 γ 降为浮重度 γ'，此时地基的承载力也将相应地降低。这种情况，对于 $c=0$ 的无黏性土尤为显著。因为无黏性土的承载力将与土的重度成正比地减小。一般土的浮重度约为湿重度的一半，所以承载力也仅为原来的 50%左右。

若地下水位上升至与基底齐平处，如图 8-21b 所示，则只要将公式中第一项的重度用浮重度计算即可。此时地基的承载力为

$$f_u=\frac{1}{2}\gamma' BN_\gamma+\gamma_0 DN_q+cN_c \tag{8-38}$$

若地下水位在滑动面与基础底面之间，如图 8-21c 所示，一般可以近似假定滑动面的最大深度等于基础宽度 B，此时基底以下土的重度可采用平均值并按下式计算，即

$$\bar{\gamma}=\gamma'+\frac{d_2}{B}(\gamma-\gamma') \tag{8-39}$$

式中：d_2——地下水位至基底的距离；

γ——地下水位以上土的天然湿重度。

其余符号意义同前。

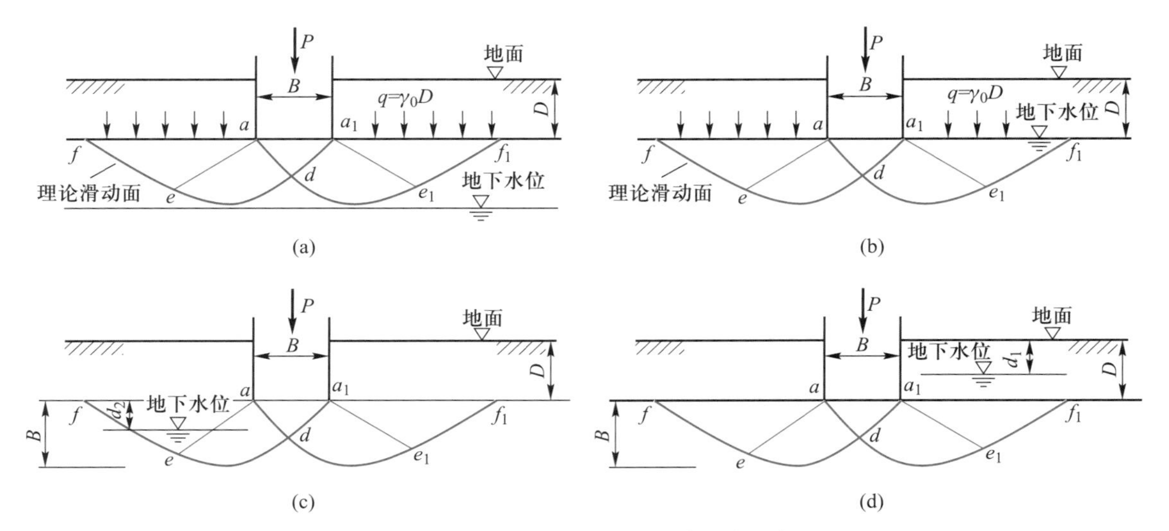

图 8-21　地下水位对承载力的影响

则承载力公式可表示为

$$f_u=\frac{1}{2}\left[\gamma'+\frac{d_2}{B}(\gamma-\gamma')\right]BN_\gamma+\gamma_0 DN_q+cN_c \tag{8-40}$$

若地下水位在基底与地面之间，如图 8-21d 所示，则可按下式计算，即

$$f_u=\frac{1}{2}\gamma' BN_\gamma+\left[\gamma_0'+\frac{d_1}{D}(\gamma_0-\gamma_0')\right]DN_q+cN_c \tag{8-41}$$

式中：d_1——地下水位至地面的距离。

二、基础的宽度

地基的承载力不仅取决于土的性质，还与基础的尺寸和形状有关。由承载力公式可知，基础的宽度越大，承载力越高。因此，工程上常通过加大基础宽度来提高地基的承载力，借以增加地基的稳定性。但是，一些研究指出，当基础的宽度达到某一数值以后，承载力不再随着宽度的增加而增加，因此，不能无限制地采取加大基础宽度的办法来提高承载力。《建筑地基基础设计规范》(GB 50007—2011)中当 $B>6$ m 时应采用 6 m 进行宽度修正的限制也含有此意。另外，应该指出，对于黏土地基，由于宽度增加，虽然基底压力可减小，但应力影响深度增加，有可能使地基的沉降加大。

案例拓展 8-1 墨西哥城国际机场

三、基础的埋置深度

无论是从限制塑性开展区法还是极限分析法的承载力理论计算公式都可见，增加基础埋置深度同样可以提高地基的承载力。同时由于埋置深度增加，基底的净压力将减小，相应地也可以减少地基的沉降。因此，增加埋深对提高软黏土地基的稳定性和减

少沉降均有明显效果，常被采用。但基础埋深太深，基坑开挖也愈加困难，理论上承载力的提升要以施工技术的发展作为实现的保障。

案例拓展 8-2 北京银河 SOHO 中心

2017 年正式全面投入运营的上海中心大厦（如图 8-22 所示）是上海市的一座超高层地标式摩天大楼，其设计高度超过附近的上海环球金融中心，项目面积为 433 954 m^2，建筑主体 118 层，总高 632 m（结构高度 580 m）。由于上海的地基属于深厚软土地基，承载能力极低。为能使约 85 万 t 的大楼稳稳屹立，设计师采取了多种方法来增强地基的承载力。这其中，除了打设深度接近 90 m 的 980 根超长基桩以外，还根据中心大厦的特色用途，在设计建造时加大了基础埋深，其主体基础埋深达到30 m，这使得地基承载力得到显著提高。

(a) 施工中

(b) 竣工后

图 8-22　上海中心大厦

此外，关于土的强度指标的选用，目前尚无统一的标准可循。一般来说，应该结合土的性质、排水条件、施工进度、荷载的组合及安全系数的选择等多种因素，并参照当地的经验来确定。

习题

第八章习题参考答案

8-1　有一条形基础，底宽 $B=3$ m，埋置在中等密度的砂土层以下 1 m 处，地下水位在基底。砂土的内摩擦角 $\varphi=35°$，湿重度 $\gamma=18$ kN/m^3，饱和重度 $\gamma_{sat}=19$ kN/m^3。试用太沙基公式求地基的极限承载力。若基础的宽度增加到 6 m，则承载力增加了多少？若埋置深度增加到 2 m，承载力将增加多少？若地下水位上升至地面，承载力又有何变化？（均指与原来的承载力相比，并假定基底完全粗糙）

8-2　地基土的情况同习题 8-1，若基础的形状采用圆形和方形，其中圆形基础的直径为 6 m，方形基础的宽度为 5 m。试求此时的承载力。（假定基底完全粗糙）

8-3　有一条形基础建造在松软地基上，地基土的强度指标为 $c=22$ kPa、$\varphi=12°$，重度 $\gamma=18$ kN/m^3。基础的宽度 $B=5$ m，埋置深度 $D=1.2$ m。根据分析，在这种土上只可能发生局部剪切破坏，试用太沙基公式确定地基的承载力。（假定基底完全粗糙）

8-4　有一轴心受压基础，上部结构传来轴向力设计值 $N=800$ kN，地质资料如图 8-23 所示。试根据持力层和软弱下卧层稳定条件设计基底面积。

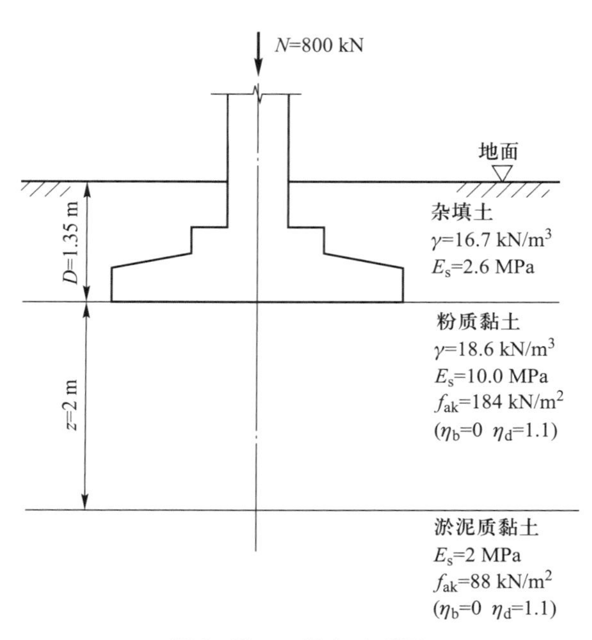

图 8-23　习题 8-4 附图

★ 研讨题

老子《道德经》有云:“万物之始,大道至简,衍化至繁。”在工程界,土力学家派克教授也曾经说过:“如果你不能把一个难以解决的工程问题简化表述在一张 8.5 英寸×11 英寸的纸上,你可能永远无法理解它。”请同学们以个人或者小组为单位,利用一张 A4 纸(仅使用正面),结合所学知识并查询相关文献资料,对一个地基建设领域的创新或失败案例进行研讨,将关键内容以图、文、表等多种形式呈现,争取能够最大程度还原一个工程案例。呈现的重点包括以下几个方面:

(1) 该地基案例发生的背景、环境等因素;地基所在地区的土质特点等。

(2) 该地基所采用的设计、建造方法,通过查找相关设计规范等对该方法有一定程度的了解。

(3) 如果案例是一个创新案例,请指出该案例抵御地基破坏的特殊手段、设计方案有哪些。尝试将案例中地基承载力计算的内容与本章学习的理论进行结合,从中找到和书本内容相同的部分,指出创新的理论源头。

(4) 如果案例是一个失败案例,请指出该工程地基发生破坏的类型。是什么原因造成了这种破坏的产生?对应理论层面来说,案例中忽视了什么因素会导致事故的发生?

文献拓展

[1] MEYERHOF G G. The ultimate bearing capacity of foundations[J]. Geotechnique, 1951, 2(4):301-332.

附注:该文为加拿大工程院和皇家学会两院院士迈耶霍夫教授所撰。迈耶霍夫地基承载力公式同本教材中所列的普朗特、太沙基等地基承载力公式一样,都是基于极限分析法演变出的经典承载力公式,这里以文献形式列出,鼓励有兴趣的学习者自行查询理解,深入分析其与太沙基地基承载力等方法之间的异同。

[2] 龚晓南. 地基处理手册[M].3版.北京:中国建筑工业出版社,2008.

附注:该著作为中国工程院院士、浙江大学龚晓南教授主编。地基承载力不足时,常用各类方法对地基进行加固处理,以提升其承载力。该书系统全面地介绍了国内外经典地基处理技术及相关设计、施工方法,是国内地基处理方面的权威著作。

[3] 杨光华.现代地基设计理论的创新与发展[J]. 岩土工程学报,2021,43(1):1-18.

附注:该文为广东省水利水电科学研究院杨光华教授所作2021年黄文熙讲座的文稿,主要介绍了依据现场原位压板载荷试验而建立的一套地基设计的新理论。文中提出用切线模量法计算实际基础荷载沉降的 $p-S$ 曲线,根据 $p-S$ 曲线依据强度和变形双控的原则确定最合适的地基承载力的方法来实现变形控制设计,对于工程中开展地基沉降计算有显著的启发意义。

知识图谱

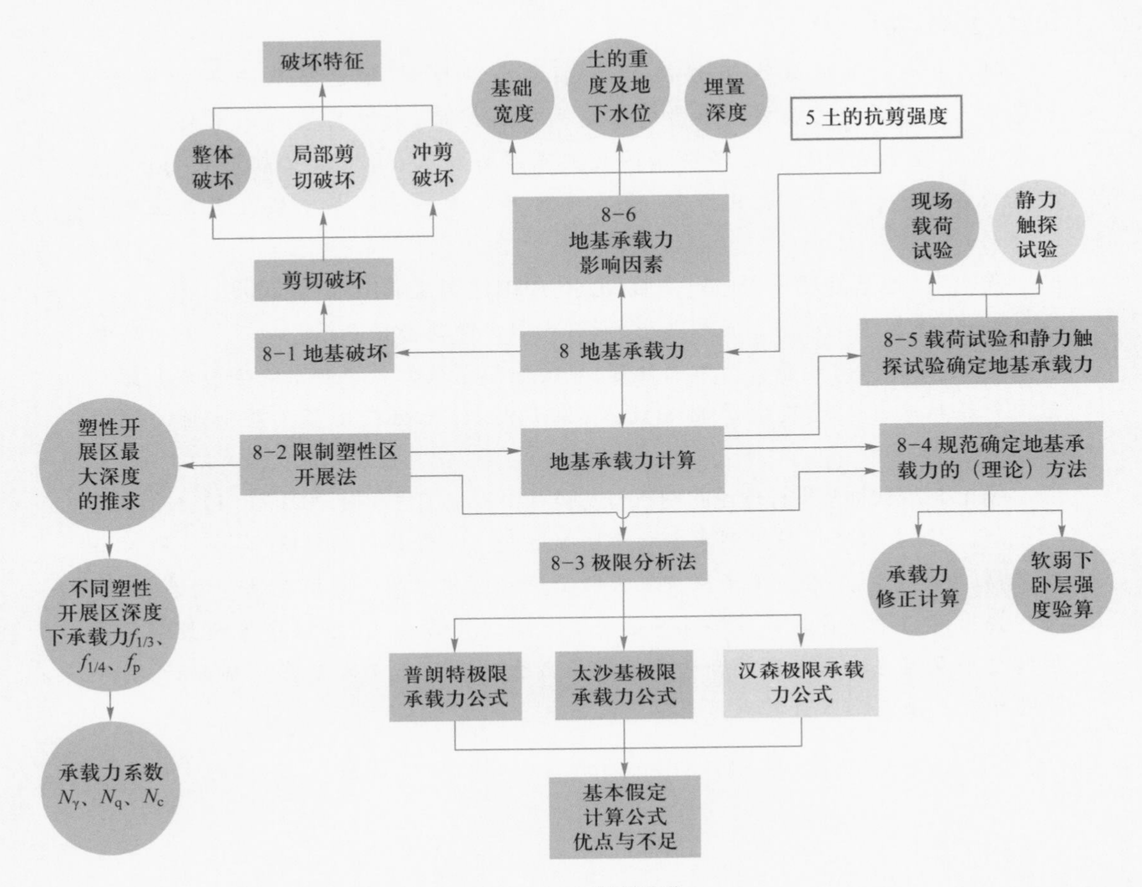

图例说明：

矩形表示可分割的知识点集，圆形表示不可分割的知识点；

实心表示本章节内容，空心表示其他章节内容；

深色表示本科教学重难点，浅色表示一般知识点；

箭头表示先后关系。

参考文献

[1] 钱家欢. 土力学 [M]. 2 版. 南京:河海大学出版社,1995.

[2] 钱家欢,殷宗泽. 土工原理与计算 [M]. 2 版. 北京:中国水利水电出版社,1996.

[3] 河海大学《土力学》教材编写组. 土力学 [M]. 3 版. 北京:高等教育出版社,2019.

[4] TERZAGHI K,PECK R B,MESRI G. Soil mechanics in engineering practice[M]. 3rd ed. New York: Wiley-Interscience,1996.

[5] DUNNICLIFF J,YOUNG N P. Ralph B. Peck,educator and engineer:the essence of the man[M]. Richmond,British Columbia:BiTech Publishers,2006.

[6] GILLMOR C S. Charles Augustin Coulomb:physics and engineering in eighteenth century France[D]. Princeton:Princeton University,1968.

[7] GOODMAN R E. Karl Terzaghi:the engineer as artist[M]. American Society of Civil Engineers,1999.

[8] 达斯,索班. 土力学 [M]. 8 版. 北京:机械工业出版社,2016.

[9] 陈希哲,叶菁. 土力学地基基础[M]. 5 版. 北京:清华大学出版社,2013.

[10] 龚晓南. 高等土力学[M]. 杭州:浙江大学出版社,1996.

[11] 顾晓鲁,钱鸿缙,刘惠珊,等. 地基与基础 [M]. 3 版. 北京:中国建筑工业出版社,2003.

[12] 李广信,张丙印,于玉贞. 土力学[M]. 2 版. 北京:清华大学出版社,2013.

[13] 李广信. 高等土力学 [M]. 2 版. 北京:清华大学出版社,2016.

[14] 廖红建. 土力学 [M]. 3 版. 北京:高等教育出版社,2018.

[15] 卢廷浩. 土力学 [M]. 2 版. 南京:河海大学出版社,2005.

[16] 沈扬. 土力学原理十记[M]. 2 版. 北京:中国建筑工业出版社,2021.

[17] 沈扬,张文慧. 岩土工程测试技术 [M]. 2 版. 北京:冶金工业出版社,2017.

[18] 斯科特. 土力学及地基工程[M]. 钱家欢,译. 北京:水利电力出版社,1983.

[19] 松冈元. 土力学[M]. 罗汀,姚仰平,编译. 北京:中国水利水电出版社,2001.

[20] 唐大雄,刘佑荣,张文殊,等. 工程岩土学 [M]. 2 版. 北京:地质出版社,1999.

[21] 谢定义,姚仰平,党发宁. 高等土力学[M]. 北京:高等教育出版社,2008.

[22] 殷宗泽. 土工原理[M]. 北京:中国水利水电出版社,2007.

[23] 俞仲泉. 水工建筑物软基处理[M]. 北京:水利电力出版社,1989.

[24] 中国地质环境监测院. 长江三峡工程库区滑坡防治工程设计与施工技术规程

[M]. 北京:地质出版社,2001.
[25] 中堀和英. 软土地基处理[M]. 张文全,译. 北京:人民交通出版社,1982.
[26] 中华人民共和国住房和城乡建设部,中华人民共和国国家质量监督检验检疫总局. 堤防工程设计规范:GB 50286—2013[S]. 北京:中国计划出版社,2013.
[27] 中华人民共和国住房和城乡建设部,中华人民共和国国家质量监督检验检疫总局. 建筑地基基础设计规范:GB 50007—2011[S]. 北京:中国建筑工业出版社,2012.
[28] 中华人民共和国住房和城乡建设部,中华人民共和国国家质量监督检验检疫总局. 水利水电工程地质勘察规范:GB 50487—2008[S]. 北京:中国计划出版社,2009.
[29] 中华人民共和国建设部,中华人民共和国国家质量监督检验检疫总局. 土的工程分类标准:GB/T 50145—2007[S]. 北京:中国计划出版社,2008.
[30] 中华人民共和国住房和城乡建设部,国家市场监督管理总局. 土工试验方法标准:GB/T 50123—2019[S]. 北京:中国计划出版社,2019.
[31] 中华人民共和国交通运输部. 公路土工试验规程:JTG 3430—2020[S]. 北京:人民交通出版社,2020.
[32] 中华人民共和国住房和城乡建设部. 建筑深基坑工程施工安全技术规范:JGJ 311—2013[S]. 北京:中国建筑工业出版社,2014.
[33] 中华人民共和国水利部. 碾压式土石坝设计规范:SL 274—2020[S]. 北京:中国水利水电出版社,2020.
[34] 国家能源局. 水电工程水工建筑物抗震设计规范:NB 35047—2015[S]. 北京:中国电力出版社,2015.
[35] 国家铁路局. 铁路工程岩土分类标准:TB 10077—2019[S]. 北京:中国铁道出版社,2019.
[36] 中华人民共和国工业和信息化部,中华人民共和国国家质量监督检验检疫总局. 土工试验规程:YS/T 5225—2016[S]. 北京:中国标准出版社,2016.
[37] 中国水利水电科学研究院. 奥罗维尔大坝溢洪道事故独立调查组报告[R]. 北京:中国水利水电科学研究院,2018.
[38] BOIS P A. Joseph Boussinesq(1842—1929):a pioneer of mechanical modelling at the end of the 19th century[J]. Comptes Rendus Mécanique,2007,335(9):479-495.
[39] CHANNELL D F. The harmony of theory and practice:the engineering science of WJM Rankine[J]. Technology and Culture,1982,23(1):39-52.
[40] ISHII I,TOWHATA I,HIRADATE R,et al. Design of grid-wall soil improvement to mitigate soil liquefaction damage in residential areas in Urayasu[J]. Journal of JSCE,2017,5(1):27-44.
[41] LARA-GALERA A,GALINDO-AIRES R,GUILLÁN-LLORENTE G,et al. Contribution

to the knowledge of early geotechnics during the 20th century: Alec Westley Skempton [J]. History of Geo-and Space Sciences, 2019, 10(2): 225-234.

[42] Laurtis Bjerrum 1918-1973.(1973). Geotechnique, 23(3): 306-318.

[43] MA G, ZHOU W, CHANG X L, et al. Combined FEM/DEM modeling of triaxial compression tests for rockfills with polyhedral particles[J]. International Journal of Geomechanics, 2014, 14(4): 04014014.

[44] SIMMONS C T. Henry Darcy(1803-1858): immortalised by his scientific legacy[J]. Hydrogeology Journal, 2008, 16(6): 1023-1038.

[45] HAQ U L, HAQ I U. Tarbela Dam: Resolution of seepage [J]. Geotechnical Engineering, 1996, 119(1).

[46] YANG L T, LI X, YU H S, et al. A laboratory study of anisotropic geomaterials incorporating recent micromechanical understanding[J]. Acta Geotechnica, 2016, 11(5): 1111-1129.

[47] YIN Y, LI B, WANG W, et al. Mechanism of the December 2015 catastrophic landslide at the Shenzhen landfill and controlling geotechnical risks of urbanization[J]. Engineering, 2016, 2(2): 230-249.

[48] 方云飞,孙宏伟,杨洁,等. 北京银河搜候(SOHO)中心地基与基础设计分析[J]. 建筑结构,2013,43(17):140-143.

[49] 孔令伟,陈正汉. 特殊土与边坡技术发展综述[J]. 土木工程学报,2012,45(05):141-169.

[50] 李国和,黄大中,高文峰. 雅万高铁沿线地面沉降分析及主要防治对策[J]. 铁道标准设计,2019,63(02):1-8.

[51] 刘争宏,廖燕宏,张玉守. 罗安达砂物理力学性质初探[J]. 岩土力学,2010,31(S1):121-126.

[52] 欧云峰,王洪亮,王宫,等. 黄土高原地区高速公路生态护坡植被恢复研究[J]. 武汉理工大学学报,2007,29(09):162-166.

[53] 乔建伟,夏玉云,刘争宏,等. 安哥拉红砂湿陷性影响因素试验研究[J]. 长江科学院院报,2023,40(03):93-97+104.

[54] 王延宁,蒋斌松,于健,等. 港珠澳大桥岛隧结合段高压旋喷桩地基沉降试验及研究[J].岩石力学与工程学报,2017,36(06):1514-1521.

[55] 杨斐,杨宇亮,孙立军. 飞机起降荷载作用下的场道地基沉降[J]. 同济大学学报(自然科学版),2008(06):744-748.

[56] 袁建力,刘殿华,李胜才,等. 虎丘塔的倾斜控制和加固技术[J]. 土木工程学报,2004(05):44-49+91.

[57] CLARK M C J, PE C E M. Challenges of design and construction of passenger terminal building foundation, New International Airport of Mexico, Mexico City[C]. 17th

European Conference on Soil Mechanics and Geotechnical Engineering(ECSMGE), 2019.

[58] DHANYA K A,DIVYA P V. Reinforced composites for resilient reinforced soil slopes to prevent rainfall induced failures[C]. Geo-Congress 2022,2022.

[59] SULLIVAN J R,LAUREN Y. Case study of a 30 m tall MSE wall for the SoFi Stadium in Los Angeles[C]. Geo-Congress 2022,2022.

[60] 余暄平,沈永东,凌宇峰,等. 超大直径超长距离隧道盾构施工技术初探:上海长江隧道工程盾构施工方案研究[C]. 大直径隧道与城市轨道交通工程技术:2005 上海国际隧道工程研讨会文集. 2005:23-35.

[61] 刘冬明. 浦东机场四跑道软弱土沉降变形特性及其控制对策[D]. 北京:中国矿业大学,2018.

附 录 A

土力学混合式教学安排建议

混合式教学，是在新时代教育背景下，利用多种形式的立体化教学资源，实现线下（教学、研讨等）、线上（在线开放课程）教学的有机联动，强化学生对课程教学活动的主动参与，协同实现其对课程深度学习、应用的重要教学手段。本教材编著单位河海大学近年来系统推进课程体系混合式教学改革，而本教材很多核心原理的阐述与国家级线上一流本科课程——河海大学“土力学”（可登录“中国大学 MOOC”，查看本课程）讲授内容基本一致，故以河海大学“土力学”课程改革为例，列出混合式教学课时安排建议，供兄弟高校开展混合式教学参考。

河海大学“土力学”课程原为课内 56 学时（课堂学习为主），经改革，调整为线下 48 学时（课堂学习及翻转研讨）+线上 16 学时（在线开放课程学习），具体学时分配建议如下：

章节	课堂学习学时	课堂研讨学时	在线开放课程学时	备注
绪论	1	0	1	教学中关于土力学发展史、土力学主要研究方向等部分，可通过在线开放课程中“绪论”视频在课后强化学习
第一章	4.5	0.5	3	教学中关于土的结构、土的物理指标换算、无黏性土的相对密度部分，可通过在线开放课程第一章中“土的结构、土的物理性质指标、无黏性土的相对密度”等视频开展自学；土的工程分类部分可通过“土的工程分类”视频预习和强化； 课堂研讨重点可围绕“土的三相特性、实际工程中土的分类判别及加固措施研讨”等内容展开
第二章	5.5	0.5	3	教学中关于渗透系数的测定、成层土的渗透系数、二向渗流和流网特征部分，可通过在线开放课程第三章中“渗透系数与达西定律、成层土的渗透系数、二向渗流

续表

章节	课堂学习学时	课堂研讨学时	在线开放课程学时	备注
第二章	5.5	0.5	3	与流网特征”等视频开展自学(注:在线开放课程第二章、第三章顺序与教材互换);有效应力原理部分可通过“有效应力原理”视频预习和强化; 课堂研讨重点可围绕“渗透破坏机理理解和工程防治问题交流、有效应力理解和应用”等内容展开
第三章	3.5	0.5	1	教学中关于地基中的自重应力、基底净压力部分,可通过在线开放课程第二章中“地基中的自重应力、基底附加应力”等视频开展自学(注:在线开放课程第二章、第三章顺序与教材互换); 课堂研讨重点可围绕“地基中附加应力求解规律和附加应力分布特征,工程中地基应力变化的成因与后果(对社会环境影响)”等内容展开
第四章	7	1	2	教学中关于应力历史、沉降计算 e-lg p 曲线法、一般条件下的地基沉降部分,可通过在线开放课程第四章中“应力历史对土的压缩的影响、计算沉降量的 e-lg p 曲线法、一般条件下的地基沉降”等视频开展自学;土的单向固结理论部分可通过“地基沉降与时间的关系——土的单向固结理论”视频预习和强化; 课堂研讨重点可围绕“基于工程案例的地基沉降的影响因素分析,实践中的地基沉降计算合理性分析”等内容展开
第五章	7	1	3	教学中关于强度的基本概念、无侧限抗压强度试验、十字板剪切试验、超固结黏土的剪切性状、黏土的残余强度部分,可通过在线开放课程第五章中“土的抗剪强度规律、土的无侧限抗压强度试验、土的十字板剪切试验、超固结黏土的剪切性状、黏性土的残余强度”等视频开展自学;土的三轴试验、黏性土的剪切性状可通过在线开放课程视频“土的三轴试验、黏性土的剪切性状”预习和强化; 课堂研讨重点可围绕“剪切破坏标准的确定、抗剪强度的影响因素、抗剪强度指标的正确选用”等内容展开

续表

章节	课堂学习学时	课堂研讨学时	在线开放课程学时	备注
第六章	5.5	0.5	1	教学中关于挡土结构物和土压力的定义、朗肯被动土压力、土压力计算的讨论部分，可通过在线开放课程第六章“挡土结构物与土压力、朗肯土压力理论（下）、土压力问题的讨论”等视频开展自学；朗肯主动土压力部分可通过在线开放课程视频“朗肯土压力理论（上）”预习和强化； 课堂研讨重点可围绕“土压力理论应用于工程的优缺点、挡土墙失稳案例分析”等内容展开
第七章	5.5	0.5	1	教学中关于安全系数定义，无黏性土土坡稳定分析，成层土、超载和地震下土坡稳定计算，非圆弧滑动面土坡稳定分析部分，可通过在线开放课程第七章中“边坡稳定分析概述、瑞典条分法、非圆弧滑动面土坡稳定分析”等视频开展自学；条分法部分可通过“条分法”视频预习和强化； 课堂研讨重点可围绕“不同圆弧滑弧法机理和精度差异分析、涉水边坡稳定性问题、边坡加固措施与土力学机理联系”等内容展开
第八章	3.5	0.5	1	教学中关于地基承载力极限分析法的太沙基等承载力方法部分，可通过在线开放课程第八章中“太沙基极限承载力公式、其他代表性极限承载力公式与讨论”等视频开展自学与强化；规范确定地基承载力的方法部分可通过“原位试验与规范法确定地基承载力”视频强化； 课堂研讨重点可围绕“限制塑性开展区法和极限分析法确定地基承载力的差异和相似点，结合实际工程案例分析提升地基承载力策略及与土力学机理联系”等内容展开
合计	43	5	16	

附　录　B

案例拓展索引

附　录 C

配套资源索引

读者意见反馈

为收集对教材的意见建议,进一步完善教材编写并做好服务工作,读者可将对本教材的意见建议通过如下渠道反馈至我社。

咨询电话 400-810-0598

反馈邮箱 gjdzfwb@pub.hep.cn

通信地址 北京市朝阳区惠新东街4号富盛大厦1座
高等教育出版社总编辑办公室

邮政编码 100029

防伪查询说明

用户购书后刮开封底防伪涂层,使用手机微信等软件扫描二维码,会跳转至防伪查询网页,获得所购图书详细信息。

防伪客服电话 (010)58582300